JN132970

Head First
はじめての プログラミング

頭とからだで覚える Python プログラミング入門

Eric Freeman 著
嶋田 健志 監訳
木下 哲也 訳

本書で使用するシステム名、製品名は、いずれも各社の商標、または登録商標です。
なお、本文中では™、®、©マークは省略している場合もあります。

Head First
Learn to Code

歯医者に行くよりも楽しくて、
納税申告書よりわかりやすい
プログラミングを学ぶ本があったら
素敵じゃない？ 夢物語にすぎない
かもしれないけど。

Eric Freeman

Beijing · Boston · Farnham · Sebastopol · Tokyo   O'REILLY®

© 2019 O'Reilly Japan, Inc. Authorized Japanese translation of the English edition of "Head First Learn to Code" © 2018 Eric Freeman. This translation is published and sold by permission of O'Reilly Media, Inc., the owner of all rights to publish and sell the same.

本書は、株式会社オライリー・ジャパンがO'Reilly Media, Inc.の許諾に基づき翻訳したものです。日本語版についての権利は、株式会社オライリー・ジャパンが保有します。

日本語版の内容について、株式会社オライリー・ジャパンは最大限の努力をもって正確を期していますが、本書の内容に基づく運用結果については責任を負いかねますので、ご了承ください。

化粧をしたロックバンドはKISSが最初だ。
　　　　　── ジーン・シモンズ＊

＊　訳注：ジーン・シモンズ（https://www.genesimmons.com）は、アメリカのロックバンドKISSの創始者で実業家。

著者

Eric Freeman

　Head Firstシリーズの共同製作者Kathy Sierraは、**Eric**を「言語、実践、そして流行に敏感なハッカー、コーポレートVP、エンジニア、シンクタンクの複数領域の文化に精通した稀な人物の一人」と表現しています。そして、Ericの経歴もこの表現と一致しています。Ericはコンピュータ科学者としての教育を受け、イェール大学の博士課程で優れた指導者のDavid Gelernterに学びました。仕事のキャリアとしては、メディア企業の幹部でした（ウォルト・ディズニー社のWebサイトDisney.comのCTOの職を務めました）。また、O'Reilly Media、NASA、そして複数のスタートアップ企業でも活躍。EricのIPはライセンス化され、すべてのMacとPCで使われています。この15年間、EricはWeb開発入門から高水準ソフトウェア設計まで、幅広いトピックに関する技術書籍のベストセラーの執筆者の一人です。

　現在EricはWickedlySmart, LLCの社長であり、妻と幼い娘と一緒にテキサス州オースティンで暮らしています。

　Ericへの連絡はeric@wickedlysmart.comにメールするか、https://wickedlysmart.comにアクセスしてください。

目次（要約）

はじめに xxiii
　1 章　コンピュータ的に考える：始めよう 1
　2 章　単純な値、変数、型：値を知る 33
　3 章　ブール型、判定、ループ：判定コード 73
　4 章　リストと反復：構造を用意する 125
　5 章　関数と抽象化：関数にする 179
　おまけの章　ソートと入れ子の反復：データを整理する 225
　6 章　テキスト、文字列、ヒューリスティック：すべてを組み合わせる 245
　7 章　モジュール、メソッド、クラス、オブジェクト：モジュール化する 291
　8 章　再帰と辞書：反復とインデックスを超えて 341
　9 章　ファイルの保存と取得：永続性 393
　10 章　Web API の利用：もっと外に目を向ける 435
　11 章　ウィジェット、イベント、創発的な振る舞い：インタラクティブにする 467
　12 章　オブジェクト指向プログラミング：オブジェクト村への旅 523
　付録　未収録事項：（取り上げなかった）上位 10 個のトピック 575

はじめに

脳をプログラミングに向けましょう。あなたは何かを**学ぼう**としていますが、**脳**は学習内容を**定着**させないようにしています。脳は「どの野生動物を避けるべきかや裸でスノーボードをすることは悪いことかどうかなど、もっと重要なことに考える余地を残しておくほうがよい」と考えています。そこで、プログラミングの方法を学習することであなたの人生が大きく変わると脳が考えるように仕向けるためにどのような策を講じればよいでしょうか？

この本が向いている人 xxiv
あなたの考えはわかっています xxv
「Head First」の読者は学ぶ人です xxvi
メタ認知：思考について考える xxvii
この本で工夫したこと xxviii
脳を思いどおりにさせるためにできること xxix
初めに読んでね xxx
謝辞 xxxv
レビューチーム xxxvi

1章 コンピュータ的に考える
始めよう 1

コンピュータ的な考え方をすることにより自分をコントロールすることができます。世の中は、ますます多くのものがつながり、設定可能になり、プログラム可能になり、いわゆる**コンピュータ的**になっています。受動的に関わることもできますが、**コードの書き方を学ぶ**こともできます。そしてコードを書くことができれば主導権を握ることができます。あなたのためにコンピュータを実行させることができるのです。コードが書けると、自分の運命を変えることができます（少なくともインターネットに接続された芝生のスプリンクラーのプログラミングができるようにはなるでしょう）。しかし、どうやってコードの書き方を学ぶのでしょうか。まず、**コンピュータ的な考え方**を学びます。次に、**プログラミング言語**を覚えます。すると、コンピュータ、モバイルデバイス、CPUを備えたデバイスが使う言語と同じ言語を使えるようになります。これにはどんなメリットがあるのでしょうか？ 本当にやりたいことをする時間が増え、能力が向上し、より創造性豊かな可能性が広がります。さあ、始めましょう。

分解する 2
コーディングの手順 6
同じ言語で話している？ 7
プログラミング言語の世界 8
Pythonを使ったコードの記述と実行 13
Pythonのざっくりした歴史 15
Pythonを試す 18
作業を保存する 20
おめでとう！ 最初のPythonプログラムが書けました！ 21
フレーズ・オ・マチック 25
コンピュータにコードを読ませる 26

目次

2章 単純な値、変数、型
値を知る ... 33

コンピュータは 2 つのことだけはうまく行うことができます。値の格納とそれらの値の演算です。テキストの送信、オンラインショッピング、Photoshopの利用、スマートフォンを使った車のナビなどにもコンピュータは使われるので、もっと多くのことができると思われるかもしれません。しかし、コンピュータの行うことはすべて、**単純な値**に対する**単純な演算**に分解できます。**コンピュータ的な考え方**には、このような演算や値をどのように使うのかを学び、高度で複雑で有意義なものを作成することも含まれます。この本ではそこまでたどり着きます。しかし、まずは値とは何か、値にどのような演算を実行できるのか、そして**変数**がどのような役割を果たすのかを調べましょう。

犬年齢計算機のコーディング ... 34
擬似コードから Python のコードに変換する ... 36
手順1：入力してもらう ... 37
input 関数の動作 ... 38
ユーザの入力を変数に代入する ... 39
手順2：さらに入力してもらう ... 39
そろそろコードを実行してみよう ... 40
コードの入力 ... 43
変数をさらに詳しく学ぶ ... 44
式の追加 ... 45
変数が「変」数と呼ばれる理由 ... 46
演算子の優先順位をよく理解する ... 47
演算子の優先順位を使った計算 ... 48
寄り道をする！ ... 51
手順3：犬の年齢を計算する ... 52
ヒューストン、問題が発生した！ ... 53
誤りは（人）コードの常 ... 54
デバッグをもう少しだけ ... 56
Python の型とは？ ... 58
コードの修正 ... 59
ヒューストン、発射した！ ... 60
手順4：ユーザフレンドリーな出力 ... 61

3章 ブール型、判定、ループ

判定コード 73

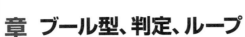

いままでのプログラムはあなたには少し退屈すぎたでしょうか？ 2章までのコードはいずれも**上から下へ**インタプリタに評価される文に限られていました。予想外の展開、突然の方向転換、驚き、自分で考える必要があることなどはありませんでした。ワクワクするようなコードには、**判定**、**行き先の制御**、**複数回の処理**が必要です。この3章ではこれらを学びます。その過程で、ミステリアスなゲーム「じゃんけん」について学び、ブール値に出会い、値を2つしか持たないデータ型がいかに便利なのかを確認します。さらに、恐ろしい**無限ループ**についても学びます。さあ、始めましょう！

  ゲームをしない？ 74
  まずは骨組みの設計 76
  コンピュータの手 77
  乱数の使い方 78
  ブール型って？ 81
  判定する 82
  判定、そしてまた判定 83
  じゃんけんに戻る 84
  ユーザの手を取得する 85
  ユーザの手を調べる 88
  あいこを判定するコードを追加する 89
  誰が勝った？ 90
  ゲームロジックの実装 92
  ブール演算子の詳細 93
  説明を入れる 98
  コードにコメントを追加する 99
  ゲームを完成させる！ 100
  ユーザの手が無効かどうかをどのように判断する？ 101
  ユーザに尋ね続ける方法 104
  何度も行う 105
  whileループの動作 106
  whileを使って有効な手を選ぶまでユーザに尋ねる方法 110
  初めてのゲームのコードが書けました。おめでとう！ 112

4章 リストと反復
構造を用意する 125

データ型は数値、文字列、ブール型だけではありません。いままでは、3.14、42、"ねえ、私の番だよ"、Trueといった値を持つ**基本データ型**（浮動小数点数、整数、文字列、そしてブール値も！）を使ってPythonのコードを書いてきました。基本型だけでも多くのことができますが、そのうちに多数のデータ（例えばショッピングカート内の全商品、有名な星の名前全部、製品カタログ全体など）を扱うコードを書きたくなるでしょう。それにはもう**一押し**が必要です。この章では、**リスト**という新たな型を学んでいきます。リストは値の集合を格納します。いままでのようにコードのあちこちで変数を使って値を格納するのではなく、データ用の**構造**をリストは用意します。また、その値をすべて一括して扱う方法や、3章で触れたforループを使ってリスト内の各要素を**反復処理**する方法も学びます。この章を読み終えるころには、データを扱う能力がさらに高くなっているでしょう。

バブルザラス社を助けられる？	126
Pythonで複数の値を表現する方法	127
リストの動作	128
ところで、そのリストの大きさって？	131
リストの末尾の要素にアクセスする	132
Pythonではずっと簡単	132
負のインデックスを使う	133
一方、バブルザラス社では	135
リストを反復処理する	138
出力の問題を修正する	139
出力の問題を実際に修正する	140
forループ、それはリストの反復処理に最適な方法	142
数値の範囲に対するforループの動作	145
範囲をもっと使う	146
すべてをまとめる	148
ゼロからリストを作成する	156
リストをさらに使う	157
最終レポートの試運転	161
最高スコアの溶液は？	161
最も費用対効果の高い溶液はどれ？	165

xi

目次

5章 関数と抽象化
関数にする 179

あなたはすでにたくさんの知識を得ました。変数、データ型、条件と反復。あなたが書きたいと思っていた基本的な**プログラムを書く**には十分な知識です。実際に、コンピュータ科学者からも、どんなプログラムでも書けるとお墨付きをもらえるでしょう。でも、あなたはここでプログラミングの学習を止めたくはないでしょう？ コンピュータ的な考え方における次のステップでは、**抽象化する**方法を学ぶことができます。複雑そうに思えるかもしれませんが、コーディングライフがよりシンプルになります。抽象化すると、より複雑で強力なプログラムをずっと簡単に書けるというメリットがあります。整理された小さなパッケージにコードを格納しておけば、何度も再利用できます。そして、コードの詳細に煩わされることなく、全体を考えることができるようになります。

このコードのどこがいけないの？	181
コードブロックを関数に変換する	183
関数が作成できました。さてどう使う？	184
実際にはどのように機能しているの？	184
関数は結果を返すこともできる	192
戻り値のある関数を呼び出す	193
少しだけリファクタリングしてみる	195
コードの実行	196
アバターコードの抽象化方法	197
get_attribute関数の本体を書く	198
get_attributeを呼び出す	199
変数についてもう少しお話しします	201
変数スコープを理解する	202
変数が関数に渡されるとき	203
drink_me関数を呼び出す	204
関数でグローバル変数を使うということ	207
パラメータを深く理解する：	
デフォルト値とキーワード	210
デフォルトパラメータ値の使い方	210
必ず必須パラメータを最初に指定する！	211
キーワード引数を使う	212
キーワード引数とデフォルト値について	212

おまけの章　ソートと入れ子の反復
データを整理する ……………………………………………… 225

データのデフォルトの順序が適切ではないこともあります。
80年代のアーケードゲームの高得点の一覧を、ゲーム名のアルファベット順にソートしたい場合もあるでしょう。また、同僚が裏切った回数の一覧があれば、その最上位は誰かがわかると役に立ちそうです。そのためにはデータのソートする方法を学ぶ必要があります。ソートはいままで登場したアルゴリズムより少し複雑です。また、入れ子ループの動作も理解し、効率のよいコードの書き方についても学んでいきます。さあ、コンピュータ的な考え方をレベルアップしましょう！

　　　バブルソートを理解する ……………………………………………228
　　　走査1から始める ………………………………………………………228
　　　バブルソートの擬似コード …………………………………………231
　　　Pythonでバブルソートを実装する …………………………………234
　　　溶液番号を割り出す …………………………………………………236

目次

6章 テキスト、文字列、ヒューリスティック
すべてを組み合わせる 245

あなたはすでにたくさんの強力な能力を手に入れました。いよいよその能力を発揮するときです。この章ではいままで学んだことをまとめ、組み合わせて**さらに素晴らしいコード**を作成します。また、引き続き知識とコーディングのスキルも蓄積していきます。具体的には、この章では**テキストを取得し**、スライスやダイスを行ってから簡単な**データ分析**を実施する方法を検討します。また、**ヒューリスティック**とは何かを調べ、実装します。覚悟してください。この章は、全力を傾けて取り組む総合的で本格的なコーディングの章です。

- データサイエンスにようこそ 246
- 読みやすさはどのように計算する？ 247
- 実行計画 248
- 擬似コードを書く 249
- 分析するテキストが必要 250
- 関数を用意する 252
- 優先事項：テキスト内の単語の総数が必要 253
- 文の総数を求める 257
- 関数 count_sentences を書く 258
- 音節の数を求める。つまり、ヒューリスティックを好きになる 264
- ヒューリスティックの作成 267
- ヒューリスティックを書く 268
- 母音をカウントする 269
- 連続する母音を無視する 269
- 連続する母音を無視するコードを書く 270
- 末尾のe、y、句読記号を取り除く 272
- スライス（部分文字列）を利用する 274
- ヒューリスティックコードを完成させる 276
- 読みやすさ公式の実装 278
- さらに進める 283

この本にはきっと高度なことが書いてあるな。

目次

7章 モジュール、メソッド、クラス、オブジェクト
モジュール化する ... 291

コードの行数が増え、段々と複雑になっています。そうなると、コードを抽象化し、モジュール化し、まとめる優れた方法が必要となります。そこで関数の出番です。関数は一連のコードを1つにまとめ、何度も再利用できます。また、一連の関数と変数をモジュールにまとめておくと、簡単に共有や再利用ができます。この7章では、モジュールを詳しく取り上げ、さらに効率的に使う方法を学びます（これからはコードを他の人と共有できます）。そして、コードを再利用する究極の方法、**オブジェクト**についても学びます。この章を読めば、Pythonのオブジェクトがいたるところにあり、そしていつでも使えることがわかるでしょう。

簡単なモジュールの復習 ... 294
グローバル変数 __name__ ... 296
オフィスにおける会話の続き ... 297
analyze.pyをモジュールとして使う ... 299
analyze.pyにdocstringを追加する ... 301
他のPythonモジュールを調べる ... 305
待って、誰か「タートル」って言った？！ ... 306
自分だけのタートルを作成する ... 308
タートル研究所 ... 309
2つ目のタートルを追加する ... 311
ところで、タートルって？ ... 314
オブジェクトって何者？ ... 315
わかった。じゃあ、クラスって？ ... 316
オブジェクトとクラスの使い方 ... 318
メソッドと属性 ... 319
クラスとオブジェクトはどこにでもある ... 320
タートルレースの準備をする ... 322
ゲームを設計する ... 323
コーディングを始めよう ... 324
ゲームの準備をする ... 324
セットアップコードを書く ... 325
落ち着いて！ ... 326
レースを開始する ... 328

ほんとにありがとう！analyzeモジュールは簡単に使えたよ。特に、素晴らしいドキュメントが役に立ったよ。

犯行現場 立入禁止　犯行現場 立入禁止　犯行現場 立入禁止

xv

8章 再帰と辞書
反復とインデックスを超えて ... 341

コンピュータ的な考え方をレベルアップさせるときが来ました。 この8章であなたのコンピュータ的思考をさらにレベルアップしましょう。いままでは、反復を使って楽しくコードを書いていました。例えば、リスト、文字列、数値の範囲のようなデータ構造を使い、反復処理して計算しました。しかし、この章では別の視点からのプログラミングを行います。まず計算を別の視点から見直し、**再帰**（自分自身を呼び出す）を使って計算するコードを書きます。次に、データ構造を見直し、より多くの種類を扱えるようにします。新しいデータ構造として辞書が登場します。Pythonでは「辞書」と呼ばれますが、他の言語では「連想配列」「マップ」「ハッシュ表」「連想リスト」「連想コンテナ」などと呼ばれます。その後、新しい計算方法と新しいデータ構造を組み合わせてみますが、さまざまな問題の原因となり得るので、あらかじめ注意してください。この新しい概念を脳に定着させるには少し時間がかかりますが、労力は絶対に報われます。

異なる計算方法 ... 342
別の方法を考える ... 343
2つの場合のコードを書く ... 344
さらに練習しよう ... 347
再帰を使って回文を探し出す ... 348
再帰回文検出器を書く ... 349
アンチソーシャルネットワーク ... 360
辞書とは ... 362
辞書を作成する ... 362
キーと値は文字列でなくても大丈夫 ... 363
もちろん、キーは削除できる ... 363
まず存在するかどうかを調べる ... 363
辞書の反復処理はどうなる？ ... 364
アンチソーシャルネットワークで辞書を活用する ... 366
属性を追加するにはどうすればいい？ ... 368
アンチソーシャルネットワークの目玉機能 ... 370
最も非社交的なユーザを探す ... 371
関数呼び出しの結果を記憶しておける？ ... 376
辞書を使ってフィボナッチ結果を記憶する ... 376
「メモ化」と呼ばれます ... 377
koch関数を詳しく調べる ... 380
コッホフラクタルを本格的に調べる ... 382

9章 ファイルの保存と取得

永続性 393

変数に保存された値は、プログラムが終了すると失われてしまいます。永遠に消えてしまうのです。そこで永続ストレージの出番です。永続ストレージとは、値やデータをしばらく保存しておけるストレージのことです。Pythonを実行するデバイスのほとんどは、ハードドライブやフラッシュカードといった永続ストレージを備えているか、クラウド上のストレージにアクセス可能です。この9章では、ファイルにデータを保存したり、ファイルからデータを取得するコードを書きます。何の役に立つのかですって？ ユーザの設定を保存したいとき、上司から頼まれた重要な分析結果を保存したいとき、コードに画像を読み込んで処理したいとき、10年分のメールのメッセージを検索するコードを書きたいとき、データを変換して表計算ソフトで使いたいときなど、枚挙にいとまがありません。さっそく始めましょう。

クレイジーリブを始める準備はいい？ 394
クレイジーリブの動作 396
手順1：ファイルから文章のテキストを読み込む 399
ファイルパスの使い方 400
絶対パス 401
終わったら後片付けを忘れずに！ 402
ファイルをコードに読み込む 403
もう勘弁して 406
クレイジーリブゲームを完成させる！ 407
最終行をどのように判断するの？ 409
クレイジーリブのテンプレートを読み込む 410
テンプレートテキストを処理する 411
新たな文字列メソッドを使ってバグを修正する 413
実際にバグを修正する 414
本当に問題があるコードもある 415
例外処理 417
明示的に例外を処理する 418
例外を処理するようにクレイジーリブを更新する 420
最後の手順：クレイジーリブを保存する 421
残りのコードを更新する 421

10章 Web APIの利用
もっと外に目を向ける ……… 435

いままで、数々の素晴らしいコードを書いてきました。でもさらに外に目を向ける必要があります。Web上には世界中の**データ**があります。天候データが必要ですか？ レシピの巨大なデータベースへアクセスしたいでしょうか？ スポーツのスコアのほうが気になりますか？ アーティスト、アルバム、楽曲などの音楽データベースもWeb上にはあるでしょう。こういったデータはすべて**Web API**で取得できます。Webの仕組み、Web言語、新たなPythonモジュールrequestsとjsonについて少し学ぶだけで、Web APIを自在に使うことができます。この9章では、Web APIを使ってあなたのPythonのスキルをさらに向上させます。宇宙空間までスキルを高めて戻ってきます。

  Web APIを使って範囲を広げる………………………………………436
  Web APIの仕組み………………………………………………………437
  すべてのWeb APIにはWebアドレスがある………………………438
  簡単なアップグレードをする…………………………………………441
  アップグレードする……………………………………………………442
  あとは優れたWeb APIが必要なだけ………………………………443
  APIを詳しく調べる……………………………………………………444
  Web APIはJSONを使ってデータを返す……………………………445
  リクエストモジュールをもう一度詳しく……………………………447
  全体をまとめる：Open Notifyにリクエストする…………………449
  JSONの使い方…………………………………………………………450
  ISSデータにJSONモジュールを使う………………………………451
  グラフィックスを加える………………………………………………452
  Screenオブジェクトを使う……………………………………………453
  タートルを追加してISSを描画………………………………………455
  タートルは宇宙ステーションのようにも見える……………………456
  ISSを忘れる ── どこにいるの？……………………………………457
  ISSのコードを仕上げる………………………………………………458

11章 ウィジェット、イベント、創発的な振る舞い
インタラクティブにする 467

グラフィカルな表示ができるアプリケーションを10章で書きましたが、それは本物のユーザインタフェースではありませんでした。つまり、ユーザがグラフィカルユーザインタフェース（GUI）とやり取りできるようなアプリケーションはまだ書いたことがありません。GUIアプリケーションの開発には、プログラムの実行方法に関して新たな概念が必要となります。つまり、**反応的**（リアクティブ）な実行方法について学習する必要があります。ちょっと待って、ユーザはそのボタンをクリックしただけでしょうか？ あなたのコードは対処方法や次にすべきことをよくわかっています。インタフェースのコーディングはいままで登場した典型的な手続き型の手法とは大きく異なるので、考えを変えてプログラミングする必要があります。この章では，あなたにとって初めてとなる本物のGUIを書きます。ToDoリストマネージャや身長/体重計算機では簡単すぎてつまらないので、もっと面白いものを作成しましょう。この章では創発的な振る舞いをする人工生命シミュレータを書きます。どんなものか想像できますか？ さあ、ページをめくって確かめてください。

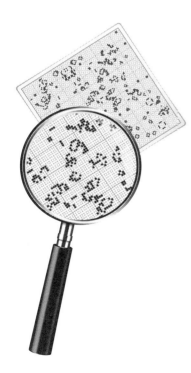

人工生命の不思議な世界へようこそ 468
ライフゲームを詳しく調べる 469
作成するもの 472
設計は適切ですか？ 473
データモデルの作成 477
グリッドを表す 477
ライフゲームの世代を計算する 478
セルの運命を計算する 478
モデルのコードを完成させる 482
ビューの作成 485
最初のウィジェットを作成する 486
残りのウィジェットを追加する 487
レイアウトを修正する 488
グリッドレイアウトにウィジェットを配置する 489
グリッドレイアウトをコードに変換する 489
コントローラの作成 491
update関数の追加 491
新しい計算方式に取り組む 494
開始/一時停止ボタンの動作 497
別の種類のイベント 499
一定間隔で何度も呼び出す方法：afterメソッド 501
セルを直接入力する、そして編集する 504
grid_viewのハンドラを書く 505
パターンを追加する 506
オプションメニューのハンドラを書く 507
パターンローダを書く 510
ライフゲームシミュレータをさらに進化させる！ 517

xix

12章 オブジェクト指向プログラミング
オブジェクト村への旅 ... 523

私たちは関数を使ってコードを抽象化してきました。
そして、簡単な文、条件節、for/whileループ、関数を使って**手続き型**のコードを書きました。しかし、いずれも正確には**オブジェクト指向**ではありません。実際、**全然オブジェクト指向ではありませんでした！** オブジェクトとはどんなものか、そしてどのように使うかは説明しましたが、独自のオブジェクトの作成はしていません。本当の意味ではオブジェクト指向でコードを設計してはいないのです。いよいよ、この退屈な手続き町を出るときが来ました。この 12章では、オブジェクトによってなぜ人生がずっと上向きになる（**プログラミング的な意味でよくなる**）のかを説明します（1 冊の本で人生もプログラミングも両方とも向上させるのは無理です）。ここで、1 つ警告しておきます。オブジェクトのよさがわかってしまったら、もう後戻りはできません。向こうに着いたら便りをください。

- 別の方法で分割する ... 524
- 要するにオブジェクト指向プログラミングって？ ... 525
- クラスを設計する ... 527
- 最初のクラスを書く ... 528
- コンストラクタの動作 ... 528
- barkメソッドを書く ... 531
- メソッドの動作 ... 532
- 継承する ... 534
- ServiceDogクラスの実装 ... 535
- サブクラスとは ... 536
- ServiceDogはDogである（IS-A） ... 537
- IS-A関係を調べる ... 538
- 振る舞いのオーバーライドと拡張 ... 542
- 専門用語の街へようこそ ... 544
- オブジェクトは別のオブジェクトを含む（HAS-A） ... 546
- 犬用ホテルの設計 ... 549
- 犬用ホテルの実装 ... 550
- ホテルでのアクティビティを追加する ... 554
- 可能なことは何でもできる（ポリモーフィズム） ... 555
- 他の犬に歩き方を教える ... 556
- 継承の威力（と役割） ... 558

目次

付録　未収録事項

（取り上げなかった）上位 10 個のトピック 575

この本ではたくさんのことを取り上げましたが、もうすぐ終わりです。寂しいですが、お別れの前にもう少しだけ準備しないと気持ちよく送り出せません。実はあなたに知っておいてほしいことが、まだまだあります。文字のサイズを 0.00004 ポイントくらい小さくすれば、12 章までに収まりきれなかった Python プログラミングについて必要な知識を、この小さな付録に全部収めることができるでしょう。でもそんなに小さな文字では、誰も読めません。そこで、最も重要なトピックを 10 項目だけ選びました。これが本当に最後です。もちろん、索引を除いてですが（索引は必見です！）。

1. リスト内包表記 576
2. 日付と時刻 577
3. 正規表現 578
4. その他のデータ型：タプル 579
5. その他のデータ型：集合 580
6. サーバサイドプログラミング 581
7. 遅延評価 582
8. デコレータ 583
9. 高階関数と第一級関数 584
10. 多数のライブラリ 585

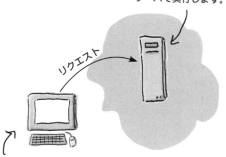

サーバサイドコードは、インターネット上のサーバで実行します。

クライアントサイドコードは、クライアント（つまり、各自のコンピュータ）で実行します。

xxi

この本の読み方
はじめに

この章では、「プログラミングを学ぶ本にどうして
こんなことが書いてあるの？」という疑問に答えます。

この本が向いている人

次の2つの項目すべてに該当すれば、この本はあなたに向いています。

① プログラミング方法を**学び、理解し、覚えたい**。

② **無味乾燥で退屈な学校の授業よりも、ディナーパーティでの刺激的な会話**が好き。

> 「マーケティング担当者からのコメント:
> この本はクレジットカードを持っている人に
> オススメです。」

> これはリファレンス本ではありません。『**Head First** はじめてのプログラミング』はプログラミングの学習を目的としています。プログラミングの真相に関する百科事典ではありません(それには**Google**がありますよね)。

この本が向いていない人

次の3つの項目のいずれかに該当する場合には、この本はあなたに向いていません。

① コンピュータについて<u>まったく</u>何も知らない。

ファイルやフォルダの管理方法、アプリケーションのインストール方法、ワープロソフトの使い方などコンピュータについて詳しくなければ、まずはそれを学ぶべきでしょう。

② **リファレンス本**を探しているプログラミングの達人である。

③ **変わったものを試すのが怖い**。

変に見られるよりは苦痛に耐えるほうがよい。プログラミングの学習を楽しんでいるような技術本は真面目ではないと思う。

あなたの考えはわかっています

「この本のどこが真面目なの？」
「どうして絵や写真ばかりなの？」
「こんなので本当に**学べる**わけ？」

あなたの「脳」がどう考えるかもわかっています

脳は「これ」を重要だと考えます。

　人間の脳は常に目新しいことを求めています。そして、いつも何か珍しいことがないかを**探し求めて**います。人間が生き延びるため、生来、脳はそのように作られているのです。

　今日では、トラのえさになることはほとんどありません。しかし、それでも脳は注意しています。自分では気付いていないだけです。

　では、決まりきったありきたりの、平凡なことに対して、脳はどのように対処するのでしょうか？**重要なこと**を記録するという脳の**本来の仕事**を平凡なことに邪魔されないように全力を尽くすのです。脳は退屈なことはわざわざ記憶しません。「たいして重要じゃないな」とフィルタが働くからです。

　では、脳はどのようにして重要なことを**判断する**のでしょうか？例えば、ハイキングに出掛けたときに突然トラが襲いかかってきた場合、頭と体の中では何が起こるでしょうか。

　そんなとき、脳の神経細胞が燃え上がり、感情が昂り、**化学物質が活性化します**。

　そして、脳はこう判断するのです。

これは重要だ！絶対に忘れるな！

まいったな、退屈で単調な内容があと600ページもあるのか。

脳はこれを記憶するまでもないことだと考えます。

　しかし、家や図書館という、トラに襲われる心配がない安全で暖かい場所で、試験勉強か、あるいは上司から1週間から10日間くらいかけて目を通しておくように言われた難しい技術テーマを学習しているとします。

　ここで1つだけ問題があります。脳はあなたの役に立とうとします。つまり**明らかに重要でないことに脳の貴重なリソースが使われないようにする**のです。脳のリソースは本当に**重要なこと**、例えばトラが襲ってくる、火事の危険がある、二度と短パンをはいてスノーボードをしてはいけない、といったことを覚えておくことに使うほうがいいのです。

　「脳さん、いつも本当にありがとう。だけど、この本は退屈でいまはまったく魅力もないんだけど、何とか頭の中に入れておいてよ」と脳に伝える簡単な方法はないのです。

「Head First」の読者は学ぶ人です。

学習には何が必要なのでしょうか？まず**習得**し、その上で**忘れない**ようにする必要があります。知識を頭に詰め込むことではありません。認知科学、神経生物学、教育心理学の最新の研究によると、**学習には文字以外のものが必要**なのです。必要なのは脳のスイッチを入れることです。

Head First シリーズには学習についての方針があります。

ビジュアル重視。画像は、文字だけよりもずっと記憶されやすいので、学習効果が高まります（最大89％向上）。また、内容がより理解しやすくなります。この本では、**関連する絵や図、写真の中や近くに説明の文章**を配置しています。ページの下や別のページにまとめて配置してしまうと、内容に関連する問題を2度考えることにもなってしまいます。

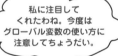

あなたが書いたコード

Pythonインタプリタ

会話のような親密な感じの文体。最近の研究では、無愛想な硬い文体よりも一人称を使って読者に直接語りかける会話的な文体のほうが、学習後のテストで学生の成績が最大40％も向上することがわかっています。講義ではなく、物語を語るような砕けた文体をわれわれは使っています。あまり深刻に受け取らないでください。ディナーパーティで仲間と会話するほうが講義よりも話に身が入りますよね？

そのコードを関数に抽象化したくなるんじゃないかな。

考えを深めながら学べるようにする。つまり、自らの脳細胞を活性化させない限り、頭の中は何も変わらないのです。読者に必要なのは、目的をはっきり持ち、熱心に楽しみながら問題の解決に集中し、結論をひねり出し、新しい知識を習得することです。そのためには、脳と感覚の両方を駆使する課題、練習問題、Q&Aなどに取り組みましょう。

私に注目してくれたわね。今度はグローバル変数の使い方に注意してちょうだい。

コーディングだけを学ぶのではなく、コンピュータ的な考え方を学んでください。

読者の関心を引きつけ、飽きさせない。「本当に学びたいんだけど、1ページも読み終わらないうちに眠くなってしまう」という体験は誰にでもあるでしょう。人間の脳は、ありきたりでないもの、面白く、変わっていて目を引く、予想に反したものに関心を集めます。新しくて難しい技術的なテーマを学ぶことは必ずしも退屈ではないのです。退屈でなければ、脳はかなり短時間で学習できます。

感情に訴える。何かを記憶する能力は、感情の動きに大きく左右されることがわかっています。気になることや何かを感じたことは記憶しやすいのです。何も「少年と愛犬の涙と感動の物語」のことを言っているのではありません。驚き、好奇心、楽しみ、「これは何だ？」といった感情や、パズルを解いたときに起こる「やったぞ！」という感覚、誰もが難しいと思っていることを習得したとき、エンジニアのボブより技術に詳しいことがわかったときなどの感情のことを指しているのです。

メタ認知：思考について考える

何かを心から学習したいと願っていて、しかも効率よく深く学習したいのであれば、関心の持ち方に注目するといいでしょう。考え方について考え、学び方について学ぶのです。

ほとんどの人は大人になるまでにメタ認知や学習理論の授業を受けたことがありません。私たちは学ぶことを**要求**されますが、学び方を**教わる**ことはまずありません。

この本を手に取った方は、プログラムやアプリケーションをコーディングする方法を本気で勉強したい人でしょう。でも、勉強にあまり時間をかけたくありませんよね。また、読んだ内容を**記憶**し、使えるようになりたいでしょう。そのためには、**理解**する必要があります。この本に限らず本や学習体験を最大限に活用するためには、自分の脳に対して責任を持つようにします。

学習の秘訣は、学んでいる新しい物事が「本当に重要」なものだと脳に思わせることです。つまり、学習している内容がトラに関することと同様に、あなたが幸せになるために重要なことであると認識させるのです。そうしないと、新しい内容を脳に留めるために脳と常に格闘することになります。

では、飢えたトラと同じようにコーディングを脳に扱わせるにはどうしたらいいのでしょうか？

そのためには退屈で時間のかかる方法と、効率的で時間のかからない方法があります。退屈で時間のかかる方法とは、ひたすら繰り返すことです。どのくらいつまらなく関心のないことでも、何度も繰り返し学べば覚えられるという経験は誰でもあるでしょう。十分に繰り返せば、脳は「これは重要とは**思えない**のだが、これだけ**繰り返し**ているのだから重要だと思うことにしよう」と判断するのです。

効率的で時間のかからない方法とは、**脳の働きを活性化させる**ことです。特に、さまざまな**種類**の脳の働きを活性化させるのです。前のページに示した項目はそのための重要な役割を担い、脳を望みどおりに働かせるのに役立つことがわかっています。例えば、絵や写真の**中に**内容を説明する言葉を入れておくと、見出しや本文のような別の箇所に入れるよりも言葉と絵や写真との関係を理解しようとして神経細胞がより活発に働くという研究報告もあります。神経細胞が活発に働けば働くほど、関心を払い記憶するにふさわしいものであると脳が考える可能性が高くなります。

会話のような文体が効果的なのは、人は自分が会話の中に入っていると感じると、話に遅れないようにして会話における責任を果たすことが期待されるため、より多くの関心を払うからです。面白いのは、会話が本との間で行われていても脳は一向に**構わない**という点です。逆に、文体がかしこまった無味乾燥なものであると、脳は大勢の受け身な聞き手と一緒に座って講義を受けている状態と同じように受け止めます。居眠りしてもかまわないと考えるのです。

しかし、ビジュアル化や会話的なスタイルは最初の一歩にすぎません。

この本で工夫したこと

この本では**絵や写真**を多用しています。これは、人間の脳が文字よりも視覚要素に反応するからです。脳の観点から見れば、1つの絵や写真は1000文字の言葉に匹敵します。また、テキストと絵や写真を組み合わせるときは、関係するテキストを絵や写真の**中**に埋め込みました。テキストが関連するものの**中**にあるほうが、表題や本文のどこかに埋もれているよりも脳がずっと効果的に働くからです。

また、同じことを**繰り返し**説明しています。同じことを**さまざまな表現**や素材で表現して**複数の意味**を持たせることで、学んだ内容が脳のさまざまな領域に記憶される可能性が高くなります。

脳は目新しいものに向かうようになっているので、概念と絵や写真を**予想外**の方法で使うようにしました。また、脳は感情の動きに注目するという特性があるので、少なくとも何らかの**感情に訴えるような**形で使いました。その感情がちょっとした**ユーモア**、**驚き**、**興味**にすぎなくても、何かを感じ**させた**内容は記憶される可能性が高くなるのです。

読者ひとりひとりに**話しかけるような文体**を使いました。脳は、受け身の姿勢で説明を聞いているときより会話をしているときのほうが注意を払うようになっているからです。こうした脳の働きは本を**読む**場合でも同じです。

Pythonのインタプリタになってみよう

脳は何かを**読ん**でいるときより何かを**行っている**ときのほうが学習効果が高いので、120問以上の**練習問題**を収めました。練習問題のレベルは「難しいけれども実行可能」というくらいにしてあります。ほとんどの人がそのくらいのレベルの問題を好むからです。

重要ポイント

複数のアプローチで学べるようにしています。基礎から順を追って学習するほうがいいという人もいれば、ともかくまずだいたいの概要をつかみたいという人、例だけが見たいという人もいるからです。好きなアプローチはそれぞれに異なっていても、同じ内容を複数のアプローチで表現していれば**誰もが**納得するでしょう。

クロスワードパズル

左脳と右脳の両方を使う内容を盛り込んでいます。脳を使う箇所が多いほど、学習や記憶の効果が高まり、集中力も持続します。一方の脳が働いているときには他方の脳を休ませられるので、長い目で見ると学習の生産性が上がります。

複数の観点を示す話題や練習問題を含めるようにしています。脳は、評価や判断を強いられたときのほうがより深く学習するようになっているからです。

彼らが付き合ってくれます。
↓

練習問題を用意したり、必ずしも簡単な答えが出ないような**質問**をしたりすることで、**課題**が生じるようにしています。なぜなら、脳は何かに**取り組む**必要があるときに学習し記憶する特性があるからです。ジムで人を**見ている**だけでは**体**を鍛えることはできせん。しかし、努力しているときは、**確実に力が付く**ように最善を尽くしているのです。難解な例を挙げたり、難しい専門用語を多用したり、逆にあまりに当たり前すぎる説明をしたりして、**脳細胞を余計に使わせることはありません。**

説明、例、絵や写真などに**人物**を登場させています。**あなた**もやはり人なので、脳は**物**よりも**人**に関心を持つからです。

80/20のアプローチを採用しています。プログラミングの達人になるつもりなら、この本だけでは十分ではないと考えています。この本では**すべて**を取り上げてはいません。本当に**必要**になることだけを取り上げています。

はじめに

ここから下を切り取って、冷蔵庫にでも貼っておくといいでしょう。

脳を思いどおりにさせるためにできること

この本は最善を尽くしていますので、あとはあなた次第です。次のヒントは第一歩にすぎません。脳に耳を傾け、何が役に立ち何が役に立たないかを把握してください。新しいことに挑戦してみましょう。

---

① 時間をかけて読みましょう。理解すればするほど、覚えなければならないことの数は少なくなります。

ただ**読む**だけでなく、ときどき読むのを止めて考えましょう。本の中で問題が出されても、すぐに答えを見ないでください。誰かから本当に質問されていると思いましょう。脳に深く考えさせればさせるほど、学習や記憶の効果が高まるのです。

② 問題を解きましょう。自分のノートに書き込んでください。

この本には「自分で考えてみよう」「エクササイズ」「コードマグネット」といった練習問題を載せていますが、私たちが問題を解いてあげてしまったら、あなたのために他人がトレーニングしているようなものです。練習問題を**見て**いるだけではいけません。**実際に鉛筆を使って取り組んで**ください。学習**中**に体を動かすと学習効果が高まります。

③ 「素朴な疑問に答えます」を読みましょう。

このコーナーはとても大切です。これは内容を補足するものではなく、むしろ**核心となる内容の一部**なのです！読み飛ばさないようにしましょう。

④ この本を読んだあとは寝るまで他の本を読まないようにしましょう。少なくとも、難しいものは読まないようにしましょう。

学習の一部、特に学習内容の長期記憶への転送は、本を閉じた**あと**に行われます。脳が次の処理を実行するには時間が必要です。この処理中に新たに別のことを学習すると、前に学習したことが一部失われてしまいます。

⑤ 水をたくさん飲みましょう。

脳は十分な水分がある状態で最もよく働きます。脱水状態(のどが渇いたと感じる前に起こります)になると認知機能は衰えます。

⑥ 内容をはっきりと声に出してみましょう。

話すことは脳の別の部分を活性化します。何かを理解したい場合やあとで思い出しやすくしたい場合には、はっきりと声に出してください。さらによいのは、それを他の誰かに明確に説明してみることです。そうすると、学習の効率が上がり、読んだだけではわからなかった概念がはっきりするかもしれません。

⑦ 脳に耳を傾けましょう。

脳に負担をかけすぎないように注意しましょう。内容を表面的にしか理解できなくなったり、読んだばかりのことを忘れるようになったりしたら休憩してください。ある限界を超えると、それ以上詰め込もうとしても学習の効率は上がらず、かえって学習を妨げることもあります。

⑧ 感情を持ちましょう。

脳は**重要**であるかどうかを判断する必要があります。話に集中しましょう。写真や絵などに自分なりの注釈を入れるのもよい方法です。くだらないジョークに文句を言うだけでも、何も感じないよりはるかにいいのです。

⑨ 何か作ろう。

計画中の新規案件を作成するか、昔のプロジェクトを改良しましょう。この本の練習問題や作業以外にも**何か**をやってみて経験を積んでください。必要なのは鉛筆と解決すべき課題だけです。プログラミングの恩恵を受ける課題です。

⑩ よく寝よう。

プログラミングを学ぶには新たに多くの脳神経の結合が必要です。よく寝ましょう。睡眠が役立ちます。

xxix

初めに読んでね

　この本は順を追って読みながら学習を進めていく本であり、辞書のようなリファレンスではありません。そのため、学習の障害になりそうな内容についてはあえて割愛しています。この本を初めて読む場合には、1章から順番に読んでください。それまでの章で学んだことを前提に話を展開しているからです。

プログラミングの背後にある思考プロセスを学んでほしい。

　その思考プロセスをコンピュータ科学と呼ぶ人もいますが、少し秘密があります。コンピュータ科学は科学ではなく、それほどコンピュータに関連しているわけでもありません（天文学が望遠鏡に関連していないのと同じです）。コンピュータ科学は考え方です（最近ではコンピュータ的思考とも呼ばれます）。コンピュータ的な考え方がわかると、課題、環境、プログラミング言語に適用しやすくなります。

この本ではPythonを使う。

　自動車なしで運転を学ぶのはあまり実用的ではありません。プログラミング言語なしでコンピュータ的な考え方を学ぶのは、売りになるスキルというより思考実験です。そこで、この本では人気のPythonを使います。1章ではPythonのよさを詳しく説明しますが、趣味で使うのか高収入を得るソフトウェア開発者になりたいのかにかかわらず、手始めとしては（そして、おそらく最終的にも）Pythonが適しています。

Python言語のあらゆる側面を包括的に取り上げているわけではない。

　包括的には程遠い内容です。Pythonについて学べることはたくさんあります。この本はリファレンス本ではなく学習するための本なので、Pythonについて知っておくべきことをすべて取り上げているわけではありません。この本の目的はプログラミングとコンピュータ的な考え方の基本を教え、**どのプログラミング言語**の本を選んでも途方にくれないようにすることです。

さらに、Mac、Windows PC、またはLinuxを使える。

　この本では主にPythonを手段として使います。Pythonはクロスプラットフォームなので、使い慣れたOSで利用できます。この本のスクリーンショットの大部分はMacのものですが、みなさんのWindows PCやLinuxマシンでも同じように見えるはずです。

この本ではベストプラクティスに基づいた適切な構造の読みやすいコードを推奨している。

　自分や他者が読んで理解でき、将来の新しいバージョンのPythonでも機能するコードを書きたいでしょう。この本では、最初からわかりやすい適切な構造のコードを書く方法を教えます。満足のいく、額に入れて壁に飾りたいようなコードを書く方法です（デートに連れてくる前に外してください）。プロが書くコードとの唯一の違いは、この本ではコードの隣に手書きの注釈を付けてそのコードが何をするかを説明している点です。学習のための本では、そのほうが従来のコード内のコメントよりも効果的であることに気付いたからです（何を言っているのかわからなくてもすぐにわかります。何章かで試してみてください）。しかし、コードにコメントを付ける方法を教え、コードへのコメントの例も示すので心配しないでください。とはいえ、最も簡単にコードを書き、やるべきことをやってさらに優れた処理に進めるようにしたいと思っています。

このような注釈

プログラミングは大事な作業である。時には懸命に取り組まなければいけない。

プログラマは異なるものの見方をし、異なる考え方をします。コーディングがとても論理的だと思うこともあれば、そこまでショッキングではないにしてもかなり抽象的だと感じることもあります。理解するのに時間のかかるプログラミング概念もあります。実際に、一晩考えないと理解できないものもあります。しかし、心配しないでください。この本では脳に優しい方法でそのすべてに取り組みます。マイペースで取り組み、時間をかけて概念を理解し、必要ならこの本の内容を何度も繰り返し読んでください。

練習問題を省略しない。

「自分で考えてみよう」「エクササイズ」「コードマグネット」といった練習問題は付けたしではありません。この本の重要な本文の一部です。記憶や理解を促すものもあれば、学んだことを応用する際に役立つものもあります。練習問題を飛ばすと、この本の大半をみすみす見逃してしまうことになります（おそらくかなり困惑するでしょう）。飛ばしてもいいのはクロスワードパズルだけですが、用語を別の見地で考える機会を脳に与えてくれるものです。

あえて冗長にしている。これは重要。

Head Firstシリーズは、読者に内容を本当に理解してほしいという点が他の本と異なります。一冊を読み終えたときに、学習したことを覚えていてほしいのです。ほとんどのリファレンス本は、記憶することや思い出すことを目的としていません。本書は学習に目的を置いているため、同じ概念を何度も取り上げることがあります。

例はできるだけ簡潔にしてある。

理解する必要のある2行のコードを探すのに、200行の例を苦労して読まなければいけないのはイライラすると読者から言われたことがあります。この本のほとんどの例は最小限の文脈だけを示しているので、学習したい部分が明確で単純になっています。すべての例が完璧であるとは思わないでください。学習しやすいように作成したものなので、必ずしも完全に機能するわけではありません。一方、長いコードの例では、友達や家族に見せたくなるような楽しく、興味を引く、素晴らしい例になるようにも努めています。

サンプルコードのファイルはすべてWebからダウンロードできます。https://wickedlysmart.com/hflearntocode（原書のサイト）またはhttps://www.oreilly.co.jp/books/9784873118741/（日本語版のサイト）から入手してください。

能力発揮には通常は答えがない。

「能力発揮」のセクションには正しい答えがないものもあります。また、答えが正しいかどうかを判断したり、どのような場合に正しいかを判断することもあります。一部には、正しい方向へ導くためのヒントもあります。

サンプルコード、ヘルプ、解説をオンラインで入手する。

コード例のファイルや追加の補足資料など、この本で必要なものはhttps://wickedlysmart.com/hflearntocode あるいはhttps://www.oreilly.co.jp/books/9784873118741/から入手できます。

オペレータは待機していませんが、必要なコードとサンプルファイルはhttps://wickedlysmart.com/hflearntocodeから入手できます。

この本の読み方

Pythonをインストールする

おそらく、みなさんのコンピュータにはまだPythonはインストールされていないか、適切なバージョンはインストールされていないでしょう。この本ではPython 3を使います（翻訳時点ではバージョン3.7.2でしたが、バージョンアップは常に行われています。ここでは最新バージョンを3.7.xとします）。そこで、バージョン3.7以降をインストールしましょう。その方法を説明します。

- **macOSでは**、ブラウザを開いて次のURLをアドレスバーに入力します。
  `https://www.python.org/downloads`

1. ページ左上の黄色い[Download Python 3.7.x]ボタンを押してインストーラをダウンロードします。
2. ダウンロード後にインストーラをクリックすると、インストールが開始します。
3. インストールが完了したら、アプリケーションフォルダに移動すると、そこにPython 3.7フォルダができています。インストールを確認するために、Python 3.7フォルダのIDLEをダブルクリックします。

Pythonのインストールには管理者権限が必要です。普通にアプリケーションをインストールできている場合は問題ないはずです。それ以外の場合は、管理者に相談してください。

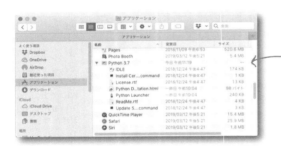

アプリケーションフォルダにPython 3.7 フォルダがあり、Python 3.7 フォルダにIDLEがあります。IDLEについては1章で詳しく説明します。

4. IDLEアプリケーションが画面に現れると、以下のスクリーンショットのような表示になるはずです。違っていたら、インストールでエラーが発生していないか再度確認してください。

IDLEをまだDockに追加していなければ、追加しておくとよいでしょう。この本ではIDLEをよく使うからです。IDLEを実行するとDockにアイコンが表示されます。そこで[Ctrl]を押しながらDock内のアイコンをクリックし、ポップアップメニューから[オプション]の[Dockに追加]を選べばDockに追加されます。

メニューから[IDLE]→[Quit IDLE]を選択すると、IDLEは終了します。

はじめに

- **Windows**ではブラウザのアドレスバーに次のURLを入力します。
  `https://www.python.org/downloads`

1. ページ左上の［Download Python 3.7.x］ボタンを押してインストーラをダウンロードします。ダウンロード後にインストーラをクリックすると、インストールが開始します。

1-a.（64ビット版のPythonを使いたい人向け）

64ビットマシンでも32ビット版Pythonは動きますが、64ビット版Pythonを使いたい場合は、ページの下のほうにある最新バージョンの数字をクリックしてください。すると、Python 3.7.xのページが開きます。そのページの「Files」の表から自分のマシンに合ったインストーラを選択します*。インストーラのリンクをクリックするとダウンロードされます。

2. 画面にインストーラウィンドウが現れたら、インストーラの下端の［Add Python to PATH］のチェックボックスがチェックされていることを確認してから［Install Now］をクリックします。

3. インストールが完了したら、［スタート］ボタンから［すべてのプログラム］を表示すると、アプリケーションのリストにPython 3.7のメニューオプションがあるはずです。Pythonメニューには、Python 3.7、ドキュメント、IDLEの選択肢があります。IDLEは、この本でも使うエディタです。

4. 試してみるために、IDLEメニュー項目をクリックします。IDLEアプリケーションが画面に現れると、以下のスクリーンショットのような表示になるはずです。違っていたら、インストールでエラーが発生していないか再度確認してください。

画面左上の黄色いボタンをクリックすると、最新バージョンの32ビット版のインストーラ（Windows x86 executable installer）がダウンロードされます。64ビットマシンでも、32ビット版のPythonは動きます。

メニューから［IDLE］→［Quit IDLE］を選ぶとIDLEは終了します。

Linuxユーザへのメモ：Linuxユーザの方は説明がなくても大丈夫ですよね。何をすべきかわかっているはずです。python.orgから適切なディストリビューションを入手するだけです。

＊ 訳注：32ビットマシンならWindows x86 executable installerまたはWindows x86 web-based installer、64ビットマシンならWindows x86-64 executable installerまたはWindows x86-64 web-based installerをインストールするとよいでしょう。

この本の読み方

コードのまとめ方

この本で書くコードはすべて**ソースコード**です。つまり、コンピュータで動くプログラムと必要なデータファイルや画像です。コードは章ごとにまとめておくとよいでしょう。この本では、次のように章ごとにフォルダを作成することを前提としています。

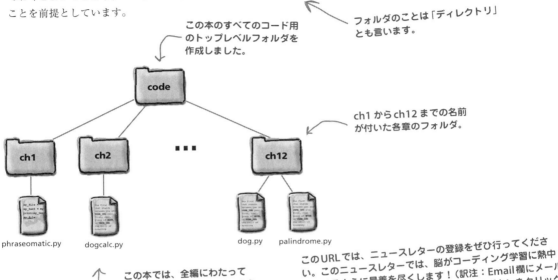

この本のすべてのコード用のトップレベルフォルダを作成しました。

フォルダのことは「ディレクトリ」とも言います。

ch1からch12までの名前が付いた各章のフォルダ。

この本では、全編にわたってフォルダやファイルをどのように呼び出すかを説明します。

このURLでは、ニュースレターの登録をぜひ行ってください。このニュースレターでは、脳がコーディング学習に熱中し続けるように最善を尽くします！（訳注：Email欄にメールアドレスを記入し、その下の「Subscribe」ボタンをクリックすれば登録できます。なお、ニュースレターは英語で配信されます。）

また、次のURLにもアクセスしてください。

```
https://wickedlysmart.com/hflearntocode
```

このページの「Get the Source Code」（ソースコードの入手）の項目にある「Download the code」（コードのダウンロード）というリンクをクリックすると、この本のすべてのソースコードをダウンロードできます*。ソースコードには、これから書いていくプログラムと必要なデータファイルや画像が含まれています。時間を割いて自分でプログラムを入力してもらいますが（コーディングを体にしみこませ、脳に定着させるのに役に立ちます）、解明できない問題に遭遇したときは、自分の書いたコードとこの本のソースコードを比較し、どこで間違えたかを確認しましょう。

* 訳注：日本語版のサイト
https://www.oreilly.co.jp/books/9784873118741/
からもダウンロードできます。

謝辞 *

まず、尊敬すべきテクニカルレビューアたちに感謝します。**Elisabeth Robson**は、Head Firstとコンピュータ科学の鋭い視点で原稿を丁寧かつ専門的に見直してくれました。**Josh Sharfman**は、この本の隅々に奥深さと優れた品質をもたらしたMVPレビューアでした。**David Powers**は、彼のいつものやり方で原稿を厳しくチェックしてくれました(彼のハリーポッターの知識もなかなかです)。経験豊かなHead First著者の**Paul Barry**は、本当に必要なPythonに対する批判的な視点を示してくれました。さらに、(次のページに示す)**レビューチーム**は、この本のレビューのあらゆる局面で非常に貴重な存在でした。

編集者の**Jeff Bleiel**、**Dawn Schanafelt**、**Meghan Blanchette**には一番感謝しています。Meghanはこの本を軌道に乗せるのを助け、Dawnは初期開発段階から注意深く見守り、Jeffはこの本を出版にこぎつけてくれました。

また、**Susan Conant**、**Rachel Roumeliotis**、**Melanie Yarbrough**などのO'Reillyチームの全員にも感謝します。WickedlySmart社の**Jamie Burton**の初期の読者調査やレビューチームフォーラムの管理などのすべての支援に感謝します。そして、いつものように、**Bert Bates**と**Kathy Sierra**にはひらめき、興味深い議論、そして難しい執筆の支援に感謝しています。また、**Cory Doctorow**のサポートと7章の執筆に手を貸してくれたことに感謝します。

最後に、**Daniel P. Friedman**、**Nathan Bergey**、**Raspberry Pi Foundation**、**Socratica**をはじめとする個人や組織が無意識のうちにこの本の各所にインスピレーションを与えてくれました。

* 謝辞が長くなったのは、本の謝辞で名前を挙げた全員が少なくとも1冊は(おそらく、親戚やら何やらでもっと多くを)購入してくれるという説を検証しているからです。改訂版の謝辞に載りたい場合や家族がたくさんいる場合にはお便りをください。

この本の読み方

レビューチーム

レビューチームを紹介します！

　素晴らしいチームの人々がこの本のレビューを引き受けてくれました。経歴は**初心者**から**エキスパート**までに及び、**建築家、歯科医、小学校の先生、不動産業者、APコンピュータ科学の先生**など多様な職業の人々が、**アルバニア、オーストラリア、ケニア、コソボ、オランダ、ナイジェリア、ニュージーランド**など世界中から参加してくれました。

　このチームがすべてのページを読み、練習問題をすべて試し、すべてのコードを入力して実行し、600ページに及ぶ本に対するフィードバックを返し、励ましてくれました。また、自らチームとして働き、助け合いながら新たな概念に取り組み、間違いを二重チェックし、本文やコードの問題点を見つけてくれました。

このレビューア全員がこの本に多大な貢献をし、品質を大幅に改善してくれました。

ありがとう！

Crystal Gilmore Rodriguez

Ridvan Bunjaku

Troy Welch

Hudson Read

Mark S. van der Linden

Mitch Johnson

Chris Talent

Andrea Toston

Chris Griggs

David Oparanti

Johnny Rivera

David Kinot

Michael Peck

Mauro Caser

Benjamin E. Hall

Alfred J. Spelle

Tiron Andric

Dennis Fitzgerald

Abdul Rahman Shaik

また、**Christopher Davies、Constance Mallon、Wanda Hernandez**の多大な貢献にも大変感謝しています。

1章　コンピュータ的に考える

始めよう

コンピュータ的な考え方をすることにより自分をコントロールすることができます。
世の中は、ますます多くのものがつながり、設定可能になり、プログラム可能になり、いわゆる**コンピュータ的**になっています。受動的に関わることもできますが、**コードの書き方を学ぶ**こともできます。そしてコードを書くことができれば主導権を握ることができます。あなたのためにコンピュータを実行させることができるのです。コードが書けると、自分の運命を変えることができます（少なくともインターネットに接続された芝生のスプリンクラーのプログラミングができるようにはなるでしょう）。しかし、どうやってコードの書き方を学ぶのでしょうか。まず、**コンピュータ的な考え方**を学びます。次に、**プログラミング言語**を覚えます。すると、コンピュータ、モバイルデバイス、**CPU**を備えたデバイスが使う言語と同じ言語を使えるようになります。これにはどんなメリットがあるのでしょうか？　本当にやりたいことをする時間が増え、能力が向上し、より創造性豊かな可能性が広がります。さあ、始めましょう。

分解する

分解する

初めて実際のコードを書くには、まず課題をコンピュータで**実現可能**な小さな動作に分解するスキルを学ぶ必要があります。もちろん、コンピュータと同じ言語を使う必要があります。詳しくは7ページで説明します。

課題をいくつかの手順に分解するというスキルは、聞き慣れていないかもしれませんが、実際には毎日行っています。簡単な例を考えましょう。例えば釣りの動作を簡単な一連の手順に分解してロボットに渡し、ロボットに代わりに釣りさせたいとします。その場合はまず次のように分解してみます。

魚を釣る動作を、簡単に理解できる
複数の手順に分解しましょう。

① 釣り針に餌を付ける。

この手順に順番に従います。

② 池に釣り糸を垂れる。

「池に釣り糸を垂れる」というような手順は、
簡単な指示（すなわち**文**）です。

③ 浮きが水中に沈むまで待つ。

条件が満たされるまで待って先の処理に
進む文もあります。

④ 魚を釣り上げる。

上の文で浮きが水中に沈んだときだけ
この文を実行します。

⑤ 釣りが終わったら家に帰る。終わりでなければ、手順 ① に戻る。

文は**判断**することもできます。
家に帰るか釣りを続けるかなど
の判断です。

このように文は繰り返されるものです。
家に帰らないなら、<u>代わりに</u> ① まで
戻って手順を繰り返し、別の魚を
釣ります。

← 浮き

← 釣り針

← 餌

1章　コンピュータ的に考える

前ページの文は釣りをするための親切な**レシピ**と考えられます。他のレシピと同様に、このレシピも一連の手順を示し、順番どおりに従うことで何らかの結果を生み出します（この例では、うまくいけば魚が釣れます）。

ほとんどの手順は、「池に釣り糸を垂れる」や「魚を釣り上げる」のような簡単な指示です。しかし、少し異なる指示もあります。例えば、3番目の文は「浮きが水面の上にあるか下にあるか」という条件に依存します。最後の「釣りが終わっていなければ、最初に戻って釣り針に餌を付け直す」などは、レシピの流れを指示しています。「終わったら家に帰る」は釣りを止める条件を示しています。

このような簡単な文や指示がコーディングの土台になることがだんだんとわかっていきます。実際に、これまで使ったことのあるアプリケーションやソフトウェアプログラムは、どれもコンピュータに実行すべきことを伝える簡単な（場合によっては多くの）指示なのです。

エクササイズ

実際のレシピは**何をすべきか**という手順だけではなく、料理を作るために使うオブジェクト（計量カップ、泡立て器、フードプロセッサ、そしてもちろん材料など）も示します。釣りのレシピで使うオブジェクトとは何でしょうか。前ページの釣りのレシピでオブジェクトに該当するものに丸を付け、30ページで答えが合っているかを確認してから先に進んでください。

> 練習問題ですから、直接書き込んでかまいません。むしろ実際に書き込むことをお勧めします。

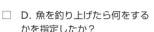

自分で考えてみよう

あらかじめ理解しておいてもらいたいことがあります。コンピュータは**指示したとおり**にしか動作しません。それ以上でも以下でもありません。前ページの釣りのレシピを考えてください。ロボットになってこの指示に正確に従うとしたら、このレシピで本当にうまくいくでしょうか。どのような問題が起こり得るでしょうか。

- ☐ A. 魚がいなければ、長時間（もしかしたら永久に）釣りをすることになってしまう。
- ☐ B. 釣り針から餌が外れても気付かず、付け直すこともない。
- ☐ C. 餌がなくなった場合は？
- ☐ D. 魚を釣り上げたら何をするかを指定したか？
- ☐ E. 釣り竿は？
- ☐ F. _____
  _____
  _____

> 他にどんな問題が起こり得るでしょうか？

> 釣りについてよく知らない人のために説明しておくと、これが浮きです。魚が餌に食い付くと、水中に沈みます。

> この問題の答えは、30ページにあります。

レシピ、アルゴリズム、擬似コード

> コーディングの勉強をしようと思って高い技術書を買ったのに、レシピの話を聞かなくちゃならないの？ あまり期待できそうにないし、技術的でもないわね。

実際、レシピはコンピュータへの指示を表す方法として最適です。

　この本よりも高度なプログラミング書籍でも「レシピ」という用語が特に断りなく使われていることもあります。クックブックと呼ばれる一般的なソフトウェア開発技法に関する本でもよく使われています。もちろん、「レシピ」という言葉を使わずに技術的に説明することもできます。コンピュータ科学者やプロのソフトウェア開発者ならレシピのことを**アルゴリズム**と呼びます。アルゴリズムとは何でしょうか。レシピとほとんど変わりありません。アルゴリズムは、最初は**擬似コード**と呼ばれる非公式なコードで書くことが多いでしょう。

　1つ覚えておいてほしいことがあります。レシピ、擬似コード、アルゴリズムについて説明する際は、まず問題の解決方法の概要を示してから、コンピュータが理解して実行できる実際のコードの詳細を検討するようにします。

　この本では、「レシピ」「擬似コード」「アルゴリズム」を必要に応じて切り替えています。次の就職面接では、**アルゴリズム**や**擬似コード**という言葉を使ってより多くの報酬を確保するといいでしょう（しかし、**レシピ**という言葉でも問題はありません）。

> 擬似コードについては2章から詳しく説明します。

> こうするとコーディングの作業が簡単になり、間違いが起こりにくくなります。

> 同じ料理を作るためのたくさんのレシピがあるように、同じ問題を解決するための数多くのアルゴリズムがあります。そして、中でも特に魅力的な方法があります。

コードマグネット

~~レシピ~~アルゴリズムの練習を少ししてみましょう。Head Firstレストランの卵を3個使ったオムレツのアルゴリズムを忘れないように冷蔵庫のドアに貼っていましたが、誰かが順番を崩してしまいました。マグネットを正しい順番に直し、アルゴリズムを使えるようにしてください。なお、Head Firstレストランのオムレツには、プレーンとチーズの2種類があります。**31ページで必ず答え合わせをしてください。**

マグネットを並べ直してアルゴリズムが正しく機能するようにしてください。

- 注文がチーズオムレツなら：
- 上にチーズを加える
- 卵がよく混ぜ合わされていなければ：
- 卵をお皿に移す
- 卵に火が十分通るまで：
- フライパンを火から下す
- 卵をかき混ぜる
- 客に提供
- フライパンを火にかける
- 卵を溶く
- 3個の卵を割ってボールに入れる
- 卵をフライパンに流し入れる

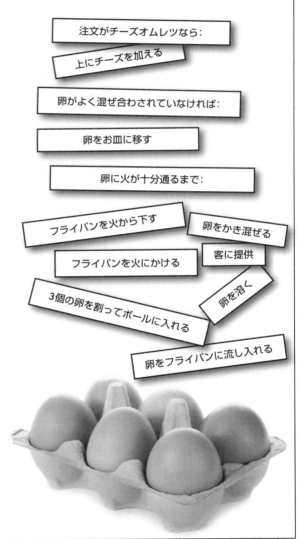

コーディングの手順

　コンピュータに何かタスク（コンピュータが処理する仕事のこと）を実行してもらいたい場合は、そのタスクをコンピュータが理解できる複数の指示に分割する必要があることはわかりましたが、**実際にどのようにして**コンピュータに何かを実行するように**指示**するのでしょうか。しかし、プログラミング言語に深く足を踏み入れる前に、実際にコードを書く際の手順を調べましょう。

❶ アルゴリズムを作成する

ここで解決したい問題やタスクをレシピ、擬似コード、アルゴリズムに変換します。これは、必要な結果を実現するためにコンピュータが実行する必要がある手順を表します。

① 釣り針に餌を付ける。
② 池に釣り糸を垂れる。
③ 浮きが水中に沈むまで待つ。
④ 魚を釣り上げる。
⑤ 釣りが終わったら家に帰る。終わりでなければ、手順 ① に戻る。

この段階ではプログラミング言語に変換する前に解決策を立てます。

❷ プログラムを書く

次に、そのレシピをプログラミング言語で書いた特定の命令に変換します。これが**コーディング**と呼ばれる作業で、その結果を「**プログラム**」または「**コード**」（さらに正式な名称は「**ソースコード**」）と呼びます。

```
def hook_fish():
    print('魚が釣れた！')
def wait():
    print('待つ')
print('餌を取り出す')
print('釣り針に餌を付ける')
print('釣り糸を垂れる')
while True:
    response = input('浮きが水中に沈んだか？')
    if response == 'yes':
        is_moving = True
        print('魚が食いついた！')
        hook_fish()
    else:
        wait()
```

これが「コーディング」の段階です。アルゴリズムをコード（ソースコードの略）に変換し、次の段階で実行できる状態にします。

❸ プログラムを実行する

最後に、ソースコードをコンピュータに渡し、コンピュータがその命令の実行を開始します。この段階は、言語によってコードの**解釈**（interpreting）、**実行**（running、executing）、**評価**（evaluating）などと呼びます。

われわれもこの3つを同じ意味として使うことがあります。

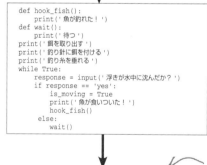

ソースコードが完成したら、実行の準備が整ったことになります。コードが適切に設計できていれば、期待した結果が得られるでしょう。

同じ言語で話している？

プログラミング言語とは、コンピュータにタスクを明確に指定するために作成した専用言語だと考えてください。つまり、コンピュータが理解できるようにわかりやすく正確にレシピを表す手段なのです。

プログラミング言語を学ぶには、2つのことをはっきりさせておきます。言語を使って何が表せるのかと、その意味です。コンピュータ科学者は、それぞれを言語の**シンタックス（構文）**、そして**セマンティクス**と呼んでいます。この2つはいまの段階では頭の奥深くにしまっておいてください。2章で両方とも詳しく説明します。

世界中にさまざまな言葉がたくさんあるように、プログラミング言語も**数多く**あります。もう気付いたかもしれませんが、この本ではPythonを使います。プログラミング言語とPythonについてもう少し理解を深めましょう。

心配しないでください。まだコードの読み書きができなくても大丈夫です。いまの段階ではコードに親しみ、コードの表現や動作に慣れるだけで十分です。この章で重要なのは全体を見渡すことだけです。

この本で学ぶテクニックは、将来使うことになるどんなプログラミング言語にも適用できることが、そのうちにわかります。

何て言う？

左側は人間が使う言語で書いた文、右側はプログラミング言語で書いた文（コード）です。人間の使う文と、それに対応するコードを線で結んでください。1番目だけは線を引いておきました。32ページで答え合わせをしてから先に進みましょう。

画面に「やあ」と出力する。

気温が22℃以上なら、画面に「短パンをはく」と出力する。

パン、ミルク、卵といった食料品の一覧。

5杯の飲み物を注ぐ。

ユーザに「あなたのお名前は？」と聞く。

```
for num in range(0, 5):
        pour_drink()

name = input('あなたのお名前は？')


if temperature > 22:
        print('短パンをはく')

grocery_list = ['パン', 'ミルク', '卵']

print('やあ')
```

you are here ▶ 7

プログラミング言語の世界

　この本には、さまざまなプログラミング言語の名前が登場します。また、街中の書店のプログラミング本のコーナーでも、（一部の例を挙げるだけでも）Java、C、C++、LISP、Scheme、Objective-C、Perl、PHP、Swift、Clojure、Haskell、COBOL、Ruby、Fortran、Smalltalk、BASIC、Algol、JavaScript、そしてもちろんPythonという名前を見かけるでしょう。このようなプログラミング言語の名前は何に由来しているのか不思議に思うかもしれません。実は、プログラミング言語の名前はロックバンドの名前のようなものです。言語開発者にとっては意味があるのです。例えばJavaは、予想どおりコーヒーにちなんでいます（開発者が気に入っていた名前のOakは先に取られてしまいました）。Haskellは数学者ハスケル・カリーから、Cはベル研究所で開発された言語AとBの後継であったことに由来します。しかし、なぜこんなに多くの言語が存在しているのでしょう。それにそれぞれどういったものなのでしょうか。複数の人に、自分が使用している言語についての意見を聞いてみましょう。

僕のお気に入りはObjective-C。一日中iPhoneアプリを作っているんだ。Objective-CはCに似ているけどずっと動的だしオブジェクト指向なところが好きだな。Appleの新しい言語Swiftも勉強しているよ。

Javaではオブジェクトのレベルで考えられるし、メモリ管理やスレッドといったことも任せられるの。

僕はWordPressの世界で生きているよ。WordPressはPHPで書かれているから、PHPが僕の主力言語だね。PHPをスクリプティング言語と言う人もいるけど、必要なことは何でもできるよ。

1章　コンピュータ的に考える

> 主にC言語を使っている。OSの一部を書く必要があるから、効率性がすごく求められるんだ。実際の仕事ではあらゆるCPUサイクルとメモリ位置が重要なんだ。

> 研究者の私はSchemeやLISP系の言語が好きだな。私にとっては高階関数と抽象化が重要なんだ。Clojureのような関数型言語が実際に産業界で使われるようになっているのは嬉しいね。

> Web開発者の私はJavaScriptを主に使うの。JavaScriptはすべてのブラウザのデフォクト言語だし、バックエンドWebサービスを書くのにも使われているわ。

> 私はシステム管理者です。よくPerlを使ってさまざまなシステムスクリプトを書いています。たった数行のコードで多くの仕事をこなすことができます。

僕らはPythonが好きだな。読みやすくてわかりやすい言語として有名だし、多くのライブラリをサポートしているからどんな分野のコードでも書けるんだ。それに、熱心な素晴らしいコミュニティもあるしね。

Pythonは初心者に最適な言語の1つと言われているけど、スキルが向上するにつれて言語も一緒に成長するのよ。実用的な言語でもあって、Google、Disney、NASAなどはPythonを使って本格的なシステムを構築しているのよ。

選択、選択、また選択

　このように、多くの言語があり、多くの意見があります。いまの私たちは言語についてほんの少しかじっているだけです。また、言語には多くの専門用語が付随しているので、いまは戸惑うことも多いかと思いますが、学習を進めていくうちにその用語のことがよく理解できるようになるでしょう。現時点では、世の中にはすでに多種多様な言語があり、毎日のように多くの言語が生まれていることを覚えておいてください。

　では、どの言語を選べばよいのでしょうか。いまは何よりもまず、**コンピュータ的**に考える方法を私たちは学びたいのです。そうすれば、将来どのような言語に出会っても習得しやすいからです。とにかく**何らかの言語**を使わなければならないので、私たちはPythonを使うことにします。なぜでしょうか？　上の友人たちがその理由をはっきりと述べています。Pythonはとても読みやすく一貫性があるので、初心者に最適な言語の1つと考えられています。また、強力な言語でもあります。Pythonを使って（この本や他のことで）何を実行するにしても、コード拡張（**モジュール**や**パッケージ**と呼びます）というかたちでサポートがあり、開発者のコミュニティがサポートしてくれます。それに、Pythonは他の言語よりも**楽しい**と言う開発者もいます。Pythonを選んでおいて間違いはないでしょう。

自分で考えてみよう

まだPythonのことをよく知らなくても、コードがどのように動作するかを十分推測できると思います。次のコードがそれぞれ何をするか推測して、予想を書いてみましょう。わからなければ、次のページの答えを見てください。1行目の答えは書いておきました（各単語の下に日本語の意味を記したので参考にしてください）。

Pythonの簡単さを確認する

```
customers = ['ジミー', 'キム', 'ジョン',
             'ステイシー']
```
顧客

顧客リストを作成する。

```
winner = random.choice(customers)
```
勝者　　　ランダムに選ぶ

```
flavor = 'バニラ'
```
味

```
print('おめでとう ' + winner +
      ' アイスクリームサンデーが当たりました！')
```
出力

```
prompt = 'サクランボを乗せますか？ '
```
プロンプト

```
wants_cherry = input(prompt)
```
欲しい　チェリー　　入力

```
order = flavor + 'サンデー '
```
注文

```
if wants_cherry == 'yes':
    order = order + 'サクランボ乗せ'

print(winner + 'の' + order + '1つ ' +
      ' すぐにできます')
```

Pythonの出力

おめでとう ステイシー アイスクリームサンデーが当たりました！
サクランボを乗せますか？ yes
ステイシーのバニラサンデーサクランボ乗せ1つ すぐにできます

このコードの出力です。これがヒントになるでしょう。このコードはいつ実行しても同じ出力となるでしょうか？

初めてのPython体験

自分で考えてみようの答え

まだPythonのことをよく知らなくても、コードがどのように動作するかを十分推測できると思います。次のコードがそれぞれ何をするか推測して、予想を書いてみましょう。

Pythonの簡単さを確認する

```
customers = ['ジミー', 'キム', 'ジョン',
             'ステイシー']
```
顧客リストを作成する。

```
winner = random.choice(customers)
```
顧客の1人をランダムに選ぶ。

変数に数値や文字列を設定することをプログラミングでは「代入」と言います。

```
flavor = 'バニラ'
```
flavorという名前(変数)にテキスト「バニラ」を設定。

```
print('おめでとう ' + winner +
      ' アイスクリームサンデーが当たりました！')
```
画面に客の名前が入ったおめでとうメッセージを出力する。例えば、キムが当選した場合、このコードは「おめでとう キム アイスクリームサンデーが当たりました！」と出力する。

```
prompt = 'サクランボを乗せますか？ '
```
promptという名前(変数)にテキスト「サクランボを乗せますか？」を設定する。

```
wants_cherry = input(prompt)
```
ユーザにテキストを入力するように要求し、そのテキストをwants_cherryに設定する。ユーザに入力を求めると、(Pythonの出力で示したように)まずプロンプトが表示される。

```
order = flavor + 'サンデー '
```
orderにテキスト「バニラ」と「サンデー」をつなげて設定する。

```
if wants_cherry == 'yes':
    order = order + 'サクランボ乗せ'
```
ユーザが「サクランボを乗せますか？」という問いにyesと答えたら、orderにテキスト「サクランボ乗せ」を追加する。

```
print(winner + 'の' + order + '1つ ' +
      ' すぐにできます')
```
注文がすぐにできあがると出力する。

Pythonの出力
```
おめでとう ステイシー アイスクリームサンデーが当たりました！
サクランボを乗せますか？ yes
ステイシーのバニラサンデーサクランボ乗せ1つ すぐにできます
```

追伸：このコードを入力して試したいという誘惑にあらがえない場合は、ファイルの先頭にimport randomを追加してから実行してください。この文の意味は後で説明します。断っておきますが、現段階でこのコードはあまり参考にならないし、実行する必要はありません。でも試してみずにいられないという気持ちもわかります。自分のことは自分がよくわかっていますからね！

Pythonを使ったコードの記述と実行

少しコードのことがわかってきたと思います。いよいよ本物のコードを実際に書いて実行してみましょう。前にも言ったように、コードの書き方と実行方法は言語や環境によってさまざまなやり方があります。どのようにPythonのコードを書いて実行するかをおおまかに理解しましょう。

❶ コードを書く

まず、エディタにコードを入力して保存します。Windowsのメモ帳やMacのテキストエディットなど、普段使っているテキストエディタを使ってコードを書くことができます。ですが、ほとんどの開発者はIDE（Integrated Development Environment：統合開発環境）と呼ばれる特殊なエディタを使います。なぜでしょうか？ IDEはワープロソフトに似ています。一般的なPythonキーワードの自動補完、言語構文（または構文エラー）のハイライト表示などの多くの優れた機能に加え、テスト機能も備えています。また、Pythonは都合のよいことにIDLEというIDEを備えています。IDLEについては18ページから説明します。

あなたが書いたコード

PythonのIDLEエディタ

❷ コードを実行する

コードの実行は簡単で、コードをPythonインタプリタに渡すだけです。Pythonインタプリタは、書いたコードを実行するために必要な処理を行うプログラムです。すぐに詳しく説明しますが、インタプリタはIDLEや、コンピュータのコマンドラインから直接利用できます。

Pythonインタプリタ

❸ コードの解釈方法

Pythonは、人間とコンピュータの両方が理解できる言語だと主張してきました。これまで学んだように、インタプリタはコードを読んで実行する役割を果たします。そのために、インタプリタは実は水面下でコードをマシンコードに変換し、そのマシンコードはコンピュータハードウェアが直接実行します。インタプリタがどのように変換するかを気にする必要はありません。インタプリタがPythonのコードを実行することを知っていればよいのです。

コードを実行するインタプリタ

Pythonとプログラミング言語についての詳細

素朴な疑問に答えます

Q: なぜ英語を使ってプログラミングしないのですか？ そうすればこのように特殊なプログラミング言語を学ばなくていいのに。

A: そうできればいいのですが、英語は曖昧な点だらけで、前述のような変換器を作るのが極めて困難です。この分野に取り組んでいる研究者もいますが、プログラミング言語として英語や他の話し言葉を使うにはほど遠い状態です。また、英語に似たものにしようとしている言語もありますが、プログラマは話し言葉にはあまり似ていない、もっとコーディングに効率的な言語を好みます。

Q: プログラミング言語はなぜ1つだけではないのですか？

A: 技術的には、最近のプログラミング言語はすべて同じ演算ができるという点で同等なので、理論的には1つのプログラミング言語であらゆるニーズを満たすことができます。しかし、話し言葉と同様に、プログラミング言語はそれぞれ表現力が異なります。つまり、ある種のプログラミングタスク（例えば、Webサイトの構築）には他の言語よりも適した言語があるのです。また、好みや特定の手法を利用するためや、さらには勤務先が採用しているからという理由だけでプログラミング言語を選ぶ場合もあります。しかし、プログラミング言語は進化し続けるので、ますますその数が増えるのは間違いないでしょう。

Q: Pythonは初心者向けのトイ言語（おもちゃの言語）にすぎないのですか？ ソフトウェア開発者になりたい場合、Pythonの学習は役に立ちますか？

A: Pythonは本格的な言語で、みなさんが愛用している多くの製品に使われています。さらに、Pythonは初心者にも適した言語と考えられている数少ないプロ用言語の1つです。なぜでしょうか？ 既存の多くの言語と比べ、Pythonは簡単な一貫性のある方法で事物に対処します（このことは、徐々にPythonや他の言語の経験を積むにつれよく理解できるようになります）。

Q: コードの書き方を学ぶこととコンピュータ的に考えることは何が違うのですか？ コンピュータ的に考えるとは単なるコンピュータ科学なのですか？

A: コンピュータ的な考え方は問題解決に関する考え方で、コンピュータサイエンスから生まれました。コンピュータ的に考えると、問題を分解して解決するためのアルゴリズムを作成し、その解決策を一般化する方法が身につくので、大きな問題も解決できます。コンピュータにそのアルゴリズムを実行させることがコーディングの役割です。コーディングは、コンピュータ（または、スマートフォンなどのすべてのコンピュータデバイス）にアルゴリズムを指定する手段です。そのため、この2つは実に密接に関連しています。コンピュータ的な考え方はコーディングしたい問題の解決策を考案する方法であり、コーディングはその解決策をコンピュータに指定する手段です。コーディングしない場合でもコンピュータ的な考え方をすることは大切です。

脳力発揮

Pythonという名前は何から由来すると思いますか？ 最もあてはまりそうな項目をチェックしてください。

- ☐ A. 開発者はヘビが好き。彼は過去にもあまり出来のよくない言語Cobraを開発したことがある。
- ☐ B. 開発者がパイ(pie)が好きだったので、Pie-thon。
- ☐ C. イギリスのシュールなコメディグループの名前に由来している。
- ☐ D. 「Programming Your Things, Hosted On the Network」の頭字語。
- ☐ E. ランタイムシステムAnacondaに由来する。AnacondaはPythonをビルドする基盤環境。

C.「モンティ・パイソン」(Monty Python)は、「空飛ぶモンティ・パイソン」(Monty Python's Flying Circus)というテレビ番組を皮切りとしてキャリアのスタートをきった、英国ベルファスト出身の6人の喜劇役者たちです。気に入らなかったらごめんなさい。PythonコミュニティではC.「モンティ・パイソン」が定説となっています。

Pythonのざっくりした歴史

Python 1.0

オランダ国立情報数学研究所（National Research Institute for Mathematics and Computer Science：CWI）では大きな問題に悩まされていました。この研究所の科学者たちにとって、プログラミング言語の習得が研究の障害となっていました。高度な教育を受けた科学者たちにとっても、最新のプログラミング言語はわかりにくく、一貫性がなかったのです。研究所はその救済策として、新たな言語「ABC」（このときはまだ「Python」ではありません）を開発しました。ABCは、学びやすいように設計されていたので、ある程度成果は上がっていたのですが、週末にモンティ・パイソンの再放送を一気に見たグイド・ヴァン・ロッサム（Guido van Rossum）という野心的な若い開発者は、ABCをさらに進化させることができると考えたのです。GuidoはABCから学んだことを生かして、Pythonを開発しました。その後の話はあなたもご存知のとおりです。

> 実は、「週末に一気に見た」の部分は話を盛っています。

> 編集者からのコメント：「その後の話」は次の段落に書かれています。

Python 2.0

PythonはPython 2.0に進化し、成長を続ける開発コミュニティを支えることを目的とした新機能を備えました。例えば、Pythonは真のグローバル言語であると認められ、2.0では英数字以外の多くの文字セットを扱うように拡張されました。また、言語の多くの技術面も改善されました。メモリ処理の改良や、リストや文字列などの一般的なデータ型サポートの改善などです。
さらに、開発メンバーはPythonを開発者コミュニティ全体にオープンにするように努め、開発コミュニティが言語や実装の改善に貢献できるようにしました。

Python 3.0

　完璧な人はいないように、Pythonの開発者たちも完璧ではありません。開発者たちがPythonを見直して一部を改良すべき時期が来ました。Pythonは簡潔さを保っていることで知られていましたが、使用が広がるにつれ一部の設計を改善し、古くなった部分を削除する必要が出てきました。

　このような変更は、Python 2の一部の機能がサポートされなくなることを意味しました。しかし、Pythonの開発者は2.0コードを引き続き動作させる方法を保証したので、Python 2で書かれたコードでも問題はありません。Python 2はまだ十分使うことができますが、将来はPython 3になることを覚えておいてください。

> 空飛ぶ車がPython対応になることが予想できます。

1994　　　　　2000　　　　　2008　　　　未来！

Pythonのバージョン

じゃあ、Python 2とPython 3の2つのバージョンがあるんだね。どっちを使うの？Python 2とPython 3はどこが違うの？

いい質問ですね。あなたの言うとおり、Pythonには異なる2つのバージョンがあります。より詳しく言えば、この本の出版時点でのバージョンはPython 3.7とPython 2.7です。

バージョンについては次のように考えるとわかりやすいでしょう。例えば、約3,000キロメートル上空からPython 2とPython 3を眺めると、同じように見えます。違いがまったくわからないかもしれませんが、実際には異なります。使用するバージョンに注意しないと痛い目に遭うでしょう。この本ではPythonの最新バージョン、つまりPython 3を使います。将来に引き継がれるバージョンで始めてもらいたいからです。

世の中にはすでにPython 2で書かれたコードがたくさんあります。インターネットからダウンロードしたモジュールには必ずといっていいほど、Python 2のコードが含まれています。また、ソフトウェア開発者であれば、古いコードの一部に残っているPython 2のコードをメンテナンスすることになるでしょう。この本を終わりまで読めば、Python 3とPython 2の小さな違いがわかるようになるでしょう。

Python 3、あるいはPython 2と言う場合、それぞれの最新バージョンのことを意味します（この本の翻訳時点ではPython 3.7とPython 2.7）。

1章　コンピュータ的に考える

Pythonを手に入れた？

Pythonをインストールしないことには、先に進むことはできません。

　時間がなくて、まだインストールできていないのなら、いますぐインストールしてください。「はじめに」の「Pythonをインストールする」（xxxii 〜 xxxiiiページ）が参考になります。MacやLinuxには、すでにPythonがインストールされているでしょう。でもPython 3ではなくPython 2の可能性が高いので、Mac、Windows、Linuxのいずれであっても、ここでPython 3をインストールする必要があるかもしれません。

　Python 3がインストールできたら、本物のコードを書く準備は完了です。

小さなテストプログラム

Pythonを試す

　Pythonがインストールできたのでさっそく使ってみましょう。問題なく動くかを確認する小さなテストプログラムの作成から始めます。まず、エディタを使ってプログラムのコードを入力します。ここではPythonエディタ＊IDLEの出番です。「はじめに」でも説明しましたが、まずはIDLEを開きます。Macでは［アプリケーション］→［Python 3.x］フォルダにIDLEがあります。Windowsでは［スタート］ボタン→［すべてのプログラム］→［Python 3.x］を選ぶとメニューにIDLEが表示されます。

＊ IDE (Integrated Development Environment)とも言います。

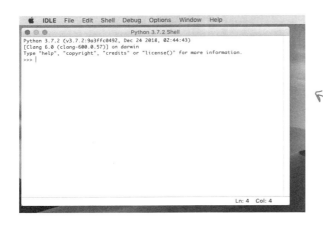

IDLEを開くと、対話型インタプリタの **Python Shell** が表示されます。興味があれば、このインタプリタに 1+1（1足す1）と入力し、リターンを押してください。詳しくは2章で説明します。

　IDLEを開くと、まずPython Shellと呼ばれる対話型ウィンドウが表示されます。Python ShellにはPythonの文を入力することができます。IDLEメニューの［File］から［New File］を選ぶと、何も入力されていない編集ウィンドウが現れるので、ここに入力します。

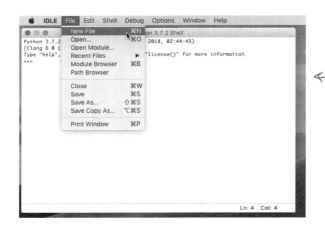

［File］→［New File］を選択すると、新しいウィンドウが開くので、コードを入力します。

IDLEはワープロソフトと同様の機能を備えていますが、理解できるのはPythonのコードだけです。また、Python言語のキーワードハイライトやフォーマットなど、入力をサポートする機能を備えています。さらに必要に応じてPythonキーワードを自動補完するなど、入力の負担を軽減してくれます。

[New File]を選択すると、新しいウィンドウが表示されます。

まだ何も入力されていない編集ウィンドウにコードを1行入力して試してみましょう。さっそく次のコードを入力してください。

`print('You rock!')`

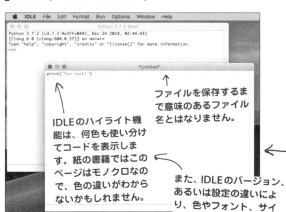

ファイルを保存するまで意味のあるファイル名とはなりません。

IDLEのハイライト機能は、何色も使い分けてコードを表示します。紙の書籍ではこのページはモノクロなので、色の違いがわからないかもしれません。

また、IDLEのバージョン、あるいは設定の違いにより、色やフォント、サイズがこのページとは異なる可能性があります。

> **注意！**
>
> 現在のIDLEで日本語を入力するのは不便です。ここではmacOSで日本語を入力する例を紹介します。Pythonのコマンドや予約語は、すべて半角で入力します。処理したい文字列に全角の日本語（漢字やひらがな）を利用したい場合は、まずメニューバーで日本語入力になっていること、つまりメニューバーに「あ」が表示されていることを確認して行います。
>
> 本書の説明のように、IDLEの「File」メニューから「New File」を選びます。本の例では、
>
> `print('rock!')`
>
> のように、そのまま半角英字と記号を続けて入力（書くことが）できます。「rock!」の代わりに、全角文字で「ロック！」にしたいときは、まず半角で
>
> `print('')`
>
> と入力してから、シングルクォート(' ')の間に日本語を入力します。クォート記号の間にカーソルを移動したら、メニューが全角の入力ができる状態であること、メニューバーに「あ」が表示されている、を確認します。ここで、ローマ字かな漢字変換でタイプしても、何も現れません。しかし、そのままスペースバーで確定します。すると、漢字が現れます。
>
> IDLEの右端の「Help」メニューから「Python Docs」F1を選ぶと英語のマニュアルが表示されます。日本語のマニュアルはhttps://docs.python.org/ja/3/を見てください。「IDLE Help」の日本語訳はhttps://docs.python.org/ja/3/library/idle.htmlにあります。現段階では翻訳途中のようです。
>
> 翻訳されていない英語の文章の意味を知りたいときは、英語に得意な友達に尋ねたり、Google翻訳などを利用するとよいでしょう。

スペルや句読記号は間違えないようによく注意してください。Pythonだけでなく、他のプログラミング言語でも句読記号の間違いに容赦せずにエラーとなることが多いです。

作業を保存する

入力した1行目のコードを保存しましょう。保存するには、IDLEメニューの[File]から[Save]を選びます。

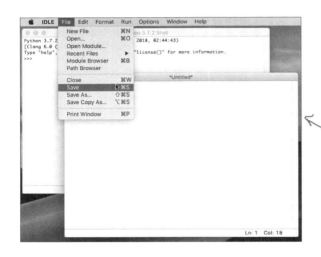

コードを実行する前に、保存する必要があります。IDLEでは、[Save]は[File]メニューから選択します。[Save]を選んでソースコードに名前を付けるだけで保存できます。Pythonのコードは、ファイル名の最後に拡張子「.py」を付けます。

ソースコード、ソースファイル、コード、プログラムという名前は、いずれもコードが保存されているファイルを指します。

そして、コードに名前を付け拡張子.pyを末尾に付けます。ここではrock.pyという名前にします。ここでは示しませんでしたが、ch1という1章用のフォルダも作成しました。みなさんも作成することをお勧めします。

この本と同じフォルダ名とファイルになるようにしてください。詳しくは、xxxivページの「コードのまとめ方」を参照してください。

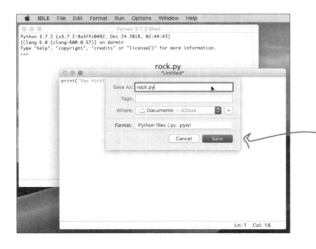

コード用のフォルダができたら、[Save]をクリックします。

1章 コンピュータ的に考える

試運転

ここですべてうまくいっていることを確認しましょう。コードを保存したら、メニューの [Run] から [Run Module] を選ぶと、Python Shellウィンドウにプログラムの出力が表示されます。

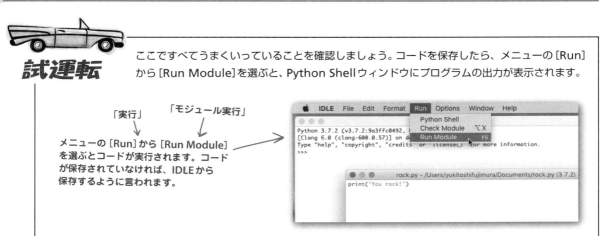

「実行」　「モジュール実行」

メニューの [Run] から [Run Module] を選ぶとコードが実行されます。コードが保存されていなければ、IDLE から保存するように言われます。

おめでとう! 最初のPythonプログラムが書けました!

　Pythonをインストールして、IDLEを使って短い実際のコードを入力して初めてのプログラムを実行することができました。次は、いきなり複雑なコードではなくてもよいのですが、何かを始めなければいけません。幸い、ここまでで準備はすべて整っているので、いつでも本格的なビジネスアプリケーションのコードを書き始めることができます。

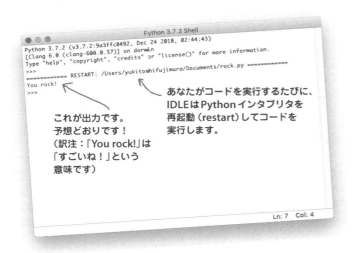

これが出力です。
予想どおりです！
（訳注：「You rock!」は「すごいね！」という意味です）

あなたがコードを実行するたびに、IDLEはPythonインタプリタを再起動（restart）してコードを実行します。

you are here ▶ 21

Pythonと出力をさらに詳しく

注目！

「You rock!」以外に表示されたものは？

コードの記述とテストは、間違いが起こりやすい工程です。1回でうまくいかないのは当たり前です。われわれ開発者は、常にコードの間違いを修正しています。普段は次のことを心がけてください。

- `SyntaxError: invalid syntax`のようなエラーが出たら、かっこが片方ないといった句読記号の間違いがないか探します。IDLEの場合はコードがハイライトされるので、すぐに場所が特定できます。
- `NameError: name 'prin' is not defined`のようなエラーが出たら、スペルが間違っていないかといったタイプミスを調べるようにします。この例では`print`の`t`が抜けています。
- `SyntaxError: EOL while scanning`のようなエラーが出たら、通常は文字列のシングルクォートが片方ないという意味です。`'You rock!'`のように2つのシングルクォートで囲まれていることを確認します。

素朴な疑問に答えます

Q：なぜ [Run Module] を使ってコードを実行するのですか？

A：Pythonでは、コードが保存されているファイルを**モジュール**と呼びます。つまり、[Run Module]は「ファイル内のすべてのPythonのコードを実行する」という意味です。また、モジュールはコードの高度な構成手段でもあります。詳しくは3章で説明します。

Q：入力と出力とは具体的には何なのですか？

A：現時点での入力と出力はまだ簡単なものだけです。出力はプログラムが作成してPython Shellウィンドウに表示するテキストのことです。入力はプログラムがPython Shellウィンドウから受け取るテキストのことです。さらに広い意味では、マウス入力、タッチ入力、グラフィックスや音声出力などのあらゆる種類の入力と出力が可能です。

Q：`print`はテキストをユーザに出力する方法だと理解しています。なぜ「print」という名前なのですか？ 初めて見たときには、プリンタで印刷するための何かかと思いました。

A：昔は画面よりもプリンタに出力することの方が多かったのです。その当時は「`print`」という名前が現在よりしっくり来ていました。Pythonは比較的若い言語なので`print`という名前でなくてもよかったのですが、`print`は従来から多くの言語で画面に出力する手段だったからです。Python Shellウィンドウには、`print`を使って出力します。一方、Python Shellからユーザ入力を取得するのが、先ほどの例で登場した`input`です。

Q：Pythonから出力する手段は`print`だけですか？

A：いいえ。最も基本的な方法が`print`であって、ほかにもあります。コンピュータもプログラミング言語も出力（および入力）は得意です。Pythonも例外ではありません。Pythonをはじめ、ほとんどの言語では、Webページ、ネットワーク、ストレージデバイス上のファイル、グラフィックスデバイス、音声デバイスなどに出力することができます。

「やあ」という意味です。

Q：なるほど。では、`print('hi there')`と入力すると、一体何が起こっているのですか？

A：Pythonに組み込まれた出力機能を使います。より具体的に言うと、`print`関数に、クォート（引用符）内のテキストをPython Shellに出力するように指示しています。関数やテキストとはどういうものかについては後で詳しく説明しますが、いまの段階ではPython Shellに出力する際は`print`関数を使うことを覚えておいてください。

ブール型の真実

今週のインタビュー：

本気なの？

Head First：ようこそ、Pythonさん！ あなたが一体何者なのかその正体を解き明かすのを楽しみにしていましたよ。

Python：お招きいただき光栄です。

Head First：さて、コメディグループにちなんで名付けられ、初心者用の言語として有名なPythonですが、正直、あなたのことを本格的な言語とみなしてよいものでしょうか？

Python：私はありとあらゆるものに使われています。シリコンチップ生産ラインの管理から有名な映画製作をサポートするアプリケーション（いままで黙っていましたが、「ジョージ・ルーカス」とか）、航空管制システムのインタフェースとかにね。他にもありますよ。本格的だと思いませんか？

Head First：なるほど。では、そのように本格的な言語なのに、一体どうして初心者が簡単に使えるのですか？ つまり、あなたがいま挙げたプロジェクトはどれも複雑そうですよね。普通、そのような複雑なプロジェクトを行うには、本格的で複雑な言語が必要だと思うじゃないですか。

Python：私は初心者だけでなく**エキスパート**にも高く評価されているんですよ。その理由の1つは、コードがとても単純で読みやすいからなんです。例えばJavaのコードを見たことがありますか？ Javaでは「Hello World！」と表示させるだけでも大変ですが、Pythonなら1行で済むんです。

Head First：なるほど。読みやすいのですね。それは素晴らしい。でも、一体それが何だと言うのですか？

Python：せっかくJavaの話が出てきたので、簡単な例を紹介しましょう。例えば「Hello!」と表示させたいとき、Javaでは次のように書きます。

```
class HelloWorldApp {
  public static void main(String[] args)
{
      System.out.println("Hello!");
    }
}
```

なんと5行も必要です。それに読みにくいと思いませんか？ 初心者にとっては特につらいでしょうね。一体なぜこんなに必要なのでしょうね。本当に全部必要なのでしょうか？ では、私の場合を見てください。もちろんPythonで書いてますよ。

```
print('Hello!')
```

こっちの方がずっとシンプルで読みやすいでしょう？ それにこのコードが何をするか、誰にでも伝わります。これはほんの一例ですが、Pythonはわかりやすくて英語に似ていて一貫性があるという印象を持たれているんです。

Head First：一貫性があるとはどういうことですか？

Python：一貫性とは、意外性があまりないというのが1つです。つまり、言語の一部を理解したら、他の部分もだいたい予想できて、そのとおりに使えることが多いのです。しかし、すべての言語がそういうわけではありません。

Head First：以前におっしゃっていたことに戻りたいのですが、航空管制、チップ製造、スペースシャトル用のメインソフトといった例を挙げていました。これはどれもとても工業的で特殊な目的のように思えます。Pythonがわれわれの読者にとって最適な言語であるのかよくわからないのですが。

Python：スペースシャトルなんて言っていませんよ。でも航空管制とチップ製造はそのとおり。**本格的**だと思っていただけそうな例として挙げました。Pythonは、Webサイトの作成、ゲームの製作、デスクトップアプリケーションの作成などでよく使われています。

Head First：話題を変えてもいいですか？ 今メモを渡されたのですが、情報筋によると、Pythonには**2つのバージョン**があって、さらにはなんと、何て言えばいいんだろう、**それぞれ互換性がない**ということなのですが。一体どこに一貫性があるというのですか？

Python：何事も同じですが、言語は成長し進化するものです。確かにPythonにはPython 2とPython 3の2つのバージョンがあります。Python 3にはPython 2にはない新しい機能がありますが、下位互換性を取る方法がありますよ。ここで読者に説明させてください。

Head First：残念ですがもう時間がありません。次回の奇襲、えっと、つまりお話しする機会を楽しみにしています。

Python：ありがとうございます。次回も喜んで…、たぶん。

本格的なアプリケーションを書く

新製品のフレーズ・オ・マチック（Phrase-O-Matic：自動フレーズ作成機）を試せば、上司やマーケティングの連中みたいに弁が立つようになるだろうよ。

では、まじめに実際のビジネスアプリケーションをPythonで書いてみましょう。このフレーズ・オ・マチックのコードを見てください。よくできていると思いませんか？

❶ `# ランダム機能を使うことをPythonに知らせるために、`
`# randomモジュールをインポートする`

```
import random
```

❷ `# 3つのリストを作成する。動詞のリスト、形容詞のリスト、`
`# そして名詞のリスト`

動詞のリスト →
```
verbs = ['Leverage', 'Sync', 'Target',
         'Gamify', 'Offline', 'Crowd-sourced',
         '24/7', 'Lean-in', '30,000 foot']
```

形容詞のリスト →
```
adjectives = ['A/B Tested', 'Freemium',
              'Hyperlocal', 'Siloed', 'B-to-B',
              'Oriented', 'Cloud-based',
              'API-based']
```

名詞のリスト →
```
nouns = ['Early Adopter', 'Low-hanging Fruit',
         'Pipeline', 'Splash Page', 'Productivity',
         'Process', 'Tipping Point', 'Paradigm']
```

❸ `# リストから動詞、形容詞、名詞をそれぞれ1つ選ぶ`

```
verb = random.choice(verbs)
adjective = random.choice(adjectives)
noun = random.choice(nouns)
```

❹ `# 単語を「つなぎ合わせて」フレーズを作る`

```
phrase = verb + ' ' + adjective + ' ' + noun
```

❺ `# フレーズを出力する`

```
print(phrase)
```

ほっと一息

はい、本当に一息入れてください！ いまの段階では全体を少しずつ理解することが大事です。コードを1行ずつ読んで、何をしているかの説明を確認し、脳に記録しましょう。右のコードには「コメント」も追加されています。コメントとは#記号の後に書かれたメモ的なもので、コメントから何をするコードなのかがはっきりします。コメントは、参考になる擬似コードと考えてもよいでしょう。コメントについて詳しくは3章で説明します。コードを何となく理解できたと思ったら、次のページに進んでください。1行ずつ詳しく説明していきます。

フレーズ・オ・マチック

　このプログラムを簡単に説明すると、3つの単語リストからランダムにそれぞれ単語を1つの選び、その単語を組み合わせて（次の新規事業のスローガンにふさわしい）フレーズを作成して出力します。このプログラムに理解できないところがあっても大丈夫です。600ページもある本のまだほんの25ページ目に来たばかりです。いま大切なのはコードにある程度慣れることです。

❶ `import`文は、Pythonの`random`モジュールにある追加の組み込み機能を使うことをPythonに知らせます。`import`文は、コードが実行できることを拡張すると考えてください。この例では、ランダムに選ぶ機能を追加します。`import`がどのように機能するかについては、後で詳しく説明します。

❷ 次に、リストを3つ用意します。リストの宣言は簡単です。次のように、リストの各要素をクォート（'）で括り、全体を角かっこで囲みます。

```
verbs = ['Leverage', 'Sync', 'Target',
         'Gamify', 'Offline', 'Crowd-sourced',
         '24/7', 'Lean-in', '30,000 foot']
```

リストに名前を付けておくと（ここでは`verbs`）、後でコード内から参照できます。

❸ 次に、リストからランダムに単語を1つ選びます。ここではリストから1つの要素をランダムに選ぶ`random.choice`を使います。後で参照できるように、それぞれの要素を対応する名前（`verb`、`adjective`、`noun`）に代入します。

❹ 次に、3つの要素（動詞、形容詞、名詞）をつなぎ合わせてフレーズを作ります。Pythonではプラス記号（+）を使います。また、単語と単語の間に空白も挿入します。空白がないと、「Lean-inCloud-basedPipeline」のようになってしまいます。

❺ 最後に、`print`を使ってPython Shellにフレーズを出力します。これでマーケティングフレーズの一丁上がりです！

Pythonから作られた次期新規事業のスローガン

24/7 Freemium Productivity
（フリーミアム生産性の年中無休化）

Lean-in Hyperlocal Splash Page
（超地域密着型のスプラッシュページに乗り出す）

Gamify Siloed Early Adopter
（サイロ化した新し物好きのゲーム化）

Offline API-based Process
（APIベースのプロセスのオフライン化）

Crowd-sourced Cloud-based Pipeline
（クラウドベースのパイプラインのクラウドソース化）

> `random.choice`は、Pythonの標準ライブラリの関数です。

> 「結合」とも呼びます。

> コンピュータ科学者は、テキストをつなぎ合わせることを「連結」と呼びます。この言葉は便利なので、この本でもちょくちょく登場します。

コンピュータにコードを読ませる

あなたはすでにプログラムを1つIDLEに入力し実行できていますが、ここでもう一度、手順を順番に説明しましょう。メニューの[File]から[New File]を選択し、新しいファイルを作成します。次に、24ページのコードを入力します。

., ; ! ? : のような文字のことです。

単語と句読記号には特に注意を払ってください。詳しくは後の章で取り上げますが、いまの段階では慣れておくだけで十分です。

タイプミスの例です。ハイライトされている箇所に注目してください。このように表示されている場合はたいていタイプミスなので、コードが正しいか再確認してください。

IDLEは一般的なエラーをハイライトしてくれます。エラーの種類によって、コード入力中にハイライトされるものもあれば、実行時にハイライトされるものもあります。エラーがあったら、コードを再確認して修正しましょう。

ここでは意図的にエラーを入れてIDLEの反応を説明しました。24ページのコードを忠実に入力すれば、このエラーは表示されません。

コードを最後まで入力したので、保存します。IDLEメニューの[File]から[Save]を選び、ファイル phraseomatic.py として保存します。

IDLEはコードの役割によってコードに色を付けます。

さらにリターンキーを押した後に必要に応じてインデントを挿入してくれます。

空白や改行を追加すると、さらにコードが読みやすくなります。Pythonはほとんどの空白や改行を無視するので実行には影響しません（例外については9章で取り上げます）。

試運転

フレーズ・オ・マチックを実行してみましょう。もう一度順を追って説明しますね。まずコードを保存して、メニューの[Run]から[Run Module]を選んで実行してください。Python Shellウィンドウで出力を確認すると、ほら、次期新規事業のスローガンが作成できています！

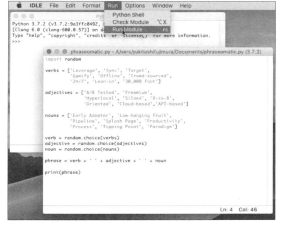

[Run]から[Run Module]を選んでコードを実行します。コードが保存されていないと、保存するようにIDLEから言われます。

A/Bテストしたスプラッシュページをゲーム化するよ！

フレーズ・オ・マチックを何度か実行しました。出力を確認してください。

フレーズ・オ・マチックを再実行するには、まずコードのウィンドウをクリックし、もう一度[Run]から[Run Module]を選びます。

重要ポイント

- コードを書くには、まず問題を解決する簡単な一連の手順に問題を分解する。
- この一連の手順を問題解決のためのアルゴリズム、または少しくだけてレシピと呼ぶ。
- この手順は「文」という形式を取り、簡単なタスクの実行、判断、コードの一部を繰り返すことによるアルゴリズムのフロー制御を実行できる。
- コンピュータ的な考え方は、コンピュータ科学から生まれた問題解決の考え方である。
- コーディングは、アルゴリズムの手順をコンピュータが実行できるプログラミング言語に変換する行為のこと。
- アルゴリズムは、人間が読みやすい擬似コードで表してから実際のプログラミング言語に変換することもある。
- プログラミング言語は、コンピュータにタスクを示すために特別に開発された専用言語である。
- 英語など、人の言葉はかなり曖昧なため、プログラミング言語としては不十分。
- 多くのプログラミング言語があり、それぞれ利点と欠点がある。
- Pythonという名前はヘビからではなく、開発者がコメディグループのモンティ・パイソンを好きだったことに由来する。
- 初心者でも経験豊富なプログラマでも、Pythonのわかりやすく一貫性のある設計を高く評価している。
- Python 2とPython 3という異なるバージョンがある。この本ではPython 3を使う（ただし、その違いはほとんどの場合ごくわずか）。
- Pythonのコードはインタプリタが実行する。インタプリタは、Pythonのコードをコンピュータが直接実行できるマシンコードに変換する。
- Pythonには、専用のIDLEというエディタがある。
- Pythonでは、空白や改行を使ってプログラムを読みやすくする。
- inputとprintはどちらもコマンドラインで使うことができる、Pythonの入力および出力の関数。

さあ，右脳を働かせましょう。
よくあるクロスワードパズルですが、答えの単語はすべて1章で登場しています（クロスワードの答えはアルファベットで記入してください）。

ヨコのカギ

1. アルゴリズムに対する一般向けの用語。
5. PythonのIDE。
6. インタプリタやコンパイラへの入力。
8. 人間が読めるコード。
10. Flying _____
11. レシピの技術的な言い方。
12. 最高の初心者用言語の1つ。
14. コンピュータが直接実行できるコード。
16. Pythonはこの種の言語。
17. Pythonはその1つ。

タテのカギ

2. プログラムの実行。
3. ソースコードの別名。
4. この本で教える考え方の種類。
9. コードには曖昧すぎる。
10. Pythonの支援者。
13. Head Firstレストランがこれを出す。
15. Pythonを使っている企業。

練習問題の答え

エクササイズの答え

実際のレシピは**何をすべきか**という手順だけではなく、特定の料理を作るために使うオブジェクト（道具、調理器具、材料など）も示します。釣りのレシピで使うオブジェクト（対象物）は何でしょうか。

① 釣り針に餌を付ける。

② 池に釣り糸を垂れる。

③ 浮きが水中に沈むまで待つ。

④ 魚を釣り上げる。

⑤ 釣りが終わったら家に帰る。終わりでなければ、手順①に戻る。

自分で考えてみようの答え

あらかじめ理解しておいてもらいたいことがあります。コンピュータは**指示したとおり**にしか動作しません。それ以上でも以下でもありません。2ページの釣りのレシピを考えてください。ロボットになってこの指示に正確に従うとしたら、このレシピで本当にうまくいくでしょうか。

☑ A. 魚がいなければ、長時間（もしかしたら永久に）釣りをすることになってしまう。

☑ B. 釣り針から餌が外れても気付かず、付け直すこともない。

☑ C. 餌がなくなった場合は？

☑ D. 魚を釣り上げたら何をするかを指定したか？

☑ E. 釣り竿は？

☑ F. 上手な投げ入れとは具体的にどのようなものですか？ 餌がスイレンの葉に乗っかってしまったら、もう一度投げ入れる必要がありますか？
通常は浮きが水中に沈んだら、魚を「ひっかけて」から釣り上げます。ここではそれについて何も述べていません。
釣りが終わったかどうかはどのように判断するのでしょうか？ 時間ですか？ 餌がなくなったときですか？ 別の条件でしょうか？
このレシピには推測することがたくさんあります。きっと上に挙げたほかにも規定されていないたくさんの指示を思い付くでしょう。

「A〜Eの全部」が答えのようです。

1章　コンピュータ的に考える

コードマグネットの答え

Head Firstレストランの卵を3個使ったオムレツの(~~レシピ~~)アルゴリズムを忘れないように冷蔵庫のドアに貼っていましたが、誰かが順番を崩してしまいました。マグネットを正しい順番に直し、アルゴリズムを使えるようにしてください。なお、Head Firstレストランのオムレツには、プレーンとチーズの2種類があります。

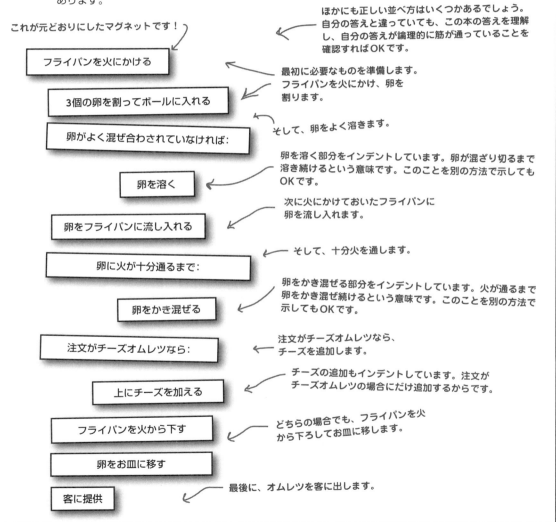

これが元どおりにしたマグネットです！

ほかにも正しい並べ方はいくつかあるでしょう。自分の答えと違っていても、この本の答えを理解し、自分の答えが論理的に筋が通っていることを確認すればOKです。

- フライパンを火にかける
- 3個の卵を割ってボールに入れる
- 卵がよく混ぜ合わされていなければ:
    - 卵を溶く
- 卵をフライパンに流し入れる
- 卵に火が十分通るまで:
    - 卵をかき混ぜる
- 注文がチーズオムレツなら:
    - 上にチーズを加える
- フライパンを火から下す
- 卵をお皿に移す
- 客に提供

最初に必要なものを準備します。フライパンを火にかけ、卵を割ります。

そして、卵をよく溶きます。

卵を溶く部分をインデントしています。卵が混ざり切るまで溶き続けるという意味です。このことを別の方法で示してもOKです。

次に火にかけておいたフライパンに卵を流し入れます。

そして、十分火を通します。

卵をかき混ぜる部分をインデントしています。火が通るまで卵をかき混ぜ続けるという意味です。このことを別の方法で示してもOKです。

注文がチーズオムレツなら、チーズを追加します。

チーズの追加もインデントしています。注文がチーズオムレツの場合にだけ追加するからです。

どちらの場合でも、フライパンを火から下ろしてお皿に移します。

最後に、オムレツを客に出します。

練習問題の答え

何て言う？の答え

左側は人間が使う言語で書いた文、右側はプログラミング言語で書いた文（コード）です。人間の使う文と、それに対応するコードを線で結んでください。1番目だけは線を引いておきました。

人間の文	コード
画面に「やあ」と出力する。	`for num in range(0, 5):` `pour_drink()`
気温が22℃以上なら、画面に「短パンをはく」と出力する。	`name = input('あなたのお名前は？')`
パン、ミルク、卵などの食料品のリスト。	`if temperature > 22:` `print('短パンをはく')`
5杯の飲み物を注ぐ。	`grocery_list = ['パン', 'ミルク', '卵']`
ユーザに「あなたのお名前は？」と聞く。	`print('やあ')`

対応：
- 画面に「やあ」と出力する。 ― `print('やあ')`
- 気温が22℃以上なら、画面に「短パンをはく」と出力する。 ― `if temperature > 22: print('短パンをはく')`
- パン、ミルク、卵などの食料品のリスト。 ― `grocery_list = ['パン', 'ミルク', '卵']`
- 5杯の飲み物を注ぐ。 ― `for num in range(0, 5): pour_drink()`
- ユーザに「あなたのお名前は？」と聞く。 ― `name = input('あなたのお名前は？')`

コーディングクロスワードの答え

横のカギ:
1. RECIPE
5. IDLE
6. SOURCECODE
7. JAVA
8. PSEUDOCODE
10. CIRCUS
11. ALGORITHM
12. PYTHON
14. MACHINECODE
16. HIGHLEVEL
17. INTERPRETER

縦のカギ:
2. EXECUTE
3. PROGRAM
4. COMPUTATION
9. ENGLISH
10. COMMUNITY
13. HOTELS (?)
15. DISNEY

2章　単純な値、変数、型

値を知る

コンピュータは2つのことだけはうまく行うことができます。
値の格納とそれらの値の演算です。テキストの送信、オンラインショッピング、Photoshopの利用、スマートフォンを使った車のナビなどにもコンピュータは使われるので、もっと多くのことができると思われるかもしれません。しかし、コンピュータの行うことはすべて、**単純な値**に対する**単純な演算**に分解できます。**コンピュータ的な考え方**には、このような演算や値をどのように使うのかを学び、高度で複雑で有意義なものを作成することも含まれます。この本ではそこまでたどり着きます。しかし、まずは値とは何か、値にどのような演算を実行できるのか、そして**変数**がどのような役割を果たすのかを調べましょう。

犬年齢計算機のコーディング

　実際のコードを書くのは、50ページもあるPythonの値と演算に関するドキュメントに目を通してから、なんて思っていませんよね？　もちろん、そんな面倒なことはしません。実際の作業をします！

　次は**犬年齢計算機**です。この計算機が何をするかは想像がつくでしょう。犬の実年齢を入力すると、計算機がその犬の**人間換算年齢**を示します。この計算を行うには、犬の実年齢に7をかけるだけです。そんなに簡単でしょうか？　どうなのでしょう。

　しかし、何から始めましょうか？　まずコードを書いてみましょうか？　あなたは1章でざっくり説明した擬似コードの概念を覚えていますか？　擬似コードは、問題の大まかな解決策をまず考えてから、その後でコードの詳細を検討できるという便利なものです。ですからわれわれも擬似コードから始めましょう。

　では、擬似コードとは正確には何でしょうか？　擬似コードとは人間が読める形式で書いたアルゴリズムのことです。問題解決（この例では、犬の人間換算年齢の算出）に必要な手順を1つずつ擬似コードで書きます。

まだコードの書き方は教えてもらってないので、これはわれわれに向いていそうです。

1章の2ページで釣りレシピの擬似コードの例がすでに登場しています。

12歳は人間では84歳らしいな。

コーディ（Codie）、12歳

自分で考えてみよう

擬似コードを書いていきます。まず、犬の人間換算年齢を計算するアルゴリズムやレシピをどのように書くかを考えてください。考えたら、その手順を普通の言葉でメモします。ユーザに犬の名前と年齢を尋ね、また、最後に「Your dog Rover is 72 years old in human years」（あなたの愛犬ローバーの人間換算年齢は72歳です）のような読みやすい出力も作成するなど、ユーザの使いやすさも考えてください。

繰り返しますが、自分の言語で擬似コードを書いてください。

重要：必ず自分の答えを66ページの答えと比べてから先に進んでください。

行き詰まったら、ためらわずに答えを見てください。

ここに擬似コードを書いてください。

ファイドー（Fido）、5歳

スパーキー（Sparky）、1歳

犬年齢計算機の動作例です。

```
Python 3.7.2 Shell
What is your dog's name? Codie
What is your dog's age? 12
Your dog Codie is 84 years old in human
years
>>>
```

擬似コードからPythonのコードに変換する

擬似コードを書いてみて、犬年齢計算機を実装するコードに必要な手順がよくわかったと思います。もちろん、擬似コードは詳細をすべて表しているわけでありませんが、それぞれの手順を**実装**する際に参考にするちょうどよい道しるべとなります。

それではやってみましょう。擬似コードを1行ずつ実装していきます。

> アイデア、アルゴリズム、擬似コードを実際のコードに変換することは、**実装**と呼ばれることがあります。

自分で考えてみよう

擬似コードをコードに変換するための第一歩として、擬似コードを1行ずつ調べ、コードで実行すべきと思うことをメモとして書き出します。とにかく、まず骨組みを考えてください。必ず自分の答えを67ページの答えと照らし合わせてから先に進んでください。1行目の手順については書いておきました。

> いつものように、行き詰まったら遠慮なく答えを見てもかまいません。しかし、まずひととおりやってみてからにしましょう。

犬年齢計算機擬似コード

1. ユーザに犬の名前を尋ねる。
2. ユーザに犬の年齢を尋ねる。
3. 犬の年齢に7をかけて人間換算年齢を求める。
4. 画面に次を出力する:

   ```
   "Your dog" <犬の名前> "is" <人間換算年齢>
   "years old in human years"
   ```

1. ユーザに犬の名前を尋ね、ユーザに名前を入力させる。おそらく名前をどこかに保存する必要がある。保存しておけば、手順4でその名前を利用できる。

2.

3.

4.

素朴な疑問に答えます

Q: コンピュータはプログラミング言語しか理解しないのに、なぜ擬似コードに頭を悩ませるのですか？

A: 擬似コードで考えると、実際のコンピュータコードの複雑さに悩まされずにアルゴリズムを考えられます。また、コードに変換する前に、解決策を検討し、場合によっては改良する機会も得られます。

Q: 経験豊富なソフトウェア開発者も擬似コードを使うのですか？

A: はい。どのように問題に取り組むかをしっかり考えてから複雑なコーディングに着手する、という姿勢はどんなときでも推奨されています。ほとんどを頭の中でできる優秀な開発者もいますが、多くの開発者がいまだに擬似コードや同様のテクニックを使って検討してから実際のコーディングを行っています。また、擬似コードはコーディングのアイデアを他の開発者に伝えるためにもよく使われます。

手順1：入力してもらう

これで手順1に取り組む準備が整いました。ユーザに犬の名前を尋ねるのです。メモに示したように、ユーザに犬の名前の入力を促し、その名前を覚えて手順4（犬の名前と人間換算年齢を出力する）で使えるようにします。ここでは実際に2つのことを行う必要があります。ユーザに犬の名前を入力してもらうことと、その名前を後で使うために保存することです。まず、ユーザに尋ねて名前を取得することに着目しましょう。

1章の2つの練習（7ページの「何て言う？」と11ページの「自分で考えてみよう」）ですでに気付いたかもしれませんが、関数 input を使ってユーザに入力を求めます。関数は算数や数学の授業で登場した記憶があると思いますが、ここでは Python に用意されている組み込み機能を呼び出す手段だと考えてください。

input 関数を**呼び出す**構文（シンタックス）を調べてから、どのように動作するかを確認しましょう。

> 現在はここです。
>
> **犬年齢計算機擬似コード**
> 1. ユーザに犬の名前を尋ねる。
> 2. ユーザに犬の年齢を尋ねる。
> 3. 犬の年齢に7をかけて人間換算年齢を求める。
> 4. 画面に次を出力する：
>   `"Your dog"` <犬の名前>
>   `"is"` <人間換算年齢>
>   `"years old in human years"`

> この本ではこれから関数に多くの時間を割いていくので、そのうちに関数の働きが正確にわかるでしょう。現時点では関数とはPythonに何らかの処理を依頼する方法だと考え、詳細は気にしなくても大丈夫です。

> 構文とは、コンピュータ言語でどう書くか、ということです。

関数名 input から始めます。 / 次に開きかっこを置きます。 / 次にユーザに示したいテキストを書いてクォートで囲みます。「あなたの犬の名前は？」と表示します。 / 閉じかっこで文を終了します。

```
input("What is your dog's name?")
```

input関数の動作

input関数の書き方（つまり構文）がわかったと思います。では、input関数は実際にはどのように動作するのでしょうか？ 次のように動作するのです。

① インタプリタがinput関数の呼び出しに気付くと、Python Shellでユーザにテキストを表示する。

② そして、インタプリタはユーザが応答して入力するのを待つ。ユーザがリターンキーを押すと入力が完了する。

③ 最後に、ユーザが入力したテキストをコードに戻す。

ユーザが入力したテキストがコードに戻されています。一体どういうことなのでしょうか？ input関数を呼び出すと、input関数がユーザからテキストを取得し、関数呼び出しの結果としてそのテキストを**返す**ので、コードでそのテキストを利用できます。

このテキストを後のために記憶しておかないとあまり役に立ちません。このテキストは、手順4でユーザにわかりやすく出力する際に必要になるからです。では、Pythonではどのようにして記憶するのでしょうか？

しっかり記憶する

シンタックス（構文）は**Python**の文の書き方のことです。
セマンティクスは**Python**の文の意味のことです。

変数を使って値を覚えて格納する

プログラミング時に行う際に最も一般的な処理の1つは、値を格納して後で利用できるようにしておくことです。それには**変数**を使います。変数は、以前格納した値を取り出すためにいつでも使える名前、と考えてください。それでは、値を変数に格納（**代入**）する方法を示します。

ほかのほとんどのプログラミング言語もこのように機能します。

まず、変数を指定します。ほぼどんな名前でもかまいません。使用できる名前についてはすぐに詳しく説明します。

次に等号、その次に、変数に代入する値が続きます。

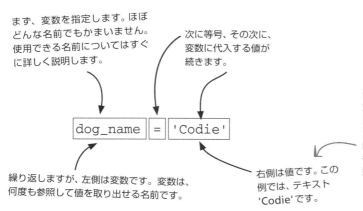

繰り返しますが、左側は変数です。変数は、何度も参照して値を取り出せる名前です。

右側は値です。この例では、テキスト'Codie'です。

テキストを**文字列**として参照します。文字列は文字の並びと考えてください。「文字列」という用語は、ほぼすべてのプログラミング言語で共通です。Pythonでは、数値や文字列の他にも多くの型を使うことができます。
型については58ページで詳しく説明します。

ユーザの入力を変数に代入する

変数について少しわかってきたと思います（44ページでも詳しく説明するのでご心配なく）。それでは、ユーザ入力を変数に格納してみましょう。まずinput関数を呼び出し、その**戻り値**を変数に代入するだけです。次のように行います。

変数dog_nameを使います。

そしてinput関数を呼び出します。input関数はユーザに「What is your dog's name?」（犬の名前は？）と尋ねます。

変数の名前はどのように付けるのでしょうか？ シングルクォートとダブルクォートを正しく使うことができますか？ 42ページで詳しく説明します。

```
dog_name = input("What is your dog's name? ")
```

ユーザが名前を入力すると、input関数は戻り値というかたちでその名前をコードに戻します。

この戻り値を変数dog_nameに代入します。

手順2に進みます。

手順2：さらに入力してもらう

犬の年齢も取得したいのですが、どのようにすればよいでしょうか？ 犬の名前の場合と同じようにすればいいのです。まず、input関数を利用して「What is your dog's age?」（犬の年齢は？）といった質問文を指定します。そして、ユーザが入力した年齢を取得し、変数dog_ageに格納します。

犬年齢計算機擬似コード

1. ユーザに犬の名前を尋ねる。
2. ユーザに犬の年齢を尋ねる。
3. 犬の年齢に7をかけて人間換算年齢を求める。
4. 画面に次を出力する：

   "Your dog" <犬の名前>
   "is" <人間換算年齢>
   "years old in human years"

エクササイズ

次はあなたがコードを書く番です。犬の名前の例のように、input関数を使って犬の年齢を取得するコードを書いてください。ユーザに「What is your dog's age?」と尋ね、その結果を変数dog_ageに格納します。コードのそれぞれのパーツが何を行うかの説明も付けてください。67ページで答え合わせをしてから先に進んでください。

そろそろコードを実行してみよう

紙の上でコードを調べるのと実際に本物のコードを実行するのは別物です。犬年齢のコードを別の方法で実行してみましょう。今回はIDLEのエディタではなく、Python Shellを使います。なぜでしょうか？ 小さなコードをテストするにはPython Shellが最適であることを確認したいからです。長いプログラムを書くときには、エディタに戻りますので心配しないでください。

今回だけはPython Shellウィンドウを使うことにします。

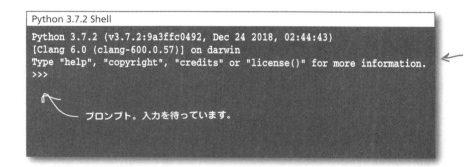

Python Shellは、小さなコードがどのように動作するかを確認するのに最適です。

バージョンやOSによって数字や起動メッセージが多少異なるでしょう。ウィンドウの見た目や色が異なるのと同様です。

Python Shellが起動されたら、ウィンドウの中のプロンプトを探します。プロンプトは>>>のように表示されています。プロンプトのところで1 + 1と入力してリターンを押します。Pythonは式を評価して値(この場合は2)を出力したら、次のプロンプトを表示します。これでPython Shellを正しく使うことができました。おめでとう！ 次は犬年齢のコードを試してみましょう。

❶ まずは犬の名前を取得するコードを入力してリターンを押しましょう。

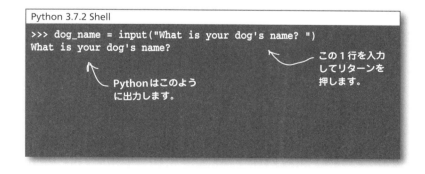

この1行を入力してリターンを押します。

Pythonはこのように出力します。

2章 単純な値、変数、型

❷ 次に、好きな犬の名前を入力して再びリターンを押します。

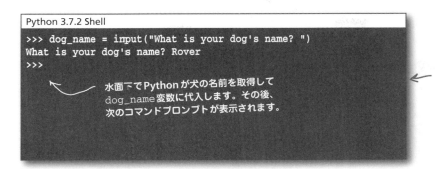

```
Python 3.7.2 Shell
>>> dog_name = input("What is your dog's name? ")
What is your dog's name? Rover
>>>
```

水面下でPythonが犬の名前を取得して dog_name 変数に代入します。その後、次のコマンドプロンプトが表示されます。

代入文は、1 + 1 のようには値へと評価されません。すでにわかっていると思いますが、代入文は右側に値を取り、その値を左側の変数に代入します。

脳力発揮

変数 dog_name は、値 'Rover'（あるいは、入力したその他の犬の名前）を保存しています。その値を表示するにはどうすればよいでしょうか？

❸ 何度か使ったことのある print で変数 dog_name の値を確認しましょう。また、Python Shell で変数名を入力すれば、直接 dog_name の値を確認できます。

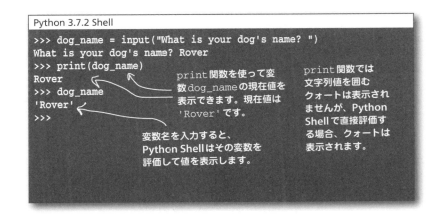

```
Python 3.7.2 Shell
>>> dog_name = input("What is your dog's name? ")
What is your dog's name? Rover
>>> print(dog_name)
Rover
>>> dog_name
'Rover'
>>>
```

print 関数を使って変数 dog_name の現在値を表示できます。現在値は 'Rover' です。

変数名を入力すると、Python Shell はその変数を評価して値を表示します。

print 関数では文字列値を囲むクォートは表示されませんが、Python Shell で直接評価する場合、クォートは表示されます。

シングルクォートとダブルクォート

> あなた、シングルクォートとダブルクォートの区別ができていないようね。テキストをシングルクォートで囲んだり、ダブルクォートで囲んだりしてるわよ。どういうことなの?

　よく気が付きました。まず、クォートで囲んだテキストを**文字列**(一続きの文字)と呼ぶことを思い出してください。主にシングルクォートを使っていましたが、input関数ではダブルクォートに変更しました。実際、Pythonは矛盾がなければどちらでもいいのです(シングルクォートでもダブルクォートでも問題ありません)。言い換えると、文字列をシングルクォートで始めたら、シングルクォートで終わらなければいけません。同様に文字列をダブルクォートで始めたら、必ずダブルクォートで終わりにします。

　では、どうしてシングルクォート、あるいはダブルクォートを選んだのでしょうか? 一般的に多くのPythonの開発者はシングルクォートを好んで使うので、この本でも基本的にシングルクォートにしています。しかし、ダブルクォートを使わざるを得ない場合があります。それは、**文字列の一部として**シングルクォートを使う場合です。

　犬年齢のコードでは、ユーザへの質問の中の単語dog'sでシングルクォートが使われているので、ダブルクォートで括っています*。

```
dog_name = input("What is your dog's name? ")
```

> 文字列の一部にシングルクォートがある場合は、テキストをダブルクォートで囲みます。

　文字列の一部にダブルクォートがある場合も同じです。その場合には、文字列をシングルクォートで囲みます。

* dogを所有格dog'sにするためにアポストロフィーが必要ですが、キーボードにはありません。その代わりにシングルクォートを使っています。

2章　単純な値、変数、型

コードの入力

Python Shellで遊ぶのはもう十分でしょう。ここでは本物のアプリケーションを作成します！ 次は、既存の2行のコードを入力し（犬の名前と年齢をユーザに尋ねるコード）、そのコードを簡単にテストしてから擬似コードからコードへの変換を完了させましょう。

さっそく、IDLEのメニューの[File]から[New File]を選び、犬年齢計算機コードの先頭の2行を入力しましょう。

```
dog_name = input("What is your dog's name? ")
dog_age = input("What is your dog's age? ")
```

ここに追加されている空白に注意してください。質問とユーザが入力するスペースの間に空白が入ります。

入力後に間違いがないか再確認したら、メニューの[File]から[Save]を選んで新しいフォルダch2にdogcalc.pyというファイル名で保存します。

試運転

試運転では、コーディングをとりあえず中断し、現在のコードが最新であることを確認し、テストします。

この計算機は未完成です。段階的にコードをテストし、すべて予想どおりに動作しているかを確認しましょう。コードを保存した後、メニューの[Run]から[Run Module]を選んで実行します。Python Shellウィンドウで出力を確認すると、犬の名前と年齢を入力するように求められるでしょう。

いまの段階でこのコードを実行すると、犬の名前と年齢を尋ね、入力するとプロンプトを表示します。

```
Python 3.7.2 Shell
What is your dog's name? Rover
What is your dog's age? 12
>>>
```

実行時に「SyntaxError: EOL while scanning string literal」（文字列を読み込んでいたら、完了前に行が終わった）と表示されたら、上のコードのシングルクォートとダブルクォートが正しく使われているかを再確認してください。

you are here ▶ 43

変数をさらに詳しく学ぶ

変数の作成と変数への値の代入を少し試してみました。この変数は実際にどのように機能し、どのように利用されるのでしょうか？ 次の数ページを使って詳しく説明します。その後、犬年齢計算機を完成させます。まず、変数に値を代入したときに水面下で何が起こっているかを調べましょう。

```
dog_name = 'Codie'
```

← 多くの場合、単に「代入」と呼ばれます。

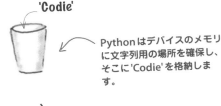

❶ 最初に、Pythonは代入の右側を文字列 `'Codie'` と評価します。そして、コンピュータのメモリ内でこの文字列を格納する空き場所を探します。空のコップにテキスト `'Codie'` を入れるようなものです。

Pythonはデバイスのメモリに文字列用の場所を確保し、そこに`'Codie'`を格納します。

❷ 文字列 `'Codie'` を格納したら、Pythonはdog_nameという名前のラベル（付箋のようなものです）を作成してコップに貼ります。

次に、ラベルdog_nameを作成し、メモリ内のこの値の場所に関連付けます。

❸ もちろん、いくつでも必要な数の値を格納することができます。下のコードでは、さらに2つの値を格納しています。

```
phrase = "Your dog's name is "
dog_age = 12
```

文字列も数値も格納できます。

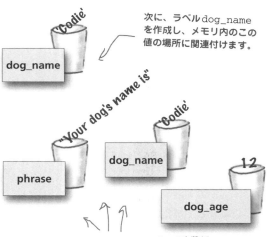

いくつでも必要な数の値を作成して変数に代入することができます。値は、必要になるまでメモリに格納されます。

❹ 格納した値が必要になったら、いつでも変数を使うことができます。

```
print(phrase)
print(dog_name)
```

phraseとdog_nameの値をメモリから取り出して出力します。

```
Python
Your dog's name is
Codie
```

式の追加

これまでの値は単純でしたが、いつまでも単純である必要はありません。単純な値ではなく、値を**計算**する**式**を使うこともできます。数式を見たことがあれば、Pythonの式も数式のように見えるはずです。Pythonの式は、簡単な値と+、-、*、/といった**演算子**からなります。例えば、コーディの誕生日はどのような式で表しますか？

> プログラミング言語は、ほぼ例外なく乗算記号にアスタリスクを使います。

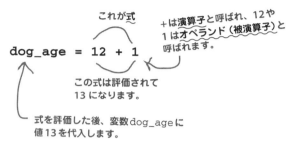

これが式
+は演算子と呼ばれ、12や1はオペランド（被演算子）と呼ばれます。
この式は評価されて13になります。
式を評価した後、変数dog_ageに値13を代入します。

それでは、コーディの体重（weight：単位はキログラム）を計算する式はどのように表せばよいでしょうか？

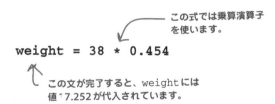

この式では乗算演算子を使います。
この文が完了すると、weightには値17.252が代入されています。

コーディ、ファイドー、スパーキーの平均年齢を求める式はどのように表しますか？

```
avg = (12 + 5 + 1) / 3
```

平均（average）

かっこを使って演算子をグループ化します。

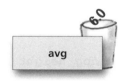

上の式では、値を使える場所ではどこでも変数を使うことができます。例として、コーディ、ファイドー、スパーキーの平均年齢を書き直してみましょう。

```
コーディ → codie = 12
ファイドー → fido = 5
スパーキー → sparky = 1
          avg = (codie + fido + sparky) / 3
```

変数を使うと、その変数を値に置き換えて式を計算します。

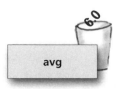

もちろん、式には簡単な演算子と数値しか使えないわけではありません。1章で登場した連結を覚えていますか？ 連結を利用して文字列をつなぎ合わせることもできます。

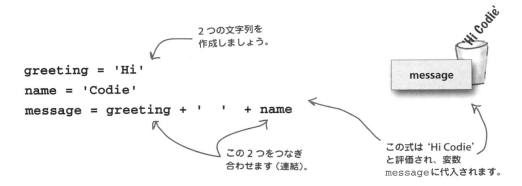

```
greeting = 'Hi'
name = 'Codie'
message = greeting + ' ' + name
```

2つの文字列を作成しましょう。

この2つをつなぎ合わせます（連結）。

この式は 'Hi Codie' と評価され、変数 message に代入されます。

変数が「変」数と呼ばれる理由

変数と呼ばれるのは、値が**変化**するからです。例えばコーディの体高 (height) を考えてみましょう。コーディの体高は最初は22です。

```
dog_height = 22
```

新たな変数を作成し、値 22 を代入しています。

22 インチは約 56 センチです。

コーディが成長し、体高を1インチ (2.54センチ) 増やす必要があるとします。そのためには、dog_height に格納されている値を変更します。

```
dog_height = 22 + 1
```

いつもどおり右側を評価すると 23 になり、その値を dog_height に代入します。すると、dog_height は 22 から 23 に変化します。

でも、コーディの体高を変更するにはもっといい方法があります。コーディがさらに2インチ成長したときにその方法を使いましょう。

```
dog_height = dog_height + 2
```

❷ そして、その 25 を dog_height の新しい値に設定します。

❶ 値を使えるところならどこでも変数を使えるので、右側で dog_height の現在値に2を加えます。つまり、23 + 2 = 25 となります。

演算子の優先順位を よく理解する

この式を評価してみましょう。

```
mystery_number = 3 + 4 * 5
```

mystery_numberは35でしょうか？ それとも23でしょうか？ 3足す4を先に計算するか、4かける5を先に計算するかで答えが異なります。どちらが正しいでしょうか？ 正解は23です。

評価の正しい順序がなぜわかるのでしょうか？ **演算子の優先順位**に従ったのです。演算を適用する順序を示すものが演算子の優先順位です。プログラミングとは関係なく算数で習うものです。おそらく代数の授業で過去に（最近またはずいぶん前に）優先順位が出てきているはずです。忘れていても大丈夫です。これから説明します。

演算子は優先順位の高い順に次のように並べられると考えれば、演算子の優先順位がよりよく理解できるでしょう。

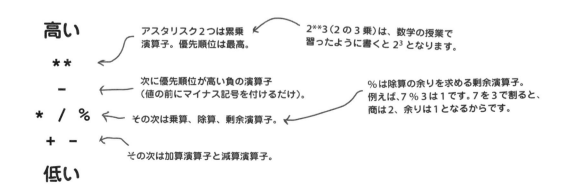

演算子の優先順位を使った計算

演算子の優先順位についての理解を深めるために、実際に式を評価してみましょう。次の式を考えます。

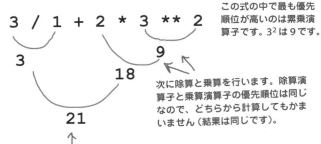

この式の中で最も優先順位が高いのは累乗演算子です。3^2 は 9 です。

次に除算と乗算を行います。除算演算子と乗算演算子の優先順位は同じなので、どちらから計算してもかまいません（結果は同じです）。

Python Shell で実際にこの式を試すと、21 ではなく 21.0 になります。詳しくはすぐに説明します。

最も優先順位が低い加算を最後に行います。3 足す 18 は 21 です。

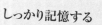

しっかり記憶する

演算子の優先順位は PEMDAS（Parentheses：かっこ、Exponents：累乗、Multiplication：乗算、Division：除算、Addition：加算、Subtraction：減算）と覚えます。この順番で左から右に評価すれば、必ず正しく評価できます。PEMDAS が覚えにくければ、「Please Excuse My Dear Aunt Sally」（私の親愛なる叔母サリーを許して）と覚えます。

Python の数式は、単純に優先順位の高い順に演算子が評価されるだけです。このページでは、簡単にするために数値の例を使っていますが、当然この数値を変数に置き換えることもできます。変数の場合でも演算子の優先順位は変わりません。

でも、この式を評価する順番を変えたい場合はどうすればよいでしょうか。例えば、先に 1 と 2 を足してから除算と乗算を行いたい場合はどうすればよいでしょう？　そのような場合にかっこを使います。かっこは順序を指定できます。

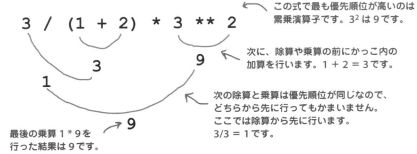

この式で最も優先順位が高いのは累乗演算子です。3^2 は 9 です。

次に、除算や乗算の前にかっこ内の加算を行います。1 + 2 = 3 です。

次の除算と乗算は優先順位が同じなので、どちらから先に行ってもかまいません。ここでは除算から先に行います。3/3 = 1 です。

最後の乗算 1 * 9 を行った結果は 9 です。

式を正しい順序で評価するのに必要なかっこはいくつでも追加できます。例えば、次のような式も書くことができます。

```
(((3 / 1) + 2) * 3) ** 2
```

評価順を変えないかっこも追加できますが、コードが読みにくくならないように気を付けましょう。

この式はまず除算、次に加算、乗算、累乗を行います。最終的に 225 と評価されます。

2章　単純な値、変数、型

多くの式がありますが、その値がわからなくなってしまいました。元に戻すのを手伝ってくれませんか？ 左側の式と、その式に対応する右側の値を線で結んでください。偽物が紛れているかもしれないので注意してください。

私は誰？

偽物はどれ？

式	値
'kit e' + ' ' + 'cat'	1
(14 - 9) * 3	2
3.14159265 * 3**2	15
42	21
'h' + 'e' + 'l' + 'l' + 'o'	28.27433385
8 % 3	42
7 - 2 * 3	-13
(7 - 2) * 3	'kit e cat'
	'hello'

剰余がまた登場しました。剰余は一見難しそうですが、よく使われています。「余り」と呼ぶ人もいます。

エクササイズ

昔ながらの紙コップゲームをしましょう。通常は紙コップとボールを使いますが、ここでは変数と値を使います。変数、値、代入についての知識を駆使して、このゲームに挑戦してみましょう。コードに目を通し、最後にどの紙コップに数値1が入っているかを考えてください。紙コップ1、紙コップ2、それとも紙コップ3でしょうか？ さっそく、賭けてみましょう！

```
cup1 = 0
cup2 = 1
cup3 = 0
cup1 = cup1 + 1
cup2 = cup1 - 1
cup3 = cup1
cup1 = cup1 * 0
cup2 = cup3
cup3 = cup1
cup1 = cup2 % 1
cup3 = cup2
cup2 = cup3 - cup3
```

変数を使った練習問題

 ## 脳力発揮

この式はどのように評価されるでしょうか？ この式は、数値と文字列をかけているのでPythonでは評価されず、エラーになるでしょうか？

```
3 * 'ice cream'
```

Python Shellに入力して試してみてもいいでしょう。

コードの謎を解く

初めての代入のスパイ活動を行います。最初に重要なパスコードが必要なので、まず下のコード内のパスコードを割り出します。パスコードは、文字どおりコード内にあります。頭の中でコードをたどってパスコードを探しますが、注意してください。あまり見かけたことのないコードかもしれないので間違えないように。幸運を祈ります。

```
word1 = 'ox'
word2 = 'owl'
word3 = 'cow'
word4 = 'sheep'
word5 = 'flies'
word6 = 'trots'
word7 = 'runs'
word8 = 'blue'
word9 = 'red'
word10 = 'yellow'
word9 = 'The ' + word9
passcode = word8
passcode = word9
passcode = passcode + ' f'
passcode = passcode + word1
passcode = passcode + ' '
passcode = passcode + word6
print(passcode)
```

パスコードです。あなたはコードをたどってパスコードを手に入れるだけです。

パスコードを出力します。

寄り道をする!

変数は名前と値を持っています。

しかし、変数にはどのような名前を使うことができるのでしょうか？何でもかまわないのでしょうか？ いいえ。どんな名前でもいいわけではありません。しかし、変数名に関するルールは単純です。次の2つのルールに従うだけで有効な変数名となります。

❶ 先頭は、英数字またはアンダースコア。

❷ 2文字目以降は、任意の個数の文字または数字またはアンダースコア。

それと、もう1つあります。False、while、ifなどの**キーワード**を使うとPythonが混乱してしまうので、変数名にはこれらを使ってはいけません。このようなキーワードやその意味については、これから紹介していきます。次に一覧を示しておくので目を通しておいてください。

False	as	continue	else	from	in	not	return	yield
None	assert	def	except	global	is	or	try	
True	break	del	finally	if	lambda	pass	while	
and	class	elif	for	import	nonlocal	raise	with	
async	await							

> このルールはPythonだけのものです。別のプログラミング言語にはそれぞれ独自のルールがあり、Pythonのルールと全然違うこともあります。

> 変数名にこれらのキーワードを使うと、エラーとなるか、少なくともPythonが混乱してしまいます。

素朴な疑問 に答えます

Q：キーワードとは何ですか？

A：キーワードは、基本的にPythonが自ら使うために予約している単語です。キーワードはコアPython言語の一部なので、コード内で変数としてキーワードを使うと混乱してしまいます。

Q：変数名の一部にキーワードを使うとどうなりますか？例えば、`if_only`という名前（キーワード`if`を含む）を使うことは可能ですか？

A：問題なく使うことができます。キーワードとまったく同じでなければ大丈夫です。また、紛らわしいコードは書かないほうがよいので、一般に`elze`のような変数名は使わないほうがよいでしょう。`else`と間違えやすいからです。繰り返しますが、このようなキーワードの意味はこれから説明していきます。

Q：`myvariable`と`MyVariable`は同じだとみなされるのですか？

A：いいえ。Pythonはこの2つを異なる変数名として扱います。技術的に言えば、**大文字と小文字を区別する**と言います。つまり、Pythonは大文字と小文字は異なるものとして扱うのです。今日では、ほとんどの一般的なプログラミング言語は大文字と小文字を区別しますが、区別しない言語もあります。

Q：変数の命名規則はありますか？`myVar`、`MyVar`、`my_var`などを使っても問題ありませんか？

A：プログラマが従うべき規則はあります。Pythonプログラマは、変数に小文字を使うのが好きです。変数名が複数の単語からなる場合には、`max_speed`、`super_turbo_mode`のように単語の間にアンダースコアを入れます。後で説明するように、Pythonでは変数以外に他にも命名規則があります。また、そのような規則はPython独自のものです。言語にはそれぞれ独自の規則があるのです。

Q：わかりました。でも、適切な変数名は何ですか？また、それは重要ですか？

A：Pythonでは、変数名がルールに従っていればまったく問題はありません。しかし、みなさんにとっては、変数名はとても重要でしょう。わかりやすく意味のある名前を選ぶと、コードが読みやすく理解しやすくなります。短く簡潔すぎる名前や、長くて扱いにくい名前は読みにくい場合があります。一般に、変数名はその変数の内容を表すものにします。例えば、変数の名前を`num`とするのではなく、`number_of_hotdogs`とすべきです。

you are here ▶

手順3：犬の年齢を計算する

擬似コードの1番目と2番目の手順のあと、寄り道をしてしまいました。手順3に進みましょう。この手順3では、犬の年齢に7をかけて人間換算年齢を求めます。これは単純そうなので、Python Shellで試してみましょう。

> 回り道はやめにして問題に戻ろうよ。つまり、犬年齢コードだよ。

ジャクソン（Jackson）、9歳

```
Python 3.7.2 Shell
>>> dog_age = 12
>>> human_age = dog_age * 7
>>> print(human_age)
84
>>>
```

まず、変数dog_ageを定義して数値12を設定します。

次に、この変数に7をかけ、新しい変数human_ageに代入します。

次に、human_ageを出力します。

84が表示されました。完璧です。まさに期待どおりの結果です！

犬年齢計算機擬似コード
1. ユーザに犬の名前を尋ねる。
2. ユーザに犬の年齢を尋ねる。
3. 犬の年齢に7をかけて人間換算年齢を求める。
4. 画面に次を出力する：

   "Your dog" <犬の名前>
   "is" <人間換算年齢>
   "years old in human years"

現在は擬似コードのここを行っています。

自分で考えてみよう

次のコードはここまでの犬年齢計算機です。上で試したことを参考にしてコードを追加し、犬の人間換算年齢を計算してください。

```
dog_name = input("What is your dog's name? ")
dog_age = input("What is your dog's age? ")
```

ここに新しいコードを追加し、69ページで答え合わせをしてから先に進んでください。

2章 単純な値、変数、型

試運転

手順3のコードが書けたので、さっそく試してみましょう。手順3のコードをdogcalc.pyファイルに追加して保存したら、メニューの[Run]から[Run Module]を選んで実行します。Python Shellに犬の名前と年齢を入力して表示された人間換算年齢が正しく計算されているかを確認します。

```
dog_name = input("What is your dog's name? ")
dog_age = input("What is your dog's age? ")
human_age = dog_age * 7
print(human_age)
```

新たに作成したコードをファイルに追加します。

この本では、新規に追加されたコードに網をかけます。

`print(dog_age * 7)`のように`dog_age*7`を直接出力できますか？ 試してください。

ヒューストン、問題が発生した！

われわれと同じように表示されましたか？ Codieは12歳と入力したので、84という出力を期待したのですが、12121212121212と表示されてしまいました！ 一体何が起こったのでしょうか！ どこで間違えたのでしょうか？ コードを再確認しましたが、問題はなさそうです。なぜこの出力は、Python Shellで実行したテストと異なるのでしょうか？

```
Python 3.7.2 Shell
What is your dog's name? Codie
What is your dog's age? 12
12121212121212
>>>
```

これは間違っています！

脳力発揮

12121212121212という数値について考えてみましょう。Pythonからこの数値が出力された理由として何か心当たりはありますか？

ヒント：12121212121212は12がいくつくっついているでしょうか？

誤りは（人）コードの常

エラーを探し出して修正することはコーディングの一部です。いくら擬似コードを適切に設計していくらていねいにコードを書いても、コーディングする上でエラーを避けることはできません。実際に、ほとんどのプログラマは**デバッグ**はコーディングでは当たり前のプロセスと考えています（デバッグとは、作成中のコードからエラーを取り除くプロセスです）。このようなエラーのことを正式には**欠陥**と呼びますが、普通は**バグ**と呼んでいます。

コーディングでは、実際には3種類のエラーに遭遇します。その3種類について詳しく調べましょう。

> エラーのことを**バグ**と呼ぶのは、一番最初に起こったエラーの1つが初期のコンピュータリレーに挟まった蛾が原因だったことに由来します。そのため、エラーを取り除くプロセスを**デバッグ**と呼ぶようになりました。詳しくは https://en.wikipedia.org/wiki/Software_bug（日本語版：https://ja.wikipedia.org/wiki/バグ）を読んでください。

シンタックスエラー

シンタックスエラー（構文エラー）があると、Pythonインタプリタから恐ろしい`'Syntax Error'`メッセージが表示されるので一目瞭然です。**シンタックスエラーは文法的なエラーのことです**。つまり、入力されたコードが規則を破っているのです。しかし幸い、シンタックスエラーは普通は簡単に修正できます。コード中から問題となる行を探し、構文を再確認するだけです。

実行時エラー

構文的には正しいプログラムを書いているのに、プログラムを実行する際に問題が発生した場合に実行時エラーが起こります。実行時エラーの例には、コードのある時点でうっかり数値をゼロで割った場合などがあります（どの言語でも無効な演算です）。実行時エラーを修正するには、発生した具体的なエラーを調べ、コード中のどこでの実行時エラーが生じているかを特定します。

セマンティックエラー

ロジックエラーとも呼ばれるエラーです。セマンティックエラーがあっても、プログラムは問題なく動作しているように見えます。インタプリタから構文エラーが表示されることもなく、実行時にも問題は起こりませんが、プログラムの結果が予想したものとは異なります。**プログラムに指示したつもりの動作と実際に指示された動作とが異なる場合にセマンティックエラーが発生します**。最もデバッグが難しいのがこのセマンティックエラーです。

2章　単純な値、変数、型

脳力発揮

犬年齢計算機は、現在バグを抱えています。84ではなく121212121212と表示されてしまいます。下のどのエラーに該当するでしょうか？

- ☐ A. 実行時エラー
- ☐ B. シンタックスエラー
- ☐ C. セマンティックエラー
- ☐ D. 計算エラー
- ☐ E. A〜Dのいずれにも該当しない
- ☐ F. A〜Dのすべて

答え：C。構文エラーや実行時エラーは起こっていない。

12が7つ連続しているから、12と7をかけたときに、原因はわからないけど乗算を使わずに12を7回繰り返してしまったんじゃないかな。Python Shellでは、**文字列** "12"に7をかけたら結果は12121212121212だったけど、**数値**12に7をかけると予想どおり84になったよ。

素晴らしいデバッグです。

結果が84ではなく、12121212121212になった理由は、お察しのとおり、犬の年齢が数値ではなく文字列としてPythonに扱われたからです。なぜそれが問題なのでしょうか？ Pythonが乗算をどのように行うかを詳しく調べましょう。

デバッグをもう少しだけ

何回かデバッグしてみて、一体何が起こっていたのかを確認しましょう。便利なPython Shell使って試してみましょう。

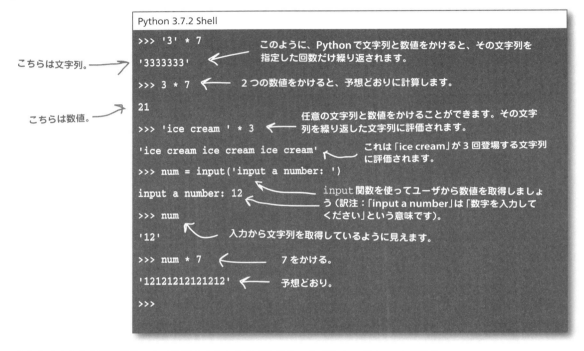

入力を求められた際、間違いなく数値を入力したはずなのに、なぜPythonはinput関数を使って入力した数値を文字列として扱うのでしょうか？それはinput関数が常に文字列を返すからです。確認する方法はあるでしょうか。上で試したことからもわかりますが、実はより直接的に確認することもできます。それはPythonの仕様を参照することです。仕様には次のように書かれています。

input(*prompt*)
　*prompt*引数を出力に書き出した後、入力から1行読み取って文字列に変換し、その文字列を返す。

また、コードで値を調べて文字列であることを確認する方法もあります。仕様についても値の検証についても後で取り上げますが、現段階では問題点が明らかになったというだけで十分です。inputは、**数値が必要なときでも文字列を返すのです。**

> Pythonは本当にコンピュータ言語なの？
> 数値と文字列の中の数値をかけるということは、文字列を何度も繰り返すっていうことじゃなくて本当の乗算がしたいこともわからないのかしら。ずいぶん間抜けね。

要求は慎重に。
思わぬ結果にならないように。

　確かにPythonなら文字列が実際には数値であると判断できるように思えるのですが、そうすると数字を本当に文字列として扱いたいときに予期せぬ事態になる恐れがあります。それが問題なのです。インタプリタが毎回正しい判断をするのは困難なので、Pythonは推測しないようにしているのです。前述したようにPythonは予期せぬ事態を避けようとするので、（コードに）指定されたとおりに受け取ります。文字列であると指定すれば文字列として扱います。代わりに数値として指定すれば、Pythonは数値も上手に扱ってくれます。Pythonはプログラムの意図を推測**しません**。なぜなら、間違えることが多く、デバッグを増やすことになるからです。

　つまり、プログラマとしては扱っているデータの型をよく理解すべきです。そのため、おそらく型について詳しく学ぶ必要があるでしょう。

Pythonの型とは?

Pythonのすべてのデータには**型**があります。型によってデータの扱い方が異なるため、型は重要です。乗算の例で示したように、数値と文字列をかけるか、数値と数値をかけるかで大きく異なります。そのため、コーディングする際には型について十分意識する必要があります。

すでにさまざまなデータ型の例が登場しています。まずは**文字列型**があります。すでにご存じのとおり "What is your dog's age?" は文字列です。ちなみに、**数値型**の例も示しました。数値型に関しては、Pythonは主に2つの型をサポートしています。**整数型**と**浮動小数点数型**です。詳しく調べてみましょう。

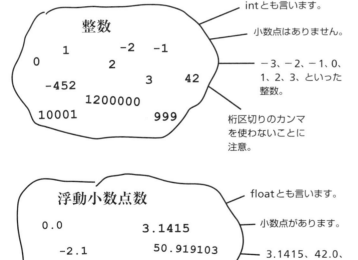

Pythonには上に挙げた以外にも、**ブール型**、**リスト**、**辞書**、**オブジェクト**といった型があります。詳しくは3章以降で説明します。

に答えます

Q：文字列は一連の文字であるということはわかりましたが、連結や出力以外に何ができるのですか?

A：簡単な入門的な例にだまされないでください。文字列処理は、コンピュータの世界の重要な部分です。例えば、GoogleやFacebookが処理するテキストを考えてください。この本では、3章以降で文字列をもっと掘り下げ、検索、変更、フォーマット方法や文字列を操作するさまざまな興味深いアルゴリズムの作成方法を調べます。

Q：整数と文字列の場合と同様に、整数と浮動小数点数の組み合わせについても注意しなければいけませんか?

A：いいえ。式で整数と浮動小数点数を一緒に使うと、通常Pythonはすべてを浮動小数点数値に変換します。

Q：変数に整数値を代入した後で、文字列値を代入し直したらどうなりますか?

A：Pythonではそれでもまったく問題ありません。値が型を持つのであって、変数が型を持つわけではありません。そのため、変数に値を代入し、その値を変更していくことができます。型が変わっても問題ありません。ただし、これは適切なやり方とはみなされません。コード内で変数の型が変わると混乱するからです。

ロケット研究者が求めるような数値が必要ですか? Pythonはそれにも対応しています。Pythonでは、指数表記や虚数も使うことができます。

コードの修正

われわれの小さなバグは、型に関する憶測が原因のようです。input関数に数値を入力すると、数値が返されると思い込んでいました。しかし、input関数は常に文字列を返すことが、説明からわかりました。input関数が文字列を返すからといって心配はいりません。このようなバグを見つけるために、要所要所でテストを行っているのです。また、Pythonには文字列を数値に変換する便利な方法も用意されています。

その方法を示します。

① まず、数値の文字列表現を作成しましょう。

```
answer = '42'
```
文字列'42'を変数answerに代入します。

② 次に、int関数を呼び出して文字列を渡します。

```
answer = int('42')
```

見て、私がintよ！

文字列'42'を整数に変換し、変数answerに代入します。

素朴な疑問に答えます

Q：`int('hi')`のように数値でない文字列で`int`関数を呼び出したら何が起こりますか？

A：int関数を呼び出して数値を含まない文字列を渡すと、値が数値ではないことを示すランタイムエラーとなります。

Q：`int`関数は整数値にしか使えないのですか？例えば、`int('3.14')`とはできませんか？

A：int関数は整数（正確には整数を表す文字列）にしか使えませんが、'3.14'のような浮動小数点数を含む文字列を変換する場合には、`float('3.14')`のように`float`関数を使って変換します。

自分で考えてみよう

このバグは、数値だと思っていた`dog_age`が、実際には文字列としてPythonに扱われることが原因であることがわかりました。下のコードに`int`関数を追加してこの問題を修正してください。

複数の方法で修正できます。70ページで必ず答え合わせをしてください。

```
dog_name = input("What is your dog's name? ")
dog_age = input("What is your dog's age? ")
human_age = dog_age * 7
print(human_age)
```

計算機のテスト

(先ほどの練習問題で)文字列を整数に変換するコードがわかったので、そのコードを追加しましょう。まず、次のようにコードを変更して犬の年齢を整数に変換したら、コードを保存してメニューの[Run]から[Run Module]を選びます。そして、Python Shellウィンドウに犬の名前と年齢を入力したら、出力を調べてようやく人間換算年齢を正しく計算していることを確認します。

そのコードを示します(変更部分がわかるように表示しています)。

ここに`int`関数を追加したので、`dog_age`の値を整数に変換してから7をかけます。

```
dog_name = input("What is your dog's name? ")
dog_age = input("What is your dog's age? ")
human_age = int(dog_age) * 7
print(human_age)
```

ヒューストン、発射した!

ずっとよくなりました! 正しく計算されています。予想どおり84と表示されています。今回のコードを異なる値でも何回か試してみてください。問題なさそうなら、いよいよ擬似コードの最後の手順を実装して犬年齢計算機を完成させることができます。

このように表示されます。

注目! コードが期待通りに動作しない場合

もうわかっていると思いますが、エラー(実行時エラー、シンタックスエラー、またはセマンティックエラー)によって犬年齢計算機が正常に動作しない場合があります。`invalid syntax`となったら、コードの句読記号が正しいかどうか(かっこが閉じていないなど)を調べてください。それでも問題が特定できない場合には、コードを逆方向に読んでみましょう。気が付かなかったタイプミスが見つかるかもしれません。あるいは、友達に頼んでこの本のソースコードとあなたのコードを比較してもらいましょう。`int`型変換関数とそのかっこがあるかも確認してください。ソースコードはいつでもhttps://wickedlysmart.com/hflearntocodeからダウンロードして、自分のコードと直接比較することができます。

手順4：ユーザフレンドリーな出力

擬似コードの最後の手順まで来ました。手順3まででユーザからの入力を取得し、犬の人間換算年齢を計算したので、あとは読みやすい（ユーザフレンドリー）かたちで出力するだけです。そのためには現在の変数を調べ（必要な値は変数に入っています）、printを使ってアルゴリズムで規定されているように出力します。

> **犬年齢計算機擬似コード**
> 1. ユーザに犬の名前を尋ねる。
> 2. ユーザに犬の年齢を尋ねる。
> 3. 犬の年齢に7をかけて人間換算年齢を求める。
> 4. 画面に次を出力する：
>
>   "Your dog" <犬の名前>
>   "is" <人間換算年齢>
>   "years old in human years"

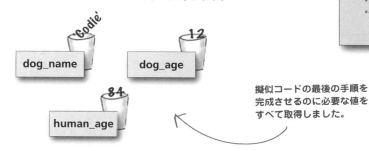

擬似コードの最後の手順を完成させるのに必要な値をすべて取得しました。

この擬似コードでは、コーディングすべき出力がすでに正確に規定されています。print関数の新しい使い方によってコーディングが容易になるので、書き始める前にそれについて説明します。これまでは、次のようにprintには1つの**引数**だけを指定していました。

```
print('hi there')
```

または

```
print(42)
```

または

```
print('Good' + 'bye')
```

関数に指定する値を<u>引数</u>と呼びます。また、通常は関数に引数を<u>渡す</u>と言います。

これまでは、printに1つの値（文字列や数値）だけを渡してきました。

print関数の中で文字列連結を使った文字列も作成しましたが、それでも最終的に1つの引数に評価されます。

しかし、実は次のようにprintには複数の引数を渡すことができます。

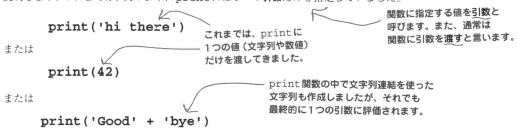

printには、カンマで区切った引数をいくつでも渡すことができます。

```
print('Hi there', 42, 3.7, 'Goodbye')
```

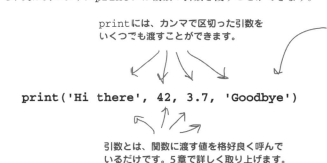

引数とは、関数に渡す値を格好よく呼んでいるだけです。5章で詳しく取り上げます。

複数の引数を渡すと、printは各引数の間に区切り文字として空白を1つ入れて表示します。

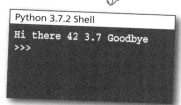

```
Python 3.7.2 Shell
Hi there 42 3.7 Goodbye
>>>
```

計算機の出力のテスト

自分で考えてみよう

新たなprint機能がわかったので、print関数を呼び出すコードを書きましょう。ユーザフレンドリーな出力にしてください。

> 4. 画面に次を出力する：
>
> "Your dog" <犬の名前>
> "is" <人間換算年齢>
> "years old in human years"

このような出力が必要です。

最後の試運転

「自分で考えてみよう」で手順4のコードの大まかな意味がわかったので、そのコードを下にコピーしました。コードを変更して保存し、メニューの[Run]から[Run Module]を選び、犬年齢計算機を試してください！

```
dog_name = input("What is your dog's name? ")
dog_age = input("What is your dog's age? ")
human_age = int(dog_age) * 7
print(human_age)

print('Your dog',
      dog_name,
      'is',
      human_age,
      'years old in human years')
```

このコードを削除します。

dogcalc.pyファイルにこのコードを追加します。

犬の名前
人間換算年齢

```
Python 3.7.2 Shell
What is your dog's name? Codie
What is your dog's age? 12
Your dog Codie is 84 years old in human years
>>>
```

最終的な出力

期待したとおりです！

頭の体操

この章もあと少しで終わりです。残っているのは重要ポイントとクロスワードだけです。ここで少しだけ頭の体操をしておきましょう。

次のように2つの変数firstとlastがあるとします。それぞれの値を交換できますか？ 交換するコードを書いてみてください。71ページに答えがあります。

```
first = 'somewhere'
last = 'over the rainbow'
print(first, last)
```

← 訳注：「いずこか」「虹の彼方」という意味です。『オズの魔法使い』の劇中歌「虹のかなたに」の1フレーズです。

← ここに交換するコードを書いてください。

```
print(first, last)
```

↙ 交換コードがうまく書けたときの出力。

```
Python 3.7.2 Shell
somewhere over the rainbow
over the rainbow somewhere
>>>
```

脳力発揮

コーディの名前からクォートを取り除くとどうなるでしょうか？ これはどのように評価されるでしょうか？

```
dog_name = Codie
```

重要ポイント

- コンピュータは2つのこと、つまり値の格納とその値の演算をうまくこなす。
- 擬似コードは、プログラムを設計するための優れた方法である。
- シンタックス（構文）はPython文の書式を示す。セマンティクスは意味を示す。
- Pythonのコードが入ったファイルはモジュールとも呼ばれる。
- Python Shellを使うと一度に1つの文や式を入力して評価できる。
- `input`関数はユーザに入力を促し、1行の入力を取得して文字列として返す。
- 関数を呼び出すと、結果として値を返す。
- 値を変数に代入すると、後で使用するために値を格納できる。
- 変数に値を代入すると、Pythonはその値をメモリに格納し、後で使用するために変数名を付ける。
- 変数は変更でき、値が変わる。
- Pythonには簡単な変数命名規則があり、キーワードと同じ名前を付けることはできない。
- キーワードはプログラミング言語で予約された単語である。
- 文字列は、一連の文字からなるPython型である。
- Pythonは整数と浮動小数点数の2つの数値型のほかに、科学技術計算用の他にもいくつかの型をサポートする。
- `int`関数は文字列を整数値に変換する。`float`関数は文字列を浮動小数点数に変換する。
- コードは頻繁にテストし、問題を早期に発見する。
- エラーには構文エラー、実行時エラー、セマンティックエラーの3種類がある。
- 文字列と数値nをかけると、Pythonはその文字列をn回繰り返す。
- 連結演算子で文字列を連結できる。
- 連結とは文字列をつなぎ合わせること。
- Pythonでは、文字列の連結演算子として+を使う。
- 関数に値を渡すとき、その値を引数と呼ぶ。

コーディングクロスワード

まったく違ったかたちの問題に取り組みましょう。ありふれたクロスワードですが、答えの単語はすべて2章で登場します。

ヨコのカギ

3. この章でコーディングしているプログラム。
6. 変数名に使えないもの。
7. Pythonで書く文の書式。
8. 後で使うために値を格納する。
9. 数値型の1つ。
11. 12歳。
13. 関数に渡す値の名前。
14. input はこれを返す。
17. 変数名に使える特殊文字。
19. 別の大。
20. Pythonのファイルの別名。
21. これを使って変数に値を代入する。

タテのカギ

1. 小数点を持つ。
2. 変数の値はこれができる。
4. 文字列をつなぎ合わせる。
5. 文の意味。
10. inputはこれをユーザに示す。
12. 文字列を整数に変換する関数。
15. コードを1行ずつ評価する。
16. 値はここに格納する。
18. コードの実行前に発生するエラー。

練習問題の答え

 **の答え**

擬似コードを書いていきます。まず、犬の人間換算年齢を計算するアルゴリズムやレシピをどのように書くかを考えてください。考えたら、その手順を普通の言葉でメモします。ユーザに犬の名前と年齢を尋ね、また、最後に「Your dog Rover is 72 years old in human years」(あなたの愛犬ローバーの人間換算年齢は72歳です)のような読みやすい出力も作成するなど、ユーザの使いやすさも考えてください。

繰り返しますが、自分の言語で擬似コードを書いてください。

ユーザに犬の名前を尋ねる。 ← まず、ユーザからの情報を取得します。

ユーザに (犬年齢での) 犬の年齢を尋ねる。

犬の年齢に 7 をかけて人間換算年齢を求める。 ← 次に、犬の人間換算年齢を計算します。

画面に次を出力する:

```
"Your dog" <犬の名前> "is" <人間換算年齢>
"years old in human years"
```
← 最後に、結果をユーザフレンドリーなかたちで出力します。

ファイドー (Fido)、5歳

スパーキー (Sparky)、1歳

2章　単純な値、変数、型

擬似コードをコードに変換するための第一歩として、擬似コードを1行ずつ調べ、コードで実行すべきと思うことをメモとして書き出します。とにかく、まず骨組みを考えてください。

犬年齢計算機擬似コード

1. ユーザに犬の名前を尋ねる。
2. ユーザに犬の年齢を尋ねる。
3. 犬の年齢に7をかけて人間換算年齢を求める。
4. 画面に次を出力する：

   "Your dog" <犬の名前>
   "is" <人間換算年齢>
   "years old in human years"

---

1. ユーザに犬の名前を尋ね、ユーザに名前を入力させる。おそらく名前をどこかに保存する必要がある。保存しておけば、手順4でその名前を利用できる。

2. 犬の年齢を尋ね、年齢を入力させる。年齢をどこかに保存しておくと、手順4で利用できる。

3. 手順2で取得した年齢に7をかける。この値もどこかに格納しておいて手順4で使えるようにする。

4. まず「Your dog」と出力してから手順1の値を出力する。次に「is」と出力し、手順3の値を出力する。そして、「years old in human years」と出力する。

次はあなたがコードを書く番です。犬の名前の例のように、input関数を使って犬の年齢を取得するコードを書いてください。ユーザに「What is your dog's age?」と尋ね、その結果を変数dog_ageに格納します。コードのそれぞれのパーツが何を行うかの説明も付けてください。

```
dog_age = input("What is your dog's age? ")
```

↑ 新しい変数 dog_age

↑ inputを呼び出します。inputはユーザに「What is your dog's age?」（あなたの犬の年齢は？）と尋ね、ユーザ入力を返してdog_ageに格納します。

多くの式がありますが、その値がわからなくなってしまいました。元に戻すのを手伝ってくれませんか？ 左側の式と、その式に対応する右側の値を線で結んでください。偽物が紛れているかもしれないので注意してください。

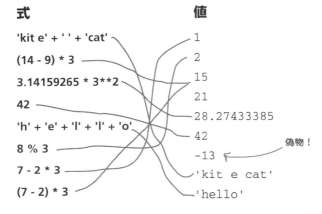

昔ながらの紙コップゲームをしましょう。通常は紙コップとボールを使いますが、ここでは変数と値を使います。変数、値、代入についての知識を駆使して、このゲームに挑戦してみましょう。コードに目を通し、最後にどの紙コップに数値1が入っているかを考えてください。紙コップ1、紙コップ2、それとも紙コップ3でしょうか？ では、賭けてみましょう！

```
cup1 = 0                    cup1 は 0
cup2 = 1                    cup1 は 0、cup2 は 1
cup3 = 0                    cup1 は 0、cup2 は 1、cup3 は 0
cup1 = cup1 + 1             cup1 は 1、cup2 は 1、cup3 は 0
cup2 = cup1 - 1             cup1 は 1、cup2 は 0、cup3 は 0
cup3 = cup1                 cup1 は 1、cup2 は 0、cup3 は 1
cup1 = cup1 * 0             cup1 は 0、cup2 は 0、cup3 は 1
cup2 = cup3                 cup1 は 0、cup2 は 1、cup3 は 1
cup3 = cup1                 cup1 は 0、cup2 は 1、cup3 は 0
cup1 = cup2 % 1             cup1 は 0、cup2 は 1、cup3 は 0
cup3 = cup2                 cup1 は 0、cup2 は 1、cup3 は 1
cup2 = cup3 - cup3          cup1 は 0、cup2 は 0、cup3 は 1   勝者！
```

コードの謎を解くの答え

初めての代入のスパイ活動を行います。最初に重要なパスコードが必要なので、まず下の
コード内のパスコードを割り出します。パスコードは、文字どおりコード内にあります。
頭の中でコードをたどってパスコードを探しますが、注意してください。あまり見かけた
ことのないコードかもしれないので間違えないように。幸運を祈ります。

```
word1 = 'ox'
word2 = 'owl'
word3 = 'cow'
word4 = 'sheep'
word5 = 'flies'
word6 = 'trots'
word7 = 'runs'
word8 = 'blue'
word9 = 'red'
word10 = 'yellow'
word9 = 'The ' + word9          word9は「The red」
passcode = word8                passcodeは「blue」
passcode = word9                passcodeは「The red」
passcode = passcode + ' f'      passcodeは「The red f」
passcode = passcode + word1     passcodeは「The red fox」
passcode = passcode + ' '       passcodeは「The red fox」
passcode = passcode + word5     passwordは「The red fox trots」
print(passcode)
```

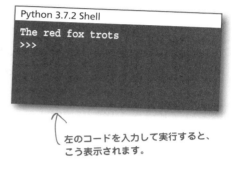

左のコードを入力して実行すると、こう表示されます。

パスコード！

訳注：「赤いきつねが歩きまわる」という意味です。スパイの合言葉として知られるフレーズです。

自分で考えてみようの答え

次のコードはここまでの犬年齢計算機です。上で試したことを参考にしてコードを追加し、
犬の人間換算年齢を計算してください。

```
dog_name = input("What is your dog's name? ")
dog_age = input("What is your dog's age? ")
human_age = dog_age * 7
print(human_age)
```

この本では、新規に追加されたコードに網をかけます。

ユーザが入力したdog_ageに7をかけ、その結果を変数human_ageに代入します。

計算が終わったら人間に換算した年齢を出力しましょう。最終的な値がこれでわかります。

練習問題の答え

自分で考えてみよう の答え

このバグは、数値だと思っていた dog_age が、実際には文字列として Python に扱われることが原因であることがわかりました。下のコードに int 関数を追加してこの問題を修正してください。

int 関数を追加する方法は何通りもあります。
その一部を示します。

```python
dog_name = input("What is your dog's name? ")
dog_age = input("What is your dog's age? ")
dog_age = int(dog_age)
human_age = dog_age * 7
print(human_age)
```

まず dog_age を文字列として取得してその文字列に int 関数を呼び出し、その結果を dog_age 変数に代入し直します。

```python
dog_name = input("What is your dog's name? ")
dog_age = int(input("What is your dog's age? "))
human_age = int(dog_age) * 7
print(human_age)
```

dog_age に int を呼び出し、dog_age を整数として使えるようになるまで待ちます。

```python
dog_name = input("What is your dog's name? ")
dog_age = int(input("What is your dog's age? "))
human_age = dog_age * 7
print(human_age)
```

最後に、input の呼び出しに対して int を使います。このようにすると、dog_age には必ず整数が代入されます。

ここでの説明が紛らわしいと感じたかもしれません。でも、現時点では、文字列を int 関数に渡すと整数に変換できることだけがわかれば OK です。後で関数の使い方と呼び出す方法を説明します。

自分で考えてみようの答え

新たなprint機能がわかったので、print関数を呼び出すコードを書きましょう。ユーザフレンドリーな出力にしてください。

このように出力します。

> 4. 画面に次を出力する：
> "Your dog" <犬の名前>
> "is" <人間換算年齢>
> "years old in human years"

```
print('Your dog',
      dog_name,
      'is',
      human_age,
      'years old in human years')
```

print関数では、出力したい項目をカンマで区切って追加します。

読みやすくするために、上のように改行できます。

頭の体操

この章もあと少しで終わりです。残っているのは重要ポイントとクロスワードだけです。ここで少しだけ頭の体操をしておきましょう。

次のように2つの変数firstとlastがあるとします。それぞれの値を交換できますか？ 交換するコードを書いてみてください。

```
first = 'somewhere'
last = 'over the rainbow'
print(first, last)
temp = first
first = last
last = temp
print(first, last)
```

一時変数を使って1番目の変数を格納しておき、その後1番目の変数に2番目の変数を設定するテクニックはよく使われます。そして、2番目の変数に一時変数を設定します。

この仕組みを理解できるまで何回も復習しましょう。

一時変数

クロスワードの答え

 # コーディングクロスワードの答え

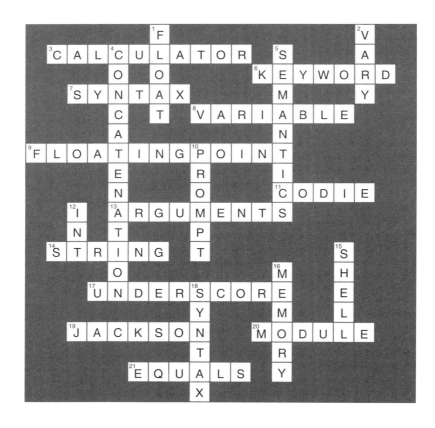

3章　ブール型、判定、ループ

判定コード

　いままでのプログラムはあなたには少し退屈すぎたでしょうか？　2章までのコードはいずれも**上から下へ**インタプリタに評価される文に限られていました。予想外の展開、突然の方向転換、驚き、自分で考える必要があることなどはありませんでした。ワクワクするようなコードには、**判定、行き先の制御、複数回の処理**が必要です。この3章ではこれらを学びます。その過程で、ミステリアスなゲーム「じゃんけん」について学び、ブール値に出会い、値を2つしか持たないデータ型がいかに便利なのかを確認します。さらに、恐ろしい**無限ループ**についても学びます。さあ、始めましょう！

試しに無限ループを作ってみます！

this is a new chapter ▶ 73

グー、チョキ、パーで遊ぶ

ゲームをしない？

　古代中国の漢時代から脈々と受け継がれているゲームが「じゃんけん」(shoushiling)です。じゃんけんは、裁判の判決、数百万ドルもの取引、そしておそらくこれが最も重要ですが車の助手席に誰が乗るかを決めるために使われてきました。

　じゃんけんでは「石（グー：Rock）、紙（パー：Paper）、ハサミ（チョキ：Scissors）」を使います。われわれはじゃんけんを実装し、手強い相手（**コンピュータ**）とじゃんけんをできるようにします。

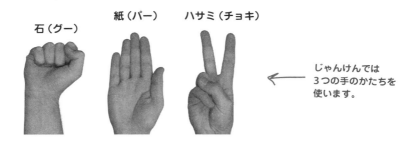

じゃんけんでは3つの手のかたちを使います。

じゃんけんの仕組み

　じゃんけんを知らない人のために、簡単なルールを説明します。じゃんけんは2人のプレーヤーで行います。プレーヤーはそれぞれ前もってグー、チョキ、パーのいずれかを選んでおきます。そして、通常は2人のプレーヤーが大きな声で「じゃん、けん、ぽん」と叫び、3つの手のかたちのいずれかを出します。勝者は下のように決まります。

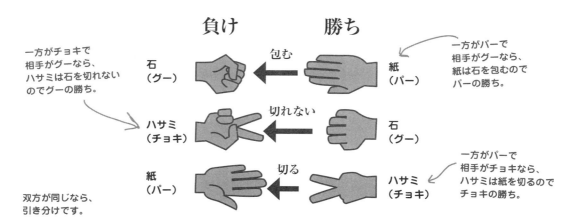

脳力発揮

じゃんけんをしたことがないのなら、友達をつかまえて試してみてください。したことがあっても、友達とやってみて思い出してください。

どのようにコンピュータを相手にするの？

　コンピュータには手がないので、じゃんけんの方法を少し変えなければいけません。コンピュータはグー、チョキ、パーのいずれかをあらかじめ選んでおき、どの手を選んだかはユーザには教えないようにします。ユーザが自分の手を入力すると、コンピュータが自分の手と比較して勝者を表示します。

　このじゃんけんのやり方の例を示すとわかりやすいでしょう。下はPython Shellでじゃんけんを何度か行い、その結果を示した例です。ユーザの勝ち、コンピュータの勝ち、そしてあいこです。

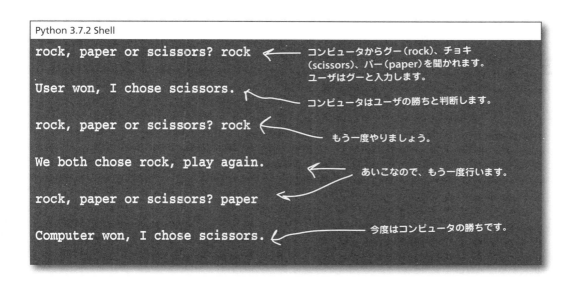

ゲームの設計

まずは骨組みの設計

まず、このゲームの流れを把握しましょう。擬似コードの知識を生かして、このゲームの骨組みの設計を改良していきます。今回も新たな手法を導入します。それはゲームの流れをフローチャートの形式で表す図です。

基本的な考え方を示します。

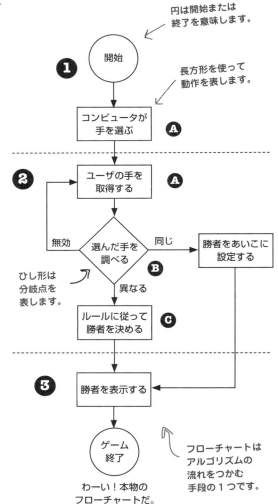

❶ ユーザがゲームを開始する。

　Ⓐ コンピュータがグー、チョキ、パーのどれを選ぶかを決める。

❷ ゲームを開始する。

　Ⓐ ユーザの手を取得する。

　Ⓑ ユーザの手を調べる。無効なら（グー、チョキ、またはパーでなければ）、ステップ2Aに戻る。
コンピュータと同じなら、勝者をあいこに設定してステップ3に進む。

　Ⓒ ゲームのルールに従って勝者を決める。

❸ ゲームを終了する。

　ユーザに勝者とコンピュータの手を知らせる。

プログラムに必要な処理の大まかな流れがわかりましたね。次に、各ステップを詳しく調べていきましょう。

3章　ブール型、判定、ループ

コンピュータの手

まず、じゃんけんでは最初にコンピュータが手を選ぶ必要があります。つまり、グー、チョキ、またはパーを選ぶのです。ゲームを面白くするためにはランダムに選択し、ユーザが予測できないようにします。

ランダムな選択は多くのプログラムで必要とされるものなので、ほぼすべてのプログラミング言語に乱数を生成する方法があります。私たちもPythonで乱数を取得し、その乱数をグー、チョキ、パーの手に変換してみましょう。

乱数とはランダムで規則性のない数字のことです。

乱数の生成方法

Pythonにはあらかじめ作成された多くのコードが付随しています。つまり、自分でわざわざ書く必要がありません。あらかじめ作成されたコードは**モジュール**（**ライブラリ**と呼ばれることもあります）という形で提供されることがほとんどです。モジュールについては後で詳しく説明します。ここではrandomモジュールを使いたいので、import文でrandomモジュールをコードに**インポート**します。

インポートは次のように行います。

```
import random
```

- 最初に import キーワードを使います。
- 次に使いたいモジュールの名前を指定します。この例ではrandomモジュールです。
- 通常 import 文は先頭に置きます。こうしておくとインポートするモジュールが把握しやすいからです。
- モジュールは特別なものではなく、Pythonのコードが入っているファイルです。

randomモジュールをインポートすると、多くの乱数関数を利用できるようになります。ここではその中の1つだけを使います。

- 関数（およびモジュール）については後できちんと説明しますが、いまの段階ではPythonで組み込み機能を利用する方法であると考えれば十分です。

```
random.randint(0, 2)
```

- モジュール名から始めます。この例ではrandomです。
- そして、ピリオドを付けます。プログラマは「ピリオド」ではなく「ドット」と呼ぶことも多いです。
- 次に関数名 randint を書きます。
- randint は 0、1、または 2 を返します。
- randint に数値を2つ渡します。
- この2つの数値は範囲です。randint は 0 から 2 までの範囲の中からランダムな整数を返します。
- 範囲の書き方については4章で詳しく説明します。ここではこのまま覚えてください。

you are here ▶ 77

エクササイズ

実際に確かめてみましょう。Python Shellでrandomモジュールをインポートし、`random.randint(0, 2)`でランダムな整数を生成してください。

`randint`の呼び出しを続けると、何が表示されるか確認してください！

```
Python 3.7.2 Shell
>>> import random
>>> random.randint(0, 2)
```

何が表示されるでしょう？

乱数の使い方

0、1、2のいずれかになる乱数を生成する方法がわかったので、その数値を使ってゲームでのコンピュータの手を表します。そこで、0を生成したら、コンピュータの手をグーとします。1ならパー、2ならチョキとします。このコードを書いてみましょう。

randomモジュールのインポートを忘れずに。

空行を入れてインポートするモジュールと記述する実際のコードを分離します。このようにすると、コードが増えたときでも見やすくなります。

```
import random

random_choice = random.randint(0, 2)
```

忘れずに変数に乱数を代入しましょう。そうしておけば、後から実際にこの乱数をコードの中で利用できます。

ここで、コンピュータの手を表す乱数を生成します。

素朴な疑問に答えます

Q: 乱数はどのように役立つのですが？

A: 乱数の生成はサイコロを振るようなものだと考えてください。この例では、手は3つ（グー、チョキ、パー）なので、0、1、2の乱数の生成は3面のサイコロを振るようなものです。乱数を生成したら、その数値をじゃんけんの手と関連付けます。つまり、0 = rock（グー）、1 = paper（パー）、2 = scissors（チョキ）とします。

Q: なぜ乱数は0からなのですか？ なぜ1、2、3ではないのでしょうか？ 1、2、3のほうがわかりやすいと思うのですが。

A: コンピュータ科学者でない人には不思議ですね。それにプログラマにとっても数値の列はゼロから始まるのが普通なのです。このことは、コード内でさまざまな方法で使われているのを見るうちに自然に（そして合理的に）感じるようになるでしょう。いまのところは流れに従ってください。

Q: 乱数は本当のランダムなのですか？

A: いいえ。コンピュータが生成する乱数は**擬似乱数**で、本当のランダムではありません。擬似乱数はある程度のパターンがあり予測可能ですが、本当の乱数は予測できません。本当の乱数を生成するには、放射性崩壊などの自然現象を利用する必要があり、日常の使用には向きません。しかし、ほとんどのプログラミングにおいては、通常は擬似乱数で十分です。

Q: インポートは他者が書いたPythonのコードを利用する方法なのですか？

A: Pythonの開発者は、便利なコードをモジュールとして利用できるようにしています。インポートを使うと、そのコードを自分のコードと一緒に利用できます。例えば、randomモジュールには乱数を生成できる関数が多数あります。ここではrandint関数だけを使っていますが、この先、このrandomモジュールは何回も登場し、randint以外の関数も使います。

試運転

では試してみましょう。このコードをrock.pyというファイルに保存し、メニューから[Run]→[Run Module]を選んですべてが正しく動作することを確認します。

この新規のコードをファイルに追加します。

```
import random

random_choice = random.randint(0, 2)
print('The computer chooses', random_choice)
```

出力用のコードを1行追加します。

```
Python 3.7.2 Shell
The computer chooses 2
>>>
```

このように表示されます。何度か試してコンピュータがランダムに手を選んでいることを確認するとよいでしょう。

さらに進める

randomモジュールを使ってコンピュータがランダムに手を選ぶ方法を実装しましたが、これではまだ満足できません。なぜでしょうか？ コンピュータにグー、チョキ、パーのいずれかを選ばせるために、それぞれの手を0、1、2の整数に対応付けました。でも数字ではなく文字列"rock"、"paper"、"scissors"に設定する変数があったほうがよいのではないでしょうか？ さっそく変更してみましょう。しかし、そのためには少し前に戻ってPythonにおける判定方法について学ぶ必要があります。

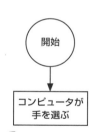

まだここです。

自分で考えてみよう

random_choiceがすでに0、1、2のいずれかに設定されているとします。random_choiceの値に基づいて変数computer_choiceを"rock"、"paper"、または"scissors"に設定する擬似コードを書いてください。

> Pythonではどうコーディングすればよいかはまだわかりませんが、擬似コードは普通の言葉を使うことを思い出してください。考えすぎは禁物です。

TrueとFalseの値

Trueなの? Falseなの?

　Pythonでは答えがyesかnoの質問をして判定します。これをTrueかFalseの答えと呼びます。質問自体はただの式で、いままでに登場した式と似ています。ただ、文字列、整数、浮動小数点数に評価されるのではなく、TrueあるいはFalseのどちらかに評価されます。例を示しましょう。

数値が入った2つの変数を比較する式。

これは「関係演算子」です。この例では大なり演算子が使われています。1つ目のオペランドが2つ目のオペランドよりも**大きい**場合はTrue、それ以外の場合はFalseとなります。

訳注：オペランドとは演算子の演算の対象のことです。「被演算子」とも呼ばれます。

bank_balance > ferrari_cost

「小なり」や「等号」といった他の関係演算子についてもあとで説明します。

これは「bank_balance（預金残高）はferrari_cost（フェラーリの価格）よりも大きいか？」という意味です。

この式の結果は、銀行の預金残高がフェラーリの価格よりも大きいかどうかによって**True**か**False**となります。

この式の結果を変数に代入することもできます。必要なら出力することもできます。

「判定」という意味です。　　これも式です。

decision = bank_balance > ferrari_cost
print(decision)

decision変数に比較の値（TrueかFalse）を格納します。

これが出力。

```
Python 3.7.2 Shell
False
>>>
```
今日はフェラーリは無理。

　TrueとFalseの値は、特別なデータ型であるブール型に属します。ブール型について詳しく説明していきます。

80　3章

ブール型って？

ごめんなさい、ちゃんと紹介せずに、まったく新しいデータ型の話をしていましたね。**ブール型**とは、TrueとFalseという2つの値だけを持つ単純なデータ型です。

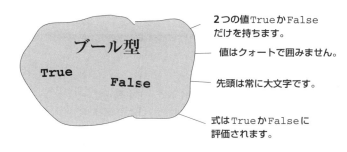

- **2つの値**TrueかFalseだけを持ちます。
- 値はクォートで囲みません。
- 先頭は常に大文字です。
- 式はTrueかFalseに評価されます。

ブール型は他のデータ型と同様に、変数への格納、出力、式での利用が可能です。練習問題を試して、ブール型を使って判定する方法を学びましょう。

Q: ブール？

A: はい。「ブール」です。 変な名前ですよね。数値や文字列とは異なり、ブール型はジョージ・ブールという人にちなんで名付けられています。ブールは19世紀の数学者で、今日コンピュータで使う多くのロジックを形式化しました。少し仰々しいと思われるかもしれませんね。現在では「ブール」という用語はプログラマの間で一般的に使われています。あなたもすぐにこの用語に慣れて、自然に会話に登場するようになると思います。

自分で考えてみよう

ブール式の動作を実際に確認してみましょう。下の式の値を計算し、答えを書いてください。必ず117ページで答え合わせをしてください。ブール式は必ずTrueまたはFalseのどちらかに評価されます。

1番目の値が2番目の値より大きいかどうかを調べます。
>=演算子は1番目の値が2番目の値以上かどうかを判定します。

```
your_level > 5
```

your_levelが2の場合、この式の評価結果は？ ＿＿＿＿
your_levelが5の場合、この式の評価結果は？ ＿＿＿＿
your_levelが7の場合、この式の評価結果は？ ＿＿＿＿

==演算子は、2つの値が等しいかどうかを判定します。等しいときはTrue、等しくないときはFalseとなります。

```
color == "orange"
```

colorの値が"pink"の場合、この式はTrueとFalseのどちらになりますか？ ＿＿＿＿
また、値が"orange"の場合は？ ＿＿＿＿

!=演算子は、2つの値が等しくないかどうかを調べます。

```
color != "orange"
```

colorの値が"pink"の場合、この式はTrueとFalseのどちらになりますか？ ＿＿＿＿

コードにおける判定方法

まじめなコーディング ← 等号を2つ並べます。

先ほどの練習問題では、==演算子で等しいか（等価性）を調べ、=を代入に使いました。つまり、等号が1つのときは値を変数に代入し、等号2つのときは2つの値が等しいかどうかを調べるのです。初心者は（場合によってはエキスパートでさえも）、コーディングの際に=と==を混同してしまうことがあるので注意しましょう。

判定する

ブール式と関係演算子（>、<、==など）を覚えたので、これらを使って判定するコードを書いてみましょう。判定には、ifキーワードとブール式を一緒に使います。例を示します（ここではわかりやすくするため、print関数の表示を日本語にしています）。

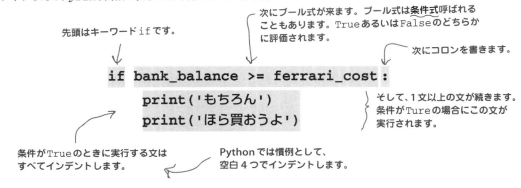

しかし、まだ終わりではありません。条件式がFalseの場合に実行する別の文を追加することもできます。

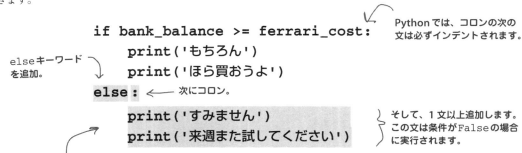

判定、そしてまた判定

実はまだあります。elifキーワードでさらに多くの条件を設定することもできます。確かにelifは奇妙なキーワードですが、「else if」を短縮しただけです。単純でしょう？ ではelifの動作を確認しましょう。わかりやすくするため、print関数の表示を日本語にしています。

ifキーワードから1番目の条件を開始します。

```
if number_of_scoops == 0:
    print("アイスクリーム食べたくないの？")
    print('いろいろな種類があるのに。')
elif number_of_scoops == 1:
    print('シングル、お待たせしました。')
elif number_of_scoops == 2:
    print('おや、ダブルですね！')
elif number_of_scoops >= 3:
    print("たくさんですね！")
else:
    print("すみません、マイナスはできません。")
```

elifキーワードと2番目の条件を書きます。

その次に、他のelifとそれぞれの条件を追加します。いくつでも追加できます。

if、elif、elseには実行文をいくつでも指定できます。

最後のelseを指定します。これまでの条件すべてを満たさなかった場合、実行されます。

最初にTrueになった条件のコードだけを実行するか、またはTrueになる条件がなければelseのコードを実行します。

自分で考えてみよう

number_of_scoopsが取り得る値はいくつかあります。それぞれの値を設定した場合、上のコードはどのような出力になるでしょうか。例として1番目の値を設定した場合の出力は書いておきました。

number_of_scoopsがこの値のときの出力を書きましょう。

number_of_scoops	出力
number_of_scoops = 0	アイスクリーム食べたくないの？ いろいろな種類があるのに。
number_of_scoops = 4	
number_of_scoops = 1	
number_of_scoops = 3	
number_of_scoops = 2	
number_of_scoops = -1	

自分で考えてみよう

上のコードを声を出して読んでみてください。慣れたら、使った言葉をメモしてください。

じゃんけんに戻る

まだじゃんけんゲームの第1段階の途中です。ブール値を使った分岐の前に、コードを改良してコンピュータが数値0、1、2の代わりに文字列"rock"、"paper"、"scissors"を選べるようにしたかったのです。if文の使い方がわかったので、準備は万端です。ここでは、random_choiceの値によって新しい変数computer_choiceにこの3つの文字列の1つを設定するコードを書きます。

いままで書いたコード。

```
import random

random_choice = random.randint(0, 2)
print('The computer chooses', random_choice)
```

これはもう必要ないので削除します。

この新しいコードをrock.pyファイルに追加します。

```
if random_choice == 0:
    computer_choice = 'rock'
elif random_choice == 1:
    computer_choice = 'paper'
else:
    computer_choice = 'scissors'

print('The computer chooses', computer_choice)
```

まずrandom_choiceが0かどうかを調べます。0ならコンピュータの手を文字列「rock」に設定します。

0でなければrandom_choiceが1かどうかを調べます。1ならコンピュータの手を文字列「paper」に設定します。

それ以外なら残りの手は「scissors」しかありません。

最後に、確認のためにcomputer_choiceを出力しましょう。

フローチャート: 開始 → コンピュータが手を選ぶ（まだここです。）→ ユーザの手を取得する

試運転

ファイルに上記の新規コードを追加し、そのコードを試してください。

これは1回目の実行です。必ず何度か試してください。

```
Python 3.7.2 Shell
The computer chooses scissors
>>>
```

ユーザの手を取得する

コンピュータの手がわかったので、次はユーザの手を取得します。2章以降、ユーザ入力の取得はあなたにとっては朝飯前ですよね？ まず、ユーザに手を尋ね、その答えを変数user_choiceに格納しましょう。

```
import random

random_choice = random.randint(0, 2)

if random_choice == 0:
    computer_choice = 'rock'
elif random_choice == 1:
    computer_choice = 'paper'
else:
    computer_choice = 'scissors'
```

コンピュータが手を選ぶ

今はここです。 → ユーザの手を取得する

選んだ手を調べる（無効／同じ／異なる）

input関数から返された文字列を変数user_choiceに代入します。

~~print('The computer chooses', computer_choice)~~

デバッグ用のprintはもう必要ありません。

print関数をもう一度使って、ユーザの手を尋ねます。

```
user_choice = input('rock, paper or scissors? ')
print('You chose', user_choice, 'and the computer chose', computer_choice)
```

コードを書く際はprintを追加して状態を把握しましょう。

試運転

急に方向転換できますか？
rocky.pyファイルに上の新しいコードを追加しましょう。そして変更後のコードも試してみましょう。

これは1回目の実行です。必ず何度か試してください。

```
Python 3.7.2 Shell
rock, paper or scissors? rock
You chose rock and the computer chose paper
>>>
```

ランダムな選択に関する質問

1章の例ではrandom.choice関数を使っていたよね。コンピュータの手を決めるときにもこの関数を使うと便利なんじゃないの？

いいところに気が付きましたね。

randomモジュールには他にも便利な関数がたくさんあると言いましたが、その1つがchoiceです。choiceは次のように動作します。

まず、選択肢のリストを作成します。このリストは文字列のリストです。

リストには角かっこを使います。詳しくは4章で説明します。

```
choices = ['rock', 'paper', 'scissors']
computer_choice = random.choice(choices)
```

choice関数にリストを渡すと、ランダムに1つの要素を選んでくれます。

あなたの指摘のとおり、実装し直すならこの関数を使って実装したいところです。だってこちらのほうが行数が少なく読みやすいですから。最初からこの関数を使っていたらと思うでしょうが、そうしていたら判定、ブール値、関係演算子、条件文、データ型などについて話す機会がありませんからね。私の言いたいことはわかっていただけますよね。

このような質問は大歓迎です。choiceはこのような処理に優れています。特に4章でリストを完全に理解した後ならなおさらその威力がわかるでしょう。

注：random.choiceを使うコードに修正したくてたまらない人は、試してみてもかまいません。import文とinputの間のコードを上のコードに置き換えるだけです。もちろん現段階では置き換える必要はありません。

ブール型の真実
今週のインタビュー：
本気なの？

Head First：ようこそ、ブール型さん。あなたはとてもお忙しくPythonプログラムのあちこちで働いているのは存じています。お時間を割いてお話しくださるとのこと、ありがとうございます。

ブール型：大丈夫ですよ。確かに、最近はこれまでになく忙しいですね。みんなあちこちでブール値を使うので。まったくどうなっているんでしょう！

Head First：yesとnoの2つの値しかないのに、驚きです。

ブール型：実際にはyesあるいはnoではなくてTrueあるいはFalseの2つの値ですけどね。

Head First：もちろんそのとおりですが、いずれにしろ値は2つですよね。それでデータ型と言えるのでしょうか？

ブール型：実は、ブール値はあらゆるアルゴリズムやプログラムの中核なんですよ。Pythonだけではなく、どの言語にもブール値はあります。私はどこにでもいるのです。

Head First：それはすごい。で、どこがすごいのか教えていただけますか？

ブール型：ブール値はコード内のどのような状態でも表せます。温度が37度より高いか。データが完全に読み込まれているか。リストがソートされているか。クレジットカードでの支払いがされているか。これらはどれもブール値のTrueあるいはFalseで、これからどちらに進むかはコードによって決定されます。

Head First：条件式のことを言っているのですね。その条件を調べて次に評価すべきコードを決めるのですね。

ブール型：正式には**ブール式**と言います。条件式も確かにその1つですね。if文などを使って条件を調べてから、次に実行することを指定します。これはプログラムの**フロー管理**と言います。

Head First：それが役割の一部だけと言うなら、他には何があるのですか？

ブール型：読者もすぐにわかるように、ブール式がTrueの間何度もコードを繰り返すこともできますよ。例えば、ユーザがパスワードを正しく入れるまで何回でも入力を促し続けたいですよね。あるいは、ファイルの末尾に達するまでデータを取得し続けることもできます。または、ゲームのプレーヤーが移動している間は画面を更新し続けたいですよね。

Head First：わかりました。だけど、やっぱり2つの値というのが気になります。あなたが重要だとは考えにくいですよね。

ブール型：私は単なる2つの単純な値というだけではありません。私の名前にちなんだ代数学がありますよ。ブール代数です。聞いたことがあるでしょう？

Head First：いいえ。

ブール型：参りましたね。ブール代数は数学の一分野で、ブール値の扱い方を研究します。

Head First：くどいようですが、値はTrueとFalseだけなのですか？

ブール型：例を挙げますね。読者が現在取り組んでいるゲームを考えましょう。このゲームには、勝者を決めるロジックがあります。どのようにグー、チョキ、パーの関係図を勝者を決めるコードに変換しますか？

Head First：わかりません。

ブール型：いいでしょう、これを解決するには…、

Head First：さて、ありがとうございました、ブール型さん。お越しいただき光栄でしたが、お時間が来たようです。次回お目にかかるのを楽しみにしています。

ブール型：はい、えっと、楽しみにしています。

ユーザの手を調べる

ユーザの手が取得できたので、その手について調べましょう。フローチャートによると、手は3通りあります。

- [ ] ユーザとコンピュータの手が同じ。あいこ。
- [ ] ユーザとコンピュータの手が異なる。どちらが勝者であるか判定する。
- [ ] ユーザの入力が無効。もう一度入力してもらう。

この状況に順番に対応していきます（3番目はもう少し後で対応します）。まず、どちらが勝つかまたはあいこになるかにかかわらず、その情報を格納する変数が必要です。そこで、変数winnerにゲームの結果を格納しましょう。変数winnerは、'Tie'（あいこ）、'User'（ユーザ）、'Computer'（コンピュータ）のいずれかになります。変数winnerを作成し、次のように初期値を設定します。

```
winner = ''
```

空の文字列です。クォートの間に空白はありません。

次のページでこの行を追加します。

ここでは新しい変数winnerに初期値として空の文字列を設定します。空の文字列には、文字が入っていません（それでも文字列です）。洗濯物かごは、洗濯物が入っていなくてもやはり洗濯物かごですよね。それと同じように考えてください。このような状況はどんなプログラミング言語でも現れます。空の文字列、空のリスト、空のファイルなどです。ここでは、winnerを空の文字列に設定すると、まだwinnerに意味のある文字を設定できる状態でなくても（結果を計算していないため）winnerが文字列になることを示すことができます。

ゲームの結果を格納するwinner変数が作成できたので、このページの先頭に示した状況を実装してみましょう。1番目の状況では、ユーザとコンピュータが同じ手を選んでいるので、winnerを'Tie'に設定します。そのためには、まずユーザとコンピュータの手を比較し、手が同じであればwinnerに'Tie'を設定します。

この方法には何も問題はありませんが、後で別の方法を紹介します。Pythonでは、winnerに初期値を設定するには別の方法のほうが優れているからです。

3章 ブール型、判定、ループ

自分で考えてみよう

またあなたの番です。前ページで示した手順に従い、下のコードを完成させてください。あいこかどうかを判定し、あいこならwinner変数を`'Tie'`に設定します。この練習問題のあと、次のステップとしてこの行をrock.pyファイルに追加します。

```
if _____ == _____:
    winner = _____
```

あいこを判定するコードを追加する

新たな変数winnerを追加し、ユーザとコンピュータの手を比べて同じ(あいこ)かどうかを判定するコードが書けましたね。コード全体を確認しましょう。

```python
import random

winner = ''

random_choice = random.randint(0, 2)

if random_choice == 0:
    computer_choice = 'rock'
elif random_choice == 1:
    computer_choice = 'paper'
else:
    computer_choice = 'scissors'

user_choice = input('rock, paper or scissors? ')
print('You chose', user_choice, 'and the computer chose', computer_choice)

if computer_choice == user_choice:
    winner = 'Tie'
```

新たな変数winnerです。いまはまだ空の文字列ですが、後で勝者が入ります。`'User'`、`'Computer'`、`'Tie'`のいずれかになります。

このコードは削除します。

コンピュータとユーザの手が同じなら、winnerを`'Tie'`に設定します。

エクササイズの答え

rock.pyを左のように変更してください。さらにコードを追加した後で、テストを本格的に行いましょう。いまの段階では、コードを実行して構文エラーが起こらないことだけを確認してください。なお、printを削除したので、現在はこのコードを実行しても何も出力されません。

誰が勝った？

あいこを処理するコードが書けましたね。次は「勝者を決める」という興味深い部分に取りかかります。コンピュータの手は変数 computer_choice、ユーザの手は変数 user_choice に格納されています。そこで、ここでは勝者を決める**ロジック**を考える必要があります。そのためには、グー、チョキ、パーの図を検討して勝者を決めるプロセスを簡単なルールに分割できるかどうか調べます。すると、もう1つわかることがあります。例えば、コンピュータが勝つ場合を理解するなど一方がわかると、**コンピュータが勝たない**、つまりユーザが勝つ場合もわかります。すると、ロジックがとても簡潔になります。一方の場合だけを調べればよいからです。

このことを念頭に置き、コンピュータが勝つすべての場合を調べましょう。

> **やらなければならないこと**
> - ☑ ユーザとコンピュータの手が同じ。あいこ。
> - ☐ ユーザとコンピュータの手が異なる。どちらが勝者であるか判定する。
> - ☐ ユーザの入力が無効。もう一度入力してもらう。

次はこれに取りかかります。

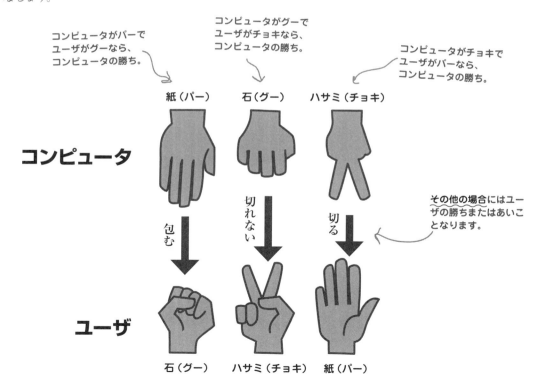

> コンピュータが負けの場合は
> ユーザが勝つわけだから、コンピュータが
> 勝つ場合だけ考えればいいってこと？

そのとおりです。

1つずつ詳しく調べてみましょう。すでにあいこかどうかは判断しているので、除外します。では、あいこでないとするとどちらが勝つのでしょうか？ コンピュータでしょうか？ それとも、ユーザでしょうか？ まずは、コンピュータが勝つ場合を考えましょう。

- コンピュータがパー、ユーザがグーならコンピュータの勝ち。
- コンピュータがグー、ユーザがチョキならコンピュータの勝ち。
- コンピュータがチョキ、ユーザがパーならコンピュータの勝ち。

これ以外はコンピュータの負けです。

それでは、ユーザが勝つのはどのような場合でしょうか？ コンピュータが勝つ場合と同様にユーザが勝つ場合も列挙できますが、必要でしょうか？ あいこではないことが前提で（すでに対応済み）、コンピュータが勝つ場合は調べました。このどれにもあてはまらないのが、ユーザが勝つ場合です。そのため、ユーザの勝ちかどうか判断するコードは必要ありません。コンピュータが勝たないことがわかりさえすればユーザの勝ちがわかります。

実際のロジックを考え、これまでのことをすべてまとめましょう。

ゲームロジックの実装

コンピュータが勝つ場合が3通りあることがわかりましたね。それぞれにつき2つの条件を調べなければいけません。「コンピュータの手はパーか」と「ユーザの手はグーか」などです。しかし、いままでは、2つの条件を一度に調べるようなことはありませんでした。ですが、「コンピュータの手はパーか」のように条件が1つの場合なら、どうすればよいかもうわかりますよね。

```
computer_choice == 'paper'
```
← ここまでで何回も登場した単純なブール式です。コンピュータの手がパーであるかを確認します。

「ユーザの手がグーか」は次のように調べます。

```
computer_choice == 'rock'
```
← もう1つ、ユーザの手がグーかを調べる式が必要です。

しかし、条件を両方とも調べるにはどうすればよいのでしょうか？
それには**ブール演算子**を使います。変な名前だと感じたかもしれません。ブール演算子はブール式を連結できます。ここでは**and**、**or**、**not**の3つのブール演算子を知っておくだけで十分です。

← すぐあとで、ブール演算子をもう1つ紹介します。

コンピュータがパーを選び**かつ**ユーザの手がグーかを調べるには、ブール演算子andを使って次のように式を連結します。

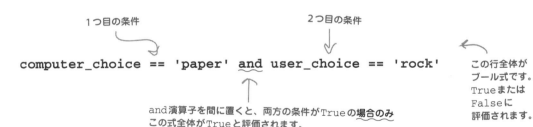

さらに、このブール式はif文と一緒に使うことができます。

```
if computer_choice == 'paper' and user_choice == 'rock':
    winner = 'Computer'
```

↑ このコードはコンピュータが勝つ2通りのうちの一方に対応します。

← if文の条件式は連結したブール式全体にできます。

← この式がTrueなら、ifのコードブロックを実行します。

ブール演算子の詳細

ここまででわかったように、and演算子は両方の条件（オペランドとも呼びます）がTrueの場合にだけTrueになります。しかし、orやnotはどうでしょうか？ どのように動作するのでしょうか？ andと同様に、orを使って2つのブール値やブール式を連結できますが、その値や式の**どちらか**がTrueの場合にTrueになります。

本格的なコーディング

ブール演算子の優先順位はどうなっているのでしょうか？ 関係演算子（>、<、==など）が最も順位が高く、続いてnot、or、andの順になります。また、ブール式にかっこを付けてデフォルトの優先順位より優先させたり、式をわかりやすくしたりすることもできます。

銀行の残高に十分な金額があれば、フェラーリの購入資金になります。

あるいは、フェラーリの価格と同額の融資が得られた場合。

```
if bank_balance > ferrari_cost or loan == ferrari_cost:
    print('買うぞ！')
```

フェラーリを手に入れるには、この条件のどちらかがTrueであればいいのですが、両方ともTrueでももちろんOKです。両方がFalseの場合は、フェラーリの購入はお預けです。

一方、not演算子を1つのブール値やブール式の前に付けると、そのブール値の反対の値が得られます。つまり、notのオペランドがTrueに評価される場合にはnotはFalseに評価され、オペランドがFalseの場合にはnotはTrueに評価されます。notはオペランドを**否定する**と言います。

ブール式の前にnotを付けます。

まずこの関係演算子をTrueかFalseに評価してからnot演算子を適用し、反対のブール値に評価します。

```
if not bank_balance < ferrari_cost:
    print('買うぞ！')
```

「銀行残高がフェラーリの価格よりも低くなかったらフェラーリを買う」と読みます。

自分で考えてみよう

さらにブール式をいくつか考えてみましょう。下の式の値を計算し、答えを書いてください。

```
age > 5 and age < 10
```
ageが6の場合、この式の評価結果は？ _____
ageが11の場合、この式の評価結果は？ _____
ageが5の場合、この式の評価結果は？ _____

```
age > 5 or age == 3
```
ageが6の場合、この式の評価結果は？ _____
ageが2の場合、この式の評価結果は？ _____
ageが3の場合、この式の評価結果は？ _____

かっこを付けると読みやすくなります。

```
not (age > 5)
```
ageが6の場合、この式の評価結果は？ _____
ageが2の場合、この式の評価結果は？ _____

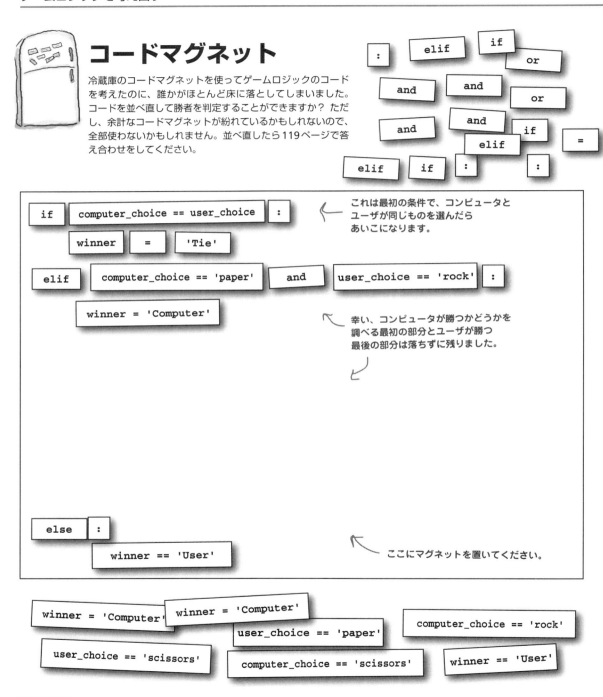

3章 ブール型、判定、ループ

試運転

ゲームのロジックがすべてわかりましたね。このロジックをrock.pyに入力し、何度かゲームを試しましょう。まだユーザフレンドリー（ユーザにとってわかりやすい）な出力は追加していないので、どちらが勝ったかだけがわかるようにします。まだコンピュータの手は出力しません。

```python
import random

winner = ''

random_choice = random.randint(0,2)

if random_choice == 0:
    computer_choice = 'rock'
elif random_choice == 1:
    computer_choice = 'paper'
else:
    computer_choice = 'scissors'

user_choice = input('rock, paper or scissors? ')

if computer_choice == user_choice:
    winner = 'Tie'
elif computer_choice == 'paper' and user_choice == 'rock':
    winner = 'Computer'
elif computer_choice == 'rock' and user_choice == 'scissors':
    winner = 'Computer'
elif computer_choice == 'scissors' and user_choice == 'paper':
    winner = 'Computer'
else:
    winner = 'User'

print('The', winner, 'wins!')
```

選んだ手を調べる → いまはここです。 → ルールに従って勝者を決める

ゲームロジックのコード。このコードを入力しましょう。

何度か試してみて、正しく動作しているか確認しましょう。次はもっとユーザフレンドリーな出力を追加します！

「The Tie wins!」と表示されても大丈夫。このあとすぐに修正します。

```
Python 3.7.2 Shell
rock, paper or scissors? rock
The Computer wins!
>>>
```

勝者を表示する

次に勝者を表示します。出力例を再度確認すると、ユーザが勝つか、コンピュータが勝つか、あいこのいずれかになります。

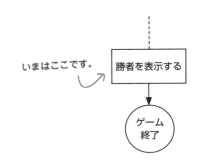

いまはここです。

まず、あいこに対応するコードを書きましょう。現在は、あいこの場合には winner 変数に値 'Tie' を代入しています。そこで、この場合の条件を作成しましょう。

winner に 'Tie' が設定されていたら、

```
if winner == 'Tie':
    print('We both chose', computer_choice + ', play again.')
```

メッセージと双方の手を出力します。

user_choice でもかまいません。あいこなので、どちらも同じ値だからです。

print ではカンマで区切った値の間に空白が追加されてしまいます。そのため、空白が不要な場合 (単語の直後に句読点を続けたい場合など) には文字列連結を使うことがあります。

あいこでなければ、勝者を知らせる必要があります。幸い、勝者は winner 変数に格納されています。

このコードはあいこ以外のときに実行されます。

```
else:
    print(winner, 'won, I chose', computer_choice + '.')
```

勝者を知らせます。

そして、コンピュータの手も表示します。

3章　ブール型、判定、ループ

試運転

これでちゃんと動くゲームができたはず！新しいコードをrock.pyに入力し、試してみましょう。

```
import random

winner = ''

random_choice = random.randint(0, 2)

if random_choice == 0:
    computer_choice = 'rock'
elif random_choice == 1:
    computer_choice = 'paper'
else:
    computer_choice = 'scissors'

user_choice = input('rock, paper or scissors? ')

if computer_choice == user_choice:
    winner = 'Tie'
elif computer_choice == 'paper' and user_choice == 'rock':
    winner = 'Computer'
elif computer_choice == 'rock' and user_choice == 'scissors':
    winner = 'Computer'
elif computer_choice == 'scissors' and user_choice == 'paper':
    winner = 'Computer'
else:
    winner = 'User'
```

← この行を削除。

~~print('The', winner, 'wins!')~~

結果を出力するコードを入力します。

```
if winner == 'Tie':
    print('We both chose', computer_choice + ', play again.')
else:
    print(winner, 'won. The computer chose', computer_choice + '.')
```

ちゃんと動くゲームができました！試してください。

Python 3.7.2 Shell
```
rock, paper or scissors? rock
Computer won. The computer chose paper.
>>>
```

you are here ▶ 97

説明を入れる

ちょうどよいタイミングなので、これまでに書いたコード全体をおさらいしましょう。それなりに量があるので、将来、見直す際には、それぞれのパーツが何を実行し、どのようにまとめられているのかを思い出すのはちょっと大変です。設計時に行った判断やその理由も思い出す必要が出てくるかもしれません。

さらに、コードは独自の構造を持っています。それぞれのパーツがアルゴリズムの各要素（対応するフローチャート内の処理）に対応するように、きちんと整理されているのです。ですから、それぞれのパーツをはっきり分けて、説明も加えてどのように動作するかを後で思い出せるようにしましょう。

ここで準備をします。
`random`モジュールをインポートして`winner`変数を用意します。

```
import random

winner = ''
```

コードに説明を入れると、このコードを読む他のプログラマなど、自分以外の人にとっても便利です。

コンピュータはランダムにグー、チョキ、パーを選びます。 0から2までの乱数を生成し、その値をそれぞれの文字列に対応付けます。

```
random_choice = random.randint(0, 2)

if random_choice == 0:
    computer_choice = 'rock'
elif random_choice == 1:
    computer_choice = 'paper'
else:
    computer_choice = 'paper'
```

簡単な`input`文でユーザの手を取得します。

```
user_choice = input('rock, paper or scissors? ')
```

ここはゲームロジックです。 コンピュータが勝ったか（負けたか）どうかを調べ、それに応じて`winner`変数を変更します。

```
if computer_choice == user_choice:
    winner = 'Tie'
elif computer_choice == 'paper' and user_choice == 'rock':
    winner = 'Computer'
elif computer_choice == 'rock' and user_choice == 'scissors':
    winner = 'Computer'
elif computer_choice == 'scissors' and user_choice == 'paper':
    winner = 'Computer'
else:
    winner = 'User'
```

ここではあいこであるのか、あいこでなければ勝者とコンピュータの手を知らせます。

```
if winner == 'Tie':
    print('We both chose', computer_choice + ', play again.')
else:
    print(winner, 'won, I chose', computer_choice + '.')
```

書籍にコードの説明を加えるのは、ばかばかしいと思うかもしれません。だって、本物の生のコードはコンピュータ上にあるのですから。**実際のコード**に説明を加えて、必要なときにすぐに確認できるようにしたほうがいいのではないかと思うかもしれませんね。それでは、次のページから実際にコードに説明を加えてみましょう。

コードにコメントを追加する

ほとんどすべてのプログラミング言語では、人間が読むためのコメントをコードに追加できます。Pythonのコメントは行の先頭にシャープ記号（#）を付けます。#以降の入力は無視されます。コメントの目的は、自分自身や他のプログラマに、そのコードで採用した設計、構造、手法に関する追加情報を提供することです。例を示します。

> コメントは一種のドキュメントです。後でヘルプドキュメントについて述べますが、ヘルプドキュメントはあなたのコードを理解はしていないかもしれないけれども利用したいプログラマのためのものです。

> コメントはシャープ記号から始めます。後ろに人間が読めるテキストを入力します。行ごとにシャープ記号が必要です。

```
# このコードは、フェラーリを買えるかどうかを毎週確認する処理を
# サポートしている。全体的なアルゴリズムは、銀行残高と
# 現在のフェラーリの価格を比較する。

if bank_balance >= ferrari_cost:
    # 銀行残高のほうが多ければ、ついにフェラーリを購入できる。
    print('もちろん')
    print('ほら買おうよ')
else:
    print('すみません')
    print('来週また試してください')  # がっかり
```

> コメントはどこに追加してもOKです。

> コードの最後に追加することもできます。

エクササイズ

IDLEエディタでrock.pyファイルにコメントを追加してください。前ページのコメントを使ってもいいですが、自分で独自に考えたコメントも加えてください。将来コードを読む人（自分自身も含めて）にとって意味のあるコメントにしましょう。書き終わったら、120ページの解答例ではどのようにコメントを付けているか確認してください。

注目！

この本のやり方ではなく、この本で勧めている方法に従う。

コメントを追加するのはコーディング上の重要な作業ですが、この本ではあまり入れていません。なぜかというと、Head Firstシリーズでは手書きフォントでコードに注釈を入れるスタイルを取っていて、そのほうが効果的だからです（それに、すべてのコードにこのような#で始まるコメントを入れると、多くの紙面が必要になるからです）。

> このような注釈がHead First シリーズのスタイル。

無効な入力への対応

脳力発揮

じゃんけんゲームを再び考えてみましょう。グー（rock）、チョキ（scissors）、パー（paper）を正しく入力しないとどうなるでしょうか？ 例えば、「rock」ではなく「rack」と入力してしまったら、プログラムはどのように振る舞うでしょうか？ その振る舞いは正しいと思いますか？

ゲームを完成させる!

このゲームはまだ完成していません。あとどんなことに対応する必要があるか、右上の「やらなければならないこと」リストを確認してください。ユーザ入力が無効な場合の対応にまだ手を付けていません。ユーザは「rock」（グー）、「scissors」（チョキ）、または「paper」（パー）と入力する**はず**ですが、入力しないかもしれません。「scisors」のようにタイプミスするかもしれませんし、わざと「dog」、「hammer」、「no」などを入力するトラブルメーカーがいるかもしれません。そこで、実際の人間が使うアプリケーションやプログラムを作成するときには、間違いが多いことは当たり前だと考えて、それに対応するようにします。

このように、無効な入力が行われる状況に対処しましょう。

ユーザが無効な答えを入力すると、どんな振る舞いにするかをまず考えます。フローチャートでは、入力が無効の場合にはユーザに再度入力してもらうことにしていました。

おそらく、次のようになります。

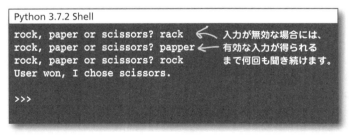

```
Python 3.7.2 Shell
rock, paper or scissors? rack     ← 入力が無効な場合には、
rock, paper or scissors? papper   ← 有効な入力が得られる
rock, paper or scissors? rock         まで何回も聞き続けます。
User won, I chose scissors.

>>>
```

後でもっと精巧にすることもできるので、ここでは有効な入力が得られるまでユーザに何度も聞き直すことにします。

あなたはこのゲームを完成させることができるでしょうか？ 以下の2つの部分のコードが書ければ、完成できます。

1. 無効な入力をどのように判断するのか？
2. どのようにして有効な答えが得られるまでユーザに尋ね続けるか？

ユーザはよく間違える。たとえユーザが自分だけであっても、コードでは、必ず間違いは起こるものだと考えて対応すること。

ユーザの手が無効かどうかをどのように判断する?

　ユーザの入力が有効か無効かはどのように判断するのでしょうか? おそらく新しいブールロジックの知識を使うということは想像がつきますが、無効な答えを判断する式はどのようなものでしょうか? 徹底的に話し合うといいでしょう。次を満たす場合にユーザの手が**無効**であるとわかります。

自分で考えてみよう

上の3人の話を同等のブール式に変換してください。最初の部分はすでに書いておきました。

```
user_choice != 'rock' and _____
```
　　　　　　　　　　　　　　　　↑ ブール式を完成させてください。

式を調べて見た目を整える

前ページの「自分で考えてみよう」であなたが書いたブール式は、121ページの答えに近いものになっていましたか？ 下に再度示します。今回はif文の一部になっています。

```
if user_choice != 'rock' and user_choice != 'paper' and user_choice != 'scissors':
```

うぅ、長くて読みにくい。

この文は、「基本的にユーザの入力が無効なら」という意味です。

この文はまったく問題なさそうです。でもこんな長い行は、エディタに入力するときや、後から読み直す場合には、とっても読みにくいですよね。そんなときは、この文の書式を少し変えてみましょう。次のようにすると読みやすくなります。

```
if user_choice != 'rock' and
        user_choice != 'paper' and
        user_choice != 'scissors':
```

ずっといいですね。読みやすいです。

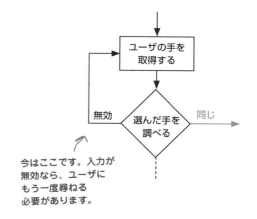

でもこれはまずい。

しかし、問題があります。このコードを複数行に分割すると、シンタックスエラーになってしまいます。

そこで、次のように式をかっこで囲みます。

```
if (user_choice != 'rock' and
    user_choice != 'paper' and
    user_choice != 'scissors'):
```

式をかっこで囲むと複数行に分割することができます。

Pythonでは、このようにコードの書式を変えても問題ありません。

これでユーザの手が無効であるかを判断することができました。しかし、まだ十分ではありません。ユーザにもう一度手を尋ねる必要があります。時間を少しかけてその方法を考えましょう。

今はここです。入力が無効なら、ユーザにもう一度尋ねる必要があります。

> 再入力の問題を解決する前に、ユーザ入力について質問があるんだ。'ROCK'や'Rock'といった'rock'の大文字バージョンを入力した場合も有効になるの？

いえ、無効となります。ただし、コードを修正することによって有効と判断させることもできます。重要な点を指摘していただき、ありがとう。

まず、ここで問題となるのは、Pythonでは文字列の大文字小文字を区別するため、'rock'と'ROCK'が異なる文字列であることです。Python（そしてほとんどすべてのプログラミング言語）では、以下の等価検査はFalseと評価されます。

`'rock' == 'ROCK'` ← False

したがって、ユーザがrockの代わりにRockと入力すると、現在のコードでは入力は無効となります（しかも、Rockを扱うことができません）。

でもこの指摘は当然です。やはり、大文字小文字にかかわらずrockという単語を入力したら、有効と判断されるようにしたいところです。

では、有効と判断されるためにはどうすればよいでしょうか。rock、paper、scissorsという単語の大文字小文字の組み合わせ全部を調べるロジックを追加してもうまくいくでしょうが、それではコードが複雑になりすぎてしまいます。この問題を解決するもっとよい方法は後で紹介します。

いまのところは、小文字のみで入力する必要があるとしておきます。後で大文字小文字の問題を簡単に解決する方法を紹介します。

自分で考えてみよう

あなたたちが文字列の大文字小文字についての話をしている間に、ユーザにもう一度尋ねるコードを書いてみましたが、欠陥があるようです。どこに欠陥があるのかを指摘してくれますか？下にこのコードと注釈、そして実行例を示します。

```
user_choice = input('rock, paper or scissors? ')    ← まず、ユーザの手を取得。
if (user_choice != 'rock' and
    user_choice != 'paper' and                       ← 次に、入力が有効かどうか
    user_choice != 'scissors'):                         判断します。
    user_choice = input('rock, paper or scissors? ')  有効でなければ、ユーザの
print('User chose', user_choice)                       手を再び取得。
```

正しそうに見えますが、どこが間違っていたのでしょう？

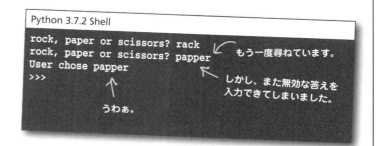

```
Python 3.7.2 Shell
rock, paper or scissors? rack     ← もう一度尋ねています。
rock, paper or scissors? papper
User chose papper                 ← しかし、また無効な答えを
>>>                                  入力できてしまいました。
     ↑
    うわぁ。
```

ユーザに尋ね続ける方法

最初の試みは失敗でした。1回目のユーザ入力が無効だったので、もう一度尋ねてみましたが、2回目のユーザ入力も無効であったのに、無効と判断できませんでした。この解決方法は1回しか使えないという問題があるのです。ユーザが2回目に「papper」と入力すると、その文字列は有効な入力として取得されてしまいます。

2回目、3回目、4回目にも毎回if文を追加していってもいいのですが、そうするとコードが汚くなってしまいます。ここでは、必要なだけ何回でもユーザに尋ね直したいのです。

いまのPythonの知識では、1回だけしか処理を実行することができません。必要なのは、必要な数だけ何度でも繰り返し実行できるようなコードを書くことです。処理を**複数回**実行する方法が必要なのです。

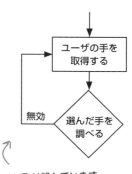

ここに取り組んでいます。ユーザの手が有効になるまで取得し続ける必要があります。

3章　ブール型、判定、ループ

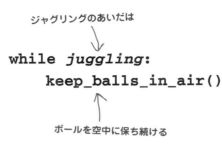

ジャグリングのあいだは

```
while juggling:
    keep_balls_in_air()
```

ボールを空中に保ち続ける

何度も行う

何度も行うことはたくさんあります。

洗う、すすぐ、繰り返す。

ワックスをかける、ワックスをふき取る。

読み終わるまでこの本のページをめくり続ける。

コードにおいても1つの処理を何回も行うことは頻繁にあります。Pythonではループ内のコードを繰り返し実行する方法が2つあります。while文とfor文です。まずwhileの使い方から始めましょう。

scoops > 0のようにブール値に評価される式について詳しく述べてきました。このような式がwhile文の鍵になります。

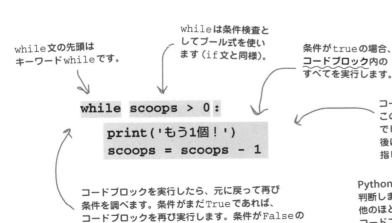

while文の先頭はキーワードwhileです。

whileは条件検査としてブール式を使います（if文と同様）。

条件がtrueの場合、コードブロック内のすべてを実行します。

```
while scoops > 0:
    print('もう1個！')
    scoops = scoops - 1
```

コードブロックを実行したら、元に戻って再び条件を調べます。条件がまだTrueであれば、コードブロックを再び実行します。条件がFalseのときには、ブロックの実行を終了します。

コードブロックとは何でしょうか？この用語をまだ正式に紹介していませんでしたね。コードブロックとは、コロンの後にインデントされている部分全部を指します。

Pythonはインデントからコードブロックを判断します。実は、これは少し独特なのです。他のほとんどのプログラミング言語では、コードブロックを中かっこ（{}）やかっこ（()）で囲みます。

you are here ▶ 105

whileループの動作

初めてのwhileループです。一連の実行をたどってwhileループの実際の動作を確認しましょう。コードの先頭でscoops変数の宣言を追加し、値5に初期化しています。わかりやすくするため、print関数の表示を日本語にしています。

このコードを実行してみましょう。まずscoopsを5に設定します。

```
scoops = 5
while scoops > 0:
    print('もう1個!')
    scoops = scoops - 1
print("アイスクリームがなかったら人生は違ったものになります。")
```

すでにこれを読んだ読者からのメモ：次の数ページをゆっくりとていねいに読んでください。得るものがたくさんあるでしょう。あなたはwhileループの動作を頭に叩き込む必要があります。

その後、while文に到達します。while文を評価する際には、まず条件がTrueなのかFalseなのかを評価します。

```
scoops = 5
while scoops > 0:
    print('もう1個!')
    scoops = scoops - 1
print("アイスクリームがなかったら人生は違ったものになります。")
```

5スクープのアイス

scoopsはゼロより大きいでしょうか？私にはこう見えます！

条件がTrueなので、コードブロックの実行を開始します。このブロックの最初の文はPython Shellに「もう1個！」と文字列を出力します。

```
scoops = 5
while scoops > 0:
    print('もう1個!')
    scoops = scoops - 1
print("アイスクリームがなかったら人生は違ったものになります。")
```

Python 3.7.2 Shell
もう1個！

次の文ではスクープの数から **1** を引き、**scoops** を新しい値 **4** に設定しています。

```
scoops = 5
while scoops > 0:
    print('もう1個！')
    scoops = scoops - 1
print("アイスクリームがなかったら人生は違ったものになります。")
```

1つ消えました。
残りは4個！

ブロックの最後に来たら、条件に戻って再び開始します。

```
scoops = 5
while scoops > 0:
    print('もう1個！')
    scoops = scoops - 1
print("アイスクリームがなかったら人生は違ったものになります。")
```

コードはまったく同じですが、コード内の変数（scoopsなど）は計算のたびに値が変わります。この段階では、scoopsの値は4です。

条件を再び評価します。今度は **scoops** は **4** です。しかし、まだゼロより大きいです。

```
scoops = 5
while scoops > 0:
    print('もう1個！')
    scoops = scoops - 1
print("アイスクリームがなかったら人生は違ったものになります。")
```

まだ十分残っています！

再び「もう1個！」と出力します。

```
scoops = 5
while scoops > 0:
    print('もう1個！')
    scoops = scoops - 1
print("アイスクリームがなかったら人生は違ったものになります。")
```

```
Python 3.7.2 Shell
もう1個！
もう1個！
```

whileループを理解する（続き）

次の文はスクープの数から1を引き、**scoops**を新しい値3に設定します。

```
scoops = 5
while scoops > 0:
    print('もう1個！')
    scoops = scoops - 1
print("アイスクリームがなかったら人生は違ったものになります。")
```

2個消えました。
残りは3個！

ブロックの最後に来たので、条件に戻って再び開始します。

```
scoops = 5
while scoops > 0:
    print('もう1個！')
    scoops = scoops - 1
print("アイスクリームがなかったら人生は違ったものになります。")
```

条件を再び評価すると、今回は**scoops**は3です。しかし、まだゼロより大きい値です。

```
scoops = 5
while scoops > 0:
    print('もう1個！')
    scoops = scoops - 1
print("アイスクリームがなかったら人生は違ったものになります。")
```

まだたくさん残っています！

再び「もう1個！」と出力します。

```
scoops = 5
while scoops > 0:
    print('もう1個！')
    scoops = scoops - 1
print("アイスクリームがなかったら人生は違ったものになります。")
```

Python 3.7.2 Shell
もう1個！
もう1個！
もう1個！

このように続いていきます。ループのたびにデクリメント（**scoops**を1減らす）して、再び文字列を出力する処理を続けます。

```
scoops = 5
while scoops > 0:
    print('もう1個！')
    scoops = scoops - 1
print("アイスクリームがなかったら人生は違ったものになります。")
```

3個消えました。
残りは2個！

さらに続けます。

```
scoops = 5
while scoops > 0:
    print('もう1個！')
    scoops = scoops - 1
print("アイスクリームがなかったら人生は違ったものになります。")
```

4個消えました。
残りは1個！

最後は状況が異なります。**scoops**は0なので、条件が**False**に評価されます。これで終わりです。これ以上はループを繰り返すことはせず、コードブロックは実行しません。今回はコードブロックを回避し、次の文を実行します。

```
scoops = 5
while scoops > 0:
    print('もう1個！')
    scoops = scoops - 1
print("アイスクリームがなかったら人生は違ったものになります。")
```

5個消えました。
残りは0！

別の**print**を実行し、文字列「アイスクリームがなかったら人生は違ったものになります。」と出力します。これで完了です！

```
scoops = 5
while scoops > 0:
    print('もう1個！')
    scoops = scoops - 1
print("アイスクリームがなかったら人生は違ったものになります。")
```

whileを使ってユーザに尋ね直す

エクササイズ

簡単なゲームを作ってみましょう。このゲームは、プレーヤーに「What color am I thinking of?」(私はいま何色を思い浮かべていると思いますか?)と尋ね、何回目の予想で当たるか確かめるものです。

```
color = 'blue'
guess = ''
guesses = 0

while _____:
    guess = input('What color am I thinking of? ')
    guesses = guesses + 1
print('You got it! It took you', guesses, 'guesses')
```

whileを使って有効な手を選ぶまでユーザに尋ねる方法

whileの使い方はわかりましたね? whileを使ってユーザにもう一度尋ねてみましょう。先ほどのコードを2か所簡単に変更するだけです。まずuser_choiceを空の文字列に初期化し、次にifキーワードをwhileに置き換えます。

まずuser_choiceに空の文字列を設定します。

user_choiceに空の文字列を設定するのは、最初にwhileループに入るときに値が必要だからです。

```
user_choice = ''
while (user_choice != 'rock' and
        user_choice != 'paper' and
        user_choice != 'scissors'):
    user_choice = input('rock, paper or scissors? ')
```

user_choiceが有効でない間は、このコード本体を実行し続けます。

ようやく有効な手を選んだら、whileループは終了し、選んだ手をuser_choice変数に入れます。

このコードは、ループのたびにユーザの手を尋ね、その入力をuser_choice変数に代入します。

110 3章

3章 ブール型、判定、ループ

試運転

rock.pyファイルでinput文を新しいwhileループに置き換え、最後のテストを行ってください。これでゲームは完成です！

```python
import random

winner = ''

random_choice = random.randint(0, 2)

if random_choice == 0:
    computer_choice = 'rock'
elif random_choice == 1:
    computer_choice = 'paper'
else:
    computer_choice = 'scissors'
```

~~user_choice = input('rock, paper or scissors? ')~~ ← 古いinput文は削除します。

```python
user_choice = ''
while (user_choice != 'rock' and
       user_choice != 'paper' and
       user_choice != 'scissors'):
    user_choice = input('rock, paper or scissors? ')
```

ユーザ入力を調べるための新しいコード。このコードは、ユーザがrock、paper、またはscissorsと入力するまで尋ね続けます。

```python
if computer_choice == user_choice:
    winner = 'Tie'
elif computer_choice == 'paper' and user_choice == 'rock':
    winner = 'Computer'
elif computer_choice == 'rock' and user_choice == 'scissors':
    winner = 'Computer'
elif computer_choice == 'scissors' and user_choice == 'paper':
    winner = 'Computer'
else:
    winner = 'User'

if winner == 'Tie':
    print('We both chose', computer_choice + ', play again.')
else:
    print(winner, 'won. The computer chose', computer_choice + '.')
```

やっと実用的なゲームができました。このゲームはコンピュータの手をランダムに選び、ユーザが有効な手を選ぶまで尋ね続け、勝者（またはあいこかどうか）を判断します。

```
Python 3.7.2 Shell
rock, paper or scissors? scisors
rock, paper or scissors? rock
User won. The computer chose scissors.
RESTART: /ch3/rock.py
rock, paper or scissors? papper
rock, paper or scissors? rocker
rock, paper or scissors? paper
Computer won. The computer chose scissors.
```

you are here ▶ 111

初めてのゲームのコードが書けました。おめでとう!

新しいゲームのコーディングが終わったら何をするのが最もよいでしょうか？ 一番のお勧めは、何回か自分で作ったゲームを試すことです。ゆっくり座ってリラックスし、じゃんけんでコンピュータを負かしつつこの章で学んだすべてを十分に理解してください。もちろん、まだ終わりではありません。追加の課題、重要ポイント、クロスワードが残っていますが、まずはしばらくゲームを楽しんでください。

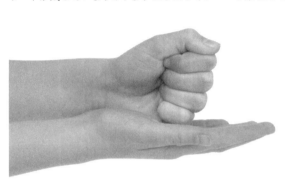

追加の課題

色予想ゲームを覚えていますか？ このゲームにはバグがあります。1回目で正しい色を予想すると、「You got it! It took you 1 guesses」（当たりです！1回の予想で当たりました）とguessが複数形で表示されてしまいます。このバグを修正し、1回の予想では「guess」、複数回の予想では「guesses」と表示させることができますか？

```
color = 'blue'
guess = ''
guesses = 0

while guess != color:
    guess = input('What color am I thinking of? ')
    guesses = guesses + 1
print('You got it! It took you', guesses, 'guesses')
```

コードを修正してください。

恐ろしい 無限ループに注意

3章の最後に、無限ループについてお話ししておきましょう。ループを使わずにコードを書けば、そのコードはまっすぐに実行されます。いつかは終わります。しかし、ループがあると、さらに興味深いことになります。

最新のコードを書いてそのコードに満足し、自信を持って実行したとします。次に何が起こるでしょうか？ 何も起こりません。出力が遅くなります。プログラムは何かを実行しているようですが、何を実行しているのかよくわかりません。何をしているにしても、長い時間がかかっています。

これは<u>無限ループ</u>に陥っています。無限ループとは、ループを繰り返し決して終わらないループです。

思ったよりも簡単に無限ループには陥るものです。実際に、あなたも遅かれ早かれ無限ループに遭遇すると思うので、ここで経験しておきましょう。次のように無限ループを作ります。

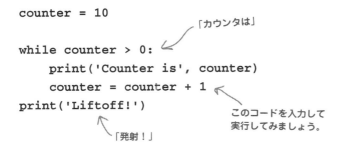

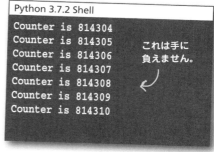

これは手に負えません。

このように、コンピュータ上で制御できないプログラムが動作し続けてしまったらどうすればよいでしょうか？ IDLEの場合はPython Shellウィンドウを閉じるだけで終了します。コマンドラインでは、通常は[Ctrl]+[C]を押せば終了します。

無限ループのコードはどのように修正すればよいでしょうか？ 無限ループはロジックの間違いです。ループが絶対に終了しないロジックを作成しているので、ループの条件を調べ、間違いがわかるまでコードの実行を追跡します。この例では`counter + 1`を`counter - 1`に書き換え、カウントダウンさせるだけでOKです。

重要ポイント

- 乱数は多くのプログラムで利用される。
- ほぼすべての言語が乱数を生成する手段を用意している。
- Pythonには乱数を生成するためのrandomモジュールがある。
- import文を使ってPythonのランダム機能をコードに取り込む。
- ブールデータ型には2つの値TrueとFalseがある。
- ブール式や条件式はTrueかFalseに評価される。
- ==、>、<といった関係演算子は2つの値を比較する。
- 関係演算子は数値や文字列に使う。
- if文にブール式は欠かせない。
- if文はブール式を評価し、Trueならコードブロックを実行する。
- コードブロックは、ひとまとめで実行する一連のPythonの文。
- コードブロックはインデントされた部分。
- if文でelifキーワードを使うと追加条件を調べられる。
- elifキーワードは「else if」の略。
- elseキーワードを使うと、if文の最後の選択肢(その他のすべてに対処する)を指定できる。
- ブール演算子andとorを使ってブール式を連結できる。
- ブール演算子notを使うとブール式やブール値を否定できる。
- while文はブール式を評価し、その式がTrueの間コードブロックを実行する。
- 文字を含まない文字列を空の文字列と呼ぶ。
- 代入には=、等価性検査には==を使う。
- コードにコメントを追加するには、シャープ記号(#)に続けて任意のテキストを記述する。
- コードにコメントを入れるようにする。後から、設計時の判断を思い出すことができる(または、他の人がそのコードを理解できる)。
- ユーザがどんな間違いをしそうかを推測することが、ゲームのようなユーザ中心のプログラムの設計における重要な部分である。
- ロジックの間違いは無限ループにつながる場合がある。

3章　ブール型、判定、ループ

さあ、右脳を働かせましょう。
よくあるクロスワードですが、答えの単語はすべて3章で登場しています。

ヨコのカギ

2. ==はこれを調べる。
4. >、<、==はこれを行う。
6. Trueの間は実行し続ける。
7. 2つの値を持つ。
8. これはブール式がTrueならコードブロックを実行する。
10. コメント用の文字。
11. =はこれを行う。
13. ブール型はこの一種。
14. 紙を切る。
15. 何も入っていない文字列。
16. 多くのプログラムでこれを生成する必要がある。
20. 紙はこれを包む。
21. これは石を切れない。
22. ifの別の条件。

タテのカギ

1. 買う余裕がない。
3. ifとwhileの基盤。
5. 古代中国のゲーム。
9. Trueかこれ。
12. その他のすべてに対応する。
16. randomモジュールをインクルードする方法。
17. Booleの名前。
18. 繰り返すコードはここに入っている。

練習問題の答え

エクササイズの答え

自分で確かめてみましょう。Python Shellでrandomモジュールをインポートし、random.randint(0, 2)でランダムな整数を生成します。

乱数なので、あなたの出力はこれとは少し異なるでしょう。2、2、0、0も場合もあれば1、2、0、1や1、1、1、1となるかもしれません。どのようになるか誰にもわかりません。これが乱数の楽しいところです！

```
Python 3.7.2 Shell
>>> import random
>>> random.randint(0, 2)
1
>>> random.randint(0, 2)
0
>>> random.randint(0, 2)
1
>>> random.randint(0, 2)
2
>>>
```

自分で考えてみようの答え

random_choiceがすでに0、1、2のいずれかに設定されているとします。random_choiceの値に基づいて変数computer_choiceを"rock"、"paper"、または"scissors"に設定する擬似コードを書いてください。

random_choiceが **0** に等しければcomputer_choiceを**"rock"**に設定し、
random_choiceが **1** に等しければcomputer_choiceを**"paper"**に設定し、
それ以外ならcomputer_choiceを**"scissors"**に設定します。

3章 ブール型、判定、ループ

ブール式の動作を実際に確認してみましょう。下の式の値を計算し、答えを書いてください。

左側の値が右側の値より大きいかどうかを調べます。>= 演算子は、
左側の値が右側の値以上かどうかを調べることもできます。

```
your_level > 5
```

your_levelが2の場合、この式の評価結果は？ **False**
your_levelが5の場合、この式の評価結果は？ **False**
your_levelが7の場合、この式の評価結果は？ **True**

ブール式です。== 演算子は、2つの
値が等しいかどうかを調べます。

```
color == "orange"
```

colorの値が"pink"の場合、この式はTrueとFalseのどちらになりますか？ **False**
また、値が"orange"の場合は？ **True**

!= 演算子は、2つの値が
等しくないかどうかを調べます。

```
color != "orange"
```

colorの値が"pink"の場合、この式はTrueとFalseのどちらになりますか？ **True**

---

number_of_scoopsが取り得る値はいくつかあります。それぞれの値を設定した場合、上のコードはどのような出力になるでしょうか。例として1番目の値を設定した場合の出力は書いておきました。

number_of_scoops が次の値であるとき、出力はどうなる？

number_of_scoops = 0	アイスクリーム食べたくないの？いろいろな種類があるのに。
number_of_scoops = 4	たくさんですね！
number_of_scoops = 1	シングル、お待たせしました。
number_of_scoops = 3	たくさんですね！
number_of_scoops = 2	おや、ダブルですね！
number_of_scoops = -1	すみません、マイナスはできません。

you are here ▶ 117

練習問題の答え

上のコードを声を出して読んでみてください。慣れたら、使った言葉をメモしてください。

スクープ数がゼロなら、「アイスクリーム食べたくないの？いろいろな種類があるのに。」と出力します。

または、スクープ数が1なら、「シングル、お待たせしました。」と出力します。

または、スクープ数が2なら、「おや、ダブルですね！」と出力します。

または、スクープ数が3以上なら、「たくさんですね！」と出力します。

それ以外なら、「すみません、マイナスはできません。」と出力します。

またあなたの番です。88ページの手順に従い、下のコードを完成させてください。このコードではあいこかどうかを判断し、あいこならwinner変数を'Tie'に設定します。この練習問題が終わったら、このコードをrock.pyファイルに入れます。

```
if computer_choice == user_choice:
    winner = 'Tie'
```

さらにブール式をいくつか考えてみましょう。下の式の値を計算し、答えを書いてください。

```
age > 5 and age < 10
```

ageが6の場合、この式の評価結果は？　True
ageが11の場合、この式の評価結果は？　False
ageが5の場合、この式の評価結果は？　False

```
age > 5 or age == 3
```

ageが6の場合、この式の評価結果は？　True
ageが2の場合、この式の評価結果は？　False
ageが3の場合、この式の評価結果は？　True

```
not (age > 5)
```

ageが6の場合、この式の評価結果は？　False
ageが2の場合、この式の評価結果は？　True

コードマグネットの答え

冷蔵庫のコードマグネットを使ってゲームロジックのコードを考えたのに、誰かがほとんど床に落としてしまいました。コードを並べ直して誰が勝つかを判断できますか？ ただし、余計なコードマグネットが紛れているかもしれないので、全部は使わないかもしれません。

```python
if computer_choice == user_choice :
    winner = 'Tie'
elif computer_choice == 'paper' and user_choice == 'rock' :
    winner = 'Computer'
elif computer_choice == 'rock' and user_choice == 'scissors' :
    winner = 'Computer'
elif computer_choice == 'scissors' and user_choice == 'paper' :
    winner = 'Computer'
else :
    winner = 'User'
```

練習問題の答え

エクササイズの答え

IDLEエディタでrock.pyファイルにコメントを追加してください。98ページのコメントを使ってもいいですが、自分で独自に考えたコメントも加えてください。もちろん、意味のあるコメントにしてください。

じゃんけんゲームに
説明を加えています。

```python
# じゃんけん
# 古代中国の漢時代から代々伝わるゲーム「じゃんけん」(shoushiling)は、
# 「石(グー:Rock)、紙(パー:Paper)、ハサミ(チョキ:Scissors)」を使います。
# このコードは、コンピュータと対戦するバージョンのじゃんけんを実装します。

# ここで準備をします。randomモジュールをインポートして
# winner変数を用意します。

import random

winner = ''

# コンピュータがランダムにグー、チョキ、パーを選びます。
# 0から2までの乱数を生成し、
# その値をそれぞれの文字列に対応付けます。

random_choice = random.randint(0,2)

if random_choice == 0:
    computer_choice = 'rock'
elif random_choice == 1:
    computer_choice = 'paper'
else:
    computer_choice = 'scissors'

# input文でユーザの手を取得します。

user_choice = input('rock, paper or scissors? ')

# ここはゲームロジックです。コンピュータが勝ったか(負けたか)どうかを調べ、
# それに応じてwinner変数を変更します。

if computer_choice == user_choice:
    winner = 'Tie'
elif computer_choice == 'paper' and user_choice == 'rock':
    winner = 'Computer'
elif computer_choice == 'rock' and user_choice == 'scissors':
    winner = 'Computer'
elif computer_choice == 'scissors' and user_choice == 'paper':
    winner = 'Computer'
else:
    winner = 'User'

# ここではあいこか、あるいはどちらが勝ったのかとコンピュータの手を知らせます。

if winner == 'Tie':
    print('We both chose', computer_choice + ', play again.')
else:
    print(winner, 'won. The computer chose', computer_choice + '.')
```

3章 ブール型、判定、ループ

自分で考えてみようの答え

上の3人の話を同等のブール式に変換してください。最初の部分はすでに書いておきました。

```
user_choice != 'rock' and user_choice != 'paper' and user_choice != 'scissors'
```

自分で考えてみようの答え

あなたたちが文字列の大文字小文字についての話をしている間に、ユーザにもう一度尋ねるコードを書いてみましたが、欠陥があるようです。どこに欠陥があるのかを指摘してくれますか？ 下にこのコードと注釈、そして実行例を示します。

```
user_choice = input('rock, paper or scissors? ')
if (user_choice != 'rock' and
    user_choice != 'paper' and
    user_choice != 'scissors'):
    user_choice = input('rock, paper or scissors? ')
print('User chose', user_choice)
```

有効でなければ、ユーザの手を再び取得します。

正しそうに見えますが、どこが間違っていたのでしょう？

```
Python 3.7.2 Shell
rock, paper or scissors? rack
rock, paper or scissors? papper
User chose papper
>>>
```

もう一度尋ねています。

しかし、また無効な答えを入力できてしまいました。

うわぁ。

分析：幸い、無効な入力であるかは判断できています。一方、ユーザに尋ね直す処理は、最初の1回しか正しく動作しません。ユーザが無効な手を入力している間は何度でも尋ね直す必要があります。

簡単なゲームを作ってみましょう。このゲームは、プレーヤーに「What color am I thinking of?」(私はいま何色を思い浮かべていると思いますか?)と尋ね、何回目の予想で当たるか確かめるものです。

```
color = 'blue'
guess = ''
guesses = 0

while guess! color:
    guess = input('What color am I thinking of? ')
    guesses = guesses + 1
print('You got it! It took you', guesses, 'guesses')
```

追加の課題

色予想ゲームを覚えていますか? このゲームにはバグがあります。1回目で正しい色を予想すると、「You got it! It took you 1 guesses」(当たりです! 1回の予想で当たりました)とguessが複数形で表示されてしまいます。このバグを修正し、1回の予想では「guess」、複数回の予想では「guesses」と表示させることができますか?

```
color = 'blue'
guess = ''
guesses = 0

while guess != color:
    guess = input('What color am I thinking of? ')
    guesses = guesses + 1
if guesses == 1:
    print('You got it! It took you 1 guess')
else:
    print('You got it! It took you', guesses, 'guesses')
```

3 章　ブール型、判定、ループ

コーディング クロスワードの答え

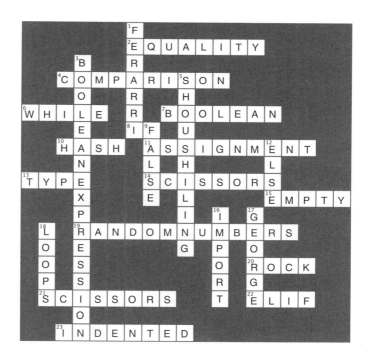

you are here ▶ 123

4章　リストと反復

構造を用意する

データ型は数値、文字列、ブール型だけではありません。

これまでは、3.14、42、"ねえ、私の番だよ"、Trueといった値を持つ**基本データ型**（浮動小数点数、整数、文字列、そしてブール値も！）を使ってPythonのコードを書いてきました。基本型だけでも多くのことができますが、そのうちに多数のデータ（例えばショッピングカート内の全商品、有名な星の名前全部、製品カタログ全体など）を扱うコードを書きたくなるでしょう。それにはもう**一押し**が必要です。この章では、**リスト**という新たな型を学んでいきます。リストは値の集合を格納します。いままでのようにコードのあちこちで変数を使って値を格納するのではなく、データ用の**構造**をリストは用意します。また、その値をすべて一括して扱う方法や、3章で触れたforループを使ってリスト内の各要素を**反復処理**する方法も学びます。この章を読み終えるころには、データを扱う能力がさらに高くなっているでしょう。

バブルザらス社を助けられる?

バブルザらス (Bubbles-R-Us) 社は、絶え間ない研究のおかげで、シャボン玉棒やシャボン玉マシンを使ってどこでも最高のシャボン玉を作り出せるようになりました。現在、同社はさまざま新しい溶液の「シャボン玉係数」の試験をしています。つまり、ある溶液でいくつのシャボン玉ができるかを試験しているのです。これはそのデータです。

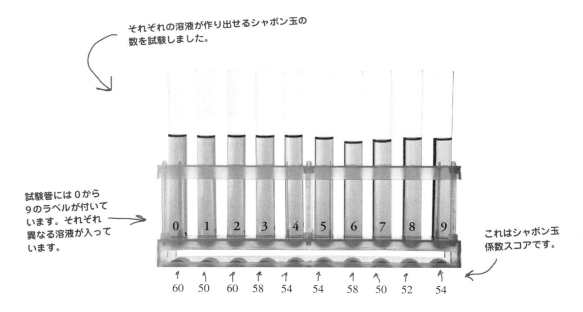

それぞれの溶液が作り出すシャボン玉の数を試験しました。

試験管には0から9のラベルが付いています。それぞれ異なる溶液が入っています。

これはシャボン玉係数スコアです。

60 50 60 58 54 54 58 50 52 54

このデータをすべてPythonに取り込み、分析するコードを書きたいと思います。しかし、大量の値があります。どのようにコードを構成してこれらの値を処理すればよいでしょうか?

Pythonで複数の値を表現する方法

文字列、数値、ブール値などの1つの値を表現する方法は、もうわかっていますよね。では、10種類の溶液のシャボン玉係数スコアのような**複数**の値はどのように表現するのでしょうか？そこで、多数の値を格納できるデータ型、**リスト**の出番です。シャボン玉係数スコアをすべて保存するリストを次に示します。

> 多くのプログラミング言語では、順序付きデータ型のことを「リスト」ではなく「配列」と呼びます。

```
scores = [60, 50, 60, 58, 54, 54, 58, 50, 52, 54]
```

10個の値をリストにまとめて格納し、scores変数に代入します。

> リストの値はここでは数値ですが、どんな値でもOKです。

> リストのような型は、**データ構造**とも呼ばれることもあります。値やデータを構造化する手段となるからです。

データをリストに入れておけば、それぞれのスコアにアクセスできます。スコア（**要素**）にはそれぞれインデックスが付いています。コンピュータ科学者はゼロから始まる番号を付けるのが好きなので、先頭の要素のインデックスはもちろん0です。次のように、インデックスを使ってリスト内の任意の要素を取得できます。

この構文を使ってリスト内の**要素**にアクセスしてみましょう。リストの変数名と要素の**インデックス**を角かっこで囲んで指定します。

インデックスは0からなので、リストの先頭の要素のインデックスは0、2番目の要素のインデックスは1です。

くどいようですが、コンピュータ科学者はゼロから始めるのが好きなのです。

```
score = scores[3]
print('Solution #3 produced', score, 'bubbles.')
```

```
Python 3.7.2 Shell
Solution #3 produced 58 bubbles.
>>>
```

「溶液番号3では58個のシャボン玉ができました。」という意味です。

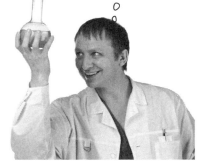

俺の作った溶液番号3が間違いなく最高さ。

バブルザラス社のシャボン玉研究員の1人

you are here ▶ **127**

リストの動作

バブルザラス社をお手伝いする興味深い仕事があるようですが、その前にリストをマスターしましょう。シャボン玉係数スコアではなく別の種類の値をリストに入れます。それは文字列で、スムージーの味です！リストをもう少しよく理解したら、バブルザラス社の手伝いに戻ります。

まとめたい一連の値があれば、それを入れるリストを作成しておきます。そうすれば、必要なときにいつでもリスト内の値にアクセスできるからです。ほとんどの場合、シャボン玉係数スコア、アイスクリームの味、日中の気温、さらには○×式問題への答えなど、似たものをまとめたいときにリストを使います。リストを再度作成してみましょう。今回は構文に少し注意します。

リストの作成方法

スムージーの名前を格納するリストを作成してみます。

```
smoothies = ['coconut', 'strawberry', 'banana', 'pineapple', 'acai berry']
```

- リストを変数smoothiesに代入します。
- リストは [から開始します。[は開き角かっことも呼ばれます。
- 要素はカンマで区切ります。ココナッツ、イチゴ、バナナ、パイナップル、アサイー味があるようです。
- そして、リストの要素を続けて書きます。
- 最後は閉じ角かっこ] を使います。

前にも述べたように、リスト内の要素は位置（インデックス）が決まっています。このスムージーのリストの先頭の要素は「coconut」（ココナッツ）で、そのインデックスは0です。2番目の「strawberry」（イチゴ）のインデックスは1、その次の要素インデックスは2、のように続きます。概念的なリスト内の格納方法を下に示します。

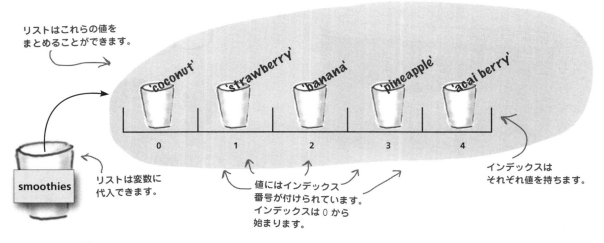

リスト要素へのアクセス方法

　リストの要素はそれぞれインデックスを持ちます。このインデックスがリストの値の取得や変更のための鍵となります。すでに要素にアクセスする方法は説明しました。リストの変数名の後ろに角かっこで囲ったインデックスを付けるのです。この表記法は、変数を使っているところならどこでも使うことができます。

```
favorite = smoothies[2]
```

リストから要素を取得するには、リストの変数名と取得したい値のインデックスの両方が必要です。

これはリスト smoothies のインデックス 2 の値（'banana'）に評価され、favorite 変数に代入されます。

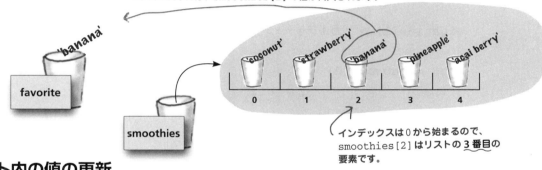

favorite には、smoothies[2] の値が代入されます。

インデックスは 0 から始まるので、smoothies[2] はリストの **3 番目**の要素です。

リスト内の値の更新

　インデックスを使って、リスト内の要素の値を変更することもできます。

```
smoothies[3] = 'tropical'
```

インデックス 3 の要素の値（前は 'pineapple'）を新しい値 'tropical' に設定します。

すると、この行が実行された後では、リスト smoothies はこうなります。

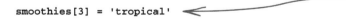

インデックス 3 の要素の値が変更されています。

リストの練習問題

自分で考えてみよう

リストを実際に使ってみましょう。Pythonインタプリタになったつもりでこのコードをたどり、最終的にどのように出力されるかを考えてください。この練習問題が終わったあとで、リストの知識をさらに深めていきます。

```python
eighties = ['', 'デュラン・デュラン', 'B-52s', 'ミューズ']
newwave = ['フロック・オブ・シーガルズ', 'ポスタル・サーヴィス']

remember = eighties[1]

eighties[1] = 'カルチャー・クラブ'

band = newwave[0]

eighties[3] = band

eighties[0] = eighties[2]

eighties[2] = remember

print(eighties)
```

いずれも80年代に「ニューウェーブ・バンド」と呼ばれたグループです。

ところで、そのリストの大きさって?

誰かから大きな素晴らしいリストを渡されました。その中に重要なデータが入っているとします。リストに何が入っているかを確認する方法はもうわかっていますが、リストの正確な大きさ(つまり、入っている要素の数)はわかりません。幸運にも、Pythonには大きさを確認する組み込み関数 `len` があります。使い方を説明しましょう。

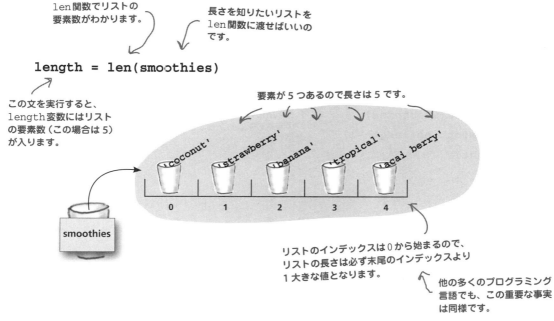

脳力発揮

リストの長さを取得できるようになりました。この長さの値を使ってリストの末尾の要素を取得することはできるでしょうか?

リストの末尾の要素にアクセスする

　リストの末尾の要素にアクセスすることは、結構頻繁にあります。例えば、スポーツの試合の最近のスコアを保存するリストの最新のスコアを表示するときや、接近するハリケーンの現在の風速のリストの最新の風速を報告するときなどです。リストでは最新の値（多くの場合には最も重要な値）を末尾（つまり最大のインデックス）に配置することが多いので、リストの末尾の要素にアクセスすることも多いのです。

　リスト末尾の要素にアクセスするのに、多くのプログラミング言語では従来からインデックスとしてリストの長さを使っていました。しかし、インデックスはゼロから振られるので、末尾の要素のインデックスはリストの長さよりも1小さくなります。リスト smoothies の末尾の要素を取得するには、次のようにします。

```
length = len(smoothies)
last = smoothies[length-1]
print(last)
```

他の言語もよく使うテクニックです。リストの長さを取得し、1を引いて末尾の要素のインデックスを計算します。

アサイー

Python ではずっと簡単

　リストの末尾の要素を取得するというタスクは一般的なので、Python にはずっと簡単な方法が用意されています。-1から始まる負のインデックスを使うと、リストの要素を逆順に指定できるのです。つまり、インデックス-1はリストの末尾の要素、インデックス-2は末尾から2番目の要素となります。

Python では、リストの末尾を基準とした負のインデックスを使うことができます。-1は末尾の要素、-2はその前の要素、-3は末尾から3番目の要素となります。ただし、多くの言語では、この便利な負のインデックスを使うことができません。

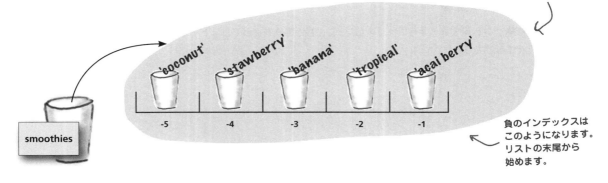

負のインデックスはこのようになります。リストの末尾から始めます。

負のインデックスを使う

Pythonの負のインデックスを試しましょう。リストの末尾から3つのスムージーを取得して出力したいとします。

```
last = smoothies[-1]
second_last = smoothies[-2]
third_last = smoothies[-3]
print(last)
print(second_last)
print(third_last)
```

インデックス-1で末尾の要素を取得。

-2で末尾から2番目の要素を取得。

同様に-3で末尾から3番目の要素を取得。

出力します。

アサイートロピカルバナナ

```
Python 3.7.2 Shell
acai berry
tropical
banana
>>>
```

例のアレ

「例のアレ」(Thing-A-Ma-Jig)は変な機械です。ガチャガチャと鳴り、ドンッといい、さらにドスンという音を出します。しかし、実際に何をしているのかわれわれにはまったくわかりません。これを書いたプログラムはこの機械がどのように動作するか明白だと言い張るのですが。コードを調べてこの機械の動作を解明することができますか？

```
characters = ['t', 'a', 'c', 'o']
output = ''
length = len(characters)
i = 0
while (i < length):
    output = output + characters[i]
    i = i + 1

length = length * -1
i = -2

while (i >= length):
    output = output + characters[i]
    i = i - 1

print(output)
```

文字を組み立てる練習だと考えてください。時間と頭をたっぷり使ってください。後できっと役に立ちます。

何をするものなのかがわかったら、ここに書いて171ページの答えを確認してください。

上の文字リストの代わりに、下の文字リストも試してみてください。
  characters = ['a', 'm', 'a', 'n', 'a', 'p', 'l', 'a', 'n', 'a', 'c']
または
  characters = ['w', 'a', 's', 'i', 't', 'a', 'r']

ヒントが必要なら、171ページのコードのコメントを見てください。

素朴な疑問に答えます

Q: リスト内において要素の順序は重要なのですか?

A: リストは順序付きデータ型なので、多くの場合に順序が重要となりますが、必ずというわけでもありません。バブルザラス社のスコアリストでは、順序は非常に重要でした。このリストのインデックスから、そのスコアを持つ溶液がわかりました。溶液番号0のスコア60は、インデックス0に格納されています。リスト内のスコアの順序が狂うと、試験結果が台無しになってしまいます。しかし、他の場合では順序が重要でないこともあります。例えば、手に入れたい食料品を記録するためだけにリストを使う場合は、順序はあまり重要ではありません。したがって、順序が重要かどうかはリストの使い方次第です。リストを使う際には、ほとんどの場合に順序が重要であることに気付くでしょう。Pythonには、他にも順序のないデータ型(例えば、辞書や集合など)もあります。詳しくは後で説明します。

Q: 要素はいくつまで持つことができますか?

A: 理論的にはいくつでもOKです。しかし、実際にはコンピュータ上のメモリなどで数に制約があります。リストの要素はメモリ内の空間を占有するので、リストに要素を追加し続けると、最終的にはメモリが不足してしまいます。しかし、リストの要素の種類によっては、リストに格納できる要素の最大数はおそらく何千や何十万になるでしょう。数百万になったら別の解決策(データベースなど)を使うほうが適切となるでしょう。

Q: 要素のないリストというのも作成できますか?

A: 空の文字列について話したことを覚えていますか? もちろん、空のリストも作成できます。実際に、この章で空のリストを使う例が登場します。次のように書くだけで空のリストが作成できます。

```
empty_list = []
```

空のリストを作成しておくと、後から要素を追加することができます。その方法はすぐに説明します。

Q: これまではリストには文字列と数値が入っていました。リストに他のものを入れることもできますか?

A: できます。リストには(まだ説明していない型も含め)どんな型の値でも格納できます。

別のリストをリストの要素にすることもできます!

Q: 要素の値は異なる型でもかまいませんか? あるいは、すべて同じ型でなければいけないのですか?

A: Pythonでは、要素の値はすべて同じ型である必要はありません。異なる型の要素を持つリストを**異種**リストと呼びます。以下がその例です。

```
heterogenous = ['blue', True, 13.5]
```

Q: リスト内の存在しない要素にアクセスしようとしたらどうなりますか?

A: 10個の要素を持つリストがあり、インデックス99の要素にアクセスしようとするという意味ですか? そうすると、次のような実行時エラーが起こります。

```
IndexError: list index out of range
```

Q: では、存在しないリストのインデックスに新しい値を代入できますか?

A: いいえ。要素に新しい値を代入し直すことはできますが、存在しない要素に値を代入することはできません。そのようにすると、エラーとなります。これを許す言語もありますが、Pythonではできません。Pythonでは、代わりにまずリストに新しい要素を追加しなければいけません。

自分で考えてみよう

リストに次のようなスムージーを、作った順番で追加しました。**一番最近作った**スムージーを探し出すコードを完成させてください。

```
smoothies = ['coconut', 'strawberry', 'banana', 'pineapple', 'acai berry']
most_recent = _____
recent = smoothies[most_recent]
```

方法は2つあります。lenを使う方法と、lenを使わない方法です。どちらもわかりますか?

4章 リストと反復

一方、バブルザらス社では

バブルザらス社のCEO

> やあ、みんなここにいたんだね。新しいシャボン玉の試験をたくさん行ったら、こんなにたくさんのデータが得られたよ！ このデータを理解したいので、手伝ってくれるかな。次のメモに書いたようなプログラムを作ってほしいんだ。

```
scores = [60, 50, 60, 58, 54, 54,
          58, 50, 52, 54, 48, 69,
          34, 55, 51, 52, 44, 51,
          69, 64, 66, 55, 52, 61,
          46, 31, 57, 52, 44, 18,
          41, 53, 55, 61, 51, 44]
```

← 新しいシャボン玉スコア

作成したいもの ↘

バブルザらス

どの溶液を製造すべきかを即座に判断したいから、次のようなレポートを作成したい。このようなコードを書いてくれるかな？
— バブルザらス社 CEO

```
Bubble solution #0 score: 60
Bubble solution #1 score: 50
Bubble solution #2 score: 60
```

← 残りのスコアを続ける

```
Bubbles tests: 36
Highest bubble score: 69
Solutions with highest score: [11, 18]
```

you are here ▶ 135

レポートを理解する

CEOの要望を詳しく調べてみましょう。

> どの溶液を製造すべきかを即座に判断したいから、次のようなレポートを作成したい。このようなコードを書いてくれるかな？
> ── バブルざらス社CEO

```
Bubble solution #0 score: 60
Bubble solution #1 score: 50
Bubble solution #2 score: 60
                         ← 残りのスコアを続ける
Bubbles tests: 36
Highest bubble score: 69
Solutions with highest score: [11, 18]
```

まず、すべての溶液番号とそのスコアの一覧を表示します。

シャボン玉スコアの総数を表示します。

その次に最高スコアとそのスコアの溶液番号を表示します。

脳力発揮

擬似コードを書くスキルをここでも発揮しましょう！ シャボン玉スコアレポートを作成する擬似コードを書きましょう。このレポートのそれぞれの項目をひとつひとつ検討し、どのように分割して正しい出力を作成すればよいかを考えてください。下に注釈と擬似コードを書きましょう。

がんばってできるだけ自分で考えてください。このあと、シャボン玉レポートを一緒に作っていきましょう。

オフィスにおける会話

フランク　ジュディ　ジョー

> CEOの要望をよく検討して、どのようなコードを書けばよいか考えてみよう。

ジュディ：最初にスコアと溶液番号を全部表示する必要があるのね。

ジョー：溶液番号はリストに格納したスコアのインデックスでいいよね。

ジュディ：うん、まったく問題ないわね。

フランク：ちょっと待って。つまり、溶液それぞれのスコアを取得してそのインデックスを出力するんだね。このインデックスが溶液番号だと。そして、そのスコアを出力すればいいんだ。

ジュディ：そのとおりよ。インデックスに対応するリスト内の要素がスコアっていうこと。

ジョー：すると、溶液番号10のスコアはscores[10]だね。

ジュディ：そうね。

フランク：わかったよ。だけど、スコアはすごい量だよ。スコアをすべて出力するにはどうコードを書くの？

ジュディ：反復よ。

フランク：ああ、whileループみたいなの？

ジュディ：そう。ゼロからリストの長さまで、すべての値をループするの。もちろんリストの長さから1を引くのよ。

ジョー：よし、うまくいきそうだ。コードを書いてみようよ。何をするのかわかったようだから。

ジュディ：いいわね、やってみましょうよ！ その後、レポートの後半の部分に取り組みましょう。

リストを反復処理する

このように出力することが現在の目標です。

```
Bubble solution #0 score: 60
Bubble solution #1 score: 50
Bubble solution #2 score: 60
    .
    .
    .
Bubble solution #35 score: 44
```

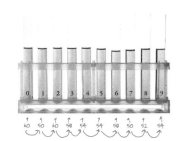

リスト scores のインデックス 3 からインデックス 34 までは紙面の都合上省略します。

まず、インデックス 0 のスコアを出力し、インデックス 1、2、3 と続けてリスト末尾のインデックスまで同様に出力します。すでに while ループの使い方は説明したので、while ループを使ってすべてのスコアを出力する方法を考えましょう。

すぐにもっとよい方法を教えてあげます。

```
scores = [60, 50, 60, 58, 54, 54, 58, 50, 52, 54, 48, 69,
          34, 55, 51, 52, 44, 51, 69, 64, 66, 55, 52, 61,
          46, 31, 57, 52, 44, 18, 41, 53, 55, 61, 51, 44]

i = 0

length = len(scores)

while i < length:

    print('Bubble solution #', i, 'score: ', scores[i])

    i = i + 1
```

現在のインデックスを管理する変数を作成します。インデックスは 0 から始まります。

リスト scores の長さを取得します。

ここでは <（length 未満）を使っているので length-1 にする必要はありません。

インデックスがリストの長さより小さい間は要素を反復処理します。

変数 i は溶液番号を表します。これを使って一覧を出力します。変数 i は、リスト scores のインデックスとしても使っています。

最後にインデックス i を 1 増やします。そして再びループします。

4章　リストと反復

 簡単な試運転

実際にコードを書いてみましょう。前ページのコードを
bubbles.pyというファイルに保存して実行してみましょう。

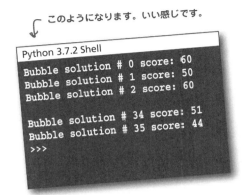

このようになります。いい感じです。

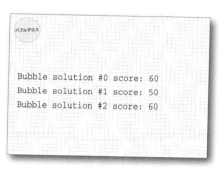

1か所だけちょっと違うようです。左の出力には#の後に余計な空白がありますよね？CEOの要望には空白がありません。

出力の問題を修正する

print関数の行を詳しく見て見ましょう。どこで余計な空白が入ったのでしょうか。

```
print('Bubble solution #', i, 'score: ', scores[i])
```

ご存知だと思いますが、printに複数の値をカンマで区切って指定すると、デフォルトで値の間に空白が入ります。

この空白を取り除くために、次のように変更してみましょう。

```
bubble_string = 'Bubble solution #' + i
print(bubble_string, 'score: ', scores[i])
```

まず文字列「Bubble solution #」とiを連結してから、print関数に渡してみます。

 脳力発揮

「Bubble solution #」と変数iを連結すれば余計な空白が取り除けそうですが、実はこの方法ではうまくいきません。どこで間違えたのでしょうか？

出力の問題を実際に修正する

どこで間違えたのかわかりましたか？ 実は、文字列と整数は連結できないのです。おやおや！ でも文字列同士であれば連結できるので、整数を文字列に変換してみましょう。でも、どうやって？ 以前、今回と逆の変換をしたことがあるのですが、覚えているでしょうか。そのときは、int関数で文字列を整数に変換しました。実は、その逆を行うstr関数があるのです。strに整数を渡すと、その整数の文字列表現を返します。

この関数を使って、次のようにコードを書き換えることができます。

```
bubble_string = 'Bubble solution #' + str(i)
print(bubble_string, 'score: ', scores[i])
```

str関数に整数iを渡すだけで文字列表現に変換できます。

この修正を反映させましょう。今回は、余計なbubble_string変数は使わず、コードをより簡潔にします。printの引数にstrの呼び出しを追加してください。下の試運転でこの変更を確認してください。

 簡単な試運転

コードをささっと修正しましょう。これでCEOの要望どおりに実装できます。

```
scores = [60, 50, 60, 58, 54, 54, 58, 50, 52, 54, 48, 69,
          34, 55, 51, 52, 44, 51, 69, 64, 66, 55, 52, 61,
          46, 31, 57, 52, 44, 18, 41, 53, 55, 61, 51, 44]
i = 0
length = len(scores)
while i < length:
    print('Bubble solution #' + str(i), i, 'score: ', scores[i])
    i = i + 1
```

ここで「Bubble solution #」とiを連結してからprintに渡しています。str関数でiを文字列に変換します。

```
Python 3.7.2 Shell
Bubble solution #0 score: 60
Bubble solution #1 score: 50
Bubble solution #2 score: 60

Bubble solution #34 score: 51
Bubble solution #35 score: 44
>>>
```

こっちのほうがいいです。

コードマグネット

簡単な練習問題の時間です。どのスムージーにココナッツ（coconut）が材料として使われているかを調べるコードを書いて、マグネットを使って冷蔵庫にコードをきれいに並べたのに、マグネットを床に落としてしまいました。マグネットを元に戻してください。ただし、余計なマグネットが紛れ込んでいるので注意してください。この章の最後で答え合わせをしてから先に進んでください。

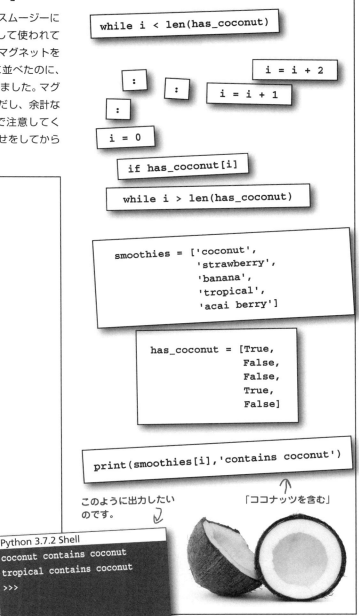

↑ ここにマグネットを並べ直してください。

このように出力したいのです。

「ココナッツを含む」

```
Python 3.7.2 Shell
coconut contains coconut
tropical contains coconut
>>>
```

forループ、それはリストの反復処理に最適な方法

whileループでもリストの反復処理はできますが、実際にはforループを使うことをお勧めします。forループはwhileループの親戚のようなものです。基本的にはほぼ同じことを行いますが、一般的には**条件**に従ってループするときにはwhileループを使い、一連の値（リストなど）を反復処理するときにはforループを使います。スムージーの例に戻り、forループを使ってリストをループ（反復処理）する方法を確認しましょう。それが終わったら、バブルザらス社のコードに戻ります。

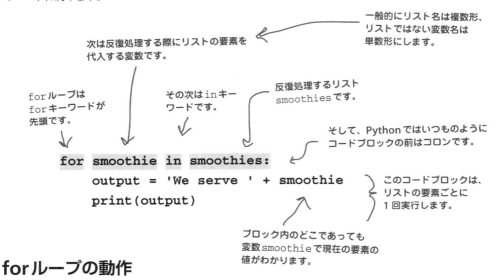

forループの動作

上のコードを実行しましょう。1回目のループでは、リストsmoothiesの先頭の要素を変数smoothieに代入します。その後、forループの本体を実行します。

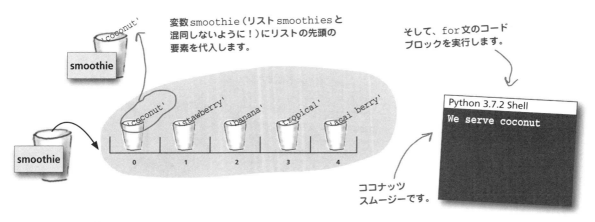

次のループでは、リストsmoothiesの次の要素「strawberry」（イチゴ）を変数smoothieに代入し、コードブロックを実行します。

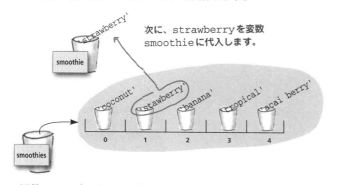

3回目のループでは、リストsmoothiesの次の要素「banana」（バナナ）を変数smoothieに代入します。そして、forループのコードブロックを実行します。

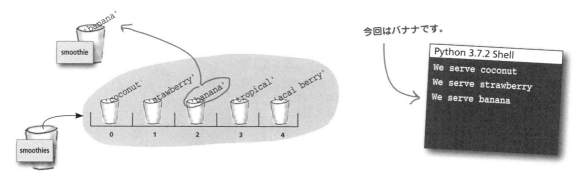

そろそろパターンがわかってきましたか？ 4回目のループでは、次の要素「tropical」（トロピカル）を変数smoothieに代入してからコードブロックを実行します。

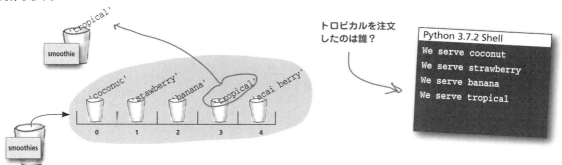

forループを理解する

　もうおわかりのように、最後の5回目のループでは、リストsmoothiesの次の要素「acai berry」(アサイー)を変数smoothieに代入します。そして、forループのコードブロックを実行します。これが最後の実行となります。

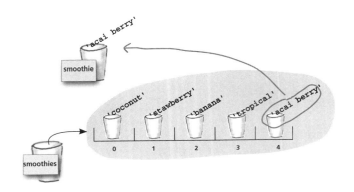

リストsmoothiesの要素すべてを反復処理しました。

forループはいいね。気に入った。でも、スコアの数はどうやって出力するんだろう？ 実際のスコアしかわからないように見えるけど。

ジュディ：whileループでは、カウンタiをスコアの数とスコアを取得するためのインデックスとして使ったのよね。

フランク：そのとおり。for文では、リストの要素しか得られないようだけど、インデックスはどこにいっちゃったの？

ジュディ：いい質問ね。

ジョー（部屋の向こうから叫ぶ）：ねえ、ちょっと調べたんだけど、forには別の使い方もあるよ。さっきはインデックスを気にしないシーケンスに適した方法を使ったんだ。インデックスの範囲を指定してforを使って溶液を反復処理することもできるよ。

フランク：どうやるの？

ジョー：直接見てもらったほうが、わかりやすいかな。

数値の範囲に対するforループの動作

forループは、別の種類のシーケンス*にも使うことができます。それは、数値の範囲です。実際に、Pythonの組み込み関数rangeは、さまざまな数列を生成することができます。数列を生成してforループを使って数値を反復処理してみましょう。

まず、0から4の範囲を生成します。

* 訳注:「シーケンス」とは数列や文字の列など、連続している一続きのものです。

次のようにrangeとforは組み合わせることができます。

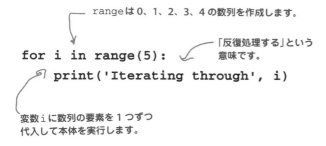

smoothiesを反復処理してそれぞれのインデックスを出力してみましょう。次のように実行します。

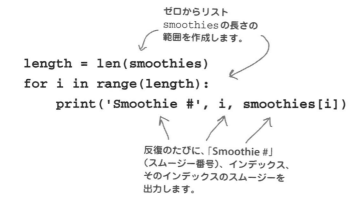

範囲をもっと使う

rangeを使って作成できるのは、ゼロからある数値までの数列だけではありません。どのような種類の数値の範囲でも作成できます。例を示しましょう。

開始数と終了数を指定

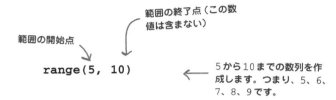

刻み値を指定

逆順に数える

負の数値から始める

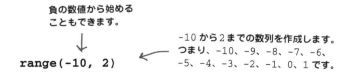

Q: `range(5)`は`[0, 1, 2, 3, 4]`のようなリストを作成するのですか？

A: いいえ、リストは作成しません。しかし、そのように考えてしまうのもよくわかります。なぜリストを作成しないかというと、実はPythonはリストよりももっとメモリ効率がよい方法で範囲を作成するからです。しかし、現時点ではリストを返すと考えてもかまいません。ただ、コードでリストの代わりに範囲を使うことはできないことは知っておいてください。また、範囲を使ってリストを作成したければ、次のようにすれば質問にあるようなリストを作成できます。

```
list(range(5))
```

Q: `i`という変数名はあまり読みやすくありません。なぜ`index`や`smoothie_index`といった名前にしないのですか？

A: いいところに気が付きました。確かに変数`i`は読みやすい名前ではありませんが、長い間、`i`, `j`, `k`のような変数が使われてきたので、プログラマはほぼ盲目的にこの慣例に従ってしまうのです。

4章 リストと反復

誰が何をする？

range関数を呼び出した結果を考えたのですが、ごちゃごちゃになってしまいました。左のrange関数に対応する結果はどれなのか考えるのを手伝ってもらえませんか？ ただし、注意があります。左の項目に対応する右の項目は1つだけなのか、複数あるのか、あるいは対応するものが1つもないのかはわかりません。すでにわかっている1項目だけは、線で結んでおきました。

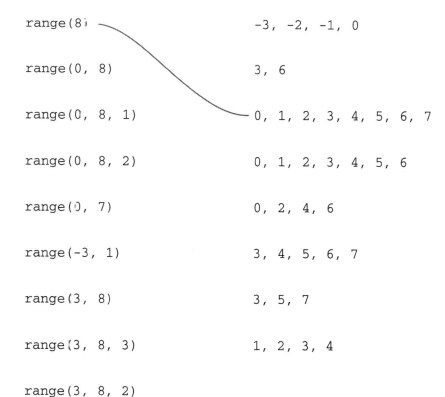

range(8)	-3, -2, -1, 0
range(0, 8)	3, 6
range(0, 8, 1)	0, 1, 2, 3, 4, 5, 6, 7
range(0, 8, 2)	0, 1, 2, 3, 4, 5, 6
range(0, 7)	0, 2, 4, 6
range(-3, 1)	3, 4, 5, 6, 7
range(3, 8)	3, 5, 7
range(3, 8, 3)	1, 2, 3, 4
range(3, 8, 2)	

(range(8) は 0, 1, 2, 3, 4, 5, 6, 7 に線で結ばれている)

you are here ▶ 147

レポートの実装

吹き出し：レポートの最初の部分に必要な要素が全部そろったはずだから、まとめてみよう。

すべてをまとめる

では、範囲とforループの知識を使って以前書いたwhileループを修正し、溶液の数とスコアを作成しましょう。

溶液スコアのリスト。

```
scores = [60, 50, 60, 58, 54, 54, 58, 50, 52, 54, 48, 69,
          34, 55, 51, 52, 44, 51, 69, 64, 66, 55, 52, 61,
          46, 31, 57, 52, 44, 18, 41, 53, 55, 61, 51, 44]
```

まず、以前行ったように同様にリストscoresの長さを取得します。

whileループは削除できます。

```
i = 0
length = len(scores)
while i < length:
for i in range(length):
    print('Bubble solution #' + str(i), 'score:', scores[i])
```

そして、スコアの長さから範囲を作成し、ゼロからscoresの長さ引く1までの値を反復処理します。

出力を作成します。これはwhileループで使ったprintとまったく同じです。何も変更していません！

シャボン玉レポートの試運転

bubbles.pyに新しいコードを入力して保存したら、テストしてみましょう。バブルザラス社のCEOのために作成した立派なレポートを確認してください。

まさにCEOが要求していたものです。

このレポートでシャボン玉スコアが全部把握できるのは素晴らしいですが、この中から最高スコアを探し出すのはまだ大変です。レポートの残りの要件に取り組み、最高スコアがもう少し簡単にわかるようにする必要があります。

```
Python 3.7.2 Shell
Bubble solution #0 score: 60
Bubble solution #1 score: 50
Bubble solution #2 score: 60
Bubble solution #3 score: 58
Bubble solution #4 score: 54
Bubble solution #5 score: 54
Bubble solution #6 score: 58
Bubble solution #7 score: 50
Bubble solution #8 score: 52
Bubble solution #9 score: 54
Bubble solution #10 score: 48
Bubble solution #11 score: 69
Bubble solution #12 score: 34
Bubble solution #13 score: 55
Bubble solution #14 score: 51
Bubble solution #15 score: 52
Bubble solution #16 score: 44
Bubble solution #17 score: 51
Bubble solution #18 score: 69
Bubble solution #19 score: 64
Bubble solution #20 score: 66
Bubble solution #21 score: 55
Bubble solution #22 score: 52
Bubble solution #23 score: 61
Bubble solution #24 score: 46
Bubble solution #25 score: 31
Bubble solution #26 score: 57
Bubble solution #27 score: 52
Bubble solution #28 score: 44
Bubble solution #29 score: 18
Bubble solution #30 score: 41
Bubble solution #31 score: 53
Bubble solution #32 score: 55
Bubble solution #33 score: 61
Bubble solution #34 score: 51
Bubble solution #35 score: 44
```

自分で考えてみよう

もう1つ簡単な練習問題に挑戦してみましょう。141ページの冷蔵庫マグネットコードを覚えていますか？ このコードのwhileループを、forループに変更してください。ヒントが必要なら、バブルザらス社でwhileループを変更した方法を参照してください。

```
smoothies = ['coconut',
             'strawberry',
             'banana',
             'tropical',
             'acai berry']

has_coconut = [True,
               False,
               False,
               True,
               False]

i = 0
while i < len(has_coconut) :
    if has_coconut[i] :
        print(smoothies[i],
              'contains coconut')
    i = i + 1
```

ここにマグネットコードの答えを再掲しておいたので、141ページまで戻らなくても大丈夫です。

ここにコードを書きます。

特別座談会

今夜の話題：**WHILEループ**と**FORループ**が
「どちらのほうが重要か？」という疑問に答える。

WHILEループ

あなた、私のことをからかっているんですか？ 私はPythonにおいて**広く使われている**ループですよ。私はどのような種類の条件でも使えるので、シーケンスや範囲は必要ありません。この本で私を最初に習ったときのことを誰か覚えていませんか？

他にもあります。FORループにはユーモアのセンスがないんですよ。つまり、われわれが気の遠くなるような反復処理を一日中しなければいけなかったら、本当に気が遠くなってしまいますよ。

いや、それはどうかなあ。

この本でFORループとWHILEループはほとんど同じだと言っていたのに、どうしてそうなるんですか？

FORループ

そのもの言いは気に入りませんね。

なるほど。でも、十中八九、プログラマはFORループを使っていますよ。

例えば決まった数の要素があるリストなどをWHILEループで反復するのはひどく手際が悪いと言わざるを得ませんよ。

じゃあ、私たちはほとんど同じだということをあなたは認めるんですね？
その理由を教えましょう。
WHILEループでは、まずカウンタを初期化し、1ずつ増やす別の文が必要です。コードをたくさん変更した後で、うっかりその文の1つを移動したり削除したりしたら、ひどいことになりますよ。だけど、FORループではすべてがループ内部にまとまっているからわかりやすいし、変更されたり失われる可能性はありません。

whileとforの比較

WHILEループ

FORループ

それは素晴らしい。でも、次のようにほとんどの反復処理にはカウンタがありませんよ。

```
while (input != ''):
```

これをFORループでできるっていうんですか？

それだけでなく見た目もいいですよ。

あなたもたいしたことありませんね。あなたが優れているのはループする条件があるときだけじゃないですか。

見た目の勝負だったとは、気付きませんでしたよ。一般的な条件があるループより、シーケンスを反復処理するほうがずっと多いと言っているんですよ。

ちょっとちょっと、私はシーケンスでも反復処理できますよ。

私たちはそれにはもう対応していると思いますよ。確かにあなたは一連の値を反復処理できますが、**うまくはない**ですよね。私もかなり汎用的なことを忘れないでください。リストに使うだけではないんですよ。

例えば？

Pythonには多くのシーケンスがあります。すでに登場したリスト、範囲、文字列のほかにも、ファイルなどまだまだ多くのシーケンスを反復処理できるのです。この本では紹介されていない高度なデータ型もたくさんありますよ。

私もきっと扱えますよ。

おそらくあなたにもできるでしょうが、やっぱりうまくはないでしょう。現実を受け止めてくださいよ。本格的な反復処理には私が適していますよ。

確かに、あなたはたくましいですね。次に条件が`True`の間反復する必要があるときには、私は呼ばないでください。それで、あなたがどれくらいたくましいかを確認しますよ。

同じように、シーケンスを反復処理する必要があるときに私を呼ばないでくださいね！

オフィスでの会話は
まだまだ続く

ジュディ：そうね。まずはシャボン玉試験の総回数を求める必要があるわね。これは簡単よ。リストscoresの長さを求めればいいの。

ジョー：そうだね。最高スコアと、その最高スコアの溶液も探し出さないと。

ジュディ：そうね、最高スコアの溶液を探し出すのは一番難しそうね。まず、最高スコアを探し出してみましょう。

ジョー：それがいいね。

ジュディ：まず、リストを反復処理する際に最高スコアを記録しておく変数が必要だと思うの。Pythonっぽい擬似コードを書いてみるわね。

```
high_score変数を宣言して0に設定する      ← 最高スコアを記録しておく変数high_scoreを追加します。
FOR i in range(length)
    PRINT iおよび溶液score[i]         ← ループのたびにスコアが高いかどうかを調べ、
    IF scores[i] > high_score:          高ければそれを新しい最高スコアにします。
        high_score = scores[i];    ← 新しい最高スコアがあれば、high_scoreに代入します。
PRINT high_score    ← ループの後に最高スコアを表示します。
```

ジョー：いいね。既存のコードに数行追加しただけだったね。

ジュディ：リストを反復処理するたびに、現在のスコアがhigh_scoreよりも大きいかどうかを調べ、大きければそれが新しい最高スコアになるの。ループ終了後に最高スコアを表示するだけよ。

自分で考えてみよう

前ページの擬似コードを実装してみましょう。下のコードの空欄を埋め、最高スコアを探し出します。空欄を埋められたら、そのコードをbubbles.pyに追加してテストしてください。Python Shellで結果を確認し、右下の画面の空欄にシャボン玉試験の数と最高スコアを記入してください。いつものように、176ページで答え合わせをしてから次に進みましょう。

```
scores = [60, 50, 60, 58, 54, 54,
          58, 50, 52, 54, 48, 69,
          34, 55, 51, 52, 44, 51,
          69, 64, 66, 55, 52, 61,
          46, 31, 57, 52, 44, 18,
          41, 53, 55, 61, 51, 44]

high_score = _____          ← 空欄を埋めてコードを完成させましょう。

length = len(scores)
for i in range(length):
    print('Bubble solution #' + str(i), 'score: ', scores[i])
    if _____ > high_score:
        _____ = scores[i]

print('Bubbles tests:', _____)
print('Highest bubble score:', _____)
```

```
Python 3.7.2 Shell
Bubble solution #0 score: 60
Bubble solution #1 score: 50
Bubble solution #2 score: 60
 ...
Bubble solution #34 score: 51
Bubble solution #35 score: 44
Bubbles tests: _____
Highest bubble score: _____
```

そして、空欄を埋めて表示された出力を示してください。

4章　リストと反復

　みんな、もう一息だね！ 残りは最高スコアの溶液を集めて出力するだけだよ。最高スコアの溶液は複数あるかもしれないよね。

複数？ 複数のものを格納する必要があるときには何を使うのでしょうか？ もちろん、リストです。そこで、既存のリスト scores を反復処理して最高スコアと等しいスコアだけを探して新しいリストに追加し、後でレポートに表示することはできるでしょうか？ 可能ですが、新規の空のリストを作成する方法を学び、そのリストに新しい要素を追加する方法を知らないと、それはできません。

まだ1行残っています。

> バブルザラス
>
> どの溶液を製造すべきかを即座に判断したいから、次のようなレポートを作成したい。このようなコードを書いてくれるかな？
> ——バブルザラス社CEO
>
> ```
> Bubble solution #0 score: 60
> Bubble solution #1 score: 50
> Bubble solution #2 score: 60
> ```
> ←残りのスコアを続ける
> ```
> Bubbles tests: 36
> Highest bubble score: 69
> Solutions with highest score: [11, 18]
> ```

you are here ▶ 155

ゼロからリストを作成する

バブルザラス社のコードを完成させる前に、リストを新たに作成して要素を追加する方法を学びましょう。次のような値を持つリストはもう作成できますよね。

```
menu = ['Pizza', 'Pasta', 'Soup', 'Salad']
```

ピザ、パスタ、スープ、サラダ、おいしそうなリストですね！

最初は要素が入っていない空のリストを作成します。

```
menu = []
```

新しいリスト。要素がなく長さはゼロです。

空のリストには、次のようにappendを使って新たな要素を追加します。

```
menu = []
menu.append('Burger')
menu.append('Sushi')
print(menu)
```

新しいリスト要素を作成します。

文字列'Barger'（バーガー）をリストに追加します。

2番目の要素を作成します。2番目の要素は文字列'Sushi'（寿司）です。

```
Python 3.7.2 Shell
['Burger', 'Sushi']
>>>
```

Pythonでは、list()を呼び出して新しい空のリストを作成することもできます。詳しくは、後で説明します。ここでは頭の片隅に入れておいてください。

自分で考えてみよう

角かっこ（[]）を使って空のリストを作成する方法がわかりましたね。では、下に挙げた2行はどんなことをするコードかわかりますか？ このコードをPython Shellに入力して試してみてもいいでしょう。その結果をここに書いてみましょう。

```
mystery = ['secret'] * 5
```
数値とリストのかけ算？ 一体何をするのでしょうか？

```
mystery = 'secret' * 5
```
これとはどう違うのでしょうか？

リストをさらに使う

リストでは、新規要素の挿入、要素の削除、リスト同士の連結、リスト内の要素の検索などさらに多くのことができます。興味を持ってもらえそうな例を示します。

リストから要素を削除する

リストの要素を取り除くには、delという文を使います。次のようにします。

インデックス0の要素を削除します。

```
del menu[0]
print(menu)
```

```
Python 3.7.2 Shell
['Sushi']
>>>
```

インデックス0の要素が削除されると、'Sushi'だけが残ります。削除前に1だった'Sushi'のインデックスは、削除後には0となっています。

リストから要素を削除すると、その要素よりも大きなインデックスを持つ要素は、すべてインデックスが1少なくなります。つまりインデックス2の要素を削除すると、削除前はインデックス3の要素がインデックス2となり、インデックス4の要素はインデックス3となります。

あるリストを別のリストに追加する

リストが1つあるとします。誰かから別のリストをもらったので、その要素をすべて既にあるリストに追加するのは簡単です。次のように行います。

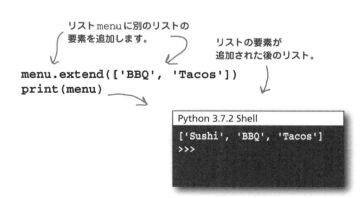

リストmenuに別のリストの要素を追加します。

リストの要素が追加された後のリスト。

```
menu.extend(['BBQ', 'Tacos'])
print(menu)
```

```
Python 3.7.2 Shell
['Sushi', 'BBQ', 'Tacos']
>>>
```

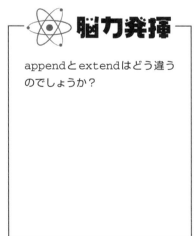

脳力発揮

appendとextendはどう違うのでしょうか？

リストをさらに使う

リストを連結する方法はほかにもあります。次のように+演算子でも連結できます。

```
menu = menu + ['BBQ', 'Tacos']
```

前ページのextend関数の代わりにこちらのコードでも同じ結果になります。

```
['Sushi', 'BBQ', 'Tacos']
>>>
```

注：extendは既存のリストを拡張します。+演算子では、2つのリストの双方の要素を持つ新規のリストを作成します。

リストに要素を挿入する

リストの途中に要素を追加してみましょう。insert関数を使います。

insertは、指定されたインデックス（この例では1）に新しい要素を追加します。

要素を挿入したい場所のインデックスを指定します。

挿入する要素です。「炒め物」という意味です。

```
menu.insert(1, 'Stir Fry')
print(menu)
```

```
Python 3.7.2 Shell
['Sushi', 'Stir Fry', 'BBQ', 'Tacos']
>>>
```

前にも言いましたが、先に進むに従い、さらに多くのリスト演算が登場します。ここでは、手始めとして適しているリスト演算を紹介しました。

素朴な疑問に答えます

Q: `menu.insert(100, 'French Fries')` のように、存在しないインデックスを指定するとどうなりますか？

A: リスト末尾のインデックスより大きな数を指定すると、要素はリストの末尾に挿入されます。

Q: `mylist.append(value)` の本当の意味を教えてください。3章で使った`random.randint(0, 2)`に似ているように見えます。

A: 両方とも後で詳しく説明しますが、この2つは関数とオブジェクトを使っているという点で似ています（実際には、その段階ではこの用語を厳密に使い分けます）。現時点ではあまり重要な意味を持ちませんが、リストなどのデータ型が独自の特殊な振る舞いで要素の追加などを行うことを説明します。つまり、`mylist.append`は、リストに用意されているappendという振る舞いを使います。ここではこちらの構文を使い、後ほどオブジェクトと関数を詳しく調べるときにその背後にある本当の意味をよく理解していきます。

Q: `menu.append`と`menu.insert`があるのに、なぜ`del menu[0]`とするのですか？ なぜ`menu.delete(0)`とはしないのでしょうか？ Pythonには一貫性があると思っていたのですが？

A: とてもいい質問です。Pythonの設計者は、lenやdelなどの一般的な演算を少し特殊な処理とみなしていたのです。また、例えば`len(menu)`は`menu.length()`よりも読みやすいとも考えました。その背景にある根拠は長い間議論されてきましたが、これがPythonでのやり方です。先ほどの質問と同様に、もっともな疑問であり、この方法に隠されたPythonの思想は、関数とオブジェクトについての説明を聞けば明らかになってくるでしょう。

> リストに要素を追加する方法がわかったから、このレポートを完成させることができるね。リストscoresを反復処理するときに最高スコアの溶液のリストを作成すれば、最高のシャボン玉スコアがわかるよね？

ジュディ：そうね。空のリストから始めて最高スコアの溶液を保存し、リストscoresを反復処理するときにその最高スコアを持つ溶液を追加していけばいいわね。

フランク：いいね。始めてみようよ。

ジュディ：ちょっと待って。別のループが必要になると思うけど。

フランク：そうかな？ 既存のループでできる方法があるはずだよ。

ジュディ：別のループがきっと必要よ。だって探す**前に**最高スコアがあらかじめわからなければいけないから、2つのループが必要だわ。1つは最高スコアを探すためのループで、これはすでに書いたわね。2つ目はその最高スコアを持つ溶液をすべて見つけるループよ。

フランク：そうか。2番目のループでは、スコアを最高スコアと比較して、同じなら最高スコアの溶液用に作成した新たなリストにその溶液スコアのインデックスを追加するんだね。

ジュディ：そのとおり！やってみましょう。

最高スコアを探す

自分で考えてみよう

最高スコアと同じ**スコア**をすべて探すループを書きたいので手伝ってくれませんか？下は現在までのコードです。まずは自分の力だけで試してから 177 ページで答えを確認してください。

```
scores = [60, 50, 60, 58, 54, 54,
          58, 50, 52, 54, 48, 69,
          34, 55, 51, 52, 44, 51,
          69, 64, 66, 55, 52, 61,
          46, 31, 57, 52, 44, 18,
          41, 53, 55, 61, 51, 44]

high_score = 0

length = len(scores)
for i in range(length):
    print('Bubble solution #' + str(i), 'score:', scores[i])
    if scores[i] > high_score:
        high_score = scores[i]

print('Bubbles tests:', length)
print('Highest bubble score:', high_score)
best_solutions = []
_____

    _____
    _____
```

← 現在までのコード。

← 最高スコアの溶液を記録しておく新しいリスト。

← ここにコードを追加してください。3 行以上になってもかまいません。

↑ 最高スコアが入っている変数 high_score 変数を使うことをお勧めします。

最終レポートの試運転

bubbles.pyに最高スコアの溶液を探し出すコードを追加したら、もう一度試してみましょう。コード全体は次のようになっています。

```python
scores = [60, 50, 60, 58, 54, 54,
          58, 50, 52, 54, 48, 69,
          34, 55, 51, 52, 44, 51,
          69, 64, 66, 55, 52, 61,
          46, 31, 57, 52, 44, 18,
          41, 53, 55, 61, 51, 44]

high_score = 0

length = len(scores)
for i in range(length):
    print('Bubble solution #' + str(i), 'score:', scores[i])
    if scores[i] > high_score:
        high_score = scores[i]

print('Bubbles tests:', length)
print('Highest bubble score:', high_score)

best_solutions = []
for i in range(length):
    if high_score == scores[i]:
        best_solutions.append(i)

print('Solutions with the highest score: ',
      best_sclutions)
```

> このコードに見覚えがなければ、前ページの「自分で考えてみよう」を飛ばしてしまったのかもしれません。ここで改めてやってみるとよいですよ。

```
Python 3.7.2 Shell
Bubble solution #0 score: 60
Bubble solution #1 score: 50
...
Bubble solution #34 score: 51
Bubbles tests: 36
Highest bubble score: 69
Solutions with the highest score: [11,18]
```

最高スコアの溶液は？

溶液番号11と18のスコアがどちらも69で、今回調べた中では最高値でした。

最も費用対効果の高い溶液を探す

> よくやってくれた！ もう1つだけ頼んでもいいだろうか。最も費用対効果の高い溶液はどれだろうか？ それがわかれば、溶液市場全体で優位に立てること間違いなしだ。下の溶液のコストのリストを使って割り出してほしいんだ。

新しいコストのリストです。このリストの要素は、リスト scores のそれぞれの溶液のコストです。

訳注：小数点の前の0は省略してこのように書くことがあります。

```
costs = [.25, .27, .25, .25, .25, .25,
         .33, .31, .25, .29, .27, .22,
         .31, .25, .25, .33, .21, .25,
         .25, .25, .28, .25, .24, .22,
         .20, .25, .30, .25, .24, .25,
         .25, .25, .27, .25, .26, .29]
```

　ここでわれわれがすべきことは、最高の溶液（つまり、最高シャボン玉スコアの溶液）を探し出し、コストが最も低いものを選ぶことです。幸い、リスト scores に対応するリスト costs があります。つまり、リスト scores のインデックス0の溶液スコアのコストは、リスト costs のインデックス0にあります（.25）。同様に、リスト scores のインデックス1の溶液のコストは、リスト costs のインデックス1にあります（.27）。つまり、あるスコアのコストはリスト costs の同じインデックスにあるのです。このようなリストを**並列**リストと呼ぶこともあります。

scores と costs は並列リストです。各スコアに対応するコストが同じインデックスにあるからです。

```
costs = [.25, .27, .25, .25, .25, .25, .33, .31, .25, .29, .27, .22, ..., .29]
```

インデックス0のコストはインデックス0の溶液のコストです。

リスト内の他のコストとスコアの値も同様です。

```
scores = [60, 50, 60, 58, 54, 54, 58, 50, 52, 54, 48, 69, ..., 44]
```

> これはちょっと大変そうだね。
> スコアが最高かつコストが最低なものを選ぶにはどうすればいいんだろう？

ジュディ：そうね、最高スコアはすでにわかっているわね。

フランク：うん。それをどう使うの？ それに2つのリストをどうやって連携させるのかな？

ジュディ：リストscoresをもう一度反復処理して最高スコアと等しい要素を選ぶ簡単なforループは書けたわよね。

フランク：うん、それはできたね。だけど、それからどうするの？

ジュディ：最高スコアと等しいスコアがあるたびに、そのコストがそれまでの最低かどうかを確認する必要があるわね。

フランク：あー、なるほど。じゃあ、「コストが最も低い最高スコア」のインデックスを記録する変数がいるね。ああ、舌を噛みそうだね。

ジュディ：そのとおりね。リスト全体を反復処理したら、その変数に入っているインデックスは最高スコアと等しいだけでなくコストが最も低い要素のインデックスになるわね。

フランク：2つの要素のコストが同じ場合はどうするの？

ジュディ：うーん、その場合にはどうするかを決めなければいけないわね。最初に見つけた方を選ぶというのはどうかしら。もちろん、もっと複雑にできるけど、CEOが別の提案をしなければそうしましょうよ。

フランク：十分複雑だと思うから、擬似コードで概要を表してからコードを書きたいね。

ジュディ：そうね。複数のリストのインデックスを管理するのはきっと大変よね。擬似コードを書いてみましょう。長い目で見れば、まず計画を立てたほうが早いに違いないわ。

フランク：わかったよ、僕が最初に試してみるよ。

擬似コードを理解する

> 擬似コードはうまくできた自信があるよ。僕の擬似コードを確認してみてよ。これを確実に理解したら、実際のコードに変換しよう。

フランク

最も費用対効果の高い溶液を保存しておく変数を作成します。この変数にはcosts内の一番大きな値を設定します。また、リストcostsの要素の型と同じ浮動小数点数にします。

最も費用対効果の高い溶液のインデックスを保存する変数を作成します。

溶液を反復処理します。溶液が最高スコアであれば、

いままでの溶液よりもコストが低ければ、

```
変数costを宣言して100.0に設定する
変数most_effectiveを宣言する
FOR i in range(length):
    IF scores[i]の溶液がhigh_scoreに等しく、かつ、costs[i]の溶液がcostよりも小さい:
        most_effectiveの値をiの値に設定する
        costの値をその溶液のコストに設定する
```

そのインデックスと現在の溶液のコストを記録します。

ループの最後では、most_effectiveにはスコアが最高でコストが最も低い溶液のインデックスが入っています。そして、変数costにはその溶液のコストが入っています。なお、複数の溶液が同じ場合には、このコードは必ずリスト先頭の溶液を選びます。

脳力発揮

オフィスの会話でジュディが提案していたように、コストが同じ最高スコアの溶液が複数ある場合には、このコードは最初に見つけた溶液を選びます。しかし、なぜそうなるのでしょうか？ コードのどの部分でそのように選んでいるのでしょうか？ 代わりに、最後に見つけた溶液を選びたかった場合はどうなるでしょうか？ そのためにはどのようにしますか？

答え：このコードは未満演算子を使って溶液の最低コストを検索しているので、いちばん最初のコストとなったら、(同じコストではなく)さらに低いコストを持つ新たな溶液に出くわして選び直すまで、最後の候補を選択します。未満の比較記号を以下(<=)の比較記号に変更すれば、最後の候補を選びます。

最も費用対効果の高い溶液はどれ？

バブルザらス社のCEOのために、次のようなコードを書きました。このコードを調べて擬似コードと一致するか確認してください。そして、この新しいコードを bubbles.py に入力し、再び試してみましょう。勝ち残った溶液がわかったら、ページをめくって結果が同じになったかを確認してください。

```python
scores = [60, 50, 60, 58, 54, 54,
          58, 50, 52, 54, 48, 69,
          34, 55, 51, 52, 44, 51,
          69, 64, 66, 55, 52, 61,
          46, 31, 57, 52, 44, 18,
          41, 53, 55, 61, 51, 44]

costs = [.25, .27, .25, .25, .25, .25,
         .33, .31, .25, .29, .27, .22,
         .31, .25, .25, .33, .21, .25,
         .25, .25, .28, .25, .24, .22,
         .20, .25, .30, .25, .24, .25,
         .25, .25, .27, .25, .26, .29]

high_score = 0

length = len(scores)
for i in range(length):
    print('Bubble solution #' + str(i), 'score:', scores[i])
    if scores[i] > high_score:
        high_score = scores[i]

print('Bubbles tests:', length)
print('Highest bubble score:', high_score)

best_solutions = []
for i in range(length):
    if high_score == scores[i]:
        best_solutions.append(i)

print('Solutions with the highest score: ', best_solutions)

cost = 100.0
most_effective = 0
for i in range(length):
    if scores[i] == high_score and costs[i] < cost:
        most_effective = i
        cost = costs[i]
print('Solution', most_effective,
      'is the most effective with a cost of', costs[most_effective])
```

新しいリスト costs を忘れずに追加しましょう。

フランクが書いた前のページのPython風の擬似コードを本物のPythonに変換しました。

レポートに最も費用対効果の高い溶液を追加する出力も加えました。

勝ち残った溶液

勝者：溶液番号11

最後に書いたコードで、真の勝者、すなわち最低のコストで最も多くのシャボン玉を作り出す溶液をようやく見つけ出すことができました。大量のデータを処理し、バブルざらス社がビジネス上の判断を下す上で重要な情報を提供できたのです。おめでとうございます。

あなたも私たちと同様に、溶液番号11の中身が知りたくてたまらないでしょう。これ以上調べる必要はありません。バブルざらス社のCEOは、業務外の仕事をしてくれたお礼に製造方法を教えてくれるそうです。

下が溶液番号11の製造方法です。ここで少し休憩してこの溶液を作り、外でシャボン玉を吹いてから次の章に進んでください。ただし、次に進む前に重要ポイントとクロスワードを忘れずに！

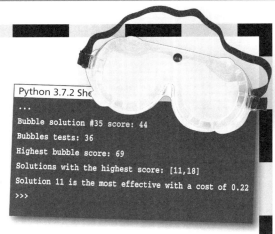

```
Python 3.7.2 She
...
Bubble solution #35 score: 44
Bubbles tests: 36
Highest bubble score: 69
Solutions with the highest score: [11,18]
Solution 11 is the most effective with a cost of 0.22
>>>
```

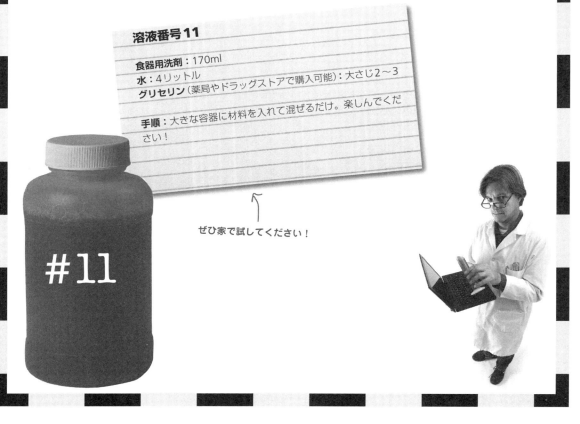

溶液番号11

食器用洗剤：170ml
水：4リットル
グリセリン（薬局やドラッグストアで購入可能）：大さじ2〜3

手順：大きな容器に材料を入れて混ぜるだけ。楽しんでください！

ぜひ家で試してください！

4章 リストと反復

聞きたいことがあるんだ。最高スコアの溶液はもうわかってbest_sclutionsリストに入っているのに、なぜすべてのスコアをもう一度反復処理したの?

そのとおり。反復処理する必要はありませんでした。

best_solutionsリストは最高のスコアの溶液を探した結果ですから、best_solutionsリストさえあればコストが最も低い溶液がわかります。このリストを使わなかったのは、最初の試みでは物事をシンプルに保ちたかったからです。

しかし、何が違うのか、どうでもいいと思う人もいるでしょう。しかし、役に立つのです！要はコードの効率です。コードがどのくらいの処理を行っているでしょうか? この例くらいの小さなリストなら、大した違いはありません。しかし、データの**巨大**なリストがあったら、より効率的な方法があるならリストを何度も反復処理したくないでしょう。私たちもしたくはありません。

コストが最も低い(最高スコアの)溶液を探すには、リストbest_solutions内の溶液を考慮するだけでいいのです。これは少しだけ複雑ですが、怖がるほどではありません。

最も費用対効果の高い溶液を見つけるコードを書き直します。

今回は、scoresリストではなく、best_solutionsリストを反復処理します。

best_solutionsの要素をリストcostsのインデックスとして使います。

```
cost = 100.0
most_effective = 0

for i in range(len(best_solutions)):
    index = best_solutions[i]
    if cost > costs[index]:
        most_effective = index
        cost = costs[index]

print('Solution', most_effective,
    'is the most effective with a cost of',
    costs[most_effective])
```

そのため、このコードではbest_solutionsの値をインデックスとして使っています。

best_solutionsリストの溶液のコストを調べ、値が最も低い溶液を探します。

そして、以前と同様に結果を出力します。

このコードと修正前のコードを比較してください。違いがわかりますか? この2つのコードがそれぞれどのくらいの処理を実行するか考えてください。このバージョンのほうが、どれくら少ない処理で最も費用対効果の高い溶液を探しているかわかりますか? 時間をかけてでもこの差を理解する価値があります。

you are here ▶ 167

# 重要ポイント

- リストは順序付きデータ用の**データ構造**。
- リストには一連の要素があり、要素はそれぞれの**インデックス**を持つ。
- リストは0から始まるインデックスを使う。先頭の要素のインデックスは0になる。
- `len`関数でリスト内の要素数がわかる。
- インデックスを使って要素を取得できる。例えば、`my_list[1]`ではリスト内の2番目の要素を取得する。
- また、負のインデックスを使ってリストの末尾からも要素が特定できる。
- リストの末尾を超えた要素にアクセスすると、実行時インデックスエラーとなる。
- 既存の要素に値を代入すると、その値を変更する。
- リストに存在しない要素に値を代入すると、エラーとなる。
- リスト要素には任意の型の値を格納できる。
- リストの値はすべてが同じ型である必要はない。
- 異なる型の値が入っているリストを異種リストと呼ぶ。
- `my_list = [ ]`で空のリストを作成できる。
- `append`を使ってリストに新たな値を追加できる。
- `extend`で別のリストの要素でリストを拡張できる。
- 2つの既存リストを+でつなげるだけで、その2つのリストから新たなリストを作成できる。
- `insert`で既存リストのあるインデックスに新たな要素を追加する。
- `for`ループは、リストなどのシーケンスを反復処理するのによく使う。
- `while`ループは、ループすべき回数がわからず、条件を満たすまでループを続けるときに使う。`for`ループは、ループを実行すべき回数がわかっているときに使う。
- `range`関数は整数の範囲を作成する。
- `for`ループで範囲を反復処理できる。
- `str`関数は数値を文字列に変換する。

4章　リストと反復

コーディングクロスワード

クロスワードを行ってリストを脳に刻み込みましょう。

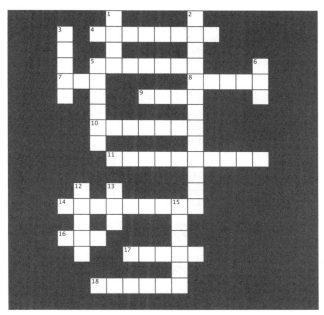

ヨコのカギ

4. 著者はおそらくこの種の音楽が好き。
5. ループの別の呼び方。
7. 長さを取得する。
8. 数列を作成する。
9. コンピュータ科学者はこのインデックスでリストを始めるのが好き。
10. 存在しない要素にアクセスするとこのエラーとなる。
11. 最高のシャボン玉会社。
14. この飲み物をたくさん作った。
16. 数値を文字列に変換する。
17. すべての要素が持っている。
18. リストに要素を追加する。

タテのカギ

1. 順序付きデータ構造。
2. 異なる種類の値を持つリスト。
3. 条件で反復処理する。
5. リストに要素を挿入する。
6. 要素を削除する。
12. 要素のないリスト。
13. シーケンスや範囲を反復処理する。
15. あるリストの要素を別のリストに追加する。

練習問題の答え

自分で考えてみようの答え

リストを実際に使ってみましょう。Pythonインタプリタになったつもりでこのコードをたどり、最終的にどのように出力されるかを考えてください。この練習問題が終わったあとで、リストの知識をさらに深めていきます。

コードを1行ずつたどり、eightiesや他の変数を追ってみましょう。このコードではリストnewwaveはずっと変化しません。

```
eighties = ['', 'デュラン・デュラン', 'B-52s', 'ミューズ']
newwave = ['フロック・オブ・シーガルズ', 'ポスタル・サーヴィス']
```

	eightiesの値	rememberの値	bandの値
`remember = eighties[1]`	['','デュラン・デュラン','B-52s','ミューズ']	'デュラン・デュラン'	
`eighties[1] = 'カルチャー・クラブ'`	['','カルチャー・クラブ','B-52s','ミューズ']	'デュラン・デュラン'	
`band = newwave[0]`	['','カルチャー・クラブ','B-52s','ミューズ']	'デュラン・デュラン'	'フロック・オブ・シーガルズ'
`eighties[3] = band`	['','カルチャー・クラブ','B-52s','フロック・オブ・シーガルズ']	'デュラン・デュラン'	'フロック・オブ・シーガルズ'
`eighties[0] = eighties[2]`	['B-52s','カルチャー・クラブ','B-52s','フロック・オブ・シーガルズ']	'デュラン・デュラン'	'フロック・オブ・シーガルズ'
`eighties[2] = remember`	['B-52s','カルチャー・クラブ','デュラン・デュラン','フロック・オブ・シーガルズ']	'デュラン・デュラン'	'フロック・オブ・シーガルズ'

```
print(eighties)
```

```
Python 3.7.2 Shell
['B-52s', 'culture club', 'duran duran', 'flock of
seagulls']
>>>
```

最終的な出力

例のアレ

エクササイズの答え

「例のアレ」(Thing-A-Ma-Jig)は変な機械です。ガチャガチャと鳴り、ドンッといい、さらにドスンという音を出します。しかし、実際に何をしているのかわれわれにはまったくわかりません。これを書いたプログラマはこの機械がどのように動作するか明白だと言い張るのですが、コードを調べてこの機械の動作を解明することができますか?

意味がわかりますか?「例のアレ」(Thing-A-Ma-Jig)はアルファベットの文字列から回文を作って出力します。回文とは、「tacocat」のように前から読んでも後ろから読んでも同じ単語です。そこで、「例のアレ」にt-a-c-oという文字列を渡すと、回文「tacocat」に変換します。しかし、例えばt-a-rは「tarat」となるように、多くの文字列の場合、結果はあまり面白くありません。しかし、a-m-a-n-a-p-l-a-n-a-cの場合は素晴らしい結果になります(「amanaplanacanalpanama」、つまり「a man a plan a canal panama」)。しかし、重要なのはこのコードが回文の半分からどのように回文全体を作成するかです。コードを調べてみましょう。

```
characters = ['t', 'a', 'c', 'o']
output = ''
length = len(characters)
i = 0
while (i < length):
    output = output + characters[i]
    i = i + 1
length = length * -1
i = -2
while (i >= length):
    output = output + characters[i]
    i = i - 1
print(output)
```

← リスト output は最初は空文字列です。

← リスト characters の長さを取得します。

← i に 0 を設定します。

← 次にインデックス 0 からリストの要素を反復処理し、リスト output に追加します。

← ここで状態を少しリセットします。length を対応する負の値に設定します(例えば、長さ 8 なら -8 とします)。

← そして、i を -2 に設定します。どのように使うかはすぐに説明します。

← ここでは文字を逆順にループしています! また、最後の文字は飛ばしているので、文字列の中で繰り返しません。

なぜ逆順なのでしょうか? 現在のインデックスは正ではなく負だからです。

← 最後にリスト output を出力します。

↑ 理解できるまで考えてください! 毎回のループを調べ、必要なら(おそらく必要でしょう)変数やリストの値がどうか変化したかを書き出します。

8章ではさらに多くの回文が登場します。

自分で考えてみようの答え

リストに次のようなスムージーを、作った順番で追加しました。**一番最近作った**スムージーを探し出すコードを完成させてください。

```
smoothies = ['coconut', 'strawberry', 'banana', 'pineapple', 'acai berry']
most_recent = _____-1_____
recent = smoothies[most_recent]
```
← Pythonの負のインデックスを利用しましょう。-1を指定すると末尾の要素を取得できます。

```
smoothies = ['coconut', 'strawberry', 'banana', 'pineapple', 'acai berry']
most_recent = len(smoothies) - 1
recent = smoothies[most_recent]
```
← あるいは、リストの長さから1を引いた値を指定します。

さらに発展させることもできます。

状況を明確な手順に分解してみると、コードがわかりやすくなることが多いですが、単純で一般的な処理では、コードをシンプルにしたほうが読みやすくなるものです。上の1行目のコードをシンプルにしてみましょう。

```
smoothies = ['coconut', 'strawberry', 'banana', 'pineapple', 'acai berry']
most_recent = -1
recent = smoothies[-1]
```
← 変数most_recentを取り除いて、リストのインデックスに直接-1を指定します。

2つ目も同様にします。

```
smoothies = ['coconut', 'strawberry', 'banana', 'pineapple', 'acai berry']
most_recent = len(smoothies) - 1
recent = smoothies[len(smoothies)-1]
```

ここでも中間のmost_recent変数を取り除き、len(smoothies) -1を直接リストのインデックスとして指定しています。一見あまり読みやすくなさそうですが、経験豊富なプログラマなら問題ないでしょう。コードの明瞭さは科学というよりアートです。最もわかりやすく読みやすいと自分で思うものを使いましょう。そして、それは時とともに変わる可能性があることも覚えておいてください。

コードマグネットの答え

どのスムージーにココナッツ(coconut)が材料として使われているかを調べるコードを書いて、マグネットを使って冷蔵庫にコードをきれいに並べたのに、マグネットを床に落としてしまいました。マグネットを元に戻してください。ただし、余計なマグネットが紛れ込んでいるので注意してください。

`:` `i = i + 2`

```
smoothies = ['coconut',
             'strawberry',
             'banana',
             'tropical',
             'acai berry']
```

`while i > len(has_coconut)`

```
has_coconut = [True,
               False,
               False,
               True,
               False]
```

`i = 0`

`while i < len(has_coconut)` `:`

`if has_coconut[i]` `:`

`print(smoothies[i],'contains coconut')`

`i = i + 1`

このように出力したいのです。

```
Python 3.7.2 Shell
coconut contains coconut
tropical contains coconut
>>>
```

↑ ここにマグネットを並べ直してください。

誰が何をする？の答え

range関数を呼び出した結果を考えたのですが、ごちゃごちゃになってしまいました。左のrange関数に対応する結果はどれなのか考えるのを手伝ってもらえませんか？ ただし、注意があります。左の項目に対応する右の項目は1つだけなのか、複数あるのか、あるいは対応するものが1つもないのかはわかりません。すでにわかっている1項目だけは、線で結んでおきました。

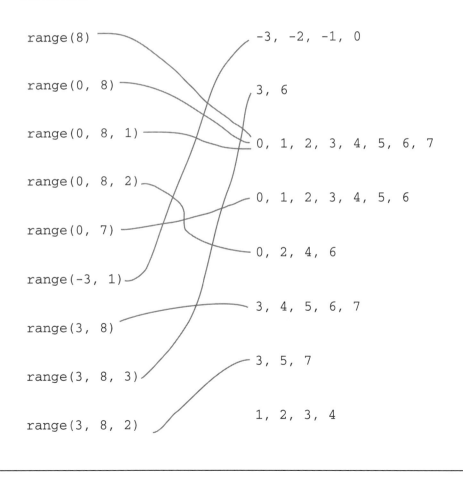

自分で考えてみようの答え

(141ページの)冷蔵庫マグネットコードのwhileループを、forループに変更してください。ヒントが必要なら、バブルザらス社でwhileループを変更した方法を参照してください。

```
smoothies = ['coconut',
             'strawberry',
             'banana',
             'tropical',
             'acai berry']
```

```
has_coconut = [True,
               False,
               False,
               True,
               False]
```

```
i = 0
while i < len(has_coconut) :
    if has_coconut[i] :
        print(smoothies[i],
            'contains coconut')
        i = i + 1
```

ここにコードを書いてください。

```
smoothies = ['coconut',
             'strawberry',
             'banana',
             'tropical',
             'acai berry']

has_coconut = [True,
               False,
               False,
               True,
               False]
```

← リストの長さを取得します。

```
length = len(has_coconut)
```

そして、インデックス 0 からリストの長さ (引く 1) までを反復処理します。

```
for i in range(length):
    if has_coconut[i]:
        print(smoothies[i], 'contains coconut')
```

リスト has_coconut のインデックス i を調べ、その要素にココナッツが入っているかを確認します。入っていたら、リスト smoothies のインデックス i の名前を出力します。

「if has_coconut[i] == True」とも書けますが、has_coconut[i] はブール値に評価されるので、このように書く必要はありません。

153ページの擬似コードを実装してみましょう。下のコードの空欄を埋め、最高スコアを探し出します。空欄を埋められたら、そのコードをbubbles.pyに追加してテストしてください。Python Shellで結果を確認し、右下の画面の空欄にシャボン玉試験の数と最高スコアを記入してください。

```
scores = [60, 50, 60, 58, 54, 54,
          58, 50, 52, 54, 48, 69,
          34, 55, 51, 52, 44, 51,
          69, 64, 66, 55, 52, 61,
          46, 31, 57, 52, 44, 18,
          41, 53, 55, 61, 51, 44]

high_score =    0           ← 空欄を埋めてコードを完成させてください。

length = len(scores)
for i in range(length):
    print('Bubble solution #' + str(i), 'score:', scores[i])
    if    scores[i]    > high_score:
           high_score    = scores[i]

print('Bubbles tests:',     length    )
print('Highest bubble score:',    high_score    )
```

このように出力されます。

```
Python 3.7.2 Shell
Bubble solution #0 score: 60
Bubble solution #1 score: 50
Bubble solution #2 score: 60
...
Bubble solution #34 score: 51
Bubble solution #35 score: 44
Bubbles tests: 36
Highest bubble score: 69
```

4章 リストと反復

角かっこ [ ] を使って空のリストを作成する方法がわかりましたね。では、下に挙げた2行はどんなことをするコードかわかりますか？ このコードをPython Shellに入力して試してみてもいいでしょう。その結果をここに書いてみましょう。

```
mystery = ['secret'] * 5
```
← この構文は要素として 'secret'（秘密）を5回繰り返すリストを作成します（['secret', 'secret', 'secret', 'secret', 'secret']）。これはPythonの特殊機能なので、他の多くのプログラミング言語にはありません。この機能はときどき役立ちます（例えば11章）。

```
mystery = 'secret' * 5
```
← 文字列の乗算？ 2章でCodieの年齢「12」を7回繰り返したときにすでに説明しました（53ページ）。覚えていますか？ 数値と文字列をかけると、元の文字列を繰り返す新たな文字列になります。

最高スコアと同じスコアをすべて探すループを書きたいので手伝ってくれませんか？ 下は現在までのコードです。まずは自分の力だけで試してから答えを確認してください。

ここでも、まず最高スコアと一致するすべての溶液を入れる新たなリストを作成します。

次に、リスト scores 全体を反復処理し、最高スコアの要素を探します。

紙面の節約のため、新しいコードだけを示しています。

```
best_solutions = []
for i in range(length):
    if high_score == scores[i]:
        best_solutions.append(i)

print('Solutions with the highest score: ', best_solutions)
```

ループのたびに、インデックス i のスコアと high_score を比較し、等しければ append を使ってそのインデックスのスコアを best_solutions リストに追加します。

最後に、最高スコアの溶液を表示します。print を使って best_solutions リスト表示していることに注意してください。別のループを作成してリスト要素を1つずつ表示することもできますが、幸い print がそれをやってくれます（出力を見ると、リスト値の間にカンマも追加しています。まさにこのカンマが必要です）。

練習問題の答え

コーディングクロスワードの答え

クロスワードに挑戦してリストを脳に刻み込みましょう。

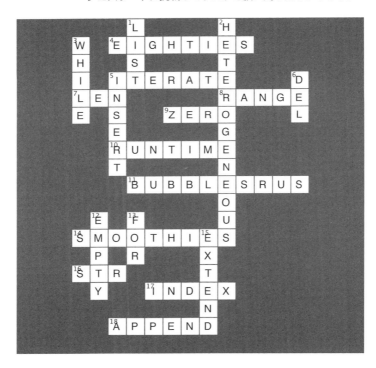

5章　関数と抽象化

関数にする

コードを抽象化する方法がわかってしまったいま、未来がまぶしすぎてサングラスが外せないわ。

あなたはすでにたくさんの知識を得ました。

変数、データ型、条件と反復。あなたが書きたいと思っていた基本的な**プログラムを書く**には十分な知識です。実際に、コンピュータ科学者からも、どんなプログラムでも書けるとお墨付きをもらえるでしょう。でも、あなたはここでプログラミングの学習を止めたくはないでしょう？コンピュータ的な考え方における次のステップでは、**抽象化する**方法を学ぶことができます。複雑そうに思えるかもしれませんが、コーディングライフがよりシンプルになります。抽象化すると、より複雑で強力なプログラムをずっと簡単に書けるというメリットがあります。整理された小さなパッケージにコードを格納しておけば、何度も再利用できます。そして、コードの詳細に煩わされることなく、全体を考えることができるようになります。

コードの分析

自分で考えてみよう

次のコードを分析してみてください。どう思われますか？ 次の選択肢から選ぶか（複数選択可）、自分自身で考えた分析を書いてください。

```python
dog_name = "Codie"
dog_weight = 40
if dog_weight > 20:
    print(dog_name, 'says WOOF WOOF')
else:
    print(dog_name, 'says woof woof')

dog_name = "Sparky"
dog_weight = 9
if dog_weight > 20:
    print(dog_name, 'says WOOF WOOF')
else:
    print(dog_name, 'says woof woof')

dog_name = "Jackson"
dog_weight = 12
if dog_weight > 20:
    print(dog_name, 'says WOOF WOOF')
else:
    print(dog_name, 'says woof woof')

dog_name = "Fido"
dog_weight = 65
if dog_weight > 20:
    print(dog_name, 'says WOOF WOOF')
else:
    print(dog_name, 'says woof woof')
```

> 年齢を検討するだけでは十分じゃなかったのかな？

↗ コーディ

- [ ] A. 同じコードが何回も出てきてとても冗長。
- [ ] B. 入力するのが面倒臭そう。
- [ ] C. 行数のわりに大したことをしていない。
- [ ] D. いままで登場した中で最も読みやすいコードというわけではない。
- [ ] E. 犬の吠え方を変えたかったら、たくさんの変更が必要になりそう。
- [ ] F. _____

このコードのどこがいけないの?

同じ行が**何回も**繰り返し登場しています。どこがいけないのでしょうか? 表面的にはどこも悪くありません。それに結局、正しく動作しますよね? 問題のコードをよく見てみましょう。

```
dog_name = "Codie":
dog_weight = 40
if dog_weight > 20:
    print(dog_name, 'says WOOF WOOF')
else:
    print(dog_name, 'says woof woof')
```

ここでは犬のコーディ(Codie)体重を20と比較します。20より大きければ大文字のWOOF WOOF(ワン、ワン)と出力し、20以下なら小文字のwoof woofと出力します。

```
dog_name = "Sparky"
dog_weight = 9
if dog_weight > 20:
    print(dog_name, 'says WOOF WOOF')
else:
    print(dog_name, 'says woof woof')
```

このコードは、、、あれ? ちょっと待って! まったく同じことをしています。次のジャクソン(Jackson)とファイドー(Fido)のコードもまったく同じです。

```
dog_name = "Jackson"
dog_weight = 12
if dog_weight > 20:
    print(dog_name, 'says WOOF WOOF')
else:
    print(dog_name, 'says woof woof')

dog_name = "Fido"
dog_weight = 65
if dog_weight > 20:
    print(dog_name, 'says WOOF WOOF')
else:
    print(dog_name, 'says woof woof')
```

これも犬の名前と体重だけが異なります。

こっちも犬が違うだけでコードはまったく同じです。

確かにこのコードは問題はなさそうですが、同じことを何回も書くのは面倒だし、読みにくいです。それに将来、変更しなくてはならないときに問題が起こりそうです。プログラミングの経験を積んでいくと、この最後の点は、心配から確信へと変わります。コードの多くはあとで修正されるものなので、上のように同じロジックを何度も繰り返している場合は、悪夢がいつ起こってもおかしくありません。

例えば、体重が2ポンド未満の小さな犬は「yip yip」(キャン、キャン)と吠えるようにしたい場合、何か所変更する必要があるでしょうか?

あなたならどうしますか?

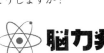

脳力発揮

上のコードを改善できるでしょうか?
少し時間をかけて、考えてみてください。

コードの再利用

必要なときにいつでもコードを再利用できる方法さえわかれば、再入力する必要ないわよね。それに、覚えやすい名前ならすぐに思い出せるわ。何かを変更したときに、何か所も変更することなく、1か所だけで編集する方法もあれば素晴らしいわ。だけど、夢物語にすぎないことはわかっているの。

コードブロックを関数に変換する

　コードブロックを取り出して名前を付けておいて、好きなときにいつでもそのコードを利用 (再利用) できるとしたら？ きっとあなたは、「なんでいままで教えてくれなかったの?!」と言うでしょうね。
　Pythonでは、まさにこれを行うことができるのです。それが**関数の定義**です。あなたはすでに print、str、int、rangeなどの関数を**使っています**。これらの関数がどのように動作するかもう一度確認しましょう。

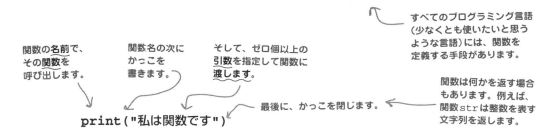

　関数を呼び出すと、関数が起動して一連の処理 (渡した値の出力など) を行ったあとに、関数を呼び出したところまで戻り、コードを再開します。
　あらかじめ作成された関数の呼び出しで満足する必要はありません。自分で独自の関数を作成することもできます。関数の作成は簡単です。

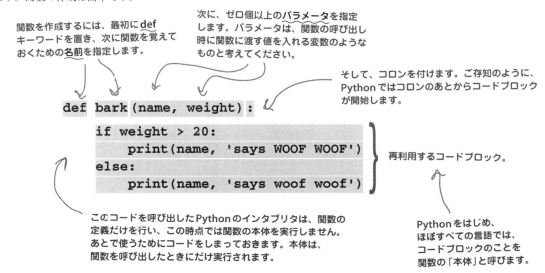

　関数を定義する方法がわかりましたね？ 次に関数を実際に使ってみましょう。

関数が作成できました。さてどう使う?

コードブロックを取り出して名前を付け、呼び出し時に指定するパラメータ(犬の名前と体重)を定義して関数を作成しました。もういつでもこの新しい関数を使うことができます。

われわれはすでにprint、str、random、rangeといった関数を使った経験があるので、もう関数の使い方はわかりますよね? 新しく作成した関数barkを何回か呼び出し、どのように動作するか確認してみましょう。

```
bark('Codie', 40)
bark('Sparky', 9)
bark('Jackson', 12)
bark('Fido', 65)
```

知っている
すべての犬で
barkを試し
ましょう。

素晴らしい。期待
どおりの出力です!

```
Python 3.7.2 Shell
Codie says WOOF WOOF
Sparky says woof woof
Jackson says woof woof
Fido says WOOF WOOF
>>>
```

実際にはどのように機能しているの?

関数を作成して使ってみたところ、すべて期待どおりに動作しているようです。では、水面下では実際に何が起こっているのでしょうか? 実際にはどのように機能しているのでしょうか? 下のコードを1行ずつ順を追って確認してみましょう。

printから処理を開始します。
「犬を用意」という意味です。

```
print('Get those dogs ready')

def bark(name, weight):
    if weight > 20:
        print(name, 'says WOOF WOOF')
    else:
        print(name, 'says woof woof')

bark('Codie', 40)

print("Okay, we're all done")
```

関数barkを
定義します。

次に、関数barkに引数
「Codie」と「40」を指定
して呼び出します。

最後に、printを使って
完了したことを示します。
「すべて完了」という意味です。

 脳力発揮

インタプリタになったつもりで考えてください。頭の中で、先頭からコードをたどり、1行ずつ実行してください。わからないところはありますか?

5章　関数と抽象化

優れたインタプリタと同様に、私たちも最初から始めましょう。

1行目は`print`です。実行すると Python Shell に「Get those dogs ready」(犬を用意)と出力します。期待どおりです。

舞台裏

ここから始めます。

```python
print('Get those dogs ready')

def bark(name, weight):
    if weight > 20:
        print(name, 'says WOOF WOOF')
    else:
        print(name, 'says woof woof')

bark('Codie', 40)

print("Okay, we're all done")
```

1行目は`print`があるだけです。
出力を Python Shell に送ります。

次のこと：関数定義

`print`を実行したあとに、インタプリタが出会うのは関数`bark`の関数定義です。この時点では、Python のインタプリタは関数のコードをまだ実行しません。`bark`という名前を作成し、後で使用するために関数のパラメータと本体を (本体をざっと構文チェックしてから) しまっておきます。インタプリタの関数定義が済めば、`bark`という名前を使って必要なときにいつでも関数を呼び出せます。

```python
print('Get those dogs ready')

def bark(name, weight):
    if weight > 20:
        print(name, 'says WOOF WOOF')
    else:
        print(name, 'says woof woof')

bark('Codie', 40)

print("Okay, we're all done")
```

この部分では、関数の呼び出しではなく、関数の作成を行っています。この部分が評価されていれば、関数名`bark`を使っていつでもこの関数を呼び出せます。

you are here ▶ **185**

次に関数barkを呼び出します。

関数定義のあと、インタプリタは次に関数呼び出しに出会います。今回は、2つの引数（文字列'Codie'と数値40）を指定して関数barkを呼び出します。

インタプリタはメモリからbarkという名前の関数定義を取り出し、**引数** 'Codie' と40をそれぞれ**パラメータ** nameとweightに代入します。

Pythonでは呼び出し側の引数（argument）は「実引数」、関数側のパラメータ（parameter）は「仮引数」とも呼ばれます。

2つの引数
'Codie'と
40を渡します。

```
bark('Codie', 40)
```

'Codie' 40

```
def function bark(name, weight)
    ...
```

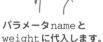

パラメータnameと
weightに代入します。

nameとweightは、関数本体を実行している間だけ存在する新規の変数だと考えてください。関数本体内で参照すると、関数に渡した引数の値を取得できます。

パラメータを設定したら、次にインタプリタはbarkのコードを取得して実行を開始します。

舞台裏

関数を呼び出します。

```
print('Get those dogs ready')

def bark(name, weight):
    if weight > 20:
        print(name, 'says WOOF WOOF')
    else:
        print(name, 'says woof woof')

bark('Codie', 40)

print("Okay, we're all done")
```

しっかり記憶する

関数を呼び出す。

関数呼び出しには**引数**を渡す。

関数にはゼロ個以上の**パラメータ**があり、関数呼び出しからの値を受け取る。

5章　関数と抽象化

そして、関数本体を実行します。

　ここで着目すべき重要な点は、プログラムのフローが関数barkの呼び出しから関数barkの本体に移ることです。コードを上から順番に処理しているのではなく、関数本体のコードに戻っています。この点を覚えておいてください。

　関数本体では、まず条件検査でweightパラメータが20よりも大きいかどうかを調べます。関数に渡した40は20より大きいので、この条件のコードブロックを実行します。

　この条件のブロックは、パラメータname（「Codie」という値）に続いて「says WOOF WOOF」（はWOOF WOOFと吠える）と出力します。

舞台裏

引数の値をそれぞれのパラメータに代入したら、関数本体の実行を開始します。

```
print('Get those dogs ready')

def bark(name, weight):
    if weight > 20:
        print(name, 'says WOOF WOOF')
    else:
        print(name, 'says woof woof')

bark('Codie', 40)

print("Okay, we're all done")
```

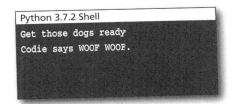

```
Python 3.7.2 Shell
Get those dogs ready
Codie says WOOF WOOF.
```

　これで関数bark本体内のコードの実行が完了しました。では、ここからどこに行くのでしょうか？ 関数の実行が完了したら、プログラムの制御は関数を呼び出した地点に戻り、インタプリタはそこから実行を再開します。

関数が完了したら、プログラムの制御は関数を呼び出した地点に戻り、インタプリタはそこから実行を再開する。

```
print('Get those dogs ready')

def bark(name, weight):
    if weight > 20:
        print(name, 'says WOOF WOOF')
    else:
        print(name, 'says woof woof')

bark('Codie', 40)

print("Okay, we're all done")
```

barkの呼び出しが終了したら、インタプリタは関数barkの呼び出しの直後から実行を再開します。したがって、ここに戻ります。

you are here ▶ 187

bark関数のテスト

次に関数呼び出しのうしろのコードを実行します。

関数barkの呼び出しから戻ったので、残りのコードは簡単なprintだけです。このprintは、Python Shellに「Okay, we're all done」(すべて完了)と出力します。

舞台裏

```
print('Get those dogs ready')

def bark(name, weight):
    if weight > 20:
        print(name, 'says WOOF WOOF')
    else:
        print(name, 'says woof woof')

bark('Codie', 40)

print("Okay, we're all done")
```

ついにプログラムの最終行に到達しました。

```
Python 3.7.2 Shell
Get those dogs ready
Codie says WOOF WOOF.
Okay, we're all done
```

試運転

たくさんのことを行いましたね。深呼吸してからこのコードをファイルbark.pyに入力して保存し、メニューから[Run]→[Run Module]を選んで、正常に実行できるかを確認してください。

新しいコードをファイルに追加します。

```
def bark(name, weight):
    if weight > 20:
        print(name, 'says WOOF WOOF')
    else:
        print(name, 'says woof woof')

bark('Codie', 40)
bark('Sparky', 9)
bark('Jackson', 12)
bark('Fido', 65)
```

こっちのほうが読みやすくてわかりやすい！

上のコードを実行するとこのように表示されます。

```
Python 3.7.2 Shell
Codie says WOOF WOOF
Sparky says woof woof
Jackson says woof woof
Fido says WOOF WOOF
>>>
```

5章　関数と抽象化

自分で考えてみよう

簡単な練習問題に挑戦しましょう。プログラム実行時の手順に線を引いてください。手順1からスタートします。必要に応じて線に注釈を付け、何が起こっているかを説明してください。最初の線は引いてあります。

ここから始めます。

出力したら次の行に進みます。

1. `print('Get those dogs ready')`
2. ```
   def bark(name, weight):
       a. if weight > 20:
           b. print(name, 'says WOOF WOOF')
       else:
           print(name, 'says woof woof')
   ```
3. `bark('Codie', 40)`
4. `print("Okay, we're all done")`

自分で考えてみよう

ここでもbarkを呼び出しています。それぞれの呼び出しの右側に、その呼び出しの出力結果を予想して書いてください。エラーが起こると思ったら「エラー」と書いてください。219ページで答え合わせをしてから先に進んでください。

```
bark('Speedy', 20)      _____
bark('Barnaby', -1)     _____
bark('Scottie', 0, 0)   _____
bark('Lady', "20")      _____
bark('Spot', 10)        _____
bark('Rover', 21)       _____
```

Python Shellに表示されると思うものをここに書いてください。

むむ、これらは何をするかわかりますか？
```

関数と抽象化

> 抽象化について学ぶと言ったわよね？
> いまのところこの章は関数だけ
> みたいだけど。

関数はコードを抽象化する手段です。

　この章の最初の犬の例を考えてください。何行ものコードが整理されずに書かれているので、一見、コードの目的が（少なくとも最初は）少しわかりにくかったと思いますが、少し調べたら目的は明らかになりました。犬の大きさに応じた声で吠えさせるようにしたかったのです。大きな犬はWOOF WOOF、小さな犬はwoof woofと吠えるようにさせたかったのです。

　そこで、吠えさせるコードを取り出し、その部分を関数として抽象化しました。すると、次のようにコードが簡単になりました。

```
bark('Codie', 40)
```

　もうどのように吠えるのかの部分のコードは無視できます。関数**bark**を**使う**だけでいいのです（この関数を作成する前にはその都度吠え方を指定していました）。また、2か月後に別の犬を吠えさせたくなったときは、関数の動作をほとんど知らなくてもこの関数を再利用できます。そのため、吠え声の詳細ではなく、コーディングしているもの（ドッグショーシミュレータなど）に注力できます。

　つまりコードを取り出して関数に抽象化し、その抽象化をコードで利用しているのです。

あるいは、同僚が犬を吠えさせたいとき。

コードマグネット

冷蔵庫のドアに貼っておいた正しく動作するコードがばらばらになってしまいました。このコードを並べ直し、次のように出力する正常なプログラムを作成してください。ただし、余計なコードが混入している可能性があるので、すべてのマグネットを使う必要はありません。220ページで答え合わせをしてください。

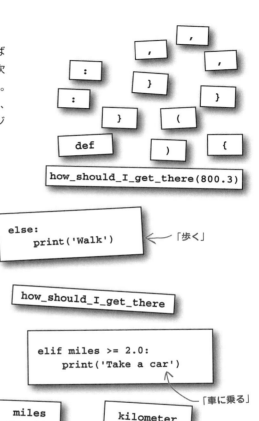

関数の詳細

素朴な疑問に答えます

Q: 関数を呼び出すコードの前に関数を定義する必要があるのですか？または、関数をファイルの最後に置くことはできるのですか？

A: 関数を**呼び出す**前に関数を定義する必要があります。例えば、2つの関数 f1 と f2 があり、f1 の本体で f2 を呼び出しているとします。その場合、f2 を定義する前に f1 を呼び出していなければ f1 の後に f2 を定義してもまったく問題ありません。f1 の関数本体を定義しても、実際に f1 を呼び出すまでは f2 を呼び出さないからです。関数を置く場所に関しては、構造を適切にしてわかりやすくするために、ファイルの先頭で関数を定義することをお勧めします。

Q: 関数にはどのような種類の値を渡すことができますか？

A: Python では、ブール値、文字列、数値、リストなどいままでに学んだすべてのデータ型（そして、これから学ぶすべてのデータ型も）を関数に渡せます。なんと、関数を別の関数に渡すこともできます。関数に関数を渡す理由やメリットについては、付録で説明します。

Q: すみません、引数とパラメータについてまだ混乱しているのですが。

A: 引数（実引数）は呼び出し側の引数、パラメータ（仮引数）は関数側の引数、と考えてください。

Q: 引数の順序を間違えたらどうなりますか？ パラメータに間違った引数を渡していることになりますか？

A: 何が起こるかわかりません。実際には、おそらく実行時にエラーになるか、コードが間違った動作をするでしょう。関数のパラメータには常に注意し、関数に渡さなければいけない引数とその順序を知っておいてください。
とはいえ、この章を終える前に引数を渡す別の方法も検討します。

Q: 関数名の規則はどのようなものですか？

A: 関数の命名規則は、2章で説明した変数の命名規則と同じです。先頭の文字はアンダースコアまたは文字で、2文字目以降は文字またはアンダースコアまたは数値を続けます。ほとんどの Python プログラマは、慣例として関数名にはすべて小文字を使い、単語間にアンダースコアを入れます（例：`get_name` や `fire_cannon`）。

Q: ある関数から別の関数を呼び出せますか？

A: はい、よくあります。これは、bark 関数コード内で print を呼び出すときにすでに行っています。自分で作成した関数でも同じです。関数から別の関数を呼び出せます。

関数は結果を返すこともできる

いままでは**関数に何かを渡す**だけでした。関数を呼び出して引数を渡す方法はわかります。しかし、return 文を使って**関数から値を得る**こともできます。

これは新たな関数 `get_bark` です。この関数は、犬の体重を考慮して適切な吠え声を返します。

```python
def get_bark(weight):
    if weight > 20:
        return 'WOOF WOOF'
    else:
        return 'woof woof'
```

体重が 20 ポンドより重ければ、文字列「WOOF WOOF」を返します。

それ以外なら、文字列「woof woof」を返します。

関数に書ける return 文の数は、0 でもいいですし、1 個でも複数でも構いません。

ただし、実行する return 文は 1 つだけです。return 文を実行すると、コードは関数から戻るからです。

戻り値のある関数を呼び出す

関数get_barkに犬の体重を引数として指定すると、その犬に応じた吠え声を返します。

関数get_barkを呼び出す方法は、他の関数と同じです。get_barkから返される値は、変数codies_barkに設定しましょう。

```
codies_bark = get_bark(40)
print("Codie's bark is", codies_bark)
```

「コーディは WOOF WOOF と吠える」という意味です。

```
Python 3.7.2 Shell
Codie's bark is WOOF WOOF
>>>
```

自分で考えてみよう

練習問題で、戻り値についての理解を深めましょう。次の関数呼び出しの戻り値を求めてください。

```
def make_greeting(name):
    return 'Hi ' + name + '!'
```

```
def compute(x, y):
    total = x + y
    if total > 10:
        total = 10
    return total
```

```
def allow_access(person):
    if person == 'Dr Evil':
        answer = True
    else:
        answer = False
    return answer
```

前ページで定義しました。

右側の関数を呼び出すと何が返されるかをここに書きましょう。

get_bark(20)　　　　　　　　　_____

make_greeting('Speedy')　　_____

compute(2, 3)　　　　　　　　_____

compute(11, 3)　　　　　　　_____

allow_access('Codie')　　　_____

allow_access('Dr Evil')　　_____

訳注：Dr. イーブルは映画「オースティン・パワーズ」に登場するキャラクターです。

you are here ▶ **193**

ローカル変数を理解する

前のページの練習問題では、関数内でtotalやanswerといった新たな変数を宣言しているよね?

よく気が付きましたね。

　確かに新たな変数を宣言しました。totalやanswerのように、関数内では新たな変数を宣言できます。関数で中間計算結果を格納しておく変数があると便利なのです。このような変数を**ローカル変数**と呼びます。ローカル変数は、その関数に局所的(ローカル)であり、関数の実行中だけ存在します。ローカル変数は、いままで使ってきたグローバル変数と対照的です。グローバル変数はプログラム全体が動作している間存在します。

　でも、少しだけ待ってください。関数、パラメータ、戻り値など、新しく得た知識を使って、コードを「リファクタリング」してほしいという依頼を受けました。実際にコーディングできる機会は逃したくないので、このリファクタリングを先に行ってから、変数(ローカル変数、グローバル変数、その他の変数など)についてさらに詳しく説明します。

少しだけリファクタリングしてみる

　新たなスタートアップ企業が、アバター（「化身」という意味で、オンラインで自分の分身となるキャラクター）をユーザが選んで作成する機能を開発しています。まだ開発はスタートしたばかりなので、いまの段階では、ユーザに髪の色、目の色、性別といった好みを尋ねるコードだけが書けました。このコードが完成し、正常に動作すれば、ユーザの好みが反映された素敵なアバター画像が作成されるでしょう。

　しかし、単純な機能しか実装していないわりには、コードが複雑すぎるように感じています。現在のコードを示します。デフォルト値を用意して、ユーザが簡単に選べるようにしています。ユーザは値を入力するか、またはリターンキーを押してデフォルトを選択することもできます。

アバターの属性をユーザに尋ねています。
デフォルトの選択肢も示します。ここでは髪の色を尋ねています。デフォルトは茶色です。

```
hair = input("What color hair [brown]? ")
if hair == '':
    hair = 'brown'
print('You chose', hair)

hair_length = input("What hair length [short]? ")
if hair_length == '':
    hair_length = 'short'
print('You chose', hair_length)

eyes = input("What eye color [blue]? ")
if eyes == '':
    eyes = 'blue'
print('You chose', eyes)

gender = input("What gender [female]? ")
if gender == '':
    gender = 'female'
print('You chose', gender)

has_glasses = input("Has glasses [no]? ")
if has_glasses == '':
    has_glasses = 'no'
print('You chose', has_glasses)

has_beard = input("Has beard [no]? ")
if has_beard == '':
    has_beard = 'no'
print('You chose', has_beard)
```

ユーザが何も入力せずにリターンキーを押すと、変数にはデフォルト値が代入されます。それ以外では、ユーザの入力を使います。

ユーザの選択も出力します。

これを属性ごとに繰り返します。髪の長さ、瞳の色、性別、眼鏡の有無、ヒゲの有無を尋ねています。

アバターコードのテスト

コードの実行

前ページのコードを実行して、その動作を確認しましょう。
ただし、その前にコードをよく読んで要点を理解しましょう。

```
Python 3.7.2 Shell
What color hair [brown]? blonde
You chose blonde
What hair length [short]?
You chose short
What color eyes [blue]? brown
You chose brown
What gender [female]? male
You chose male
Has glasses [no]?
You chose no
Has beard [no]? yes
You chose yes
```

このプログラムは属性の入力を求めます。属性を入力するか、リターンキーを押してデフォルト（「髪が短い」や「眼鏡なし」など）を選択します。

さらに、属性ごとにユーザの選択を出力して確認します。

 脳力発揮

このアバターコードには、明らかに抽象化が必要です。このコードの一部を関数として抽象化し、その関数を呼び出す方法を考えてみてください。終わったら、次のページで一緒に確認しましょう（ただし、必ずまず自分でやってみてください！）。

アバターコードの抽象化方法

自分で考えてみましたか？ では、抽象化して関数にできそうなコードの共通部分を探しましょう。

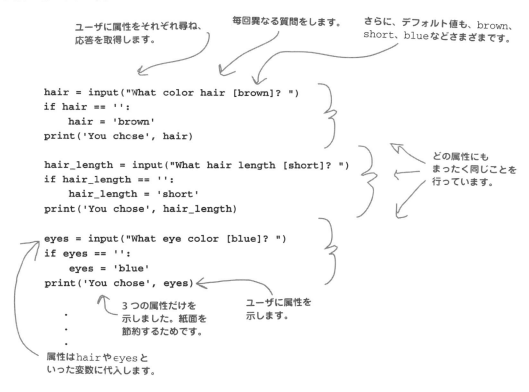

重複している部分には異なる点が2つあります。質問とデフォルト値です。この2つは関数を呼び出すたびに異なるので、パラメータにします。そこから始めましょう。

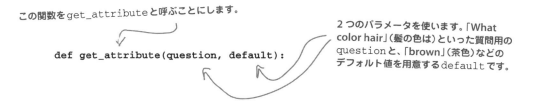

get_attribute関数の本体を書く

さっそく、関数本体を作成しましょう。元のコードから、まず質問用の文字列を作成し、ユーザに尋ねて入力を取得できるようにする必要があります。

```
def get_attribute(query, default):
    question = query + ' [' + default + ']? '
    answer = input(question)
```

queryパラメータとdefaultパラメータを一緒に使ってユーザへの質問を作成しましょう。質問の文字列は、元のコードと同じ書式にします。

そして、ユーザに質問して入力を取得します。変数answerにユーザの入力を代入します。

次に、元のコードと同様にユーザがリターンキーを押してデフォルト値を選択したかどうかを調べます(その場合には、answerは空の文字列となります)。そして、ユーザの選択を出力します。

```
def get_attribute(query, default):
    question = query + ' [' + default + ']? '
    answer = input(question)
    if answer == '':
        answer = default
    print('You chose', answer)
```

answerが空の文字列かどうかを調べます。空の文字列なら、answerにデフォルトパラメータを設定します。

最後に、1つだけやるべきことが残っています。get_attributeを呼び出したコードにanswerを戻す必要があります。どのように行うのでしょうか? もちろん、return文を使うのです。

```
def get_attribute(query, default):
    question = query + ' [' + default + ']? '
    answer = input(question)
    if answer == '':
        answer = default
    print('You chose', answer)
    return answer
```

ユーザの入力が取得できたので、その入力を返すだけです。

get_attribute を呼び出す

あとは、属性ごとに適切な関数get_attributeの呼び出しを書くだけです。

```python
def get_attribute(query, default):
    question = query + ' [' + default + ']? '
    answer = input(question)
    if answer == '':
        answer = default
    print('You chose', answer)
    return answer

hair = get_attribute('What hair color', 'brown')
hair_length = get_attribute('What hair length', 'short')
eye = get_attribute('What eye color', 'blue')
gender = get_attribute('What gender', 'female')
glasses = get_attribute('Has glasses', 'no')
beard = get_attribute('Has beard', 'no')
```

元のコードの属性を使って属性ごとにget_attributeを呼び出すようにしました。

上のコードをavatar.pyというファイル名で保存し、メニューから**[Run]→[Run Module]**を選んでアバターコードを試してください。

上のコードをもう一度確認してください。元のコードより簡潔で理解しやすくなっていますよね！もちろん、将来変更が必要になったとしても管理が楽でしょう。

改良前とまったく同じ表示と動作です。

```
Python 3.7.2 Shell
What color hair [brown]? blonde
You chose blonde
What color length [short]?
You chose short
What eye color [blue]? brown
You chose brown
What gender [female]? male
You chose male
Has classes [no]?
You chose no
Has beard [no]? yes
You chose yes
```

コードを改良して簡潔で読みやすい適切な構造にすることは、優秀なプログラマがよく行う作業です。多くの場合、この作業を**リファクタリング**と呼びます。

関数の真実

今週のインタビュー：
ローカル変数との対談

Head First：ようこそ、ローカル変数さん。お越しいただきありがとうございます。

ローカル変数：お呼びいただいて光栄です。

Head First：実はあなたのことをあまり知らないので、教えていただけますか。

ローカル変数：関数の中で変数を宣言したことがありますよね？ それが私です。

Head First：では、関数の中以外で変数を宣言するときとどう違うのですか？

ローカル変数：私は関数本体の**中**だけで使うものなんですよ。実は、私を使えるのは関数の中だけなのです。

Head First：どういうことですか？

ローカル変数：例えば、関数を書いていてその関数で計算した結果を保存する変数が必要だとします。その変数をpositionとしましょう。関数内でpositionを宣言すると、以降の関数本体のどこでも使うことができます。この変数は関数を呼び出すまでは存在せず、関数本体を評価している間だけ存在します。しかし、関数が戻ったらすぐにこの変数はなくなります。

Head First：次に関数を呼び出したときはどうなるのですか？

ローカル変数：positionというまた新たなローカル変数が出現し、関数を呼び出している間だけ存在し、再びなくなります。

Head First：少しの間しか存在しないで、関数が終了すると消えてしまうのなら、何の役に立つのですか？

ローカル変数：大いに役立ちますよ。とても便利です。関数内では、何かを計算するときに一時的な結果を保存する変数が必要です。そこで、私を使うのです。また、関数が終了したら、後片付けもすべてやりますよ。プログラムが不要な変数だらけになる心配もありません。

Head First：読者のみなさんにはまだお話していないと思いますが、私は以前、パラメータにもインタビューしたことがあります。パラメータとはどのように違うのですか？

ローカル変数：あー、パラメータですね！パラメータは私の兄弟みたいなものです。パラメータは本質的にはローカル変数ですが、関数の呼び出し時に用意される特殊な変数です。基本的にパラメータは渡された引数の値が設定されます。また、ローカル変数と同様に、パラメータは関数本体のどこでも使うことができますが、関数が終了するとなくなります。

Head First：お互いに知り合いだとは思いませんでした。それと、他に思い出すのはグローバル変数へのインタビューですね。

ローカル変数：私に聞くのは見当違いというものです。あいつは悩みの種です。

Head First：何ですって？

ローカル変数：グローバル変数は、関数の外で宣言する変数です。グローバルスコープなんですよ。

Head First：スコープ？

ローカル変数：スコープは、変数が見える範囲です。変数にアクセスして値を読んだり変更したりできるプログラムの領域です。グローバル変数は、コードのどこでも見ることができます。

Head First：では、あなたのスコープは？

ローカル変数：言ったように、関数本体だけです。パラメータと同じですね。

Head First：グローバルスコープを持つグローバル変数にはどんな問題があるのですか？

ローカル変数：グローバル変数をたくさん使うのは、設計上、好ましくないとみなされます。

Head First：なぜですか？ 私には便利なように思えるのですが。

ローカル変数：読者は後で詳しく知ることになると思いますが、大規模なプログラムでは問題につながることがあるんですよ。

Head First：次回はあなたとグローバルさんを特別座談会にお呼びしたいですね。

ローカル変数：楽しみにしています。

脳力発揮

このコードから何が出力されるでしょうか？ 本当にその答えでいいですか？ たぶん実際にテストしたほうがいいでしょうね。なぜそのような結果になったのでしょうか？ あなたの予想どおりでしたか？

```python
def drink_me(param):
    msg = 'Drinking ' + param + ' glass'
    print(msg)
    param = 'empty'

glass = 'full'
drink_me(glass)
print('The glass is', glass)
```

ここを読み飛ばしてはいけません！

変数についてもう少しお話しします

変数は、宣言し、値を設定し、値を変更するだけのものではないことがわかってきました。この章では関数を追加することで、ローカル変数やその対照となるグローバル変数などの新たな概念を紹介しました。パラメータも登場しましたね。パラメータはローカル変数のように振る舞います（ただし、パラメータは関数の起動時に用意されます）。さらに、スコープという概念も出てきました。

自分で考えてみよう

どの変数がローカル変数で、どの変数がグローバル変数であるかわかりますか？ このコードのローカル変数とグローバル変数、さらにはパラメータに注釈を付けてください。そして、221ページで答え合わせをしてください。

```python
def drink_me(param):
    msg = 'Drinking ' + param + ' glass'
    print(nsg)
    param = 'empty'

glass = 'full'
drink_me(glass)
print('The glass is', glass)
```

変数スコープを理解する

スコープという用語は、コード内から変数が見える（アクセスできる）場所を表します。スコープのルールは単純です。

- **グローバル変数**：プログラム内のどこでも見える。ただし、小さな例外が1つある（すぐあとで説明する）。
- **ローカル変数**：宣言した関数本体内でのみ見える。
- **パラメータ**：宣言した関数本体内でのみ見える。

すでに何回も登場しているコードで変数スコープについて確認しましょう。

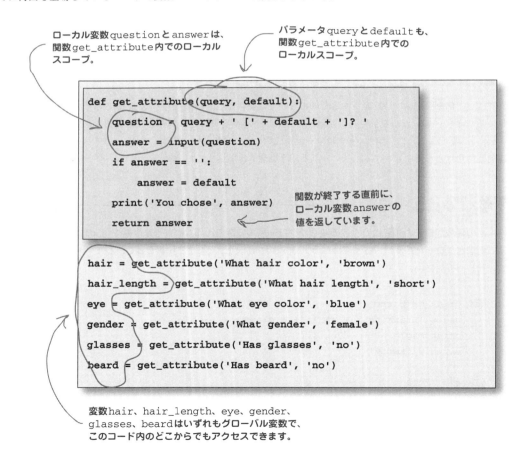

ローカル変数questionとanswerは、関数get_attribute内でのローカルスコープ。

パラメータqueryとdefaultも、関数get_attribute内でのローカルスコープ。

ローカル変数は、関数内部のみで作成できる点に注意します。

```
def get_attribute(query, default):
    question = query + ' [' + default + ']? '
    answer = input(question)
    if answer == '':
        answer = default
    print('You chose', answer)
    return answer
```

関数が終了する直前に、ローカル変数answerの値を返しています。

```
hair = get_attribute('What hair color', 'brown')
hair_length = get_attribute('What hair length', 'short')
eye = get_attribute('What eye color', 'blue')
gender = get_attribute('What gender', 'female')
glasses = get_attribute('Has glasses', 'no')
beard = get_attribute('Has beard', 'no')
```

変数hair、hair_length、eye、gender、glasses、beardはいずれもグローバル変数で、このコード内のどこからでもアクセスできます。

5章　関数と抽象化

素朴な疑問に答えます

Q：ローカル変数は関数が完了したときになくなってしまうのなら、どうやって関数からローカル変数を返すのですか？

A：関数からローカル変数を返すときには、ローカル変数そのものではなくローカル変数の**値**を返しています。これは、リレーをしている場合に次の走者に自分自身（値を格納する変数）ではなくバトン（値）を渡すようなものと考えてください。したがって、値だけを返しているため、関数が終了して変数がなくなっても問題ありません（変数の値はまだ存在しているため）。

> ローカル変数でも同じことが言えます。ローカル変数が関数内でグローバル変数をシャドーイングすることができます。

Q：パラメータにグローバル変数と同じ名前を付けたらどうなりますか？ それは可能ですか？

A：可能です。関数本体内でその変数を参照すると、グローバル変数ではなくローカル変数（パラメータ）を参照します。そのため、実際にはその特定のグローバル変数はその関数内では見えなくなります。これを変数の**シャドーイング**と呼びます（ローカル変数がグローバル変数に影を落として見えなくするため）。これはよくあることで、コードを適切な構造にしていれば避ける必要はありません。パラメータ名が妥当であれば、その名前を使ってください。どちらにしても、関数本体でグローバル変数を参照するのはできるだけ避けたほうがよいでしょう（詳しくはあとで説明します）。

Q：ローカル変数を使って関数内で計算した一時的な結果を保存する必要がある理由はわかりましたが、なぜパラメータが必要なのですか？ 単に、必要な値を持つグローバル変数を常に参照することはできないのですか？

A：技術的には可能ですが、そうするとコードが読みにくくなり、間違いを起こしやすくなります。パラメータを使うと、特定のグローバル変数に頼る必要がない汎用的な関数を書けます。むしろ、関数がパラメータ化され、呼び出し側コードが関数に渡す引数を判断できます。
例えば、関数barkを考えてください。関数barkがグローバル変数に依存していたら、どのようにしてさまざまな犬で動作させるのでしょうか？

変数が関数に渡されるとき

まだdrink_meコードの出力について納得いきませんか？ 具体的にはなぜグラスは空にならなかったか不思議に思っていませんか？ 実は、ほとんどの人がそう思っています。その理由は、関数に渡したときの変数や値の扱い方に関係しています。調べてみましょう。

> drink_meを再度示します。このコードをもう一度よく見てください。drink_meを呼び出した後にグラスがいっぱいのままであることを確認しましょう。

```python
def drink_me(param):
    msg = 'Drinking ' + param + ' glass'
    print(msg)
    param = 'empty'

glass = 'full'
drink_me(glass)
print('The glass is', glass)
```

> このコードでは、関数を定義した後で変数glassに文字列値'full'を代入します。

> ネタバレ注意：これがdrink_meコードの出力です。

```
Python 3.7.2 Shell
Drinking full glass
The glass is full
>>>
```

> 「満杯のグラスを飲む」「グラスは満杯」という意味です。

drink_me関数を呼び出す

関数drink_meを呼び出し、変数とパラメータがどのように変化するかを確認しましょう。

drink_meを呼び出すと、引数glassの値を評価し、その値'full'を渡してパラメータparamに代入します。

```
def drink_me(param):
    msg = 'Drinking ' + param + ' glass'
    print(msg)
    param = 'empty'

glass = 'full'
drink_me(glass)
print('The glass is', glass)
```

値'full'をパラメータparamに代入します。

2章を思い出してください。変数に値を代入するときには（paramは変数と考えられます）、その値の場所を作成し、その場所に変数名のラベルを付けます。

注：Pythonでは渡された引数をもう少し複雑に扱います。特にオブジェクトが登場すると複雑になってしまいます。いまの段階での実用モデルとしては、これが適切です。

次に、パラメータparamの値を使ってmsgを作成します。

```
def drink_me(param):
    msg = 'Drinking ' + param + ' glass'
    print(msg)
    param = 'empty'

glass = 'full'
drink_me(glass)
print('The glass is', glass)
```

そして、msgを出力します。

```
Python 3.7.2 Shell
Drinking full glass
```

この時点におけるparamの値は'full'です。

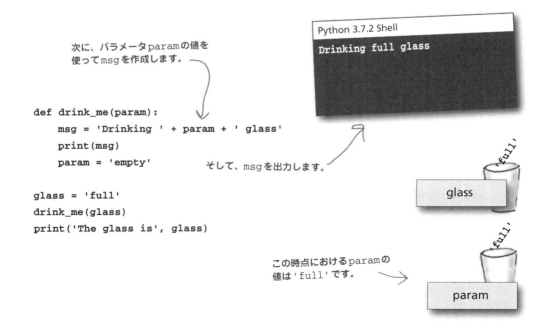

5章 関数と抽象化

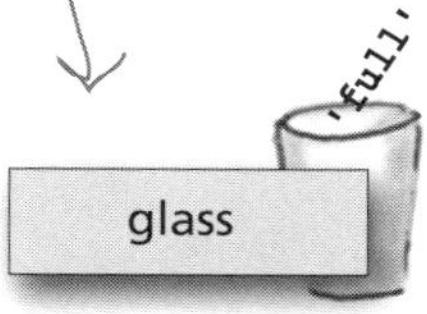

paramに'empty'を代入しています。この部分は重要です。

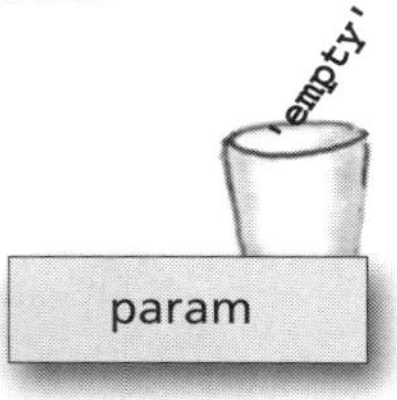

変数glassに何も変化はありません。依然として値'full'を指しています。

```python
def drink_me(param):
    msg = 'Drinking ' + param + ' glass'
    print(msg)
    param = 'empty'


glass = 'full'
drink_me(glass)
print('The glass is', glass)
```

パラメータparamの値を'empty'に変更しています。

最後に、drink_meの関数呼び出しから戻り、printを実行します。

関数呼び出しが完了したので、パラメータparamはもう存在しません。残念。

```python
def drink_me(param):
    msg = 'Drinking ' + param + ' glass'
    print(msg)
    param = 'empty'


glass = 'full'
drink_me(glass)
print('The glass is', glass)
```

やはり、変数glassには何も変化がありません。相変わらず値'full'を指しています。

このprintは、変数glassの値'full'を出力します。

```
Python 3.7.2 Shell
Drinking full glass
The glass is full
>>>
```

you are here ▶ 205

関数に値を渡す

じゃあ、関数に変数を渡すときには、実際にはその変数そのものではなく変数の値を渡しているんだね。

そのとおりです。

プログラマは「変数xを関数do_itに渡すときには」とよく言いますが、これはプログラマの日常会話表現で、実は「**変数x**の値を関数do_itに渡すときには」という意味です。次のように考えてください。関数を呼び出すときには、引数を評価して**から**関数に渡します。そのため、

```
x = 10
do_it('secret', 2.31, x)
```

のような場合、文字列'secret'を文字列'secret'に評価して渡し、数値2.31を浮動小数点数2.31に評価して渡し、最後に変数xを値10に評価してから渡します。したがって、関数は変数xの存在さえ知らず、値10を受け取って対応するパラメータにその値を設定するだけです。

オブジェクトが登場すると、もう少し複雑になってきます。関数に渡されるのは変数ではなく常に引数なのです。

関数でグローバル変数を使うということ

グローバル変数はグローバルなので、関数の外と中の両方から見えます。関数で使うには、まずglobalキーワードを使ってグローバル変数を使うことをPythonに知らせます。

グローバル変数greetingを作成します。

```
greeting = 'Greetings'

def greet(name, message):
    global greeting
    print(greeting, name + '.', message)

greet('June', 'See you soon!')
```

グローバル変数を使うことを関数に知らせます。

実際にグローバル変数を使います。

「こんにちは ジューン。またね！」という意味です。

```
Python 3.7.2 Shell
Greetings June. See you soon!
```

もちろん、関数内でグローバル変数の値を変更することもできます。

```
greeting = 'Greetings'

def greet(name, message):
    global greeting
    greeting = 'Hi'
    print(greeting, name + '.', message)

greet('June', 'See you soon!')
print(greeting)
```

グローバル変数を'Hi'に変更します。

greetを呼び出した後、greetingの値を出力します。

「やあ ジェーン。またね！」という意味です。

```
Python 3.7.2 Shell
Hi June. See you soon!
Hi
>>>
```

関数内でグローバル変数greetingの値を'Hi'に変更しました。

注目！ 必ずglobalキーワードをベストプラクティスとして使う

とても簡単そうに思えるかもしれませんね。実際、関数でグローバル変数を使うには、globalキーワードで宣言してあとは自由に使うだけです。しかし、注意してください。多くのプログラマが痛い目にあっているのです。globalキーワードを使わなくても関数内でグローバル変数の値にアクセスできますが、このグローバル変数の値を変更しようとすると、次の２つのいずれかが起こります。関数で初めてその変数を使う場合には、Pythonにグローバル変数ではなくローカル変数とみなされるか、あるいは、すでにその変数が登場している場合には、UnboundLocalErrorが起こります。このような場合には、あなたが無意識にローカル変数とグローバル変数を混在させてしまっている箇所があるはずなので、それを探してください。

特別座談会

今夜の話題：ローカル変数とグローバル変数が「グローバルの問題とは一体何なのか？」という疑問に答える。

ローカル変数

グローバルさんほど大規模でないことは承知していますが、私の仕事は素晴らしいのです。関数内で値を保存する必要があるときには、いつでも私がいます。それに、その関数が終わったら、すぐに後片付けをして邪魔にならないようにしますよ。

どこにでもいるというだけで、わざわざグローバル変数を使うべき、という結論にはなりませんよ。

私が言いたいのは、グローバル変数が必要ではないときにはグローバル変数に飛びつくべきではないということですよ。

簡単なコードではそうかもしれませんが、複雑なコードでは、プログラマ向けQ&Aサイトstackoverflow.comでも敬遠されているみたいですよ。いつも「グローバルを避けよう！」なんて言われていますからね。

まず、グローバルをたくさん使うと、遅かれ早かれうっかりと同じグローバル名を使い回してしまうことが問題ですね。あるいは、誰かにコードを渡したとしましょう。その人は、かなり調べないとどのグローバルを使っているかわからないでしょう。実際に、同じグローバル名を使ったコードがすでにあるかもしれません。

グローバル変数

私はグローバルスコープです。私はどこにでもいます。それだけで十分ですよね。

誰もわざわざローカル変数を使う必要はありませんよ。関数の外側で変数を宣言するだけで私は存在できるのですから。

何を言ってるの？ グローバル変数が好きでない人なんているの？ 簡単なプログラムでは、重要な値を保存するもっとわかりやすく簡単な方法の1つですよ。

冗談でしょう？ 私はほとんどすべてのプログラミング言語の基本みたいなものですよ。頭のいいコンピュータ科学者が、まったく役に立たないようなものをプログラミング言語に導入すると思いますか？

確かに、コード内で私をずさんに扱うのが悪いんですよ。次は誰を非難するのですか？ `for`ループですか？

ローカル変数

グローバル変数

他にも、特に大きなプログラムでは、グローバル変数を使っている部分を見ても、コードの他の部分でその値を使ったり変更したりしているかはわかりません。少なくともローカル変数では、通常はローカル変数を扱うコードがすべてわかりますよ。結局、関数内にあるので大丈夫なんです。

例えば、チョコレート工場のコードを作成するとしますよね。

チョコレートを溶かす容器の排出バルブが閉じているかどうかを管理するブール型のグローバル変数があります。常にその変数を`True`に設定してから容器にチョコレートを投入するとします。

それが何だというのですか？ 問題だとは思いませんけど。

はい。

それでうまくいきますよね？ 1つのグローバル変数を使って排出バルブが閉じているかどうかを確認します。1か所なので見つけやすいですよ。

だけど、チョコレート工場のコード全体は何百行にもわたるんです。新入社員が容器にチョコレートが入っているかどうかを確認せずにこの変数を`False`に設定してしまったら、危険ですよね？

社員を十分に教育すればいいじゃないですか。じゃあ、ローカル変数はどうやってこの状況を解決するのですか？

実は、この問題に対する本当に優れた解決策はオブジェクトなのです。オブジェクトについては、あとで詳しく習うと思いますよ。

いいですか、オブジェクト内でもローカル変数を使うんですよ。

オブジェクトは聞いたことがありますね。

それはよかったですね。

別の仕事を探そうと思ったことはありますか？ 読者がもっと進歩したら、もうあなたを必要としなくなるかもしれませんよ。

間違いなくまだしばらくは私を使いますよ。少なくとも……を学ぶまでは。あっ、何でもありません。

パラメータを深く理解する：デフォルト値とキーワード

速度 35,000、高度 580 にしたいって？少し問題があるな。引数の順序を調べたほうがいい。

192ページで、引数の順序に注意する必要があると言いました。つまり、正しい引数を正しい順序で渡さないと、関数は正しく動作してくれません。例えば、速度と高度のパラメータを持つ関数に、引数の順序を入れ替えて渡してしまうと、大変なことが起こります。引数の順序には注意してください。

他の多くのプログラミング言語でも、引数の順序は正しく指定する必要があります。Pythonでは、引数の順序の問題をあらかじめ回避するため、パラメータを指定する柔軟な手段が用意されています。Pythonでは、パラメータは**デフォルト値**と**キーワード**で、引数と指定する順序を選ぶことができます。多くのモジュールやライブラリでパラメータキーワードとデフォルト値を使っています（もちろん、読者のコードでもキーワードとデフォルト値を使うことをお勧めします）。

後で、Pythonモジュールをよく見て、実際にパラメータキーワードとデフォルト値を使っていることを確認してみます。

デフォルトパラメータ値の使い方

関数パラメータはデフォルト値を持てます。グローバル変数のない簡単なほうの関数greetを使いましょう。

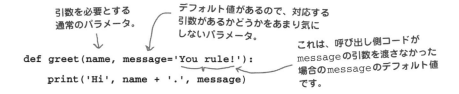

引数を必要とする通常のパラメータ。

デフォルト値があるので、対応する引数があるかどうかをあまり気にしないパラメータ。

```
def greet(name, message='You rule!'):
    print('Hi', name + '.', message)
```

これは、呼び出し側コードがmessageの引数を渡さなかった場合のmessageのデフォルト値です。

パラメータにデフォルト値を設定できたので、使い方を確認しましょう。

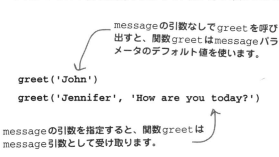

messageの引数なしでgreetを呼び出すと、関数greetはmessageパラメータのデフォルト値を使います。

```
greet('John')
greet('Jennifer', 'How are you today?')
```

messageの引数を指定すると、関数greetはmessage引数として受け取ります。

```
Python 3.7.2 Shell
Hi John. You rule!
Hi Jennifer. How are you today?
>>>
```

「やあ ジョン。最高！」
「やあ ジェニファー。元気？」
という意味です。

必ず必須パラメータを最初に指定する！

パラメータにデフォルト値を設定する場合には、**必須パラメータを最初に指定しましょう**。必須パラメータとは何でしょうか？ 関数にデフォルト値のないパラメータがある場合、関数の呼び出し時にはそのパラメータの引数を**指定しなければいけません**。つまり、必須なのです。例えば、関数greetを次のように拡張するとします。

> 新しいパラメータです。
> デフォルト値がないので
> 必須パラメータです。

```
def greet(name, message='You rule!', emoticon):
    print('Hi', name + '.', message, emoticon)
```

このようにしてはいけません！

このように関数定義をすることはできません。必須引数（Pythonでは「デフォルト値のない引数」と呼ぶ）の後にデフォルト引数を指定するように、というエラーが表示されます。

```
Python 3.7.2 Shell
File "defaults.py", line 1
    def greet(name, message='You
rule!', emoticon):
                              ^
SyntaxError: non-default argument
follows default argument
```

パラメータと引数の定義を理解していたら、なぜインタプリタはこれをパラメータではなく引数と呼ぶのかあなたは不思議に思われるかもしれません。われわれも不思議に思っているのですが、Pythonのインタプリタに文句を言っても仕方ありません。

何が問題なのでしょうか？ なぜこのようにしてはいけないのでしょうか？ ここではわからなくても、より複雑な例では、インタプリタがどのパラメータにどの引数があてはまるのかがわからなくなってしまう状況に簡単に陥るのです。そのような状況も起こり得るということを念頭に置きつつ、現時点では必須パラメータ（Python用語ではデフォルト値のないパラメータ）をすべて指定してからデフォルト値のあるパラメータを指定することだけを覚えておいてください。上のコードを修正すると次のようになります。

> デフォルト値のない
> 引数（必須引数）を
> 先に指定します。

> その後にオプション引数を
> 指定します。

> オプション引数は、引数を省略してもデフォルト値が設定されます。

```
def greet(name, emoticon, message='You rule!'):
    print('Hi', name + '.', message, emoticon)
```

キーワードとデフォルト値をさらに詳しく

キーワード引数を使う

いままで関数の引数は、常に**位置**で指定していました。つまり、1番目の引数は1番目のパラメータに関連付け、2番目の引数は2番目のパラメータに関連付けていました。ところがパラメータ名をキーワードとして使い、別の順序で引数を指定することもできます。

この仕組みを理解するために、新たに拡張した関数greetにキーワード引数を指定して呼び出してみましょう。

「やあ ジル。どこに行ってたの？ いいね」という意味です。

```
Python 3.7.2 Shell
Hi Jill. Where have you been?
thumbs up
```

```
greet(message='Where have you been?', name='Jill', emoticon='thumbs up')
```

キーワード引数は、パラメータ名の後に等号を付けてその引数の値を指定します。

キーワード引数はどんな順序でもかまいません。デフォルトがあれば引数を省略できます。ただし、必ず必須引数のあとにキーワード引数を指定します。

位置引数とキーワード引数を組み合わせることもできます。

```
greet('Betty', message='Yo!', emoticon=':)')
```

nameは位置引数ですが、他はキーワード引数です。

```
Python 3.7.2 Shell
Hi Betty. Yo! :)
```

「こんにちはベティ。やあ！:)」という意味です。

キーワード引数とデフォルト値について

キーワード引数とデフォルト値はPythonに独特のものです。あなたがパラメータの多い関数を書いて、他の人に使ってもらうときに、一般的なデフォルト値を指定できると便利です。この本では、キーワード引数とデフォルト値の使い方については詳しく説明しませんが、Pythonのプログラムではよく見かけるものです。前にも言いましたが、後ほどPythonのモジュールを利用するときにこの知識が必要になります。

5章　関数と抽象化

エクササイズ

5章の最後に、キーワード引数の動作を脳に刻み込みましょう。このコードは何を出力するのかを推測してみましょう。下のPython Shellウィンドウに答えを書いてください。

```python
def make_sundae(ice_cream='vanilla', sauce='chocolate', nuts=True,
                banana=True, brownies=False, whipped_cream=True):
    recipe = ice_cream + ' ice cream and '+ sauce + ' sauce '
    if nuts:
        recipe = recipe + 'with nuts and '
    if banana:
        recipe = recipe + ''a banana and '
    if brownies:
        recipe = recipe + 'a brownie and '
    if not whipped_cream:
        recipe = recipe + 'no '
    recipe = recipe + 'whipped cream on top'
    return recipe

sundae = make_sundae()
print('One sundae coming up with', sundae)

sundae = make_sundae('chocolate')
print('One sundae coming up with', sundae)

sundae = make_sundae(sauce='caramel', whipped_cream=False, banana=False)
print('One sundae coming up with', sundae)

sundae = make_sundae(whipped_cream=False, banana=True,
                     brownies=True, ice_cream='peanut butter')
print('One sundae coming up with', sundae)
```

← アイスクリームの上にチョコレートやキャラメル味のソースとナッツ、バナナ、ブラウニー、ホイップクリームをトッピングしたサンデーを作っているようです。

←「サンデーを1つ用意しています」と出力するようです。

Python 3.7.2 Shell

← 出力をここに書いてください。

you are here ▶ 213

noneデータ型

> この章はあと少しで終わると思うんだけど、関数についてもう1つだけ質問があるんだ。関数にreturn文がない場合は何か返すの？

Noneを返します。

この問題は厄介で、この章を終える前に説明する必要があります。本来ならもっと早く説明すべきでした。

return文で値を明示的に返していない関数はNoneを返します。文字列"None"ではなく、Noneという**値**です。「一体それは何か」と思われるかもしれません。Noneはオブジェクトの1つで、空の文字列あるいは空のリストのようなものです。むしろTrueやFalseに近いかもしれません。**値がないことや未定義**であることを意味します。

Noneが値であるというのなら、ではその型は何かと疑問に思うかもしれません。Noneの型はNoneTypeです。これでやっとわかりましたよね？ Noneについてはあまり真剣に考えすぎないのが秘訣です。値の欠如を表す値なのです。どのように使うかはいろいろなところで紹介していきます。ここでは、NoneType型の特徴を紹介します。

NoneType
None

- **None**という値を1つだけ持つ
- **None**はクォートで囲まない。
- 先頭は必ず大文字。
- 式は**None**に評価されることがある。

頭の隅に入れておきましょう。Noneについてはまたあとで説明します。

NoneTypeは「本当に奇妙な型」と覚えておきましょう。

他のプログラミング言語でもNoneと同じような値、NULL、null、nilといったものがあります。

214　5章

調べるまでもない強盗未遂事件

シャーロックはヘマばかりしているレストレード警部との電話を終えて暖炉の前に座り、新聞を再び読み始めた。ワトソンはシャーロックを期待のまなざしで見つめた。

「何だね？」と、シャーロックは新聞から目を離さずに言った。
「レストレード警部は何だって？」と、ワトソンは尋ねた。
「銀行口座にちょっと怪しいコードが見つかって、不審な動作があったそうだ」
「それで？」と、ワトソンはいら立ちを隠すように聞いた。
「レストレード警部がそのコードをメールで送ってきたが、調べる必要はないと言っておいた。犯人は致命的な過ちを犯しているからね。実際に金を盗むことは絶対できないだろう」と、シャーロックは答えた。
「どうしてそれがわかる？」と、ワトソンは尋ねた。
「どこを調べればいいかがわかれば明らかさ」と、シャーロックは声を荒げた。「もうこれ以上質問は止めてくれないか。新聞を読み終えさせてくれたまえ」

シャーロックが最新のニュースに没頭している間、ワトソンはシャーロックの携帯を盗み見て、レストレード警部のメールを開いてコードを調べた。

```
balance = 10500       ← 口座の実際の残高。
camera_on = True

def steal(balance, amount):
    global camera_on
    camera_on = False
    if amount < balance:
        balance = balance - amount

    return amount
    camera_on = True

proceeds = steal(balance, 1250)
print('犯人:盗んだ金額は', proceeds)
```

シャーロックはなぜこの事件を調べないことにしたのだろうか。コードを見ただけでなぜ犯人が絶対に金を盗めないとわかったのだろうか。このコードの問題は1つだけだろうか。それとも問題は1つだけではなく、もっとあるのだろうか。

重要ポイント

- 関数はコードをまとめ、抽象化し、再利用する手段。
- 関数には名前、ゼロ個以上のパラメータ、本体がある。
- 関数はゼロ個以上の引数を渡して呼び出せる。
- 関数には任意の有効な値を渡すことができる。
- 関数呼び出しでの引数の数と順序は関数のパラメータと一致する必要がある。キーワード引数を使うと引数の一部を任意の順序で指定できる。
- 関数を呼び出すと、引数をパラメータ変数に代入してからコードブロックを実行する。
- 関数のコードブロックは関数の本体とも呼ばれる。
- 関数はreturn文を使って値を返すことができる。
- 呼び出しの結果を変数に代入するだけで関数が返す値を取得できる。
- 関数は、組み込み関数や自分で定義したその他の関数を呼び出せる。
- 関数は、呼び出し前に定義している限り任意の順序で宣言できる。
- 関数内でローカル変数を作成できる。
- ローカル変数は関数の実行中だけ存在する。
- 変数のスコープは、その変数が宣言された場所で決まる。
- 関数内で作成された変数をローカル変数と呼ぶ。
- 関数のパラメータは、関数本体内ではローカル変数として扱う。
- パラメータにグローバル変数と同じ名前を付けると、そのパラメータはグローバル変数をシャドーイングしていると言う。
- 関数内でglobalキーワードを使うと、関数本体でグローバル変数を参照することを示す。
- 多くの場合、コードを抽象化するとコードが読みやすい適切な構造になり、保守しやすくなる。
- また、コードを抽象化すると全体的な視点を持ち、関数実装の詳細を隠すことができる。
- 機能を変更しないコードの改良はリファクタリングと呼ばれることが多い。
- デフォルトのパラメータを使うと、引数が指定されない場合のデフォルト値を設定できる。
- 関数の呼び出し時にはパラメータ名をキーワード引数として使用できる。

コーディングクロスワード

クロスワードに挑戦して関数の理解を深めてください。

ヨコのカギ

3. 事件を解決する人。
5. パラメータはグローバル変数にこれを行える。
6. オンライン表現。
9. 関数のニードブロックの別名。
10. 関数を呼び出すときにこれを指定する。
11. 引数はこれに渡される。
13. コードの改良。
14. 関数はこれに最適。
16. 関数でグローバルを使うためのキーワード。
17. パラメータ名はこれに使える。
18. 関数呼び出しの別の用語。

タテのカギ

1. パラメータはこれでもある。
2. 変数が存在する範囲。
4. すべての関数にはこれがある。
5. 多くのデフォルト値を使ってこれを作った。
7. 関数を使ってこれを実行できる。
8. 通常はこれを使って引数とパラメータを対応させる。
12. 関数内で宣言する変数。
13. 値を戻す方法。
15. 関数に変数を渡すときには、実際にはその____を渡す。

練習問題の答え

次のコードを分析してみてください。どう思われますか？ 次の選択肢から選ぶか（複数選択可）、自分自身で考えた分析を書いてください。

☑ A. 同じコードが何回も出てきてとても冗長。
☑ B. 入力するのが面倒臭そう。
☑ C. 行数のわりに大したことをしていない。
☑ D. いままで登場した中で最も読みやすいコードというわけではない。
☑ E. 犬の吠え方を変えたかったら、たくさんの変更が必要になりそう。
☑ F. <u>異なる犬に同じ変数を何度も再利用すべきなのか？</u>

簡単な練習問題に挑戦しましょう。プログラム実行時の手順に線を引いてください。手順1からスタートします。必要に応じて線に注釈を付け、何が起こっているかを説明してください。最初の線は引いてあります。

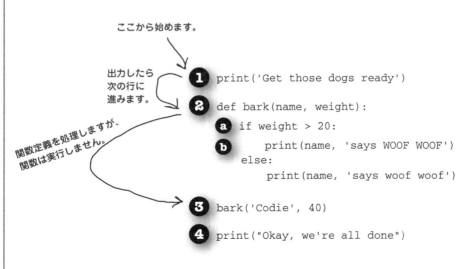

次ページに続く。

218　5章

5章　関数と抽象化

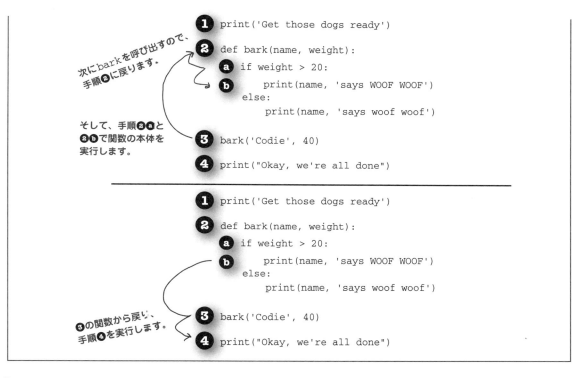

自分で考えてみようの答え

ここでもbarkを呼び出しています。それぞれの呼び出しの右側に、その呼び出しの出力結果を予想して書いてください。エラーが起こると思ったら「エラー」と書いてください。答えを示します。

`bark('Speedy', 20)`	Speedy says woof woof
`bark('Barnaby', -1)`	Barnaby says woof woof
	↑ 関数barkは、犬の体重が0以下であるかの判定はしません。-1であっても、20より小さいので正常に動作します。
`bark('Scottie', 0, 0)`	エラー。bark()は位置引数を2つ取るのに、ここでは引数を3つ指定しています。
`bark('Lady', "20")`	エラー。>では、文字列と整数を比較できません。
`bark('Spot', 10)`	Spot says woof woof
`bark('Rover', 21)`	Rover says WOOF WOOF

you are here ▶ 219

コードマグネットの答え

正しく動作するコードが冷蔵庫でばらばらになっています。このコードを組み立て直し、次のように出力する正常なプログラムを作成できますか? ただし、冷蔵庫には余計なコードがあるかもしれないので、すべてのマグネットを使わなくてもかまいません。

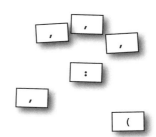

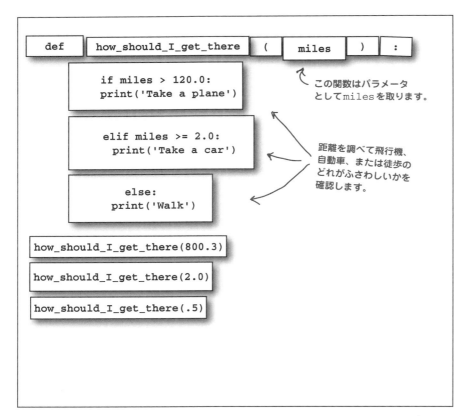

```
def how_should_I_get_there(miles):
    if miles > 120.0:
        print('Take a plane')
    elif miles >= 2.0:
        print('Take a car')
    else:
        print('Walk')

how_should_I_get_there(800.3)
how_should_I_get_there(2.0)
how_should_I_get_there(.5)
```

この関数はパラメータとしてmilesを取ります。

距離を調べて飛行機、自動車、または徒歩のどれがふさわしいかを確認します。

`kilometer`

Python 3.7.2 Shell
```
Take a plane
Take a car
Walk
```

「飛行機に乗る」
「車に乗る」
「歩く」
という意味です。

5章 関数と抽象化

自分で考えてみよう の答え

練習問題で、戻り値についての理解を深めましょう。次の関数呼び出しの戻り値を求めてください。

```
get_bark(20)              woof woof
make_greeting('Speedy')   Hi! Speedy !
compute(2, 3)             5
compute(11, 3)            10
allow_access('Codie')     False
allow_access('Dr Evil')   True
```

自分で考えてみよう の答え

どの変数がローカル変数で、どの変数がグローバル変数であるかわかりますか？ このコードのローカル変数とグローバル変数、さらにはパラメータに注釈を付けてください。答えは次のとおりです。

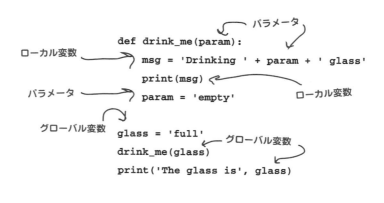

練習問題の答え

エクササイズの答え

5章の最後に、キーワード引数の動作を脳に刻み込みましょう。このコードは何を出力するのかを推測してみましょう。下のPython Shellウィンドウに答えを書いてください。

```python
def make_sundae(ice_cream='vanilla', sauce='chocolate', nuts=True,
                banana=True, brownies=False, whipped_cream=True):
    recipe = ice_cream + 'ice cream and '+ sauce + ' sauce '
    if nuts:
        recipe = recipe + 'with nuts and '
    if banana:
        recipe = recipe + ''a banana and '
    if brownies:
        recipe = recipe + 'a brownie and '
    if not whipped_cream:
        recipe = recipe + 'no '
    recipe = recipe + 'whipped cream on top'
    return recipe

sundae = make_sundae()
print('One sundae coming up with', sundae)

sundae = make_sundae('chocolate')
print('One sundae coming up with', sundae)

sundae = make_sundae(sauce='caramel', whipped_cream=False, banana=False)
print('One sundae coming up with', sundae)

sundae = make_sundae(whipped_cream=False, banana=True,
                     brownies=True, ice_cream='peanut butter')
print('One sundae coming up with', sundae)
```

＊訳注：
「サンデーを1つ用意しています：バニラアイスクリームとチョコレートソースとナッツとバナナとホイップクリーム」
「サンデーを1つ用意しています：チョコレートアイスクリームとチョコレートソースとナッツとバナナとホイップクリーム」
「サンデーを1つ用意しています：バニラアイスクリームとキャラメルソースとナッツと付けないホイップクリーム」
「サンデーを1つ用意しています：ピーナッツバターアイスクリームとチョコレートソースとナッツとバナナとブラウニーと付けないホイップクリーム」
という意味です。

このコードは、ナッツがない場合にバグがあります。気付きましたか？

```
Python 3.7.2 Shell
One sundae coming up with vanilla ice cream and chocolate
sauce with nuts and a banana and whipped cream on top.
One sundae coming up with chocolate ice cream and
chocolate sauce with nuts and a banana and whipped cream
on top.
One sundae coming up with vanilla ice cream and caramel
sauce with nuts and no whipped cream on top.
One sundae coming up with peanut butter ice cream and
chocolate sauce with nuts and a banana and a brownie and
no whipped cream on top.
```

これが出力です＊。

5章 関数と抽象化

5分間ミステリーの答え

```
balance = 10500          ← balanceはグローバル変数です。
camera_on = True
                         でも、このパラメータで
def steal(balance, amount):   シャドーイングされます。
    global camera_on
    camera_on = False
    if amount < balance:      ← なので、関数stealで
        balance = balance - amount   残高を変更しても、実際の
                                     銀行残高は変わりません。
盗んだ金額を
返しています。 → return amount
    camera_on = True

でも、この金額で実際の
口座の残高は変更されて → proceeds = steal(balance, 1250)
いません。つまり、        print('犯人：盗んだ金額は', proceeds)
銀行口座の残高は最初から
変わっていません。
                         犯人は金を盗んだと思っていますが、
                         盗まれていなかったのです！
```

実際にはお金は盗まれていないだけでなく、犯人はカメラの電源を入れ直すのを忘れているので、警察に不正が行われた決定的な証拠を与えます。関数から戻ると関数は実行を停止するので、return以降の行は無視されてしまいます。

コーディングクロスワードの答え

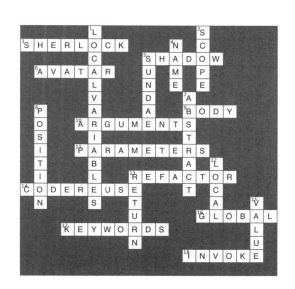

おまけの章　ソートと入れ子の反復

リストに戻って強力な能力を追加する

データを整理する

データのデフォルトの順序が適切ではないこともあります。
80年代のアーケードゲームの高得点の一覧を、ゲーム名のアルファベット順にソートしたい場合もあるでしょう。また、同僚が裏切った回数の一覧があれば、その最上位は誰かがわかると役に立ちそうです。そのためにはデータのソートする方法を学ぶ必要があります。ソートはいままで登場したアルゴリズムより少し複雑です。また、入れ子ループの動作も理解し、効率のよいコードの書き方についても学んでいきます。さあ、コンピュータ的な考え方をレベルアップしましょう！

バブルザラス社の新たな課題

久しぶり！ 我が社のシャボン研究員が 4 章でいい仕事をしたので賞をあげたいと思っているんだ。次の私のアイデアを見てくれるかい？ 別のフォーマットのレポートを作成するコードを書いてもらいたいんだ。いままでに書いたコードを考えたら、君たちにとってはこんなの朝飯前に違いないだろうね。

バブルザラス

もう 1 つだけ必要なことがあるんだ。最高の溶液の考案者に賞をあげたい。上位 5 位までの溶液の一覧をシャボン玉スコアの降順に作成してくれないだろうか？ このレポートみたいに。
── バブルザラス社CEO

```
Top Bubble Solutions
1) Bubble solution #10 score: 68
2) Bubble solution #12 score: 60
3) Bubble solution #2  score: 57
4) Bubble solution #31 score: 50
5) Bubble solution #3  score: 34
```

注意：上のスコアは実際のものではない。こういう感じにしてほしいっていう僕の希望。よろしく!!

オフィスにおける会話

フランク　ジュディ　ジョー

フランク：うん、うまくいきそうだけど、どうやるの？

ジュディ：私たち、いままで素晴らしいアルゴリズムを次々と考えてきたのだから、ソートだってうまくできると思うわ。

ジョー：いや、生涯をかけてソートアルゴリズムをテーマに研究したコンピュータ科学者もいるくらいなんだ。僕たちが新たに考案するより、既存のアルゴリズムを調べてこの課題に適したアルゴリズムを選んだほうがいいよ。

フランク：しばらく調査に没頭することになりそうだね。午後のソフトボールの試合は延期すべきかな？

ジョー：その必要はないと思うよ、フランク。こういうこともあろうかと思って、もう調べておいたよ。

フランク：早く言ってよ！ どんな種類のソートを使うんだい？

ジョー：バブルソートだよ。

ジュディ、フランク（含み笑い）：すごく面白いね、ジョー。バブル（シャボン玉）をソートするのは当たり前じゃないか。シャボン玉専用のソートがあるの？ それとも、ないの？

ジョー：僕はまじめに言っているんだよ。「バブルソート」を使うんだ。これはいままでに考案された中で最も効率的なソート法というわけではないけど、一番理解しやすいものの1つだよ。

フランク：よくわからないな。ライバル会社のどこかが考案したアルゴリズムなのかい？

ジョー：僕は名前のことを言っているんだ。バブルソートと呼ばれるのは、このアルゴリズムを実行すると、リスト内の大きいほうの（または小さいほうの）要素が端のほうに「浮かび上がっていく」（bubble up）からだよ。実装してみればどうなるかがわかるよ。

ジュディ：ジョー、下調べが済んでいるようだから、あなたの意見に従うわ。

ジョー：それじゃあ、やってみよう。

ジュディ：そういえば、グレッグにも加わってもらうように声をかけておいたの。調査がすでに終わっているとは思わなかったから。グレッグに調査は必要ないって言うのを忘れないようにしなきゃ。忘れていたら教えてね！

バブルソートを理解する

バブルソートの擬似コードを確認する前に、このアルゴリズムの動作について直観的に理解しておきましょう。まず、下の数値のリストをソートしましょう。

[6, 2, 5, 3, 9] ← ソートされて
いないリスト。

通常は、昇順にソートするので、バブルソートアルゴリズムが終了すると、リストは次のようになります。

[2, 3, 5, 6, 9] ← 元のリストを
昇順にソート。

あらかじめ知っておいてほしいことが1つあります。バブルソートでは、リストを何度も**走査**します。すぐあとで説明しますが、走査の際にリスト内の値を入れ替えることがあれば、もう一度走査を行います。値の入れ替えがなければ走査は終了です。これがバブルソートアルゴリズムの動作の鍵なので、覚えておいてください。

走査 1 から始める

まず、1番目の要素と2番目の要素（インデックス0とインデックス1の要素）を比較します。1番目の要素が2番目の要素より大きければ入れ替えます。このリストでは1番目の要素（6）が2番目の要素（2）より大きいので入れ替えます。

次に、2番目の要素と3番目の要素（インデックス1とインデックス2）を比較します。2番目の要素が3番目の要素より大きければ入れ替えます。このリストでは2番目の要素（6）が3番目の要素（5）より大きいので入れ替えます。

続いて、3番目の要素と4番目の要素（インデックス2とインデックス3）を比較します。3番目の要素が4番目の要素より大きければ入れ替えます。このリストでは3番目の要素（6）が4番目の要素（3）より大きいので入れ替えます。

次に、4番目の要素と5番目の要素（インデックス3とインデックス4）を比較します。4番目の要素が5番目の要素より大きければ入れ替えます。このリストでは4番目の要素（6）が5番目の要素（3）より大きくないので、何も行いません。これで走査1は完了です。

この値6はこのリストの先頭にありましたが、徐々にリストの末尾に向かって（浮かび上がって）います。

この時点で走査1が完了しましたが、値を入れ替えたので、もう一度走査が必要です。走査2に進みます！

[6, 2, 5, 3, 9]

この2つを比べます。
左のほうが大きいので
入れ替えます。

[2, 6, 5, 3, 9]

入れ替え。

[2, 5, 6, 3, 9]

入れ替え。

[2, 5, 3, 6, 9]

変更なし。

[2, 5, 3, 6, 9]

走査2

走査2では、再びインデックス0とインデックス1の値を比較します。インデックス1のほうが大きいので、入れ替えません。

続いて、インデックス1とインデックス2の値を比較します。インデックス1よりインデックス2のほうが大きいので、入れ替えます。

この手法についてわかってきたでしょう。次にインデックス2とインデックス3の値を比較します。値5は6より大きくないので、入れ替えません。

そして、インデックス3とインデックス4の値を比較します。インデックス4の値のほうが大きいので、入れ替えません。

走査2はこれで終了ですが、インデックス2とインデックス3を入れ替えているので、もう一度走査します。走査3に進みます。

走査3

走査3では、再びインデックス0とインデックス1の値を比較します。インデックス1のほうが大きいので、入れ替えません。

次にインデックス1とインデックス2の値を比較します。インデックス2のほうが大きいので、入れ替えません。

続いて、インデックス2とインデックス3の値を比較します。インデックス3のほうが大きいので、入れ替えません。

同様に、インデックス3とインデックス4の値を比較します。インデックス4のほうが大きいので、入れ替えません。

これで走査3は終了です。値を入れ替えなかったので、これで完了です。リストはソートされました！

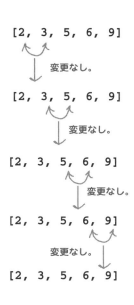

バブルソートの練習問題

自分で考えてみよう

バブルソートの処理が感覚的にわかったと思うので、さっそく練習してみましょう。下のリストをバブルソートで並べ替えてください。228ページと229ページで示したような手順を書いてください。きっと理解が定着するでしょう。行き詰まったら、241ページの答えを見てもかまいません。

コードを書きなさいと言っているわけではありません。ただ、バブルソートを使ってこのリストをソートしてほしいのです。↓

ソートするリストです。文字列ですが心配無用です。文字列の場合はアルファベット順（コンピュータ科学者なら辞書順と呼ぶ）に比較します。

```
['coconut', 'strawberry', 'banana', 'pineapple']
```

走査 1　← 走査 1 を開始します。

バブルソートの擬似コード

バブルソートが直観的にわかったと思うので、このアルゴリズムの擬似コードを詳しく見てみましょう。このコードを理解するのに必要な知識はすでにあなたは備えているので、恐れることはありません。基本的なブールロジックとループを使います。しかし、ループは前よりも複雑です。2つのループを一緒に使うのです。これを**入れ子ループ**と呼びます。

入れ子ループに初めて遭遇したとしたら、一瞬戸惑うかもしれません。しかし、先ほどの「自分で考えてみよう」で、すでに頭の中で入れ子ループを行っています（数値リストのソートを行ったときも同様です）。外側のループで、このアルゴリズムの各走査を行い、内側のループで、リストの要素を比較しています（そして、必要なら入れ替えます）。このことを念頭に置いて確認してみましょう。

> 5章で身に付けた関数の知識を使いましょう！

関数bubble_sortを定義します。この関数はパラメータとしてリストを取ります。

変数を使って現在の走査で要素を入れ替えたかどうかを管理します。最初にこの変数をTrueに設定してから、1回目の走査を開始します。

```
関数 bubble_sort(list) を定義する:
    変数 swapped を宣言し、True に設定する
    WHILE swapped:
        swapped を False に設定する
        FOR 変数 i in range(0, len(list)-1)
            IF list[i] > list[i+1]:
                変数 temp を宣言し、list[i] に設定する
                list[i] を list[i+1] に設定する
                list[i+1] を temp に設定する
                swapped を True に設定する
```

swappedがTureの間はループを繰り返すwhileループを使います。

このwhileループがそれぞれの走査を行うと考えてください。ループのたびに新たな走査を行います。

擬似コードには多くの書式があります。この形式はコードに近いですが、やはりコードではありません。少なくともPythonではありません。

このループでは、まずswappedをFalseに設定します。

forループでは、リストの要素（末尾の要素を除く）を反復処理して次の要素と比較します。次の要素より大きければ入れ替えます。

入れ替えがあったら、swappedをTrueに設定します。これは、forループが終了したらもう一度走査しなければいけないことを意味します。

脳力発揮

上の擬似コードはリストを昇順にソートします。降順にソートするにはどの部分を変更すればよいでしょうか。

オフィスにおける会話の続き

ジュディ：2つのループを理解すればわかると思うわ。

ジョー：うん。whileループとそのループの中で動作するforループがあるんだよ。

ジュディ：なるほどね。外側のwhile文は変数swappedの値がFalseになるまでループするのね。

ジョー：そうだね。走査が必要になるたびにリストにwhileループを実行するんだ。

ジュディ：だけど、この例ではいつも3回じゃなかった？

ジョー：それはまったくの偶然だよ。このアルゴリズムは何回も走査するんだ。実はこのアルゴリズムはあまり効率的じゃないんだ。最悪の場合、リスト内の要素数と同じ回数走査してしまうんだ。

ジュディ：じゃあ、100個の要素があったらwhile文は100回もループするの？

ジョー：そうだよ。

ジュディ：なんでそんなに多いの？

ジョー：それは最悪の場合だよ。リストが完全に逆順なら、多くの走査が必要になるんだ。

ジュディ：わかったわ。次は内側のforループね。このループでは何をしているの？

ジョー：forループはすべての要素を調べて、その要素と次の要素を比較するんだ。次の要素よりその要素の値が大きければ、その2つを入れ替えるんだ。

ジュディ：じゃあ、forループもリストのすべての要素を反復処理するのね。最悪の場合だけじゃなく、必ずね。

ジョー：正確に言うと要素数より1少ないけど、そういうことだね。

ジュディ：大きなリストではかなりの回数になるわね。

ジョー：確かに。100個の要素の例なら、最悪の場合、約100回の走査で毎回100個の要素を比較することになるよ。だから、100 * 100 = 10,000回の比較だね。

ジュディ：まあ！

ジョー：バブルソートは効率より単純さで知られているんだ。多くの人たちが高速なソートアルゴリズムの開発に時間と労力を費やしている理由がわかるよね？だけど、僕らのリストは小さいからあまり問題にはならないし、このソートでまったく問題ないよ。

ジュディ：わかったわ。forループで他に行っていることは、要素を入れ替えたら変数swappedをTrueに戻すことだけね。これはもう一度走査することを意味するのね。

ジョー：そのとおり。

インタプリタになってみよう

Pythonのインタプリタになったつもりで下のコードを読んでください。それぞれのコードをたどって（頭の中で）評価します。終わったら、242ページで正しいかどうかを確認してください。

```
for i in range(0,4):
    for j in range(0,4):
        print(i * j)
```

```
for word in ['ox', 'cat', 'lion', 'tiger', 'bobcat']:
    for i in range(2, 7):
        letters = len(word)
        if (letters % i) == 0:
            print(i, word)
```

剰余は除算の余りを求めるものです。4 % 2 は 0、4 % 3 は 1 となります。

```
full = False

donations = []
full_load = 45

toys = ['ロボット', '人形', 'ボール', 'スリンキー']

while not full:
    for toy in toys:
        donations.append(toy)
        size = len(donations)
        if size >= full_load:
            full = True

print('いっぱい:', len(donations), '個のおもちゃ')
print(donations)
```

Pythonでバブルソートを実装する

前述の擬似コードは、実際のPythonのコードとよく似ているので、変換は簡単です。確認してみましょう。

この関数は引数として
リストを取ります。

```
def bubble_sort(scores):
    swapped = True
    while swapped:
        swapped = False
        for i in range(0, len(scores)-1):
            if scores[i] > scores[i+1]:
                temp = scores[i]
                scores[i] = scores[i+1]
                scores[i+1] = temp
                swapped = True
```

変数swappedをTrueに設定して最初の走査を開始します。

whileループでswappedがTrueの間走査を行い、リスト全体を調べて比較し、必要に応じて要素を入れ替えます。

入れ子ループ：whileループ内のforループ

2章で説明した変数を交換するコードと同じです！

リストの実際の値を入れ替えたので、何も返しません。元のリストを操作してソートしています。

試運転

新しいファイルsort.pyを作成しましょう。上のコードをsort.pyにコピーし、さらに下のテスト用のコードも追加しましょう。

```
scores = [60, 50, 60, 58, 54, 54,
          58, 50, 52, 54, 48, 69,
          34, 55, 51, 52, 44, 51,
          69, 64, 66, 55, 52, 61,
          46, 31, 57, 52, 44, 18,
          41, 53, 55, 61, 51, 44]

bubble_sort(scores)
print(scores)

smoothies = ['coconut', 'strawberry', 'banana', 'pineapple']
bubble_sort(smoothies)
print(smoothies)
```

比較演算子>は文字列でも使うことができます。つまりスムージーをソートすることもできます。

```
Python 3.7.2 Shell
[18, 31, 34, 41, 44, 44, 44, 46, 48, 50,
50, 51, 51, 51, 52, 52, 52, 52, 53, 54,
54, 54, 55, 55, 55, 57, 58, 58, 60, 60,
61, 61, 64, 66, 69, 69]
['banana', 'coconut', 'pineapple',
'strawberry']
>>>
```

素晴らしい。ソートされています！

シャボン玉スコアを高い順から並べ替える必要があります（つまり、昇順ではなく降順にしたいのです）。実はとても簡単です。関数sortの比較演算子を>から<に変更するだけです。この変更を行ったあと、もう一度試してみてください。

```
def bubble_sort(scores):
    swapped = True

    while swapped:
        swapped = False
        for i in range(0, len(scores)-1):
            if scores[i] < scores[i+1]:
                temp = scores[i]
                scores[i] = scores[i+1]
                scores[i+1] = temp
                swapped = True
```

降順にソートするには、ここを変更するだけです。なぜこれでうまくいくのでしょうか？

うまくいきました。シャボン玉スコアが降順でソートされています。

```
Python 3.7.2 Shell
[69, 69, 66, 64, 61, 61, 60, 60, 58,
58, 57, 55, 55, 55, 54, 54, 54, 53,
52, 52, 52, 52, 51, 51, 51, 50, 50,
48, 46, 44, 44, 44, 41, 34, 31, 18]
['strawberry', 'pineapple',
'coconut', 'banana']
>>>
```

もう一息だ。上位5位までのスコアと溶液番号が入ったレポートを作成すればいいんだな。

フランク：よし、ジョーがソートのコードを全部書いてくれたよ。だけど、何か欠けているようだ。スコアのリストをソートするのに、スコアの元のインデックスがわからないんだ。どうすればスコアの番号がわかるだろう？ レポートには番号が必要だからね。

ジュディ：確かにそうね。どうすればいいかしら？

フランク：この課題の主役はジョーだけど、僕に考えがあるよ。solution_numbersという並列リストを作って、このリストの値を[0, 1, 2, 3, ..., 35]のようにインデックスと同じにしたらどうかな？ それで、スコアをソートするときにこのリストもまったく同じようにソートするんだ。そうすれば、最終的にスコアの番号が相対的に対応するスコアと同じ位置になるよ。

ジュディ：インデックス番号が値になるようなリストをどうやって作成するの？

フランク：次のようにrangeとlistを組み合わせればいいと思うよ。

```
number_of_scores = len(scores)
solution_numbers = list(range(number_of_scores))
```

リストの長さを取得します。

0からリストの長さ（引く1）までの範囲を作成し、リスト関数を使ってその範囲をリスト[0, 1, 2, ...]に変換します。

ジュディ：面白いわね。あなたの意図がなんとなくわかった気がするわ。

フランク：実際にコードのほうが説明しやすいこともあるから、こっちを確認してみてよ。

溶液番号を割り出す

フランクは正しいことを言っています。シャボン玉スコアをソートする方法はありますが、ソートするとそのスコアの識別番号が失われてしまいます（溶液番号として溶液のインデックスを常に使っているため）。そこで、溶液番号を要素とする第2のリストを作成し、溶液のスコアをソートするのと同期して、溶液番号をまったく同じ方法でソートします。このコードを調べましょう。

> **本格的なコーディング**
>
> 次のような式はどのように評価するのでしょうか？ 内側から外側に向かって評価します。
>
> `list(range(number_of_scores))`
>
> ↓ スコアの整数の長さ 36 に評価します。
>
> ↓ 0 から 35 の範囲に評価します。
>
> ↓ 0 から 35 の数値が入ったリストに評価します。

まず、関数 bubble_sort が 2 つのリスト（スコアと対応する溶液番号）を取るようにします。

```
def bubble_sort(scores, numbers):
    swapped = True

    while swapped:
        swapped = False
        for i in range(0, len(scores)-1):
            if scores[i] < scores[i+1]:
                temp = scores[i]
                scores[i] = scores[i+1]
                scores[i+1] = temp
                temp = numbers[i]
                numbers[i] = numbers[i+1]
                numbers[i+1] = temp
                swapped = True

scores = [60, 50, 60, 58, 54, 54,
          58, 50, 52, 54, 48, 69,
          34, 55, 51, 52, 44, 51,
          69, 64, 66, 55, 52, 61,
          46, 31, 57, 52, 44, 18,
          41, 53, 55, 61, 51, 44]
number_of_scores = len(scores)
solution_numbers = list(range(number_of_scores))

bubble_sort(scores, solution_numbers)
```

前とまったく同じ動作をしますが、

リスト scores の 2 つの値を入れ替えるときに、numbers リストの同じ 2 つの値も入れ替えます。

このコードは重複していると思いますか？ そのとおり、重複しています。重複した部分を取り除く方法は 6 章で紹介します。

ここでは solution_numbers リストを作成するだけです。このリストには、溶液番号が入っています（リスト scores の元のインデックスに対応しています）。

ソート関数を呼び出す際、両方のリストを渡します。

おまけの章　ソートと入れ子の反復

自分で考えてみよう

現在のコードでは2つのリストを作成します。ソートしたスコアのリストと対応する溶液番号のリストです。この2つのリストを使ってレポートを作成するコードを書いてください。

```
Top Bubble Solutions
1) Bubble solution #10 score: 68
2) Bubble solution #12 score: 60
3) Bubble solution #2 score: 57
4) Bubble solution #31 score: 50
5) Bubble solution #3 score: 34
```

↑ レポートはこのようになります。また、これは実際のデータではなく、CEOが便宜的に作成したものです。

試運転

上の「自分で考えてみよう」で作成したコード（下に示します）をsort.pyファイルに追加し、古いテスト用のコードを置き換え、試してみてください。

「上位の溶液」という意味です。

```python
print('Top Bubble Solutions')
for i in range(0, 5):
    print(str(i+1) + ')',
          'Bubble solution #' + str(solution_numbers[i]),
          'score:', scores[i])
```

```
Python 3.7.2 Shell
Top Bubble Solutions
1) Bubble solution #11 score: 69
2) Bubble solution #18 score: 69
3) Bubble solution #20 score: 66
4) Bubble solution #19 score: 64
5) Bubble solution #23 score: 61
>>>
```

CEOの要求どおりです。きっと喜んでくれるでしょう！

ソートの復習

> 信じられないかもしれないけど、グレッグにこの課題が解決できたと伝えに行ったの。そしたらなんと先を越されていたのよ。しかもグレッグはほとんどコードを書いていないの。彼はPythonの組み込みソートを使ったのよ！

ほとんどの言語にソート機能が用意されています。

最近の多くの言語やライブラリにはソート機能があるので、通常は独自のソートを書く必要はありません。一からやり直すことになるので、実装に膨大な時間と労力がかかるだけでなく、既製のソートアルゴリズムのほうがバブルソートよりも高度（かつ効率的）なのです。したがって、ソートアルゴリズムに特段の思い入れがあるわけでないのなら、別の課題に取り組んだほうがよいのではないでしょうか？

でも、このソートに関する10ページに費やした時間は無駄ではありません。入れ子ループを使うなど、バブルソートを実装する上で学んだことは、多くのアルゴリズムの実装においても中心となるものです。また、ソートや関連するアルゴリズムを学習する場合、ほとんどの人がバブルソートから始めます。

Pythonでは、次のようにsortを呼び出すだけでリストをソートできます。

```
scores.sort()
```

また、Pythonでは、ニーズに合わせてソートをカスタマイズする方法がたくさんありますが、最大限活用するにはさらにいくつかのプログラミング概念を学習しなければいけません。

最後にアドバイス。ソートに興味があれば、多くのソートアルゴリズムとその利点と欠点を詳しく調べるとよいでしょう。これから登場するあらゆるアルゴリズムには、時間（アルゴリズムの実行にかかる時間）と空間（使用するメモリやリソースの量）に対するトレードオフがあります。有名なソートには、いくつか例を挙げるだけでも挿入ソート、マージソート、クイックソートなどがあります。また、Pythonは内部でティムソートというマージソートと挿入ソートを組み合わせたものを使います。ソートの勉強の手始めとしては、https://en.wikipedia.org/wiki/Sorting_algorithm（日本語版：https://ja.wikipedia.org/wiki/ソート）がお勧めです。

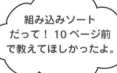

> 組み込みソートだって！10ページ前で教えてほしかったよ。

おまけの章　ソートと入れ子の反復

上位5位までの溶液を作った社員だけではなくて、君にも賞をあげよう。このコードによる経営判断がなければ、バブルザラス社の成功はなかったよ！

素晴らしい。

　この章は短いながらも、やりがいのある章でした。多くの新しい概念が登場し、それを理解する必要がありました。少し時間をかけて脳に定着させてください。もちろん、この溶液番号11をもう少し作ってください。リラックスできていい息抜きになるでしょう。また、少し休みも取ってください。その後、この章を簡単に復習してから先に進みます。

　もちろん、まだ終わりではありません。頭の体操、重要ポイント、クロスワードが残っています。

 重要ポイント

- ソートアルゴリズムは多数ある。それぞれ複雑さや時間と空間に関するさまざまなトレードオフがある。
- バブルソートは単純なアルゴリズムで、リストを走査しながら値を比較して入れ替える。
- バブルソートは、リストの走査で間違った順序の要素がなくなったら完了する。
- ほとんどの言語やライブラリではソート機能が用意されている。
- ループ内のループを「入れ子ループ」と呼ぶ。
- 多くの場合、入れ子ループはアルゴリズムの実行時間が長くなり、より複雑となる。
- ソートはほとんどの言語のライブラリで用意されているが、ソートアルゴリズムは学習すべき。

you are here ▶ 239

深く考える練習

おまけの章を終える前に深く考える練習問題に挑戦しましょう。

例のアレその 2

「例のアレ」(Thing-A-Ma-Jig)は変な機械です。リストを渡しても文字列を渡しても、ガチャガチャと鳴り、ドンッといい、さらにドスンという音がするのですが、それでも何かを実行します。しかし、一体どのように動作するのでしょうか？ コードを調べてこの機械の動作を解明できますか？

リストだけを変更しました。今回は文字列ですが、このコードはやはり正しく動作します。どのように動作するのでしょうか？

```
characters = 'taco'

output = ''
length = len(characters)
i = 0
while (i < length):
    output = output + characters[i]
    i = i + 1

length = length * -1
i = -2

while (i >= length):
    output = output + characters[i]
    i = i - 1

print(output)
```

上記の characters の値の代わりに次のコードを試してください。
```
characters = 'amanaplanac'
```
または
```
characters = 'wasitar'
```

このコードはリストと文字列をどのように処理するでしょうか？ この難解な課題はみなさんに任せます。6 章 (以降) で答えがわかります。

自分で考えてみよう の答え

バブルソートの処理が感覚的にわかったと思うので、さっそく練習してみましょう。下のリストをバブルソートで並べ替えてください。228ページと229ページで示したような手順を書いてください。きっと理解が定着するでしょう。

```
['coconut', 'strawberry', 'banana', 'pineapple']
```
← ソートするリストです。文字列ですが心配無用です。文字列の場合はアルファベット順(コンピュータ科学者なら辞書順と呼びます)に比較します。

走査1

```
['coconut', 'strawberry', 'banana', 'pineapple']
```
↑↑ 変更なし

```
['coconut', 'strawberry', 'banana', 'pineapple']
```
↑↑ 入れ替え

```
['coconut', 'banana', 'strawberry', 'pineapple']
```
↑↑ 入れ替え

← 各インデックスを次のインデックスと比較し、リストを反復処理します。左の値が右の値より大きければ入れ替えます。

```
['coconut', 'banana', 'pineapple', 'strawberry']
```

↑ 走査1で入れ替えがあったので、走査2を行います。

走査2

```
['coconut', 'banana', 'pineapple', 'strawberry']
```
↑↑ 入れ替え

```
['banana', 'coconut', 'pineapple', 'strawberry']
```
↑↑ 変更なし

```
['banana', 'coconut', 'pineapple', 'strawberry']
```
↑↑ 変更なし

```
['banana', 'coconut', 'pineapple', 'strawberry']
```

← 走査2で入れ替えがあったので、走査3を行います。

走査3

```
['banana', 'coconut', 'pineapple', 'strawberry']
```
↑↑ 変更なし

```
['banana', 'coconut', 'pineapple', 'strawberry']
```
↑↑ 変更なし

```
['banana', 'coconut', 'pineapple', 'strawberry']
```
↑↑ 変更なし

← 走査3では入れ替えがなかったので、これで終了です。リストはソートされました。

練習問題の答え

インタプリタになってみようの答え

Pythonのインタプリタになったつもりで以下のコード実行してみましょう。それぞれのコードをたどって（頭の中で）評価します。終わったら、この章の最後を調べて正しいかどうかを確認してください。

```
for i in range(0, 4):
    for j in range(0, 4):
        print(i * j)
```

Python 3.7.2 Shell
```
0
0
0
0
0
1
2
3
0
2
4
6
0
3
6
9
>>>
```

```
for word in ['ox', 'cat', 'lion', 'tiger', 'bobcat']:
    for i in range(2, 7):
        letters = len(word)
        if (letters % i) == 0:
            print(i, word)
```

Python 3.7.2 Shell
```
2 ox
3 cat
2 lion
4 lion
5 tiger
2 bobcat
3 bobcat
6 bobcat
>>>
```

```
full = False

donations = []
full_load = 45

toys = ['ロボット', '人形', 'ボール', 'スリンキー']

while not full:
    for toy in toys:
        donations.append(toy)
        size = len(donations)
        if size >= full_load:
            full = True

print('いっぱい:', len(donations), '個のおもちゃ')
print(donations)
```

Python 3.7.2 Shell
```
いっぱい: 48 個のおもちゃ
['ロボット', '人形', 'ボール', 'スリンキー', 'ロボット', '人形',
'ボール', 'スリンキー', 'ロボット', '人形', 'ボール', 'スリンキー',
'ロボット', '人形', 'ボール', 'スリンキー', 'ロボット', '人形',
'ボール', 'スリンキー', 'ロボット', '人形', 'ボール', 'スリンキー',
'ロボット', '人形', 'ボール', 'スリンキー', 'ロボット', '人形',
'ボール', 'スリンキー', 'ロボット', '人形', 'ボール', 'スリンキー',
'ロボット', '人形', 'ボール', 'スリンキー', 'ロボット', '人形',
'スリンキー', 'ロボット', '人形', 'ボール', 'スリンキー']
>>>
```

自分で考えてみよう の答え

現在のコードでは2つのリストを作成します。ソートしたスコアのリストと対応する溶液番号のリストです。この2つのリストを使ってレポートを作成するコードを書いてください。

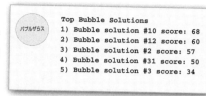

見出しを出力します。
「上位の溶液」という意味です。

```
print('Top Bubble Solutions')
for i in range(0, 5):
    print(str(i+1) + ')',
          'Bubble solution #' + str(solution_numbers[i]),
          'score:', scores[i])
```

上位5位までのスコアを出力するために5回反復処理します。

出力として、値 i に 1 を加えた溶液の最終的な順位、`solution_numbers` リストからの溶液番号、リスト `scores` からのスコアを出力します。

6章　テキスト、文字列、ヒューリスティック

すべてを組み合わせる

> そんなに急がないで。確かに変数、データ型、反復、関数についてわかったけど、全部まとめて使えるの？

あなたはすでにたくさんの強力な能力を手に入れました。
いよいよその能力を発揮するときです。この章ではいままで学んだことをまとめ、組み合わせてさらに**素晴らしいコード**を作成します。また、引き続き知識とコーディングのスキルも蓄積していきます。具体的には、この章では**テキストを取得し**、スライスやダイスを行ってから簡単な**データ分析**を実施する方法を検討します。また、**ヒューリスティック**とは何かを調べ、実装します。覚悟してください。この章は、全力を傾けて取り組む総合的で本格的なコーディングの章です。

> この章を読み終わるころには、コーディングについていかに多くのことを学んだかがはっきりするでしょう！

this is a new chapter ▶ 245

データサイエンス入門

この本にはきっと高度なことが書いてあるな。

データサイエンスにようこそ

「データサイエンス」という言葉を聞いたことがありますか？データサイエンスとは、データから情報や知識を引き出すことです。あなたはいま、この分野に足を踏み入れようとしています。データとは何でしょうか？ データとはあらゆるテキストのことです。ニュース記事、ブログの投稿、書籍など、書かれたすべてのものです。このようなテキストを処理して、いかに**読みやすいか**を世界に知らしめるのです。つまり、対象のテキストは5年生が読めるでしょうか？ あるいは、博士号が必要なほど難しいのでしょうか？ われわれのアプリケーションで調べるとそれがすぐにわかります。

このような分析を行うためには、詳しく調べる必要があります。次のことを調べていきます。

すべての文

すべての単語

すべての音節

そして、もちろん対象となるテキストのすべての文字

これらを分析し、小学5年生から大学卒業までの読解レベルに相当するスコアを付けます。どのような仕組みなのかをより詳細に把握しましょう。

246 6章

読みやすさはどのように計算する?

幸い、英語の文書ではすでにこの疑問に米国の海軍と陸軍が答えてくれています。軍内では重要な公式を長年検証し、その結果を(おそらく)戦車訓練ドキュメントなどの読みやすさの評価に使っています。さっそく、分析対象のテキストに次の公式を適用し、**読みやすさスコア**を求めて読みやすさを評価しましょう。このスコアの意味についてはこのあと説明します。次が読みやすさスコアを求める公式です。

> われわれはいたって真面目です。詳しい情報は https://en.wikipedia.org/wiki/Flesch-Kincaid_readability_tests を読んでください。

> この公式は、もともと1948年にルドルフ・フレッシュ(Rudolph Flesch)が発表したものです。フレッシュは作家で、コロンビア大学で英語の博士号を取得しています。彼の功績をたたえましょう。

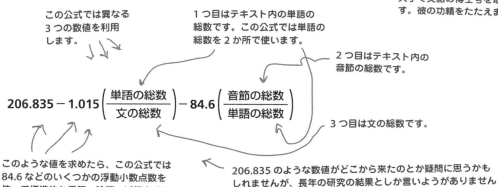

- この公式では異なる3つの数値を利用します。
- 1つ目はテキスト内の単語の総数です。この公式では単語の総数を2か所で使います。
- 2つ目はテキスト内の音節の総数です。
- 3つ目は文の総数です。

$$206.835 - 1.015 \left(\frac{\text{単語の総数}}{\text{文の総数}} \right) - 84.6 \left(\frac{\text{音節の総数}}{\text{単語の総数}} \right)$$

- このような値を求めたら、この公式では84.6などのいくつかの浮動小数点数を使って標準的な乗算、除算、減算をするだけです。
- 206.835のような数値がどこから来たのとか疑問に思うかもしれませんが、長年の研究の結果としか言いようがありません(上のWikipediaの記事を参照してください)。

この公式を使ってスコアを求めたら、次の表から、求めたスコアがテキストの読みやすさのどのレベルに該当するのかを確認します。

> 例えば広告用の文章には、どの程度のスコアが求められるでしょうか。

スコア	レベル	説明
100.00〜90.00	小学5年生	非常に読みやすい。平均的な11歳が簡単に理解できる。
90.0〜80.0	小学6年生	読みやすい。一般的な会話。
80.0〜70.0	中学1年生	やや読みやすい。
70.0〜60.0	中学2、3年生	普通。14歳〜15歳が簡単に理解できる。
60.0〜50.0	高校生	やや読みにくい。
50.0〜30.0	大学生	読みにくい。
30.0〜0.0	大卒	非常に読みにくい。大卒なら理解できる。

- スコアが高いほど、読みやすいテキストと言えます。
- この表は上で紹介したWikipediaから引用しました。

実行計画

一見すると、読みやすさを求めるために、公式を使って計算するようです。しかし、よく調べると、この公式を計算するには、次に挙げるようなカギとなる値が必要です。

① テキスト内の**単語**の総数。つまり、テキストを単語に分割して数える。

② テキスト内の**文**の総数。つまり、テキストを1文ずつ分割して数える。

③ テキスト内の**音節**の総数。つまり、各単語にいくつの音節があるかを判定し、テキスト全体の音節数を合計する。

脳力発揮

ある単語の音節数を求めるアルゴリズムを考えてみましょう。大きな辞書を自由に使えるわけではないと仮定します。アルゴリズムの擬似コードを書いてください。

難しい課題ですが、頑張って考えてください。5分程度でできるだけ最善の答えを考え出してみましょう。

擬似コードを書く

実装を進めていくため、擬似コードを書きましょう。現時点では、擬似コードで概要を理解します。詳細は徐々に書き込んでいきます。このコードには（ゲームのように）複雑なロジックはあまりありません。ここでの課題は、読みやすさの公式に必要となる3つの数値を求めることだけです（しかし、これだけでも多くのことを行う必要がありますが）。擬似コードを書きながら考え方を理解してください。前にも述べたように、擬似コードには多くの形式があります。この擬似コードは少しフォーマルで、コードに近いかたちをしています。

まず関数名を書いてみましょう。

この関数では書籍や記事のテキストを渡す必要があります。渡す方法を考え出さなければいけません。

この公式を計算するのに必要な重要はすでにわかっています。そこで、その値のローカル変数を作成しましょう。また、変数 score を作成して最終的なスコアを保存します。

準備：関数内で使うローカル変数をすべて宣言します。

```
関数 compute_readability(text) を定義する:
    変数 total_words を宣言し、0 に設定する。
    変数 total_sentences を宣言し、0 に設定する。
    変数 total_syllables を宣言し、0 に設定する。
    変数 score を宣言し、0 に設定する。
```

次にこのような値を求める必要があるので、関数を利用して求めましょう。

分析：必要な値をそれぞれ求めます。

```
    変数 total_words に関数 count_words(text) 呼び出しの結果を代入する。
    変数 total_sentences に関数 count_sentences(text) 呼び出しの結果を代入する。
    変数 total_syllables に関数 count_syllables(text) 呼び出しの結果を代入する。
```

公式：すべての値がそろったので、公式を使ってスコアを計算します。

```
    変数 score に次を代入する。
        206.835 - 1.015 * (total_words / total_sentences) - 84.6 * (total_syllables / total_words)
```

すべての値を求めたら、読みやすさスコアを計算します。

そして、読解レベルを求めます。

結果：スコアを取得したので、247 ページの表を使ってそのスコアに対応する読解レベルを判定します。

```
    IF score >= 90.0:
        PRINT 'Reading level of 5th Grade'
    ELIF scores >= 80.0:
        PRINT 'Reading level of 6th Grade'
    ELIF scores >= 70.0:
        PRINT 'Reading level of 7th Grade'
    ELIF scores >= 60.0:
        PRINT 'Reading level of 8-9th Grade'
    ELIF scores >= 50.0:
        PRINT 'Reading level of 10-12th Grade'
    ELIF scores >= 30.0:
        PRINT 'Reading level of College Student'
    ELSE:
        PRINT 'Reading level of College Graduate'
```

これは大きな if/elif/else 文で、計算したスコアに基づいて適切な読解レベルを出力します。

読みやすさの計算は他にも応用できそうに思えるので、関数にまとめましょう。後で再利用できるかもしれません！

このコードは専用の関数に入れることになるでしょう。

分析するテキストが必要

コードを書く前に、分析用のテキストが必要です。実際には、どんなテキストでもかまいません。ブログの投稿、自分で書いた文章、ニュース記事、書籍など何でもOKです。このコードを作成する楽しみの半分は、自分の好きなニュースサイトやライターを分析することなのですが、実際に作成してテストするには、この本と同じテキストを使ったほうが同じ結果になるので便利です。みんなで一緒にテストできるテキストを探しましょう。

みんなで試せるテキストとして、この本の文章はいかがでしょうか？ 最初の数ページを使ってみましょう。このテキストはすでに ch6/text.txt ファイルに格納されています。

> テスト用に、原書の1章のテキストを使うことにします。

> この本で使うファイルのダウンロード方法は「はじめに」で説明してます。あなたはすでに6章まで読み進んでいるので、当然、ファイルはダウンロード済みですよね？

Pythonに複数行テキストを取り込む方法

ch6/text.txt ファイルを確認すると、大きなテキストファイルが入っていました。どうやってこのテキストをPythonに取り込めばよいでしょうか？ 文字列を使ってコードにテキストを追加する方法は2章で説明したのでもうわかっていますよね。

```
text = 'The first thing that stands between you'
```

> 英語のテキストは、単語が空白で区切られています。

ch6/text.txt のテキストも、上と同様に文字列として変数に追加します。複数行にわたる文字列を入力するには、Pythonでは次のように3つのクォートを使います。

> IDLEにはまだ何も入力しないでください。次のページで入力します。

> 3つのクォート文字から始めます。シングルクォート(')も使えますが、ダブルクォート(")が推奨されています。

> 次に、改行を含む文字列全体を入力します。

```
text = """The first thing that stands between you and writing your first, real,
piece of code, is learning the skill of breaking problems down into
achievable little actions that a computer can do for you."""
```

> 当然ですが、文字列内のテキストで3つのクォートが使われていないことを確認してください。3つのクォートが使われていることはあまりありませんが。

> そして、文字列の末尾も3つのクォートで終わります。

入力したら、他の文字列と同様に使うことができます。これは少しテキストが多いだけで、単なる普通の文字列です。次に、1章の最初の数ページのテキストを文字列にしましょう。

エクササイズ

ch6/text.txtファイルのテキストをPythonのファイルに格納するには、IDLEで新規ファイルを作成して、下のコードを追加するだけです。1章のテキストの場合も同様に、IDLEでtext.txtを開き、新規Pythonファイルにテキストをコピー&ペーストし、ファイルをch1text.pyとして保存すればいいのです。

最後にコードを実行すると、本文全体がPython Shell出力されます。

> Pythonファイルは「モジュール」とも呼ばれます。

> 文字列の変数名から始め、次に等号と3つのクォートを続けます。
> そして、text.txtファイルのテキストをペーストします。

```
text = """The first thing that stands between you and writing your first, real,
piece of code, is learning the skill of breaking problems down into
achievable little actions that a computer can do for you. Of course,
you and the computer will also need to be speaking a common language,
but we'll get to that topic in just a bit.

Now breaking problems down into a number of steps may sound a new
skill, but its actually something you do every day. Let's look at an
example, a simple one: say you wanted to break the activity of fishing
down into a simple set of instructions that you could hand to a robot,
who would do your fishing for you. Here's our first attempt to do that,
check it out:

.
.
.
```

> 紙面の節約のため、テキストは少し省略しています。

```
You're going to find these simple statements or instructions are the
first key to coding, in fact every App or software program you've ever
used has been nothing more than a (sometimes large) set of simple
instructions to the computer that tell it what to do."""

print(text)
```

> 最後の3つのクォートを忘れないでください。

> テキストを出力し、すべてが正しく動作していることを確認しましょう。

関数を用意する

まず、関数 `compute_readability` を用意しましょう。そして、擬似コードの関数の設定部分を Python のコードに変換しましょう。

```python
def compute_readability(text):
    total_words = 0
    total_sentences = 0
    total_syllables = 0
    score = 0
```

→ 擬似コードと同様に、テキストをパラメータとして取る関数を作成します。

← この関数の重要な値を格納する4つのローカル変数も用意します。

そして、このコードを `analyze.py` というファイルに入力し、保存します。

次に、`compute_readability` を呼び出して `ch1text.py` のテキストを渡します。でもどうやって？ 何しろ、テキストは**別のファイル**にあるのです。`.py` 拡張子を持つファイルはモジュールで、以前、`import` 文を使ってコードにモジュールをインポートしたことがありましたよね？ そこで今回も、`ch1text.py` ファイルを `analyze.py` ファイルにインポートしましょう。インポートしたら、名前の前にモジュール名を付けるとモジュール内の変数や関数にアクセスできます。下のように確認してみてください。

→ Python モジュールは、拡張子 `.py` を持つファイルで、その中身はただの Python のコードでしたよね。

`import` を使って `ch1text.py` ファイルをインクルードします。

```python
import ch1text

def compute_readability(text):
    total_words = 0
    total_sentences = 0
    total_syllables = 0
    score = 0

compute_readability(ch1text.text)
```

→ モジュールの役割については、7章で詳しく説明します。

← 少し復習しましょう。パラメータ `text` を取る関数 `compute_readability` を定義し、ローカル変数を用意しています。

`compute_readability` を呼び出し、`ch1text` ファイルの `text` 文字列を渡します。

`ch1text` ファイルの変数 `text` にアクセスするには、`text` の前にモジュール名 `ch1text` を付けます。

← そして、その関数を呼び出し、`ch1text` モジュール（つまり、`ch1text.py` ファイル）の変数 `text` を渡しています。

6章 テキスト、文字列、ヒューリスティック

試運転

すべてが正しく動作していることを、簡単なテストで確認しましょう。まず、ch1text.pyファイルのprintをanalyze.pyファイルに移動します。printを関数compute_readabilityに追加してください。出力は、ch1text.pyファイルのときとまったく同じになるでしょう。

```
import ch1text

def compute_readability(text):
    total_words = 0
    total_sentences = 0
    total_syllables = 0
    score = 0

    print(text)      ← この行を関数
                       compute_readabilityに
                       追加します。

compute_readability(ch1text.text)
```

251ページに登場した1章の文が出力されます。

```
Python 3.7.2 Shell
into pond", or "pull in the fish." But also notice that other
instructions are a bit different because they depend on a condition,
like "is the bobber above or below water?". Instructions might also
direct the flow of the recipe, like "if you haven't finished fishing,
then cycle back to the beginning and put another worm on the hook."
Or, how about a condition for stopping, as in "if you're done" then go
home.

You're going to find these simple statements or instructions are the
first key to coding, in fact every App or software program you've ever
used has been nothing more than a (sometimes large) set of simple
instructions to the computer that tell it what to do.
>>>
```

確認が終わったら、忘れずにch1text.pyファイルからprintを削除しておきましょう。

優先事項：テキスト内の単語の総数が必要

　擬似コードによると、読みやすさの公式で最初に求める必要がある数値はテキスト内の単語の総数です。単語の総数を求めるには、コーディングの知識を少し広げる必要があります。連結演算子を使って文字列を**連結**する方法はすでに説明しましたが、**分割**する方法はまだでしたね。splitという便利な関数を使って文字列を単語（通常は**部分文字列**と呼びます）に分割し、その部分文字列をリストに格納します。

　splitは次のように使います。

❶ アルファベットと空白の入った文字列を使います。

```
lyrics = 'I heard you on the wireless back in fifty two'
words = lyrics.split()    ← ❷ そして、この文字列の関数
print(words)                   splitを呼び出します。
```

❹ リストを出力してsplitがどんなことを実行したかを確認しましょう。

❸ splitは、空白、タブ、改行を区切り文字として使って文字列を部分文字列に分割してリストに格納します。

訳注：イギリスのバンド、バグルスの「Video Killed The Radio Star」（ラジオスターの悲劇）という曲の一節で、「1952年の昔に 僕は電波に乗ったあなたを聴いた」という意味です。

splitによってテキストは個々の単語にちゃんと分割されているようです。

```
Python 3.7.2 Shell
['I', 'heard', 'you', 'on',
'the', 'wireless', 'back',
'in', 'fifty', 'two']
>>>
```

このリストには、元の文字列のすべての単語（部分文字列）が格納されます。

単語数を求める

オフィスにおける会話

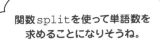

関数splitを使って単語数を求めることになりそうね。

フランク　ジュディ　ジョー

フランク：もうわけがわからないよ。単語数を数えたいのに、まずテキストをリストに分割するわけ？

ジョー：2段階の処理なんだよ、フランク。基本的にすべての単語をリストに抽出してから、リスト内の単語数を数えるんだ。

フランク：数える部分はわかるけど、関数splitはどのように単語を分割して返すの？

ジュディ：フランク、splitは空白やタブや改行を区切り文字として文字列を単語に分割するの。

フランク：じゃあ、空白やタブや改行があると、それを使って単語を分割するんだね。

ジュディ：そのとおり。

ジョー：文字列を単語に分割してリストに格納すれば、簡単に数えられるよ。

フランク：そうだね。関数lenを使えば数えられるよね？

ジョー：僕も同じことを考えていたよ。

ジュディ：じゃあ、こうすればいいのよ。関数splitを使って1章のテキストを単語に分割してリストに格納してから、組み込み関数lenを呼び出して単語数を数えるの。

フランク：賛成！

6章 テキスト、文字列、ヒューリスティック

素朴な疑問に答えます

Q：関数 split は、引数として文字列を取って単語に分割するのですか？

A：それに近い動作をします。関数 split は文字列を取り、部分文字列に分割します。分割の際は、空白やタブや改行を区切り文字とします（コンピュータ科学者は区切り文字をセパレータ（separator）やデリミタ（delimiter）と呼びます）。つまり、文字列に空白、タブ、改行といった区切り文字があると、文字列を分割できる部分であると判断します。分割した結果に生成される部分文字列は、厳密には単語ではない場合もあります。日付、表形式データ、数値などの場合もあります。

Q：空白やタブや改行ではなく、カンマで要素を区切っている場合はどうなるのですか？

A：split では、どんな文字でも区切り文字として指定することができます。例えば、カンマを指定することもできます。でも、空白とカンマを組み合わせるなど、2種類の区切り文字を使えるほどの柔軟性はありません。詳しくは関数 split のドキュメントを読んでください。少し後で、Python のドキュメントを利用する方法を紹介します。また、正規表現を使ってテキスト内の単語をさらに高度に照合する方法もあります。正規表現については付録で説明します。

Q：構文についてもう一度教えてください。`lyrics.split()` は正確にどのように機能するのですか？

A：現時点では、関数をデータ型に付加でき、文字列データ型には関数 split があることだけを知っておいてください。`lyrics.split()` というコードがあれば、文字列に関連する関数 split を使うことを示しています。正確にどのように機能するかは、あとで詳しく説明します。

自分で考えてみよう

関数 split の使い方がわかりましたね。では、関数 compute_readability に戻って、先に進みましょう。擬似コードでは関数 count_words を書きましたが、split を使えばたった2行のコードで単語の総数を求めることができるので、関数今回は count_words は使いません。下のコードを完成することができたら、285ページの答えを確認してください。答え合わせをしたあと、実際にコードを実行してみてください。

```
import ch1text

def compute_readability(text):
    total_words = 0
    total_sentences = 0
    total_syllables = 0
    score = 0

    words = text.split()
    total_words = _____

    print(words)
    print(total_words, 'words')
       print(text)

compute_readability(ch1text.text)
```

テキストを単語に分割しましょう。

ヒント：単語数を数える方法はフランク、ジョー、ジュディがすでに考えてくれました。

単語の総数を計算するコードは1行です。完成させてください。

すべての単語と総数を出力しましょう。また、古い print は削除しておきましょう。

splitの詳細

出力から、単語を完璧には抽出できていないことに気付いたよ。'book!'、'fire.'、'is,'のような単語があるよ。

あなたの言うとおりです。

関数splitは、デフォルトでは区切り文字として空白とタブと改行を使ってテキストを分割します。splitに第2パラメータとして独自の区切り文字を指定することもできるのですが、残念ながらsplitの実装では、「空白とタブと改行とカンマとピリオドとセミコロンと感嘆符と疑問符」を使うように指定することはできません。その結果、wordsリストの単語には最後に句読記号が付いているものもあります。

しかし、単語数には影響ないので問題ないでしょう。あとで問題を引き起こすかもしれませんが、対策はあります。すぐに説明します。

```
Python 3.7.2 Shell
['The', 'first', 'thing', 'that', 'stands', 'between', 'you', 'and', 'writing', 'your',
'first,', 'real', 'piece', 'of', 'code,', 'is', 'learning', 'the', 'skill', 'of', 'breaking',
'problems', 'down', 'into', 'achievable', 'little', 'actions', 'that', 'a', 'computer',
'can', 'do', 'for', 'you.', 'Of', 'course,', 'you', 'and', 'the', 'computer', 'will', 'also',
'need', 'to', 'be', 'speaking', 'a', 'common', 'language,', 'but', 'we'll', 'get', 'to',
'that', 'topic', 'in', 'just', 'a', 'bit.', 'Now', 'breaking', 'problems', 'down', 'into',
'a', 'number', 'of', 'steps', 'may', 'sound', 'a', 'new', 'skill,', 'but', 'its', 'actually',
'something', 'you', 'do', 'every', 'day.', 'Let's', 'look', 'at', 'an', 'example,', 'a',
'simple', 'one:', 'say', 'you', 'wanted', 'to', 'break', 'the', 'activity', 'of', 'fishing',
'down', 'into', 'a', 'simple', 'set', 'of', 'instructions', 'that', 'you', 'could', 'hand',
'to', 'a', 'robot,', 'who', 'would', 'do', 'your', 'fishing', 'for', 'you.', 'Here's', 'our',
'first', 'attempt', 'to', 'do', 'that,', 'check', 'it', 'out:', 'You', 'can', 'think',
'of', 'these', 'statements', 'as', 'a', 'nice', 'recipe', 'for', 'fishing.', 'Like', 'any',
'recipe,', 'this', 'one', 'provides', 'a', 'set', 'of', 'steps,', 'that', 'when', 'followed',
'in', 'order,', 'will', 'produce', 'some', 'result', 'or', 'outcome', 'in', 'our', 'case,',
'hopefully,', 'catching', 'some', 'fish.', 'Notice', 'that', 'most', 'steps', 'consists',
'of', 'simple', 'instruction,', 'like', '"cast', 'line', 'into', 'pond",', 'or', '"pull',
'in', 'the', 'fish."', 'But', 'also', 'notice', 'that', 'other', 'instructions', 'are',
'a', 'bit', 'different', 'because', 'they', 'depend', 'on', 'a', 'condition', 'like',
'is', 'the', 'bobber', 'above', 'or', 'below', 'water?".', 'Instructions', 'might', 'also',
'direct', 'the', 'flow', 'of', 'the', 'recipe,', 'like', '"if', 'you', 'haven't', 'finished',
'fishing,', 'then', 'cycle', 'back', 'to', 'the', 'beginning', 'and', 'put', 'another',
'worm', 'on', 'the', 'hook."', 'Or,', 'how', 'about', 'a', 'condition', 'for', 'stopping,',
'as', 'in', '"if', 'you're', 'done', 'then', 'go', 'home.', 'You're', 'going', 'to', 'find',
'these', 'simple', 'statements', 'or', 'instructions', 'are', 'the', 'first', 'key', 'to',
'coding,', 'in', 'fact', 'every', 'App', 'or', 'software', 'program', 'you've', 'ever',
'used', 'has', 'been', 'nothing', 'more', 'than', 'a', '(sometimes', 'large)', 'set', 'of',
'simple', 'instructions', 'to', 'the', 'computer', 'that', 'tell', 'it', 'what', 'to', 'do.']
300 words
>>>
```

脳力発揮

単語からピリオドやカンマなどの関係のない文字を取り除きたい場合は、どのようなコードを書けばよいでしょうか？

コードの書き方がわからなくても、どのような処理にするかを考えてみてください。

文の総数を求める

擬似コードの次のステップは、テキスト内の文の数を求めることです。文をカウントできる組み込み関数があれば素晴らしいのですが、そんな関数はないので、自分でよい方法を考えなければいけません。

そこで、提案があります。テキスト内のピリオド、セミコロン、疑問符、感嘆符の個数をカウントすれば、文の数のかなり近い近似値が得られるはずです。標準的ではない方法で句読記号が使われた場合などには向かないかもしれませんが、文の数に近い近似値にはなるはずです。また、テキストのような乱雑なデータを扱うときには完璧にはできないことが多く、少なくとも相当の労力をかけなければ完璧にはできません。このトピックについては、このあと詳しく説明します。

では、どのようにして**終端の句読記号**(つまり、「.」、「;」、「?」、「!」)の数を求めたらよいのでしょうか？ テキスト内の全文字を反復処理し、出現した句読記号の総数を記録するのはどうでしょうか？ いいアイデアだと思いませんか？ しかし、まだ文字列内の文字を反復処理する方法は教えてもらっていませんよね？

文にfor文を使えるとお話ししたことがあるのですが、覚えていますか？ 文字列は一連の文字ですから、for文を使って文字列内の文字を反復処理できます。例を示します。

任意の文字列を使います。

```
lyrics = 'I heard you on the wireless back in fifty two'
for char in lyrics:
    print(char)
```

文字列内の文字を反復処理します。

このループでは毎回、文字列内の次の文字を変数charに代入します。

文字を出力し、どのように動作したのかを確認しましょう。

関数 count_sentences を書く

文字列を反復処理する方法がわかったので、関数 count_sentences の骨組みを書き出してから終端の句読記号の数をカウントするコードを書きましょう。

擬似コードと同様に、テキストが渡されることを期待します。

```
def count_sentences(text):
    count = 0
    for char in text:



    return count
```

これはローカル変数 count です。

ここでテキスト内の文字を 1 文字ずつ反復処理します。

この部分のコードをわれわれは考える必要があります。その文字は句読記号でしょうか？ 句読記号なら、count を 1 増やします。

最後に、結果として count を返します。

スケルトンコードは、コードの主要部分だけを書いて、詳細は書き込まないでおくコーディングスタイルです。スケルトンコードは、擬似コードと完成したコードの間の段階のようなものです。スケルトンコードは、コードのアイデアを大まかに仕上げてから実際の詳細なコードを考えられます。

自分で考えてみよう

ある文字が、ピリオド、セミコロン、疑問符、感嘆符のいずれかであるかを確認し、該当する場合に変数 count の値を 1 増やすようなコードを書けますか？

```
def count_sentences(text):
    count = 0

    for char in text:




    return count
```

ここにコードを書きましょう。

6章 テキスト、文字列、ヒューリスティック

試運転

試運転が遅れています。コード全体をまとめてファイルanalyze.pyに保存し、実行してみましょう。

```python
import ch1text
```

念のため、関数は呼び出す前に定義する必要があります。ですから、count_sentencesを定義できる（あるいは定義できない）場所をよく考えてください。

```python
def count_sentences(text):
    count = 0

    for char in text:
        if char == '.' or char == ';' or char == '?' or char == '!':
            count = count + 1

    return count
```

文をカウントする新しい関数です。

```python
def compute_readability(text):
    total_words = 0
    total_sentences = 0
    total_syllables = 0
    score = 0

    words = text.split()
    total_words = len(words)
    total_sentences = count_sentences(text)
```

253ページの試運転からこの部分を変更しました。

新たに作成した関数を呼び出し、テキストを渡しましょう。

```
    print(text)
    print(total_words, 'words')
    print(total_sentences, 'sentences')

compute_readability(ch1text.text)
```

253ページの試運転からこの部分を変更しました。

文の数を表示する出力を追加します。

300単語
12文
という意味です。

1章のテキストから、このような出力が得られました。

```
Python 3.7.2 Shell
300 words
12 sentences
>>>
```

you are here ▶ 259

in演算子を使う

はい、本当です。

　ここまでに説明した、句読記号であるか否かを判断する方法でもまったく問題ありません。でも、ずっと簡潔な方法で、ある文字と句読記号の集まりを比較できるのです。新たな方法では、ブール演算子 in を利用します。今回初めて登場する in 演算子では、値があるシーケンスに含まれているか否かを判定できます。例えば、4章のスムージーの例では、次のようにリストに特定のスムージーがあるかどうかを調べることができます。

これがシーケンス（リスト）です。

```
smoothies = ['coconut', 'strawberry', 'banana', 'pineapple', 'acai berry']
if 'coconut' in smoothies:
    print('Yes, they have coconut!')
else:
    print('Oh well, no coconut today.')
```

ここではスムージーのリストに `'coconut'`（ココナッツ）があるかどうかを調べています。

「残念、今日はココナッツはなかった」という意味です。

このように表示されます。

```
Python 3.7.2 Shell
Yes, they have coconut!
>>>
```

「やった、ココナッツがあるよ！」という意味です。

6章　テキスト、文字列、ヒューリスティック

しかし、先ほど述べたように文字列もシーケンスです。Pythonでは一貫性を重視するので、文字列でもin演算子を使うことができます。

4章の最後の「例のアレ」（Thing-A-Ma-Jig）の謎を覚えていますか？ そこでも`for`ループを使って文字列を反復処理しました。

これがシーケンス（文字列）です。

```
lyrics = 'I heard you on the wireless back in fifty two'

if 'wireless' in lyrics:
    print('Yes, they have wireless!')
else:
    print('Oh well, no wireless today.')
```

文字列lyricsに'wireless'があるかを調べています。

「はい。wirelessがあります！」

自分で考えてみよう

in演算子を使って関数count_sentencesをもっと簡潔に（そして読みやすく）してみましょう。下では、既存の関数count_sentencesのコードから、句読記号であるかを判定する部分を空欄にしました。さらに、すべての句読記号を含む新しいローカル変数terminalsを追加しています。in演算子を使ってif文を完成させ、現在の文字が句読記号かを判定してください。

```
def count_sentences(text):
    count = 0

    terminals = '.;?!'

    for char in text:

        if _____

            count = count + 1

    return count
```

ここにin演算子を使ったコードを追加してください。

文字列と文字に関する疑問

試運転

擬似コードの次の部分を実装する前にコードを更新します。変更が必要なのは、関数 count_sentences だけです。この関数を変更してテストしてください。出力は、前回の試運転と同じになるはずです。

```
def count_sentences(text):
    count = 0

    terminals = '.;?!'          ← この2行を追加します。
    for char in text:
        if char in terminals:   そして、既存コードにあった
        if char == '.' or char == ';' or char == '?' or char == '!':   比較文を削除します。
            count = count + 1

    return count
```

変更前と同じ出力になるはずです。

```
Python 3.7.2 Shell
300 words
12 sentences
>>>
```

> 文字列は一連の文字だと言うなら、文字列と文字は別のデータ型なの?

多くの言語では、文字と文字列は別のデータ型です。

しかし、Pythonでは同じデータ型です。他の多くの言語では文字を専用のデータ型として扱いますが、Pythonはすべてを文字列として扱います。つまり、Pythonでの文字「A」は、たまたま「A」だけを持つ長さ1の文字列なのです。いい質問です。

6章　テキスト、文字列、ヒューリスティック

> 文字列がシーケンスなら、インデックス構文を使えるの？ `my_string[1]` で先頭の文字を取得することはできるの？

もちろん使えます。

ただし、インデックスは0から始まるので、`my_string[1]` は文字列の2番目の文字にアクセスします。また、`my_string[-1]` を使って文字列の末尾の文字を取得することもできます。同様の構文を使って文字列の**部分文字列**を取得することもできます。詳しくは後で説明します。

> いいね！じゃあ、`mystring[1] = 'e'`という文で文字列の変更もできるんじゃないの？

いいえ、それはできません。

実に文字列は変更できません。シーケンスとしてのリストと文字列の違いの1つは、リストは**可変**で、文字列は**不変**であることです。つまり、リストの要素は変更できますが、文字列内の文字は変更できません。結論から言うと、最近のほぼすべてのプログラミング言語では文字列の変更はできません。なぜなのか疑問に思うでしょう。経験を積めばわかるように、文字列を変更できるとコードの信頼性が損なわれる恐れがあるからでしょう。さらに、効率的なインタプリタの実装が困難です。とはいえ、変更した文字列を新たに作成するだけで実質的にいつでも文字列を「変更」でき、これは最近のほぼすべてのプログラミング言語では一般的です。

音節の数を求める。つまり、ヒューリスティックを好きになる

音節を数えるアルゴリズムを実装できますか？ 248ページの練習問題「能力発揮」で考えたことを覚えていますか？ あの練習問題は少し難しすぎました。ここでお詫びします。もう気付いたと思いますが、音節を数えるアルゴリズムはそう簡単には書けません。単語の大規模なデータベースがなければ、決定的なアルゴリズムが存在するとは言えません。

音節を数えるという問題は実はとても複雑です。なぜなら、英語が複雑だからです。例えば、「walked」は1音節なのに、なぜ「loaded」は2音節なのでしょうか？ 英語はこのような矛盾をたくさん抱えています。

このような問題は、アルゴリズムではなく**ヒューリスティック**で対応します。ヒューリスティックはアルゴリズムによく似ていますが、100%の解決策ではありません。例えば、ヒューリスティックではある程度正しい答えで問題を解決するかもしれませんが、必ずしも完璧な答えとはなりません。

では、どの程度正しいのがヒューリスティックなのでしょうか？ なぜ完璧な答えのアルゴリズムを書かないのでしょうか？ それには多くの理由があります。この本の例では、英語の矛盾性を考えると、（繰り返しますが、大規模な単語データベースを使わずに）音節を完璧に見つける方法が存在しないかもしれないからです。または、100%の解決策には大幅な計算時間（またはメモリ）が必要なためアルゴリズムが非現実的であるのに対し、ある程度正しい答えなら必要な時間（またはメモリ）をかなり抑えられる場合もあります。また、実装の担当者が問題のすべての面を把握しているわけではないため、部分的な解決策を用意することが最善の方法である場合もあります。

しかし、この本での問題に戻ると、音節数を求めるのは手間がかかるので、まずはテキスト内の音節数を見積もることを目的とします。完璧とはなりませんが、近い値にはなるでしょう。また、興味があれば、この本のヒューリスティックを自分でさらに改善する方法がたくさんあるので挑戦してみてください（アイデアをいくつか紹介します）。

脳力発揮

あなたにもう一度チャンスを与えます。任意の単語の音節をカウントする方法を考えてください。例として、この本の本文の単語を調べてください。単語の音節数をカウントする一般的な規則があるかどうか考えて、ここにメモしてください。ヒントを書いておきます。

単語が3文字以下なら、通常は音節は1つ。

> われわれが気付いた規則です。他にどんな規則が考えられるでしょうか。

6章　テキスト、文字列、ヒューリスティック

> なんでこんなに難しいのかしら。どうして辞書を使わないの？ 辞書には単語の音節が全部書いてあるわよ。

確かにあなたの言うとおりです。

しかし、英語の辞書全体を読み込んで単語を検索できるようにすることは、実は大変な作業です。大量のデータとストレージが必要なだけでなく、許容できる時間内にプログラムが応答できるようにするには、データベースや検索エンジンなどの技術も必要です。また、辞書データのライセンスにも相当なコストがかかるでしょう。

辞書を使う方法と、ヒューリスティックによって80%〜90%以上の正しさを実現できそうな簡単な規則をいくつか実装する方法を比較すると、技術の方向としてヒューリスティックが魅力的に感じてくるのです。

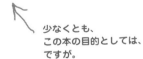

少なくとも、この本の目的としては、ですが。

オフィスにおける会話の続き

確かに、音節を数えるほうが単語を数えるより少し難しそうだ。

ジョー：僕もそう思ったよ。単語が3文字以下なら、1音節と考えてよさそうだね。

ジュディ：その規則には例外がきっとあるとは思うけど、いいんじゃないかしら。それと、単語の持つ母音数は、音節数の目安になると思うのよ。

ジョー：じゃあ、「chocolate」（チョコレート）はどう？

ジュディ：もちろんいただくわ！

ジョー：そうじゃなくて、「chocolate」という単語には、3つの母音と3つの音節があるよね。

ジュディ：末尾の発音しないeは数えなかったのね。他にも少し注意点があるわね。

ジョー：例えば？

ジュディ：例えば、「looker」という単語にはooのように連続する母音があるけど、このような場合には最初の母音だけを数える必要があるわ。

ジョー：じゃあ、最初のoと次にeをカウントするから、2音節になるね。

ジョー：ジュディの言うとおり多くの単語の末尾には発音しないeがあるよね。「home」とか。

ジュディ：そうなのよ。「home」のoは数えるけど、末尾のeは数えないの。だから1音節ね。

ジュディ：それに関連して、「proxy」みたいに単語の末尾のyは音節に数えられることが多いから、多分yも母音と同じように考える必要があるんじゃない？

ジョー：末尾のyも音節としてカウントするようにしよう。

ジュディ：そうね。他にも、特殊な場合があるわ。「walked」は1つしか音節がないけど「loaded」は2音節よ。

ジョー：そうだね。特殊な場合の単語リストを作成して、その単語をすべて調べるようにしようか。

ジュディ：時間が限られているから、一般的な規則で始めて必要になったら特殊な場合を改めて検討しましょうよ。

ジョー：それがよさそうだね。

ヒューリスティックの作成

音節カウントヒューリスティックを作成するためのいいアイデアが浮かびました。もちろん、まだまだアイデアが浮かぶと思います。アイデアをまとめてから実装を始めましょう。

- ☐ 単語が3文字以下なら、1音節として数える。
- ☐ 4文字以上なら、母音の数をカウントし、その数を音節数とする。
- ☐ さらに正確に数えるために、連続する母音は削除する。
- ☐ 末尾のeは発音しないので削除する。
- ☐ 末尾のyは母音として扱う。

さらに関数`count_syllables`も作成し、その関数を使ってコードを書きましょう。次のようにします。

```
def count_syllables(words):
    count = 0
    for word in words:
        word_count = count_syllables_in_word(word)
        count = count + word_count
    return count
```

- 新しい関数。引数として単語のリストを取ります。
- ローカル変数countを使って音節の総数を保存します。
- 単語リストの全単語を反復処理します。
- そして、`count_syllables_in_word`という別の関数を呼び出します。この関数は次に記述します。この関数は、1つの単語の音節数を返します。
- 次に、現在の単語の音節数を総数に加えます。
- ローカル変数word_countは、現在の単語の音節数を格納します。おそらく最もわかりやすい変数名ではありませんが、`syllable_count`を選ぶと関数名に似すぎてしまいます。このような場面では、選んだ変数名を文書化して混乱を避けるとよいでしょう。
- 最後に、全単語の音節の総数を返します。

```
def count_syllables_in_word(word):
    count = 0
    
    return count
```

- `count_syllables_in_word`関数は、パラメータとして1つの文字列wordを取ります。
- ここでもローカル変数countを使って音節数を管理します。
- ここにヒューリスティックコードを追加します。
- 終わったらcountを返します。

音節を数えるコードを書く

試運転

analyze.pyファイルに新しいコードを追加します。現時点では、構文エラーが起こらないことを確認するだけでOKです。出力は前と同じです。

```
def count_syllables(words):
    count = 0

    for word in words:
        word_count = count_syllables_in_word(word)
        count = count + word_count

    return count

def count_syllables_in_word(word):
    count = 0

    return count
```

ファイル先頭のimport文の直後にこのコードを追加します。

ヒューリスティックを書く

前ページのヒューリスティックの作業一覧によると、まず3文字以下の単語を1音節として扱います。しかし、文字列の長さはどのように判断するのでしょうか？ 実は、その方法をすでに使っています。4章ではlenを使ってリストの長さを取得しました。Pythonではすべてのシーケンスにlenを使うことができます。文字列は文字のシーケンスです。

試してみましょう。

今はここです。→

- [ ] 単語が3文字以下なら、1音節として数える。
- [ ] 4文字以上なら、母音の数をカウントし、その数を音節数とする。
- [ ] さらに正確に数えるために、連続する母音は削除する。
- [ ] 末尾のeは発音しないので削除する。
- [ ] 末尾のyは母音として扱う。

この章の共通テーマ。

```
def count_syllables_in_word(word):
    count = 0

    if len(word) <= 3:
        return 1
    return count
```

関数lenを使ってword（文字列）の長さを取得します。長さが3以下なら、if文のコードブロックを実行します。

wordの長さが3以下なら、計算を終了してこの関数から1を返します。

母音をカウントする

次に、単語内の母音を数えます。文字列内の句読記号を探したときと同じような処理を行います。すべての母音を含む文字列を定義し、in演算子を使って単語の文字がその母音の文字列に含まれるかどうかを調べます。単語をすべて大文字で入力した場合に備えて、小文字と大文字の両方の母音と比較します。

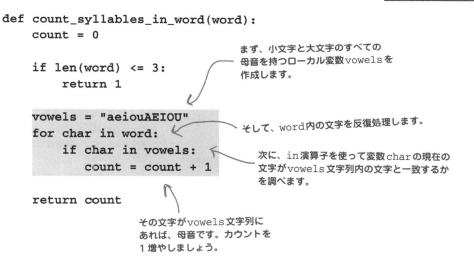

```
def count_syllables_in_word(word):
    count = 0

    if len(word) <= 3:
        return 1

    vowels = "aeiouAEIOU"
    for char in word:
        if char in vowels:
            count = count + 1

    return count
```

まず、小文字と大文字のすべての母音を持つローカル変数vowelsを作成します。

そして、word内の文字を反復処理します。

次に、in演算子を使って変数charの現在の文字がvowels文字列内の文字と一致するかを調べます。

その文字がvowels文字列にあれば、母音です。カウントを1増やしましょう。

連続する母音を無視する

まだ終わりではありません。次に2つ以上の連続する母音のことを考慮しないといけません。例えば、単語「book」の場合は、最初のoは数えますが、2番目のoは無視し、合計で1音節とします。単語「roomful」の場合は、最初のoを数えて2番目のoは無視し、6文字目のuは数えるので合計で2音節となります。

そこで、上のコードのように、単語内の文字が母音かどうかをまず調べ、母音であれば、以降の母音は別の子音が出てくるまで無視するようにします。その後、単語の末尾に到達するまでこの処理を繰り返します。

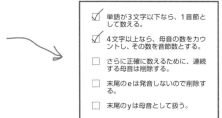

連続する母音を無視するコードを書く

では、連続する母音に対応するコードを実装しましょう。まず、ブール変数を使って前の文字が母音かどうかを記録し、前の文字が母音なら現在の文字が母音でも数えないことにします。コードを確認してみましょう。

```
def count_syllables_in_word(word):
    count = 0

    if len(word) <= 3:
        return 1

    vowels = "aeiouAEIOU"
    prev_char_was_vowel = False

    for char in word:
        if char in vowels:
            if not prev_char_was_vowel:
                count = count + 1
            prev_char_was_vowel = True
        else:
            prev_char_was_vowel = False

    return count
```

ここでは多くの処理を行っています。十分時間をかけ、どのように動作するかをよく理解してください。

まず、新しいローカル変数 `prev_char_was_vowel` を追加し、`False` に設定します。

関数 `count_syllables` や関数 `count_syllables_in_word` と同様に、`word` 内の文字を反復処理します。

現在の文字が文字列 `vowels` に含まれるか否かを判定します。

現在の文字が母音で前の文字が母音でなければ、音節カウントを1増やします。

前の文字が母音であってもなくても、`prev_char_was_vowel` を `True` に設定してから次の文字を処理します。

現在の文字が母音でなければ、単に `prev_char_was_vowel` を `False` に設定して次の文字を処理します。

インタプリタになってみよう

上の関数 `count_syllables_in_word` を引数 `roomful` を指定して呼び出します。自分がインタプリタになったつもりで、ループの反復ごとのローカル変数の値の変化を記入してください。この練習問題が終わったら、287ページで答えが正しかったかどうかを確認してください。

char	prev_char_was_vowel	count
r	False	0
o		
o		
m		
f		
u		
l		

それぞれの反復が完了した時点でのローカル変数の値を記録します。どのように変化したでしょうか。

6章　テキスト、文字列、ヒューリスティック

ここで、2つの関数を更新しましょう。関数count_syllables_in_wordに新しい行を追加し、関数compute_readabilityからは関数count_syllablesを呼び出すようにしましょう。下の網掛けした部分が、新たに追加する行です（詳しい説明はあとで行います）。実際に追加して実行してみてください。

```
def count_syllables_in_word(word):
    count = 0

    if len(word) <= 3:
        return 1
    vowels = "aeiouAEIOU"
    prev_char_was_vowel = False
    for char in word:
        if char in vowels:
            if not prev_char_was_vowel:
                count = count + 1
            prev_char_was_vowel = True
        else:
            prev_char_was_vowel = False

    return count
```

```
def compute_readability(text):
    total_words = 0
    total_sentences = 0
    total_syllables = 0
    score = 0

    words = text.split()
    total_words = len(words)
    total_sentences = count_sentences(text)
    total_syllables = count_syllables(words)

    print(total_words, 'words')
    print(total_sentences, 'sentences')
    print(total_syllables, 'syllables')

compute_readability(text)
```

単語、文、音節の数がこれと同じように出力されていることを確認してください。同じでなければ、コードを再確認してください。この本のソースコードと比較して間違いを探してもいいでしょう。

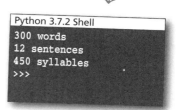

末尾のe、y、句読記号を取り除く

これで残る作業は2つだけとなりました。末尾のeを取り除くことと、末尾のyを数えることです。実は、もう1つ問題を忘れています。まだ末尾に句読記号を持つ単語があることです。先に句読記号を取り除きましょう。

リスト words には、「first,」、「you.」、「out:」といった単語があります。これらは「first」、「you」、「out」に置き換えたいので、単語の句読記号を除いた部分文字列を取得するようにします。Pythonでは**スライス**を使って部分文字列を取得します。スライスがどのように機能するのか確認しましょう。

- ☑ 単語が3文字以下なら、1音節として数える。
- ☑ 4文字以上なら、母音の数をカウントし、その数を音節数とする。
- ☑ さらに正確に数えるために、連続する母音は削除する。
- ☐ 末尾のeは発音しないので削除する。
- ☐ 末尾のyは母音として扱う。

スライスを制する者がすべてを制す

部分文字列が登場したので、部分文字列とは一体何かについてもう少し詳しくお話ししましょう。部分文字列とは、ある文字列に含まれる文字列です。

```
lyrics = 'I heard you on the wireless back in fifty two'
```

という文字列がある場合、'I' は部分文字列です。'I heard'、'on the wire'、'o' なども部分文字列です。文字列がある場合、Pythonにはスライス構文を使って文字列から部分文字列を抽出する方法があります。スライス構文は次のように機能します。

開始インデックスから始まる文字列をスライスします。

終了インデックスで終了します。ただし、このインデックスは含みません。

```
my_substring = lyrics[2:7]
print(my_substring)
```

カンマではなくコロンです！間違えないように。

つまり、これはインデックス2から6までを含む文字列「heard」です。

```
Python 3.7.2 Shell
heard
>>>
```

スライスの他の使い方も調べましょう。開始インデックスを省略すると、リストの先頭から開始するものとみなしてスライスします。

```
my_substring = lyrics[:6]
print(my_substring)
```

開始インデックスを省略すると、文字列の先頭からスライスを開始することを意味します。

```
Python 3.7.2 Shell
I hear
>>>
```

同様に、終了インデックスを省略すると、リストの末尾で終了するものとみなしてスライスします。

```
my_substring = lyrics[28:]
print(my_substring)
```

終了インデックスを省略すると、文字列の末尾でスライスを終了することを意味します。

```
Python 3.7.2 Shell
back in fifty two
>>>
```

リストの場合と同様、負のインデックスも使えます。

文字列の末尾から1文字手前で終了することを示します。

```
my_substring = lyrics[28:-1]
print(my_substring)
```

```
Python 3.7.2 Shell
back in fifty tw
>>>
```

開始インデックスに負の数を指定することもできます。

文字列の末尾から17文字目から開始し、文字列の末尾までをスライスします。

```
my_substring = lyrics[-17:]
print(my_substring)
```

```
Python 3.7.2 Shell
back in fifty two
>>>
```

なんと、スライスできるのは文字列だけではない！

Pythonはできるだけ一貫性を保とうとすると以前言ったのですが、覚えていますか？ 例えば文字列だけでなく、リストにもスライスを使うことができます！

```
smoothies = ['coconut', 'strawberry', 'banana', 'pineapple', 'acai berry']
```

このリストは何回も登場していますね。

これはリストのスライスの例です。文字列と同様にインデックスを指定します。

このように評価されます。

```
smoothies[2:4]        ['banana', 'pineapple']
```
このように評価されます。
```
smoothies[:2]         ['coconut', 'strawberry']
```
このように評価されます。
```
smoothies[3:-1]       ['pineapple']
```

文字列のスライスに関する詳細

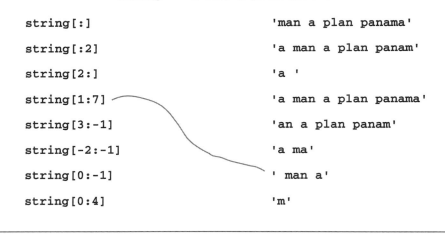

スライス（部分文字列）を利用する

スライスを使って、例えば文字列 "out:" から簡単に部分文字列 "out" を作成できます。実際に、いままでの数ページでスライスの練習をしたので、このコードの意味はわかるようになりましたよね。

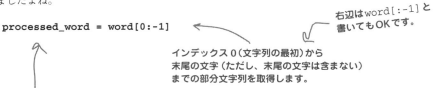

しかし、どのようなときに単語の末尾の文字を取り除くかを判断するロジックが必要です。末尾の文字がピリオド、カンマ、セミコロン、感嘆符、疑問符の場合に取り除く必要があります。この章で学んできたおかげで必要な知識はすでにそろっています。さっそく始めましょう。

```python
def count_syllables_in_word(word):
    count = 0

    endings = '.,;!?:'         # 句読記号がすべてそろっている文字列を用意します。
    last_char = word[-1]       # 変数wordの末尾の文字を取得します。

    if last_char in endings:   # 末尾の文字が句読記号かどうかを判定します。
        processed_word = word[0:-1]   # 句読記号であれば、processed_wordに末尾の文字を除いたwordを設定します。
    else:
        processed_word = word  # 句読記号でなければ、processed_wordにword全体を設定します。

    if len(processed_word) <= 3:
        return 1               # 以降は、wordではなくprocessed_wordを使います。

    vowels = "aeiouAEIOU"
    prev_char_was_vowel = False

    for char in processed_word:
        if char in vowels:
            if not prev_char_was_vowel:
                count = count + 1
            prev_char_was_vowel = True
        else:
            prev_char_was_vowel = False

    return count
```

まだ入力する必要はありません。次のページから入力していきます。

自分で考えてみよう

変数processed_wordではすでに末尾の句読記号が取り除かれているとします。末尾に文字eがある場合、その文字を取り除くコードを書いてください。

音節カウントのテスト

試運転

スライスを使ったコードを追加してみましょう。新たに追加するコードは網をかけて強調しています。このコードを入力したら、試しに実行して、音節カウントの違いを確認してください。

```python
def count_syllables_in_word(word):
    count = 0

    endings = '.,;!?:'
    last_char = word[-1]
    if last_char in endings:
        processed_word = word[0:-1]
    else:
        processed_word = word

    if len(processed_word) <= 3:
        return 1

    if processed_word[-1] in 'eE':
        processed_word = processed_word[0:-1]

    vowels = "aeiouAEIOU"
    prev_char_was_vowel = False

    for char in processed_word:
        if char in vowels:
            if not prev_char_was_vowel:
                count = count + 1
            prev_char_was_vowel = True
        else:
            prev_char_was_vowel = False

    return count
```

前のページで説明した内容を追加します。

長さが3以下の単語を調べたあと、発音しない末尾の文字eを取り除いています。

このコードでは音節の数が減っています！

```
Python 3.7.2 Shell
300 words
12 sentences
410 syllables
>>>
```

ヒューリスティックコードを完成させる

　ヒューリスティックの実装の最後の段階に来ました。あとは、単語の末尾のyを音節として数えるだけです。単語の末尾を調べる方法はもうわかっていますよね。末尾にyがある場合にローカル変数countを1増やせばいいのです。いままでのことをすべてまとめ、count_syllablesはもちろん、count_syllables_in_wordの最終版もテストしましょう。

- ☑ 単語が3文字以下なら、1音節として数える。
- ☑ 4文字以上なら、母音の数をカウントし、その数を音節数とする。
- ☑ さらに正確に数えるために、連続する母音は削除する。
- ☑ 末尾のeは発音しないので削除する。
- ☐ 末尾のyは母音として扱う。

6章 テキスト、文字列、ヒューリスティック

試運転

そろそろ関数`count_syllables_in_word`を完成させましょう。この関数`count_syllables_in_word`は、単語の末尾にyがある場合に音節数を1増やしています。このコードを実行して最終的な音節数を求めてください。

```python
def count_syllables_in_word(word):
    count = 0

    endings = '.,;!?:'
    last_char = word[-1]

    if last_char in endings:
        processed_word = word[0:-1]
    else:
        processed_word = word

    if len(processed_word) <= 3:
        return 1

    if processed_word[-1] in 'eE':
        processed_word = processed_word[0:-1]


    vowels = "aeiouAEIOU"
    prev_char_was_vowel = False

    for char in processed_word:
        if char in vowels:
            if not prev_char_was_vowel:
                count = count + 1
            prev_char_was_vowel = True
        else:
            prev_char_was_vowel = False

    if processed_word[-1] in 'yY':
        count = count + 1

    return count
```

単語の末尾がyまたはYであるかを判定します。末尾がyまたはYの場合には音節数を1増やします。

末尾がyの単語があったようなので、音節数が増えています。

```
Python 3.7.2 Shell
300 words
12 sentences
416 syllables
>>>
```

とても長い関数になりましたね。でもまったく問題ありません。文章も長くなると読みづらく理解しづらくなってしまいますが、関数も同様です。長くなりすぎると、理解したり、覚えるのが難しくなってしまうことが、これでわかると思います。

読みやすさ公式の実装

あと一息です。読みやすさスコアを計算する公式を実装し、結果を表示することだけが残っています。公式に関しては、必要な要素（単語の数、文の数、音節の数）はすでに求められています。もう一度元の公式を見てみましょう。

$$206.835 - 1.015 \left(\frac{単語の総数}{文の総数} \right) - 84.6 \left(\frac{音節の総数}{単語の総数} \right)$$

これをPythonのコードに変換しましょう。

```
score = (206.835
        - 1.015 * (total_words / total_sentences)
        - 84.6 * (total_syllables / total_words))
```

単語の総数 ↓　　文の総数 ↓　　かっこで囲むと、複数行にわたって書けましたよね。

音節の総数 ↑　　単語の総数 ↑

試運転

この公式を関数compute_readabilityに追加しましょう。この公式と新たなprintを追加して試してみましょう。

```
def compute_readability(text):
    total_words = 0
    total_sentences = 0
    total_syllables = 0
    score = 0
    
    words = text.split()
    total_words = len(words)
    total_sentences = count_sentences(text)
    total_syllables = count_syllables(words)
    
    score = (206.835
            - 1.015 * (total_words / total_sentences)
            - 84.6 * (total_syllables / total_words))
    
    print(total_words, 'words')
    print(total_sentences, 'sentences')
    print(total_syllables, 'syllables')
    print(score, 'reading ease score')
```

この公式を単語、文、音節をカウントするコードに追加します。

printを追加して結果を表示します。

素晴らしい。読みやすさスコアが求められました！

```
Python 3.7.2 Shell
300 words
12 sentences
416 syllables
64.14800000000001 reading ease score
>>>
```

6章　テキスト、文字列、ヒューリスティック

自分で考えてみよう

読みやすさスコアが計算できたので、あとは結果を出力するだけです。擬似コードで示したようにパラメータとしてスコアを取り、読解レベルを出力する関数`output_results`を定義してください。取り組みやすくするため、擬似コードを再度示しておきました。

```
IF score >= 90.0:
    PRINT 'Reading level of 5th Grade'
ELIF sccres >= 80.0:
    PRINT 'Reading level of 6th Grade'
ELIF scores >= 70.0:
    PRINT 'Reading level of 7th Grade'
ELIF scores >= 60.0:
    PRINT 'Reading level of 8-9th Grade'
ELIF scores >= 50.0:
    PRINT 'Reading level of 10-12th Grade'
ELIF scores >= 30.0:
    PRINT 'Reading level of College Student'
ELSE:
    PRINT 'Reading level of College Graduate'
```

擬似コード

ここにPythonのコードを書いてください。

完成したコード

最後の試運転です。関数output_resultsを追加すれば、コードは完成します。次に示す追加と変更を行ってください。そうして出来上がったものが、最終的なコードとなります。

```python
import ch1text

def count_syllables(words):
    count = 0
    
    for word in words:
        word_count = count_syllables_in_word(word)
        count = count + word_count
    
    return count

def count_syllables_in_word(word):
    count = 0
    
    endings = '.,;!?:'
    last_char = word[-1]
    
    if last_char in endings:
        processed_word = word[0:-1]
    else:
        processed_word = word
    
    if len(processed_word) <= 3:
        return 1
    
    if processed_word[-1] in 'eE':
        processed_word = processed_word[0:-1]
    
    vowels = "aeiouAEIOU"
    prev_char_was_vowel = False
    
    for char in processed_word:
        if char in vowels:
            if not prev_char_was_vowel:
                count = count + 1
            prev_char_was_vowel = True
        else:
            prev_char_was_vowel = False
    
    if processed_word[-1] in 'yY':
        count = count + 1
    
    return count
```

これはいままでに書いたコード全体です。すでにanalyze.pyファイルに入っています。

次のページにもさらにコードが続きます。

6章 テキスト、文字列、ヒューリスティック

```
def count_sentences(text):
    count = 0

    terminals = '.;?!'
    for char in text:
        if char in terminals:
            count = count + 1

    return count

def output_results(score):
    if score >= 90:
        print('Reading level of 5th Grade')
    elif score >= 80:
        print('Reading level of 6th Grade')
    elif score >= 70:
        print('Reading level of 7th Grade')
    elif score >= 60:
        print('Reading level of 8-9th Grade')
    elif score >= 50:
        print('Reading level of 10-12th Grade')
    elif score >= 30:
        print('Reading level of College Student')
    else:
        print('Reading level of College Graduate')

def compute_readability(text):
    total_words = 0
    total_sentences = 0
    total_syllables = 0
    score = 0

    words = text.split()
    total_words = len(words)
    total_sentences = count_sentences(text)
    total_syllables = count_syllables(words)

score = (206.835
        - 1.015 * (total_words / total_sentences)
        - 84.6 * (total_syllables / total_words))

    print(total_words, 'words')
    print(total_sentences, 'sentences')
    print(total_syllables, 'syllables')
    print(score, 'readability score')
    output_results(score)

compute_readability(ch1text.text)
```

新たな関数 `output_results` を追加します。

この本の文章はアメリカの中学2、3年のレベルです。この範囲のスコアはほとんどの書籍や記事にふさわしいと考えられているので、それほど悪くはありません！

「中学2、3年の読解レベル」という意味です。

新しい関数を呼び出し、スコアを渡していることを確認してください。

```
Python 3.7.2 Shell
Reading level of 8-9th Grade
>>>
```

you are here ▶ 281

スコアの説明

中学2、3年の読解レベルでいいと言っているの？この本の著者は博士号とかを持っているんじゃないの？

高いスコアや低いスコアを取ることが目的ではありません。

　ルドルフ・フレッシュの読みやすさ検査において、低いスコアはテキストがかなり読みにくいことを示しています。例えば、30〜50の範囲のスコアは、高度な大学の教科書や科学分野の研究論文のようなテキストであることを示しています。低いスコアはHead First書籍の書き出しにふさわしくありません。実際には、その逆です。

　この本は高校入学程度の人に読んでもらいたいので、このスコアはそれほど的外れではありません。さらに、別の例も考えてください。例えば、若年層向けの小説を書いたとします。おそらく、もっと低い読解レベル（例えば、中学1年レベル）で高いスコア（例えば、70〜80）を示すスコアが必要で、中学生にもわかりやすいテキストにしたいでしょう。

スコア	レベル	説明
100.00〜90.00	小学5年生	非常に読みやすい。平均的な11歳が簡単に理解できる。
90.0〜80.0	小学6年生	読みやすい。一般的な会話。
80.0〜70.0	中学1年生	やや読みやすい。
70.0〜60.0	中学2、3年生	普通。14歳〜15歳が簡単に理解できる。
60.0〜50.0	高校生	やや読みにくい。
50.0〜30.0	大学生	読みにくい。
30.0〜0.0	大卒	非常に読みにくい。大卒なら理解できる。

さらに進める

好きな作家、情報源、あるいは自分で書いた文章を調べたくないですか？ その方法を示します。

7章でもっと優れた方法を紹介します。

- 新たなファイルを作成し、.pyで終わる名前を付ける。
- 3つのクォートを使って、複数行テキストを追加して変数に代入する。一貫性を保つために、textという名前にすることを勧める。
- analyze.pyファイルで、新しいファイル（モジュールとも呼ばれる）をインポートする。
- 関数compute_readabilityを呼び出し、モジュール名の後に変数名textを付けて渡す。

ヒューリスティックのコードはさらに改善することもできます。単語リストをよく見ると、単語を目立たせるためのダブルクォートなど、他にも対応が必要な問題があります。このような特殊文字リストも作成できますよね？

このように、プログラムの仕事には本当の終わりはありませんが、この章に関しては終わりです。残りは、重要ポイントとクロスワードだけです。とにかく、おめでとうございます。この章は大変な章でしたが、あなたのコーディングの能力は格段に向上しています！

重要ポイント

- 3つのクォートを使うと、コードに複数行テキストを追加できる。
- 文字列の長さを調べるには、リストの場合と同様にlen関数を使う。
- 文字列のsplit関数は区切り文字で文字列を単語に分割し、リストに入れる。
- デリミタ（delimiter）はセパレータ（separator：区切り文字）の別名。
- 文字列は不変、リストは可変。
- 可変とは変更できることを意味し、不変とは変更できないことを意味する。
- 最近のほとんどの言語では文字列は不変。
- for文を使って文字列の文字を反復処理できる。
- インデックス表記を使って文字列内の文字にもアクセスできる。
- ブール演算子inで、リストや文字列に値が含まれているかどうかを調べられる。
- ヒューリスティックは最適な推定やある程度正しい答えを示すが、必ずしも完璧ではない。
- ヒューリスティックは、アルゴリズムがコンピュータ的に実用的ではないかわからないときによく使う。
- 文字列は、部分文字列を返すスライス表記をサポートしている。リストにもこのスライス表記を利用できる。
- Pythonには、一部のプログラミング言語にあるような文字列とは別の文字型はない。Pythonではすべてのテキストが文字列である。

よくやった！

コーディングクロスワード

この章は文字作成の章でした。ちょっとしたクロスワードでくつろいでください。

ヨコのカギ

2. これを取り除いた。
3. 調べるテキストの出所。
5. in 演算子はこれに使う。
6. 一部の単語の末尾についているもの。
7. セパレータ（区切り文字）の別名。
10. このような母音を無視した。
12. 文字列の一部。
13. 1952年にこれで聞いた。
15. 公式を考え出した人。
16. このためのヒューリスティックが必要だった。

タテのカギ

1. 新しい仕事。
4. 100% ではない解決策。
8. 変更できないという意味。
9. 音節を求めるのが簡単になる可能性がある。
11. Python で部分文字列を取得する方法。
14. 文字列を分割する。

6章 テキスト、文字列、ヒューリスティック

エクササイズの答え

ch6/text.txtファイルのテキストをPythonのファイルに格納するには、IDLEで新規ファイルを作成して、下のコードを追加するだけです。1章のテキストの場合も同様に、IDLEでtext.txtを開き、新規Pythonファイルにテキストをコピー＆ペーストし、ファイルをch1text.pyとして保存すればいいのです。

最後にコードを実行すると、本文全体が出力されます。

本文全体が出力されます。ここに表示されているのは最後の部分です。

```
Python 3.7.2 Shell
into pond", or "pull in the fish." But also notice that other
instructions are a bit different because they depend on a condition,
like "is the bobber above or below water?". Instructions might also
direct the flow of the recipe, like "if you haven't finished fishing,
then cycle back to the beginning and put another worm on the hook."
Or, how about a condition for stopping, as in "if you're done" then go
home.

You're going to find these simple statements or instructions are the
first key to coding, in fact every App or software program you've ever
used has been nothing more than a (sometimes large) set of simple
instructions to the computer that tell it what to do.
>>>
```

自分で考えてみようの答え

関数splitの使い方がわかりましたね。では、関数compute_readabilityに戻って先に進みましょう。擬似コードでは関数count_wordsを書きましたが、splitを使えばたった2行で単語の総数を求めることができるので、関数count_wordsは今回は使いません。下のコードを完成させてください。

```python
import ch1text

def compute_readability(text):
    total_words = 0
    total_sentences = 0
    total_syllables = 0
    score = 0

    words = text.split()
    total_words = len(words)
    print(words)
    print('total words', total_words)
    print(text)

compute_readability(ch1text.text)
```

単語の総数を取得するために、単語のリストに関数lenを使います。

```
Python 3.7.2 Shell
['The', 'first', 'thing', 'that', 'stands', 'between', 'you', 'and', 'writing',
'your', 'first,', 'real,', 'piece', 'of', 'code,', 'is', 'learning', 'the',
'skill', 'of', 'breaking', 'problems', 'down', 'into', 'achievable', 'little',
'actions', 'that', 'a', 'computer', 'can', 'do', 'for', 'you.', 'Of',
'course,', 'you', 'and', 'the', 'computer', 'will', 'also', 'need', 'to',
'be', 'speaking', 'a', 'common', 'language,', 'but', "we'll", 'get', 'to',
'that', 'topic', 'in', 'just', 'a', 'bit.', 'Now', 'breaking', 'problems',
'down', 'into', 'a', 'number', 'of', 'steps', 'may', 'sound', 'a', 'new',
'skill,', 'but', 'its', 'actually', 'something', 'you', 'do', 'every',
'day.', "Let's", 'look', 'at', 'an', 'example,', 'a', 'simple', 'one:', 'say',
'you', 'wanted', 'to', 'break', 'the', 'activity,', 'of', 'fishing', 'down',
'into', 'a', 'simple', 'set', 'of', 'instructions', 'that', 'you', 'could',
'hand', 'to', 'a', 'robot,', 'who', 'would', 'do', 'your', 'fishing', 'for',
'you.', "Here's", 'our', 'first', 'attempt', 'to', 'do', 'that,', 'check',
'it', 'out:', 'You', 'can', 'think', 'of', 'these', 'statements', 'as',
'a', 'nice', 'recipe', 'for', 'fishing.', 'Like', 'any', 'recipe,', 'this',
'one', 'provides', 'a', 'set', 'of', 'steps,', 'that', 'when', 'followed',
'in', 'order,', 'will', 'produce', 'some', 'result', 'or', 'outcome', 'in',
'our', 'case,', 'hopefully,', 'catching', 'some', 'fish.', 'Notice', 'that',
'most', 'steps', 'consists', 'of', 'simple', 'instruction,', 'like', 'cast',
'line', 'into', 'pond",', 'or', '"pull', 'in', 'the', 'fish."', 'But', 'also',
'notice', 'that', 'other', 'instructions', 'are', 'a', 'bit', 'different',
'because', 'they', 'depend', 'on', 'a', 'condition,', 'like', 'is', 'the',
'bobber', 'above', 'or', 'below', 'water?".', 'Instructions', 'might', 'also',
'direct', 'the', 'flow', 'of', 'the', 'recipe,', 'like', '"if', 'you', "haven't",
'finished', 'fishing,', 'then', 'cycle', 'back', 'to', 'the', 'beginning',
'and', 'put', 'another', 'worm', 'on', 'the', 'hook."', 'Or,', 'how', 'about',
'a', 'condition', 'for', 'stopping,', 'as', 'in', 'if', "you're", 'done"',
'then', 'go', 'home.', "You're", 'going', 'to', 'find', 'these', 'simple',
'statements', 'or', 'instructions', 'are', 'the', 'first', 'key', 'to',
'coding,', 'in', 'fact', 'every', 'App', 'or', 'software', 'program', "you've",
'ever', 'used', 'has', 'been', 'nothing', 'more', 'than', 'a', '(sometimes',
'large)', 'set', 'of', 'simple', 'instructions', 'to', 'the', 'computer',
'that', 'tell', 'it', 'what', 'to', 'do.']
300 words
>>>
```

練習問題の答え

自分で考えてみよう の答え

ある文字が、ピリオド、セミコロン、疑問符、感嘆符のいずれかであるかを確認し、該当する場合に変数 count の値を1増やすようなコードを書けますか？

```python
def count_sentences(text):
    count = 0

    for char in text:
        if char == '.' or char == ';' or char == '?' or char == '!':
            count = count + 1

    return count
```

char が句読記号であるかを調べ、句読記号なら count を1増やします。

自分で考えてみよう の答え

in 演算子を使って関数 count_sentences をもっと簡潔に（そして読みやすく）してみましょう。下では、既存の関数 count_sentences のコードから、句読記号であるかを判定する部分を空欄にしました。さらに、すべての句読記号を含む新しいローカル変数 terminals を追加しています。in 演算子を使って if 文を完成させ、現在の文字が句読記号かを判断してください。

```python
def count_sentences(text):
    count = 0

    terminals = '.;?!'

    for char in text:

        if char in terminals:
            count = count + 1

    return count
```

おお、ずっと簡潔で読みやすい！

6章 テキスト、文字列、ヒューリスティック

インタプリタになってみようの答え

上の関数 count_syllables_in_word を使って、自分がインタプリタになったつもりで振る舞ってください。この関数 count_syllables_in_word に引数 roomful を指定して呼び出します。

char	prev_char_was_vowel	count
r	False	0
o	True	1
o	True	
m	False	
f	False	
u	True	2
l	False	

誰が何をする？の答え

スライス演算と、その結果の部分文字列がわかったのですが、ごちゃごちゃになってしまいました。左のスライス演算から抽出される部分文字列はどれなのか、対応させるのを手伝ってもらえませんか？ ただし、注意があります。左のスライス演算に対応する右の部分文字列は、1つだけなのか、複数あるのか、あるいは対応するものが1つもないのかはわかりません。例として1つだけ線を引いておきました。

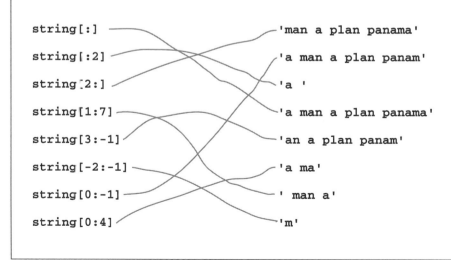

練習問題の答え

変数processed_wordではすでに末尾の句読記号が取り除かれているとします。最後に文字eがある場合、その文字を取り除くコードを書いてください。

processed_wordの末尾の文字が'e'または'E'なら、

```python
if processed_word[-1] in 'eE':
    processed_word = processed_word[0:-1]
```

processed_wordから末尾の文字を除いたものをprocessed_wordに設定します。

読みやすさスコアを計算したので、あとは結果を出力するだけです。擬似コードで示したようにパラメータとしてスコアを取り、読解レベルを出力する関数output_resultsを定義してください。

```python
def output_results(score):
    if score >= 90:
        print('Reading level of 5th Grade')
    elif score >= 80:
        print('Reading level of 6th Grade')
    elif score >= 70:
        print('Reading level of 7th Grade')
    elif score >= 60:
        print('Reading level of 8-9th Grade')
    elif score >= 50:
        print('Reading level of 10-12th Grade')
    elif score >= 30:
        print('Reading level of College Student')
    else:
        print('Reading level of College Graduate')
```

コーディングクロスワードの答え

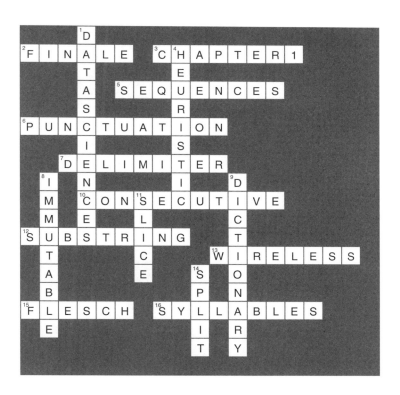

7章　モジュール、メソッド、クラス、オブジェクト

モジュール化する

コードの行数が増え、段々と複雑になっています。

そうなると、コードを抽象化し、モジュール化し、まとめる優れた方法が必要となります。そこで関数の出番です。関数は一連のコードを1つにまとめ、何度も再利用できます。また、一連の関数と変数をモジュールにまとめておくと、簡単に共有や再利用ができます。この7章では、モジュールを詳しく取り上げ、さらに効率的に使う方法を学びます（これからはコードを他の人と共有できます）。そして、コードを再利用する究極の方法、**オブジェクト**についても学びます。この章を読めば、Pythonのオブジェクトがいたるところにあり、そしていつでも使えることがわかるでしょう。

読みやすさ分類器の再利用

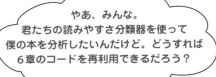

やあ、みんな。
君たちの読みやすさ分類器を使って
僕の本を分析したいんだけど。どうすれば
6章のコードを再利用できるだろう？

コリイ・ドクトロウ。
カナダ出身のSF作家です。

彼の著書
『リトル・ブラザー』の
本文

it," I said. "You're the best coder I know.
d genius, Jolu. I would be honored if you'd

ingers some more. "It's just -- You know.
an's the smart one. Darryl was... He was your
l, the guy who had it all organized, who
Being the programmer, that was *my* thing. It
ying you didn't need me."

ch an idiot. Jolu, you're the best-qualified
this. I'm really, really, really --"

. Stop. Fine. I believe you. We're all really
w. So yeah, of course you can help. We can

If you've never programmed a computer, you should. There's
nothing like it in the whole world. When you program a
computer, it does *exactly* what you tell it to do. It's like designing
a machine -- any machine, like a car, like a faucet, like a
gas-hinge for a door -- using math and instructions. It's awesome
in the truest sense: it can fill you with awe.

A computer is the most complicated machine you'll ever use.
It's made of billions of micro-miniaturized transistors that can be
configured to run any program you can imagine. But when you sit
down at the keyboard and write a line of code, those transistors do
what you tell them to.

Most of us will never build a car. Pretty much none of us will
ever create an aviation system. Design a building. Lay out a city.

7章　モジュール、メソッド、クラス、オブジェクト

オフィスにおける会話

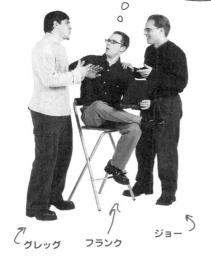

グレッグ：簡単だよ。彼に`analyze.py`を渡すだけさ。それで、彼が`analyze.py`をインポートして関数`compute_readability`を呼び出せば終わりだよ！

フランク：そうだね。モジュールは結局Pythonのファイルなんだから、渡すだけだね。

ジョー：そうは思わないな。ファイルはモジュールにすぎないのはわかっているし、確かに`import`を使ったけど、それだけではないと思うんだ。

グレッグ：例えば？

ジョー：例えば、`analyze.py`には1章の本文の読みやすさを計算するコードが格納されているよね。

フランク：そのコードは僕たちの分析器を試すのにちょうどよかったけど、コリイは彼の文章を使うように書き換える必要があるね。

ジョー：そうだけど、ファイルを開いて編集しなくてもコードを使えるようにすべきだよ。それに、将来ヒューリスティックを改良したくなったときに備えてテストは残しておきたいよね。もっといい方法があるはずだよ。

グレッグ：どうしたいんだい？

ジョー：少し調べてみたんだよ。テスト用のコードもそのままにできて、コリイも自分の分析に使えるようにモジュールをまとめる手法があるんだ。

グレッグ：詳しく聞かせてくれるかな。

フランク：ちょっと待って。その作業って大変？

ジョー：フランク、難しくはないし、最終的な結果は気に入ってもらえると思うよ。この変更で他の人も僕たちもコードを再利用しやすくなるよ。

you are here ▶ 293

簡単なモジュールの復習

すでに説明したとおり、モジュールをインポートするには次のように import 文を使います。

```
import random
```
← random モジュールをインポートします。

すると、次のように名前の前にモジュール名を付けてそのモジュールの関数や変数を参照できます。

random モジュールにある関数 randint を呼び出します。

```
num = random.randint(0, 9)
```

モジュール名から始めて、

次にドット演算子を付けて、

そのモジュールの関数や変数の名前を指定します。

ドット演算子には、オブジェクトに関して言えばもう少しトリックが隠されています。詳しくはあとで説明します。

すでにドット演算子は何回も登場していますが、まだ説明していませんでしたね。ドット演算子は、「モジュール random の randint を探す」ように指示する手段です。

素朴な疑問に答えます

Q: モジュールをインポートしたときに、Python はなぜモジュールの場所がわかるのですか?

A: いい質問です。モジュールをインポートするときには、モジュール名だけを指定し、ディレクトリパスなどは指定しないのは不思議ですよね。Python はまず組み込みモジュール(random は組み込みモジュール)の内部リストを調べます。そのリストの中からモジュール名が見つけられないと、コードを実行するローカルディレクトリを調べます。必要に応じて、Python に別のディレクトリも調べるように指示する高度な方法もあります。

Q: 「Python ライブラリ」という用語を聞いたことがあります。これはモジュールに関係があるのですか?

A: ライブラリは、Python モジュール(または一連の Python モジュール)に使われることもある汎用的な用語です。通常、**ライブラリ**という用語は、他者が使うためにモジュールが公開されていることを意味します。**パッケージ**という用語も使いますが、これは多くの場合、連携して機能する一連の Python モジュールを指します。

Q: 例えばコードに random モジュールをインポートしたけれども、すでに random をインポートしている別のモジュールもインポートするとどうなりますか? 問題や衝突を引き起こしますか?

A: いいえ。Python はインポートされているモジュールを把握しているので、同じモジュールを何度もインポートするようなことはありません。また、自分のコードと別のモジュールの両方で同じモジュールをインポートしても全く問題ありません。

オフィスにおける会話の続き

この分析コードを渡すっていうの?

フランク:そうだよ。ただ、他の人が使えるような形式にする必要があるね。

ジョー:今はまだコードにテスト用の1章の本文が入ったままだよ。

ジュディ:削除することはできないの?

ジョー:できるけど、実はヒューリスティックを改善する際のテスト用に残しておきたいんだよね。

ジュディ:じゃあ、どうするつもり?

フランク:ジョーがPythonのモジュールを勉強しているんだ。モジュールファイルがメインプログラムとして動作しているのか、別のPythonのファイルにインポートされているのかがわかるように構成できるんだ。

ジュディ:どうすればいいの?

ジョー:こんな風に考えてよ。analyze.pyが直接実行されている場合、多分、実行しているのは僕たちだから、テスト用のコードを使いたいよね。直接実行されていないときは、他の誰かがanalyze.pyをインポートしているから、テスト用のコードは飛ばしたいよね。

ジュディ:確かにそうね。可能なの?

ジョー:うん。analyze.pyがメインプログラムとして直接実行されているかを調べることができるんだ。それで、直接実行されていたらテスト用のコードを呼び出して、直接実行されていなければ無視するんだよ。説明するね。

変数__name__を使う

グローバル変数__name__

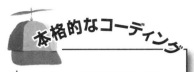

本格的なコーディング

Pythonプログラマは、変数__name__を**ダンダーネーム**（dunder name）と呼びます。「double underscore name, double underscore」の略です。

ファイルを実行する際、Pythonのインタプリタは常に水面下でグローバル変数__name__（アンダースコア2つ、「name」、そしてさらに2つのアンダースコア）を作成します。Pythonはこの変数__name__を次の2つのどちらかに設定します。Pythonのファイルをメインプログラムとして直接実行しているときには、文字列"__main__"に設定します。それ以外なら、"analyze"などのモジュール名を__name__に設定します。Pythonには__name__の働きを考慮して長年使われてきた手法があり、次のコードを使ってコードをメインプログラムとして実行しているかどうかを調べます。

```
if __name__ == '__main__':
    print("Look, I'm the main program y'all.")
```

↑ メインプログラムかどうかを調べます。メインプログラムなら、ここに必要なコードを指定します。

↑ このファイルがインポートされている場合には、このprint関数（「みなさん、私はメインプログラムです。」という意味）は無視されます。覚えておきましょう。

試運転

__name__を使ってみましょう。次のような2つのファイルがあります。IDLEに両方を入力して**同じフォルダ内に保存し**、実行してください。そして、出力を確認してください。

```
if __name__ == '__main__':
    print("Look, I'm the main program y'all.")
else:
    print("Oh, I'm just a module.")
```

just_a_module.py

```
import just_a_module

print('Greetings from main.py')
```

main.py

```
Python 3.7.2 Shell
Look, I'm the main program y'
all.
>>>
```

この2つのファイルを実行した結果です。

```
Python 3.7.2 Shell
Oh, I'm just a module.
Greetings from main.py
>>>
```

just_a_moduleはメインプログラムです（「これはメインプログラムです。」と出力されます）。

just_a_moduleはmain.pyにインポートされ、実行されました（「これは単なるモジュールです。」「main.pyからこんにちは」と出力されます）。

7章　モジュール、メソッド、クラス、オブジェクト

オフィスにおける会話の続き

うん、わかった気がする。

グレッグ：変数`__name__`が`"__main__"`に設定されているかどうかを調べて、設定されていればテスト用のコードを実行すればいいんだな。それ以外なら何もしないんだね。それが終わったら、コリイに渡せるよ。

フランク：やってみよう。待って、コリイは**どの**関数を使うかわかるのかな。

グレッグ：1つずつ問題を片付けていこうよ。まずこのコードを書いてみて、それはあとで考えよう。

フランク：わかったよ！

analyze.pyを更新する

6章フォルダ (ch6) のanalyze.pyファイルを7章フォルダ (ch7) にコピーして開いてください。次のように変更しましょう。

ch1text.pyを6章のフォルダから7章のフォルダにコピーしてください。

analyze.pyファイルの冒頭部分です。

```
import ch1text
def count_syllables(words):
    count = 0

    for word in words:
        word_count = count_syllables_in_word(word)
        count = count + word_count

    return count

def count_syllables_in_word(word):
    count = 0

    endings = '.,;!?:'
    last_char = word[-1]
```

ファイル冒頭のch1textファイルのインポート文を、ファイル末尾に移動します。
（`import ch1text`の部分に取り消し線）

メインプログラムとして実行する

```
def compute_readability(text):
    total_words = 0
    total_sentences = 0
    total_syllables = 0
    score = 0

    words = text.split()
    total_words = len(words)
    total_sentences = count_sentences(text)
    total_syllables = count_syllables(words)

score = (206.835
        - 1.015 * (total_words / total_sentences)
        - 84.6 * (total_syllables / total_words))

    output_results(score)

if __name__ == "__main__":
    import ch1text
    print('Chapter1 Text:')
    compute_readability(ch1text.text)
```

これはanalyze.pyファイルの末尾です。

`__name__`変数が`__main__`値かどうかを調べる条件検査。

trueなら、ch1textファイルをインポートして読みやすさを計算します。

print関数も追加。

import文はコードのどこでも使えます！

忘れずにcompute_readabilityの行をif文から空白4つ分インデントしましょう。

試運転

analyze.pyを変更して実行してみましょう。メインプログラムとして実行しているので、6章と同じ出力になるはずです。ch1text.pyを同じフォルダ内にコピーしておくことを忘れずに。

```
Python 3.7.2 Shell
Chapter 1 Text:
Reading level of 8-9th Grade
>>>
```

ほら、言ったとおりに動作しましたね。analyze.pyをメインプログラムとして実行しているので、ch1text.pyのテキストでテストしています。

1章のテキスト：
中学2、3年の読解レベルという意味です。

analyze.pyをモジュールとして使う

では、コリイのように他の人はどのようにこのコードを使うのでしょうか？ まず、analyzeモジュールをコードにインポートし、analyzeモジュールの`compute_readability`をテキスト文字列を指定して呼び出します。では、新たなファイル`cory_analyze.py`を作成し、これを行うコードを書きましょう。

モジュールをインポートします。

```
import analyze
```

そして、テキストを指定して`analyze.compute_readability`を呼び出します。

```
analyze.compute_readability("""
If you've never programmed a computer, you should. There's nothing like it in the
whole world. When you program a computer, it does exactly what you tell it to do.
It's like designing a machine: any machine, like a car, like a faucet, like a gas
hinge for a door using math and instructions. It's awesome in the truest sense it
can fill you with awe.
A computer is the most complicated machine you'll ever use. It's made of billions
of micro miniaturized transistors that can be configured to run any program you
can imagine. But when you sit down at the keyboard and write a line of code, those
transistors do what you tell them to.
Most of us will never build a car. Pretty much none of us will ever create an
aviation system. Design a building. Lay out a city.""")
```

3つのクォートを使うと複数行の文字列を作成できましたね。

cory_analyze.pyに入力して実行してみましょう。analyze.pyをモジュールとして実行しているので、テスト用のコードは実行されません。何が表示されるか確認してください。

実は、コリイのテキストを入力する必要はありません。7章のフォルダ（ch7）の`cory.text`に格納されています。

```
Python 3.7.2 Shell
Reading level of 7th Grade
>>>
```

コリイのテキストは中学1年（7th Grade）の読解レベルです。10代向けとしては最適な本のようです！

どうすればコリイは analyze モジュールで呼び出す関数がわかるの？ 知りたくてたまらないよ。

フランク

Pythonのヘルプの出番です。

Pythonでは、ソースコードにヘルプドキュメントを追加することができます。コードにコメントを追加する方法はもう習いましたよね（通常、プログラミング言語のコメントは、コードに説明を付けるためのものです）。しかし、Pythonでは **docstring**（ドキュメンテーション文字列）を追加し、モジュールを使いたい（けれども、コードを丁寧に調べたくはない）プログラマのために、詳しいドキュメントを提供できるのです。

> 最近のほとんどのプログラミング言語は、何らかの形式のdocstringを備えています。

docstringの書式は単純です。モジュールの先頭と関数定義（およびオブジェクト定義。オブジェクト定義はこれから説明します）の後に、概要を述べる文字列を追加するだけです。

では、このdocstringはどのように使うのでしょうか？ モジュールファイルを開いて読む必要があるのでしょうか？ いいえ、もっとよい方法があります。Pythonでは、`help`関数で表示することができます。

`analyze.py`にdocstringを追加し、実際に表示させてみましょう。

analyze.pyにdocstringを追加する

docstringを追加し、他のプログラマがヘルプシステムを使って、モジュールの使い方を表示できるようにしましょう。

```python
"""analyzeモジュールはフレッシュ-キンケイドスコアを使ってテキストを分析し、
    読みやすさを計算する。そして、そのスコアを学年に基づいた分類に変換する。
"""
def count_syllables(words):
    """単語のリストを取り、リスト内の全単語の音節の総数を返す。
    """
    count = 0

    for word in words:
        word_count = ccunt_syllables_in_word(word)
        count = count + word_count

    return count

def count_syllables_in_word(word):
    """文字列形式の単語を取り、音節数を返す。なお、この関数は
        ヒューリスティックで、100% 正確ではない。
    """
    count = 0

    endings = '.,;!?:' # 対処する単語の句読記号
    last_char = word[-1]
    if last_char in endings:
        processed_word = word[0:-1]
    else:
        processed_word = word

    if len(processed_word) <= 3:
        return 1

    if processed_word[-1] in 'eE':
        processed_word = processed_word[0:-1]

    vowels = "aeiouAEIOU"
    prev_char_was_vowel = False

    for char in processed_word:
        if char in vowels:
            if not prev_char_was_vowel:
                count = count + 1
            prev_char_was_vowel = True
        else:
            prev_char_was_vowel = False

    if processed_word[-1] in 'yY':
        count = count + 1

    return count
```

モジュールの先頭と関数定義の下に複数行の文字列を追加できます。

helpではdocstringだけが表示されます。このようなコメントは表示されません。

次のページに続きます

docstringの追加

```python
def count_sentences(text):
    """ 終端の句読記号として、ピリオド、セミコロン、疑問符、感嘆符
        を使って文の数を数える。
    """
    count = 0

    terminals = '.;?!'
    for char in text:
        if char in terminals:
            count = count + 1

    return count

def output_results(score):
    """ フレッシュ - キンケイドスコアを取り、そのスコアに相当する読解レベルを出力する。
    """
    if score >= 90:
        print('Reading level of 5th Grade')
    elif score >= 80:
        print('Reading level of 6th Grade')
    elif score >= 70:
        print('Reading level of 7th Grade')
    elif score >= 60:
        print('Reading level of 8-9th Grade')
    elif score >= 50:
        print('Reading level of 10-12th Grade')
    elif score >= 30:
        print('Reading level of College Student')
    else:
        print('Reading level of College Graduate')

def compute_readability(text):
    """ 任意の長さのテキスト文字列を取り、学年に基づいた読みやすさスコアを出力する。
    """
    total_words = 0
    total_sentences = 0
    total_syllables = 0
    score = 0

    words = text.split()
    total_words = len(words)
    total_sentences = count_sentences(text)
    total_syllables = count_syllables(words)

    score = (206.835 - 1.015 * (total_words / total_sentences)
                     - 84.6 * (total_syllables / total_words))

    output_results(score)

if __name__ == "__main__":
    import ch1text
    print('Chapter 1 Text:')
    compute_readability(ch1text.text)
```

さらにdocstringを追加！

ドキュメントはどんなに詳細にしても構いません。Pythonでは自由な形式で書くことができます。他のプログラミング言語では、docstringを指定するための高度なシステムを持つものもあります。こうした言語では、より標準化されていて自由度は低いです。

7章 モジュール、メソッド、クラス、オブジェクト

試運転

analyze.pyファイルにドキュメント（説明）を追加しましょう。できればあなたの創造性を発揮し、ドキュメントを工夫してください。ドキュメントが追加できたら、<u>特別な手順に従う必要があります</u>。前にも言いましたが、Pythonでは、効率上の理由から同じモジュールを何度もインポートしません。代わりにメモリにキャッシュバージョン（docstringのないバージョン）を保持します。そのため、analyzeモジュールを変更しても、Pythonは引き続きキャッシュバージョンを使います。**docstringのあるバージョンに変更するには、IDLEを終了する必要があります**。完全に終了してください。そして、再びIDLEを起動してcory_analyze.pyファイルを開いて実行し、コードにドキュメントを追加したときにエラーが起こらないことを確認します。その後、IDLEのPython Shellウィンドウで次の指示に従い、新たなヘルプドキュメントを試してください。

OSやPythonの
バージョンに
依存します。

cory_analyze.pyの実行を
省略しないでください。
cory_analyze.pyは新しい
analyze.pyファイルを
インポートし、IDLEが正しい
ディレクトリパスを使うように
するからです。

```
Python 3.7.2 Shell
>>> help(analyze)
Help on module analyze:

NAME
    analyze
DESCRIPTION
    analyzeモジュールはフレッシュ-キンケイドスコアを使ってテキストを分析し、
    読みやすさを計算する。そして、そのスコアを学年に基づいた分類に変換する。

FUNCTIONS
    compute_readability(text)
        任意の長さのテキスト文字列を取り、
        学年に基づいた読みやすさスコアを出力する。

    count_sentences(text)
        終端の句読記号として、ピリオド、セミコロン、疑問符、感嘆符
        を使って文の数を数える。

    count_syllables(words)
        単語のリストを取り、リスト内の全単語の
        音節の総数を返す。

    count_syllables_in_word(word)
        文字列形式の単語を取り、音節数を返す。
        なお、この関数はヒューリスティックで、
        100%正確ではない。

    output_results(score)
        フレッシュ-キンケイドスコアを取り、そのスコアに
        相当する読解レベルを出力する。
```

このように、analyzeモジュールを
インポートしてhelpを呼び出します。

analyzeモジュールのすべての
ヘルプが表示されます。

```
Python 3.7.2 Shell
>>> help(analyze.compute_readability)
Help on function compute_readability in module analyze:

compute_readability(text)
    任意の長さのテキスト文字列を取り、
    学年に基づいた読みやすさスコアを出力する。
```

すべてではなく、モジュール内のある関数の
ヘルプだけを表示することもできます。

you are here ▶ 303

分析コードについてさらに考える

ほんとにありがとう！analyzeモジュールは簡単に使えたよ。特に、素晴らしいドキュメントが役に立ったよ。

脳力発揮

自分以外のプログラマがanalyzeモジュールをどのように使うのか考えた場合、analyzeモジュールを再構成する方法があるでしょうか？ 例えば、自分以外のプログラマはスコアの値に直接アクセスしたいでしょうか？ コードをリファクタリングする方法をよく考えてください。

他のPythonモジュールを調べる

モジュールとPythonのヘルプシステムの使い方がよく理解できたでしょう。調べてみると世の中には興味深いモジュールがたくさんあります。後半の章ではより興味深いモジュールを取り上げ、付録でも紹介します。ここでは、創造力をかき立てるために有名なモジュールをいくつか取り上げます。

turtleモジュール

待って、誰か「タートル」って言った?!

　turtleモジュールのことを話題にするのは大好きです。だってコンピュータで楽しく遊ぶことができるのですから。turtleモジュールはPythonに組み込まれているので、インポートするだけで自分だけのタートル(亀)を作成できます。タートルを作成する前に、まずはPythonの世界に住むタートルがどのようなものかを紹介しましょう。

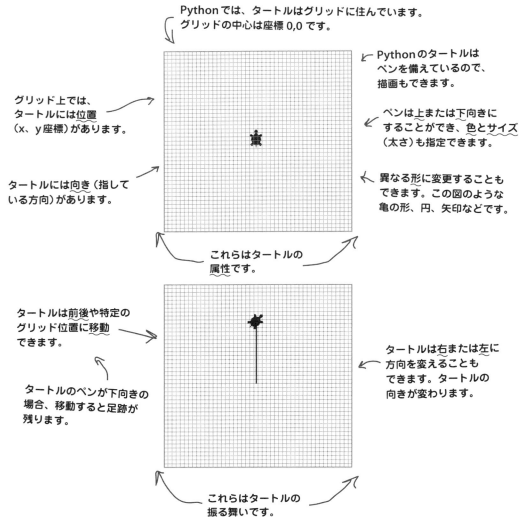

7章 モジュール、メソッド、クラス、オブジェクト

タートルですって？
この本はレシピで始まったけど、今度は亀なの？

すみません。MITレベルの学習を期待していましたか？

　なんと、まさにMITレベルの学習をしているのです！ タートルグラフィックスは、MIT（マサチューセッツ工科大学）で先駆者的なコンピュータ科学者シーモア・パパートによって1960年代に考案されました。それ以来、多くのプログラミング言語に大きな影響を及ぼし、（多くの子供たちはもちろん）コンピュータ科学者や数学者の教育に大きな役割を果たしました。この7章（および、他のいくつかの章）を読み終えてから効果を判断してください。そのときには、タートルよって得られた成果に十分満足することでしょう。

自分だけのタートルを作成する

早速タートルを作成してみましょう。まず、turtleモジュールをインポートします。

```
import turtle
```
← まだコードを入力しないでください。いまは見るだけです。

次の行を入力すると、タートルが作成されます。

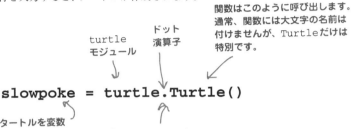

タートルが作成されると、このウィンドウが表示されます。

次にslowpokeを使ってみましょう。

すると、このようにslowpokeは100単位直進し、直線が引かれます。しかし、slowpokeは亀のようには見えませんよね？ 属性の1つを設定して亀の形に変更し、コードを再実行しましょう。

```
slowpoke.shape('turtle')
```

slowpokeのカーソルの形（shape）の**属性**を'turtle'に設定します。

このほうがいいですね！

タートル研究所

では、実際にやってみます。簡単なコードを書いてPythonのタートルで何か面白いことができるか試してみましょう。次のコードを turtle_test.py ファイルに保存してください。

```
import turtle

slowpoke = turtle.Turtle()
slowpoke.shape('turtle')

slowpoke.forward(100)
slowpoke.right(90)
slowpoke.forward(100)
slowpoke.right(90)
slowpoke.forward(100)
slowpoke.right(90)
slowpoke.forward(100)
slowpoke.right(90)

turtle.mainloop()
```

- やはり、まずturtleモジュールをインポートします。
- 次に、先ほどと同様にslowpokeを作成しましょう。タートルの作成方法についてはすぐあとで詳しく説明しますが、ここではこの行で自分だけのタートルを使って遊べるようになることだけを知っておいてください。
- そして、カーソルの形を、デフォルトの三角ではなく亀の形になるようにします。
- タートルの関数forwardを使ってタートルに100単位前進するように指示し、関数rightを使って90度右に向きを変えます。
- そして、直進と右折をさらに3回行いましょう。
- この行についてはあとで詳しく説明しますが、この行で基本的にタートルモジュールによってウィンドウ内で起こることをすべて監視できます（閉じるボタンをクリックすると終了するなど）。この行をコードの最後に入れればいいのです。

そして、このコードを実行してみると、亀が直進と右折を4回行い、その結果正方形を描きます。

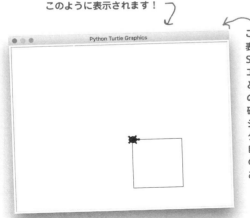

このように表示されます！

このウィンドウが表示されず、Python Shellウィンドウにエラーも起こっていないときは、他のウィンドウの後ろに隠れていないか確認してください。システムによっては、タートルウィンドウが自動的に他のウィンドウの上に現れないものもあります。

ファイルに turtle.py という名前を付けない

テストしている実行中のファイルにインポートしているモジュールと同じ名前を付けてしまうと、問題が起こります。Pythonがturtleモジュールを探す際、先にそのファイルを見つけて実行してしまうからです。Pythonのファイルは一般的なモジュール（特にインポートしているモジュール）と同じ名前にしないようにしてください。

タートルの詳細

素朴な疑問に答えます

Q: タートルの方向を変えるときは、角度で指定するのですか?

A: はいそうです。例えば、右に360度曲がるというのは、時計回りに1回転するという意味です。90度曲がるなら、4分の1回転することになります。

Q: タートルが直進するときの引数100はどういう意味ですか?

A: 100単位です。この場合の単位とは、画面上のピクセルです。forward(50)なら、タートルが向いている方向に50ピクセル移動します。

Q: なぜ形を亀に変更する必要があったのですか? 最初からタートル(亀)だと思っていました!

A: 過去の経緯から、デフォルトは三角形です。正方形、円、矢印、あるいは自分な好きな形に変えることもできます。しかし、本物の亀の形状が一番楽しいでしょう。

自分で考えてみよう

もう7章まで来たので、(前ページの)タートルの正方形描画コードを関数にまとめられますよね? その関数をmake_squareという名前にして、パラメータとしてタートルを1つ取るようにしましょう。下にそのコードを書き、重複するコードを取り除いて整理してください。もちろん、ヒントが必要なら336ページを見てください。見本を示しています。

> 336ページの答えは必ず確認しておいてください。次のページから使います。

2つ目のタートルを追加する

slowpokeに友達を作ってあげたいと思いませんか？ 別のタートルをコードに追加してみましょう。

```
import turtle

slowpoke = turtle.Turtle()
slowpoke.shape('turtle')
pokey = turtle.Turtle()
pokey.shape('turtle')
pokey.color('red')

def make_square(the_turtle):
    for i in range(0, 4):
        the_turtle.forward(100)
        the_turtle.right(90)

make_square(slowpoke)
pokey.right(45)
make_square(pokey)

turtle.mainloop()
```

これは先ほどの「自分で考えてみよう」で作成した素晴らしいコードです。

2つ目のタートルを作成し、変数pokeyに代入します。pokeyの属性shapeを亀に設定し、属性colorで色を赤に設定します。

pokeyの向きを少し（右に45度）変えましょう。

そして、pokeyをmake_squareに渡します。

このコードでは、slowpokeは前と同様に正方形を描きますが、pokeyは少し曲がってから赤の正方形を描きます。

関数make_squareが初めてなら、前ページの「自分で考えてみよう」の答えを確認してください。

関数の作成と利用という新たな能力を使ってさらに進化させましょう。make_squareを使う関数を書いてください。どのような面白いグラフィックスを描けるでしょうか。

```
import turtle

slowpoke = turtle.Turtle()
slowpoke.shape('turtle')
slowpoke.color('blue')
pokey = turtle.Turtle()
pokey.shape('turtle')
pokey.color('red')
```

面白くするために、slowpokeのペンの色を青に変更しましょう。

コードは次のページに続きます

you are here ▶ 311

タートルを使ったグラフィックスの作成

```
def make_square(the_turtle):
    for i in range(0, 4):
        the_turtle.forward(100)
        the_turtle.right(90)
```

新たな関数make_spiralを
追加しましょう。

```
def make_spiral(the_turtle):
    for i in range(0, 36):
        make_square(the_turtle)
        the_turtle.right(10)
```

make_spiralはmake_squareを
36回呼び出し、毎回タートルの
向きを10度ずつ変えます。

~~make_square(slowpoke)~~
~~pokey.right(45)~~
~~make_square(pokey)~~

このmake_squareの
呼び出しは削除します。

make_squareの代わりに
make_spiralを呼び出します。

pokeyは右に5度
曲がってからららせんを
描きます。

```
make_spiral(slowpoke)
pokey.right(5)
make_spiral(pokey)
```

タートルは異なる位置、方向、
色などを持ちます。

```
turtle.mainloop()
```

試運転

turtle_test.pyを更新して実行してみてください。予想どおりの出力になりますか？

われわれの手元ではこのように
表示されました！あなたも
スピログラフを表示できましたか？

属性やパラメータの数値を変えて、
どのような図が描けるか試してみて
ください。次のページでもさらに
タートルの実験を続けます。

7章　モジュール、メソッド、クラス、オブジェクト

さらなるタートル実験

さらにタートルの実験を行います。まず、実験1、2、3のコードから、どんなことを行うのかを推測してください。そのあと実際にコードを実行して、正しく推測できていたのかを確認してください。また、値を変更すると出力がどのように変化するでしょうか？

実験 1

```python
for i in range(5):
    slowpoke.forward(100)
    slowpoke.right(144)
```

引数の数値を変更したらどうなるでしょう？

ファイル turtle_test.py の1〜3行（および最後のmainloop行）だけを残してその他はすべて削除します。空いたところにこのコードを追加します。

出力結果をここに描いてください。

実験 2

```python
slowpoke.pencolor('blue')
slowpoke.penup()
slowpoke.setposition(-120, 0)
slowpoke.pendown()
slowpoke.circle(50)

slowpoke.pencolor('red')
slowpoke.penup()
slowpoke.setposition(120, 0)
slowpoke.pendown()
slowpoke.circle(50)
```

ここでは新しいタートル関数を使っています。ペンの色を設定し、ペンを持ち上げ、ある位置に移動してペンを下ろし、円を描きます。

penupの呼び出しを削除するとどうなりますか？

実験 3

```python
def make_shape(t, sides):
    angle = 360/sides
    for i in range(0, sides):
        t.forward(100)
        t.right(angle)

make_shape(slowpoke, 3)
make_shape(slowpoke, 5)
make_shape(slowpoke, 8)
make_shape(slowpoke, 10)
```

さらに値を1、2、50に変えてみてください。

いつものように、章末の337ページに答えがあります。

ところで、タートルって?

最初にタートルを作成したコードに戻りましょう。一見、turtleモジュールの関数Turtleを呼び出したように見えます。

では、turtleモジュールにはタートルを作成する関数があるのでしょうか? ところで、タートルとは何でしょうか? 整数、文字列、リスト、ブール値はすでに登場しましたが、タートルは初めてですよね。タートルとは新しい型でしょうか? 詳しい情報を得るには、いつものようにPythonのヘルプを使いましょう。

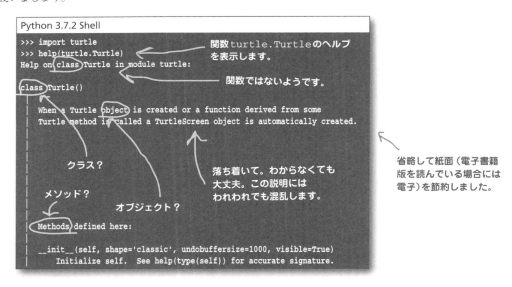

この親切ではないdocstringから、あなたは、(まだクラスとオブジェクトがどんなものかはわからないかもしれませんが)Turtleはクラスまたはオブジェクト、あるいはその両方で、**メソッド**というものを持つのではないかと推測するのではないでしょうか。正解です。でも、クラスなのか、それともオブジェクトなのかはっきりしませんね。まだあまり説明していませんが、Pythonは最近のほとんどの言語と同様、**オブジェクト指向言語**であることをお知らせしておいたほうがよさそうですね。だいぶコードが書けるようになってきたので、そろそろオブジェクト、クラス、メソッドについて学んでおいたほうがいいでしょう。

オブジェクトって何者?

オブジェクト(物体)については直観的にはわかるのではないかと思います。身のまわりにあるすべてのものがオブジェクトです。自動車、iPhone、ラジオ、トースター、台所用品など何でもです。そして、このようなオブジェクトすべてに共通するのが、**内部状態**と**振る舞い**を持つことです。例として自動車を考えてみましょう。自動車には次のような状態があります。

- メーカー
- モデル
- ガソリン残量
- 速度
- 総走行距離
- エンジン状態(オン/オフ)

← 思い付いたもののほんの一例です。あなたならきっともっとよい例を思い付くはずです。

さらに、自動車には次のような振る舞いがあります。

- 始動
- エンジンオフ
- 走行
- ブレーキ

オブジェクトはPython特有ではありません。最近のほぼすべての言語にオブジェクトがあります。

プログラミングにおいても、オブジェクトは状態と振る舞いを持ちます。プログラムのオブジェクトで重要な点は、**状態と振る舞いを1つにまとめられる**ことです。例えばブール値を考えてください。ブール値には状態はありますが、振る舞いはありません。一方、Pythonの関数には振る舞いはありますが状態はありません。Pythonのオブジェクトは、状態と振る舞いを連携させることができます。例えば、自動車を start(始動)するときには、engine state(エンジン状態)をオフからオンに変更します。同様に、brake(ブレーキ)の振る舞いを使うと、speed(速度)状態が減少します。

関数と変数でも同じようなことはできますよね? しかし、オブジェクトという視点で考えると、より全体的な問題解決を図ることができます。プログラミングを多数の変数と関数の管理と考えるのではなく、オブジェクトの作成とオブジェクト間の相互作用の管理と考えるようにします。

タートルがよい例です。位置、色、座標を管理するコードを1つ1つ書いてグラフィックスを描画してもよいのですが、面倒で難しい作業です。ところが、タートルオブジェクトなら多くの状態を内部で管理してくれるので、2つのタートルで一緒にらせんを描かせる方法などのより大きな問題を考えるだけでよくなります。これは一番簡単な極端な例ですが、オブジェクトを考えるときには出発点を決める必要があります。

→ オブジェクトにまとめられた状態と振る舞い

```
make: 'シェビー'
model: 'ベルエアー'
fuel: 8
speed: 0
mileage: 1211
engine_on: False
 def start():
 def turn_off():
 def brake():
```
57年式シェビー

```
make: 'ミニ'
model: 'クーパー'
fuel: 2
speed: 14
mileage: 43190
engine_on: True
 def start():
 def turn_off():
 def brake():
```
ミニ

```
make: 'ポンティアック'
model: 'フィエロ'
fuel: 10
speed: 56
mileage: 196101
engine_on: True
 def start():
 def turn_off():
 def brake():
```
フィエロ

```
make: 'デロリアン'
model: 'DMC-12'
fuel: 6
speed: 88
mileage: 10125
engine_on: True
 def start():
 def turn_off():
 def brake():
```
デロリアン

わかった。じゃあ、クラスって？

たくさんのオブジェクト（例えば、たくさんのタートル）を作成するなら、すべてのタートルに共通の振る舞いを共有させたいところですが（タートルを前進させるたびにまた一から作り直すのは勘弁です）、タートルごとに異なる状態も持たせたいでしょう（タートルがすべて同じ位置にいて、同じ方向を向き、同じ色だったら、あまり面白い作業はできません）。クラスは、同じ型のオブジェクトを作成するためのテンプレートや設計図に相当するものです。

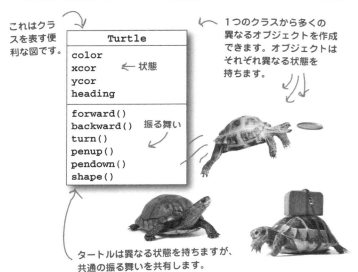

クラスはオブジェクトではありません。オブジェクトの作成に使うものです。

クラスは、オブジェクトを作成するための設計図です。 その特定の型のオブジェクトを作成する方法をPythonに知らせます。そのクラスから作成したオブジェクトはそれぞれ異なる状態値を持つことができます。例えば、Turtleクラスからは多数の異なるタートルを作成できますが、それぞれ独自の色、形状、位置、ペンの設定（上向きか下向き）などを持ちます。

しかし、同じクラスから作成したタートルは同じ振る舞い（方向を変える、直進と後退、ペンの制御など）を共有します。

に答えます

Q：わかりました。でも、クラスからオブジェクトを作成することにどういう意味があるのですか？

A：クラスとオブジェクトがないと、常に文字列、数値、リストといったPythonの基本データ型で問題を解決しなければいけません。クラスとオブジェクトがあると、解決しようとしている問題に近いより適した型を使えます。例えば、釣りゲームの場合、魚オブジェクトと池オブジェクトを作成したほうが、すべての変数と関数を管理するよりずっと簡単です。

Q：クラスは型のようなものですか？

A：そのとおりです。クラスはPythonのデータ型です。すでに登場した文字列、リスト、数値型と同様です。

Q：だから、クラスは多くのオブジェクトを作成するための設計図なのですね。では独自のクラスを作成できますか？

A：もちろんできます。それがオブジェクト指向プログラミングの利点です。Python（またはあらゆる言語）を独自のクラスを使って拡張できます。さらに、他の人が作成したクラスの機能も拡張できます。この章ではすでにあるクラスの使い方を説明し、12章で独自のクラスを作成します。

Q：オブジェクトにはたくさんの物（データと関数）が入っています。実際にslowpokeのような変数に、オブジェクトを格納できるのですか？

A：変数にリストを代入したときのことを思い出してください。変数は、リストが保存されている場所への参照（リストへのポインタなど）を格納すると述べました。オブジェクトも同様です。変数にオブジェクトを代入するということは、オブジェクトそのものではなくメモリ内のオブジェクトへの参照を格納します。

クラスはオブジェクトが何を知っているかと、何ができるかを示す

前ページの図でクラスの概要を示しました。さらにクラスについて詳しく調べましょう。(手始めに)クラス図は2つのことを示します。オブジェクトが知っていることと、オブジェクトができることです。

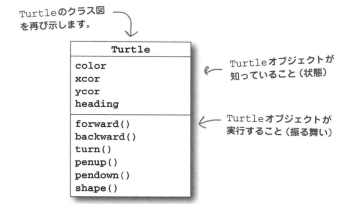

Turtleのクラス図を再び示します。

Turtleオブジェクトが知っていること(状態)

Turtleオブジェクトが実行すること(振る舞い)

オブジェクトが自身について知っていることを次のように呼びます。

属性

オブジェクトが実行できることを次のように呼びます。

メソッド

オブジェクトの状態(データ)を表すのが属性です。オブジェクトごとに独自の属性値を持ちます。属性はオブジェクトに属し、ローカル変数に似ています。また、変数と同様に属性にはあらゆるデータ型を代入することができます。プログラミングの分野では、**インスタンス変数**という用語も聞くでしょう。インスタンス変数は、オブジェクト属性と同じです。**インスタンス**という用語を聞いたら、いつでも**オブジェクト**という用語に置き換えて問題ありません。つまり、インスタンス変数はオブジェクト変数と同じで、オブジェクト変数は属性と同じです。

オブジェクトが実行できることをメソッドと呼びます。メソッドは、オブジェクトに属する関数です。メソッドと関数の違いは、メソッドは一般的にオブジェクト属性の取得、設定、変更、判定を行います。

自分で考えてみよう

ラジオオブジェクトの属性(知っていること)とメソッド(実行すべきこと)を記入してください。

オブジェクトとクラスの使い方

この章では、オブジェクトとクラスの**使い方**を学びます。実際、世の中には他の開発者が書いたクラスがたくさんあり、いつでも使うことができます。オブジェクトを使うには、オブジェクトが実行できること（つまりメソッド）と利用したい属性を知っているだけでいいのです。もちろん、オブジェクトを使う前にオブジェクト（別名**インスタンス**）の作成方法も知っておく必要があります。すでに2つのTurtleオブジェクトを作成していますが、もう一度その作成方法を確認しておきましょう。

> 12章では、独自のクラスとオブジェクトの作成方法を学びます。

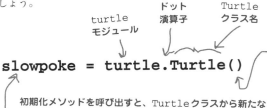

```
slowpoke = turtle.Turtle()
```

- turtleモジュール
- ドット演算子
- Turtleクラス名
- Turtleクラスの内部初期化メソッドを呼び出します。この初期化メソッドは新たなオブジェクトを作成し、初期値を設定します。
- 初期化メソッドを呼び出すと、Turtleクラスから新たなTurtleオブジェクトが作成されます。この新たなTurtleオブジェクトを変数slowpokeに代入します。

> オブジェクト指向の世界では、新たなオブジェクトを作成するだけでなく、**インスタンス化**します。また、各オブジェクトを**インスタンス**と呼びます。

この短いコードでは、多くの処理が行われています。どんな処理をしていると思いますか。まず、turtleモジュールのTurtleクラスにアクセスしていることに気付いたでしょうか。ここでドット表記を使う理由です。このドットは、属性やメソッドとは関係ありません。

```
turtle.Turtle
```

- Pythonではクラス名の先頭はたいてい大文字です（あとで例外をいくつか紹介しますが）。
- turtleモジュールからTurtleクラスを取得します。

> オブジェクト指向の世界では、この初期化メソッドを**コンストラクタ**と呼びます。すなわち「コンストラクタ」は、「オブジェクトを初期化するメソッド」です。

次に、クラスを関数と同じように呼び出しています。ここでは何が起こっているのでしょうか？

```
turtle.Turtle()
```
← 関数と同じようなクラスの呼び出し？

ここでは次のようなことが起こっています。クラスには、**コンストラクタ**と呼ばれる特殊メソッドがあります。コンストラクタは、（数ある仕事の中でも特に）必要なデフォルト属性値を使ってオブジェクトを設定します。必ずもう1つの重要な役割があります。常に、新たに作成したオブジェクト（インスタンス）を返すのです。

そして、オブジェクトを作成して初期化し、変数slowpokeに代入します。

```
slowpoke = turtle.Turtle()
```
← Turtleクラスからインスタンス化された新たなオブジェクトを返します。

> コンストラクタは引数も取れますが、それについては少しあとで説明します。

メソッドと属性

前に示したように、オブジェクトが手に入ったら、自由にメソッドを呼び出すことができます。

```
slowpoke.turn(90)
slowpoke.forward(100)
```

メソッドを呼び出すには、オブジェクトの名前に続いてドット、そしてメソッド名を指定します。つまり、関数を呼び出すときと同様ですが、関数の前にオブジェクト名（とドット）が必要です。

メソッドを呼び出すオブジェクトが必ず必要です。オブジェクトなしでメソッドを呼び出しても処理は行われません（メソッドはオブジェクトのどの状態に対して処理を行えばよいのでしょうか？）

では、属性はどうでしょうか？ 属性値の取得や設定を行うコードは登場していません。オブジェクトの属性にアクセスするには、ドット表記を使います。例えば、Turtleクラスにshape属性がある場合（実際にはありませんが、あるとします）、次のようにshape属性の値にアクセスしたり設定したりします。

```
slowpoke.shape = 'turtle'
print(slowpoke.shape)
```

ドット表記を使ってオブジェクトの属性値の設定や取得を行います（モジュール内の変数にアクセスするときと同じ構文）。

有効であれば、'turtle'と出力します。

先ほどは、shapeメソッドを使ってカーソルの形を設定しました。では、なぜTurtleオブジェクトにはshape属性がないのでしょうか？ shape属性を持つこともできますが、オブジェクト指向プログラミングでは、通常はメソッドで属性値の取得や設定を行うという戦略を採用します。その理由は**カプセル化**という概念に由来しています。カプセル化については12章で詳しく取り上げます。多くの場合、カプセル化によって開発者はオブジェクトを（単にコードで属性値を変更するより）高度に制御できます。この点についても、12章で再び取り上げます。

いまの段階では、入手したい属性の多くは直接取得せずにメソッドを介してアクセスするということだけを知っておいてください。以下に例を示します。shape属性の状態の取得と設定には、shapeメソッドを使います。

```
slowpoke.shape('circle')
print(slowpoke.shape())
```

shapeメソッドを呼び出すと、slowpokeの内部shape属性をcircleに変更できます。

引数なしでshapeメソッドを呼び出すと、現在の値を取得できます。

クラスとオブジェクトはどこにでもある

クラスとオブジェクトの知識が得られたところで、Pythonの世界を見直しましょう。Pythonはオブジェクト指向言語であると言ったように、実はオブジェクトはいたるところにあります。調べてみましょう。

実はリストはPythonのクラスです。

ここではリストコンストラクタを呼び出して、新たな空のリストをインスタンス化しています。

```
my_list = list()
my_list.append('1番')
my_list.append('2番')
my_list.reverse()
print(my_list)
```

appendメソッドを呼び出し、

reverseメソッドを呼び出します。このメソッドは初登場です。このreverseメソッドは、リストオブジェクトの内部変数を変更します。

reverseメソッドによって内部状態が変更されたことを確認してみましょう。

```
Python 3.7.2 Shell
['second', 'first']
>>>
```

クラス名の先頭は大文字でしたよね。しかし残念ながら、(過去の経緯から)組み込みクラスの中にはあてはまらないものもあります。組み込みクラスには、小文字から始まるものもあることを知っておいてください。

次のクラスに見覚えはありませんか？ こちらも詳しく見てみましょう。

文字列は実はクラスです。このようにコンストラクタを使ってインスタンス化します。

```
greeting = str('hello reader')
shout = greeting.upper()
print(shout)
```

このコンストラクタは引数を取ります。あとで詳しく説明します。

文字列メソッドの1つを呼び出します。

```
Python 3.7.2 Shell
HELLO READER
>>>
```

次はどうでしょうか？

そうです、別のクラスです。

リスト、文字列、浮動小数点数はPythonに組み込まれているため、ここで行っているように明示的にクラスのコンストラクタを呼び出す必要はありません。Pythonが水面下で呼び出します。

```
pi = float(3.1415)
is_int = pi.is_integer()
print(pi, is_int)
```

そして、別のメソッドです。

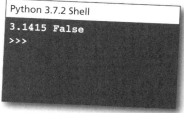

```
Python 3.7.2 Shell
3.1415 False
>>>
```

7章　モジュール、メソッド、クラス、オブジェクト

ずっとオブジェクトを使っていたのに、やっと今頃になって教えたっていうこと？

そういうことになります。

　モジュールを除外すれば、変数の後にドットがあったら、その次にはオブジェクト属性かメソッドが来ると判断できます。組み込み型を含むPythonのほぼすべてが実はクラスです。最初はクラスのように見えなかったのは、Pythonが苦労して物事を簡単にしているからです。例えば、次のように入力して空のリストを作成するときを考えてみましょう。

```
my_list = []
```

実際には、これは水面下で次のように書き換えられています。

```
my_list = list()
```

なので、次のようにリストの操作にメソッドを使うまでは、オブジェクトを扱っているとは夢にも思わないわけです。

```
my_list.append(42)
```

つまり、Pythonではオブジェクトがいたるところにあるのです。真実がわかったところで、改めてオブジェクトを使ってみましょう。

タートルレースの準備をする

オブジェクトのメリットは、各オブジェクトが独自の状態を持ちながらも、同じクラスの他のすべてのオブジェクトと振る舞いを共有できることです。

タートルはそれぞれ独自のオブジェクトであることがすでにわかっています。独立したインスタンスで、独自の属性を持ちます。つまり、タートルは（属性の例をいくつか挙げると）独自の色、位置、方向、カーソルの形を持ちます。このことを利用して簡単なゲームを作成しましょう。亀のレースです。

異なる色や位置を持つたくさんのタートルを作成します。そして、画面を横切るように競争させます。さあ、張った張った！

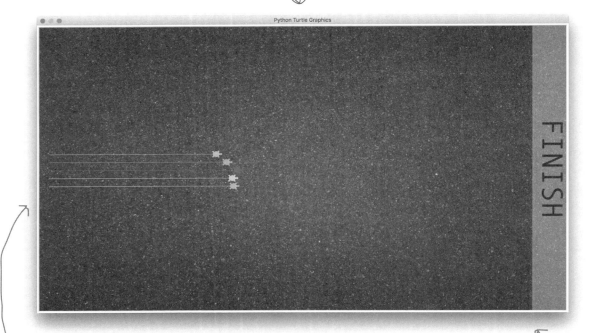

タートルのスタートラインは画面の左側になります。

そして、画面の右側に向かって走らせます。最初にゴールラインを越えたタートルが勝ちです。

ゲームを設計する

　タートルをオブジェクトとして扱うと、実装がしやすくなります。オブジェクトとして扱わない場合、タートルとその位置を管理するのにおそらく多くの変数を作成して更新しなければいけないので、面倒な作業になるでしょう。しかし、タートルオブジェクトがあると、タートルのメソッドを使って画面上を移動させ、状態の管理は各タートルに任せればいいのです。

　そこで、このゲームがどのように動作するかを表す擬似コードを書いてみましょう。

❶ ゲームの準備をする。

複数のタートルを作成してそれぞれを好きな色に設定し、スタートラインに配置する。

> まずタートルを作成して異なる色に設定し、スタートラインに配置します。各タートルは`Turtle`の異なるインスタンスなので、このようにすることができます。

❷ レースを開始する。

変数`winner`を`False`に設定する。
`winner`が`False`の間：

> あるタートルがゴールラインを越えて勝つまでレースを続けます。しかし、勝ったタートルがいるかどうかを知る方法が必要です。変数`winner`を作成して初期値を`False`に設定しておき、あるタートルがゴールラインを越えたら`True`に変更します。

　Ⓐ 各タートルに対して：

> タートルを何度も反復処理して、いずれかゴールラインを越えるまで移動させます。

　　ⅰ ランダムな量（例えば、0から2ピクセルの間）を選んで前進する。

　　前進する。

> 移動するには0から2までの乱数を生成し、その分だけタートルを移動します。これをタートルごとに行います。

　　ⅱ タートルの位置がゴールラインを越えているかどうかを調べる。

　　越えていたら：

　　　ⓐ `winner`を`True`に設定する。

> 移動するたびに、タートルがゴールラインを越えたかどうかを調べます。ゴールラインを越えていたら、`winner`を`True`に変更します。

❸ ゲームを終了する。

勝者の名前を発表する！

> `winner`が`True`に設定されたら、ループを停止して勝者を発表します。

セットアップコードを書く

コーディングを始めよう

まずゲームボードとタートルを用意してから、ゲームロジックの実装に取りかかります。turtleモジュールとrandomモジュールが必要ですが、これらはすでに登場しているので、使い方はわかりますよね。まず、この2つのモジュールをコードにインポートしましょう。また、グローバル変数を1つ使って出場するタートルを保存するので、このグローバル変数も追加しましょう。新規ファイルrace.pyを作成し、次のコードを入力します。

```
import random    ← これらのモジュールが必要です。
import turtle

turtles = list()  ← リストにすべてのタートルを保存します。
                    コンストラクタ構文を示したいので、
                    リストコンストラクタを呼び出して空の
                    リストを作成します。4章で説明したように
                    短縮形の[]で作成してもいいです。
```

ゲームの準備をする

擬似コードによると、準備の大部分は独自の属性を持つタートルの作成です。まず、作成したいタートルを考える必要がありますね。次のようなタートルオブジェクトにしてはどうでしょうか？

xcorとycorは、ウィンドウ内のタートルのx座標とy座標です。

これらはTurtleクラスからインスタンス化したオブジェクトです。

タートルは名前、色、ycorを持ちます。ycorは、スタートラン上の垂直方向の位置です。ycorをどのように使うかはすぐに説明します。もちろん、タートルには他の属性もありますが、ここで設定したい属性はこの3つです。

セットアップコードを書く

タートルをインスタンス化して設定するコードを書きましょう。前ページのタートル属性を見ると、その値でタートルを初期化するので、属性値を保存する場所が必要です。各タートルの属性値を格納するリストを作成しましょう。実際には2つのリストが必要です。1つはy座標、もう1つは色を格納するリストです。そして、タートルをインスタンス化し、属性を適切な値に設定します。これらの処理はすべてsetup関数内に入れましょう。

❶ ゲームの準備をする。
複数のタートルを作成してそれぞれを好きな色に設定し、スタートラインに配置する。

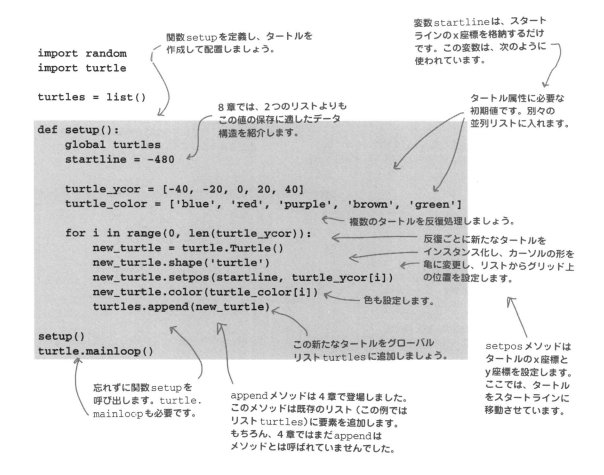

```
import random
import turtle

turtles = list()

def setup():
    global turtles
    startline = -480

    turtle_ycor = [-40, -20, 0, 20, 40]
    turtle_color = ['blue', 'red', 'purple', 'brown', 'green']

    for i in range(0, len(turtle_ycor)):
        new_turtle = turtle.Turtle()
        new_turtle.shape('turtle')
        new_turtle.setpos(startline, turtle_ycor[i])
        new_turtle.color(turtle_color[i])
        turtles.append(new_turtle)

setup()
turtle.mainloop()
```

関数setupを定義し、タートルを作成して配置しましょう。

8章では、2つのリストよりもこの値の保存に適したデータ構造を紹介します。

変数startlineは、スタートラインのx座標を格納するだけです。この変数は、次のように使われています。

タートル属性に必要な初期値です。別々の並列リストに入れます。

複数のタートルを反復処理しましょう。

反復ごとに新たなタートルをインスタンス化し、カーソルの形を亀に変更し、リストからグリッド上の位置を設定します。

色も設定します。

この新たなタートルをグローバルリストturtlesに追加しましょう。

setposメソッドはタートルのx座標とy座標を設定します。ここでは、タートルをスタートラインに移動させています。

忘れずに関数setupを呼び出します。turtle.mainloopも必要です。

appendメソッドは4章で登場しました。このメソッドは既存のリスト（この例ではリストturtles）に要素を追加します。もちろん、4章ではまだappendはメソッドとは呼ばれていませんでした。

setup関数のテスト

落ち着いて!

前ページのコードを読み飛ばすのは簡単です。一方、1行ずつ説明することもできますが、ここはもう7章なので、数行のコードであれば、少しくらいは意味がわかるでしょう。前ページでは多くの処理を行っているので、もう一度戻って何が行われているかを正確に理解するようにしてください。それから先に進みます。

コードを修正して、どのように改善されたかを確認してから先に進みましょう。

あなたのマシンのウィンドウのデフォルトのサイズは、下のものよりも小さいかもしれません。タートルがウィンドウの左側に飛び出してしまう場合には、ウィンドウの幅を調整してタートルが見えるようにしてください。

正しい方向に進んでいますが、ちょっと変ですね。何が起こったのでしょうか?

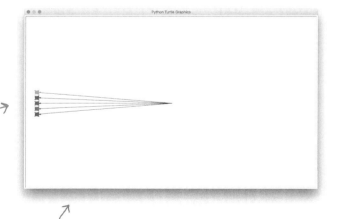

どのタートルも、正しい色で、正しい位置にいるように見えます。タートルはウィンドウの中央の座標 0,0 からスタート位置まで移動する際に、意図に反して線を描いてしまっています。新たな位置まではペンを上げるコードを追加しましょう。

ゲームの外観も改善したいですね。ウィンドウを少し大きくし、素敵な背景も追加しましょう。

7章 モジュール、メソッド、クラス、オブジェクト

試運転

修正は次の2点です。①タートルのペンを持ち上げ、スタート位置までの線は引かない。②ウィンドウサイズを大きくし、背景の画像を追加する。この変更を加えて再び試してください。なお、7章のソースファイル（ch7）のpavement.gifファイルが背景の画像です。race.pyと同じフォルダに置くようにしてください。

```python
import random
import turtle

turtles = list()

def setup():
    global turtles
    startline = -620
    screen = turtle.Screen()
    screen.setup(1290, 720)
    screen.bgpic('pavement.gif')

    turtle_ycor = [-40, -20, 0, 20, 40]
    turtle_color = ['blue', 'red', 'purple', 'brown', 'green']

    for i in range(0, len(turtle_ycor)):
        new_turtle = turtle.Turtle()
        new_turtle.shape('turtle')
        new_turtle.penup()
        new_turtle.setpos(startline, turtle_ycor[i])
        new_turtle.color(turtle_color[i])
        new_turtle.pendown()
        turtles.append(new_turtle)

setup()
turtle.mainloop()
```

このわずかな変更を見逃さないでください。タートルをさらに左に移動させています。画面の中央の座標は0,0なので、画面の左端のx座標–620となります。

この3行は、別のオブジェクト、Screenを使います（説明はこれからします）。Screenオブジェクトでは、ウィンドウの拡張や背景画像の追加ができます。

ペンを持ち上げてから移動します。

タートルがスタートラインに移動したらペンを下ろします。

この段階で、すでにどんなことを行うコードなのかわかる人もいるでしょう。Screenオブジェクトについては10章で詳しく説明します。

ゴールラインは背景画像の一部です。

このように表示されます。改善されていましたね。タートルがスタートラインに並び、スタートの準備が整いました。万全の態勢で実際のゲームに取りかかれそうです。

ここでは、Turtleオブジェクトを5つ作成しました。それぞれ色や位置といった独自の内部状態を持っています。

you are here ▶ 327

レースを開始する

いよいよタートルを競争させます。指針となる優れた擬似コードがあるのでこれに沿ってやってみましょう。

❷ まず、変数winnerを用意します。そのために、新たな関数raceを作成しましょう。変数winnerはブール値として簡単に実装できます。初期値をFalseに設定します。また、この関数でもグローバル変数turtlesを使うので、そのことを宣言します。

```
def race():
    global turtles
    winner = False
```

さらに、ゴールラインの位置xを示すローカル変数も追加します。

```
def race():
    global turtles
    winner = False
    finishline = 590
```

> xの値590はこの辺りになります。

次に勝者が現れるまでゲームを続けます。それにはwhile文を使います。while文は、変数winnerがTrueとなるまでループします。

```
def race():
    global turtles
    winner = False
    finishline = 590

    while not winner:
```

> 変数winnerがTrueとなるまで延々とループします。

❷ レースを開始する。
変数winnerをFalseに設定する。
winnerがFalseの間：
　Ⓐ 各タートルに対して：
　　ⅰ ランダムな量（例えば、0から2ピクセルの間）を選んで前進する。
　　前進する。
　　ⅱ タートルの位置がゴールラインを越えているかどうかを調べる。
　　越えていたら：
　　　ⓐ winnerをTrueに設定する。

Ⓐ 次に、タートルを前進させます。これには、グローバルリストturtlesに対してfor/in文を使うだけです。

```
def race():
    global turtles
    winner = False
    finishline = 590

    while not winner:
        for current_turtle in turtles:
```

> whileループのたびに、すべてのタートルを反復処理し、画面の横方向に前進させます。

7章　モジュール、メソッド、クラス、オブジェクト

i **乱数を使ってタートルを前進させます。**まず、0から2の間の数値を生成し、その数値の単位だけタートルを前進させましょう。

```
def race():
    global turtles
    winner = False
    finishline = 590

    while not winner:
        for current_turtle in turtles:
            move = random.randint(0,2)
            current_turtle.forward(move)
```

> 0から2の間の乱数を生成し、その数値の単位だけタートルを前進させます。

ii **最後は勝者を調べるだけです。**タートルのxcor属性がfinishline（590に設定されています）以上なら勝者となります。そこで、タートルのxcor属性を取得して比較しましょう。タートルがゴールラインを越えていたら、winnerをTrueに変更して勝者を発表します。

```
def race():
    global turtles
    winner = False
    finishline = 590

    while not winner:
        for current_turtle in turtles:
            move = random.randint(0,2)
            current_turtle.forward(move)

            xcor = current_turtle.xcor()
            if xcor >= finishline:
                winner = True
                winner_color = current_turtle.color()
                print('The winner is', winner_color[0])
```

> タートルのx座標を取得し、ゴールラインを越えているかどうかを確認しましょう。タートルのx座標を返すxcorメソッドを使います。

> ゴールラインと比較します。

> ゴールラインを越えたものが勝者です。

> winnerをTrueに設定します。

> colorメソッドは、ペンの色と塗りつぶす色の2つの値を返します。ペンの色を取得したいので、インデックス0を使います。

> colorメソッドを使って勝ったタートルの色を取得します。

3 ゲームを終了する。勝者の名前を発表する！

ゲームのテスト

試運転

これでレースの準備が整いました。race.pyファイルにコードを追加しましょう。次はコード全体です。そして、賭けをして、実際にレースしてみてください。

```python
import random
import turtle

turtles = list()

def setup():
    global turtles
    startline = -620
    screen = turtle.Screen()
    screen.setup(1290, 720)
    screen.bgpic('pavement.gif')

    turtle_ycor = [-40, -20, 0, 20, 40]
    turtle_color = ['blue', 'red', 'purple', 'brown', 'green']

    for i in range(0, len(turtle_ycor)):
        new_turtle = turtle.Turtle()
        new_turtle.shape('turtle')
        new_turtle.penup()
        new_turtle.setpos(startline, turtle_ycor[i])
        new_turtle.color(turtle_color[i])
        new_turtle.pendown()
        turtles.append(new_turtle)

def race():
    global turtles
    winner = False
    finishline = 590

    while not winner:
        for current_turtle in turtles:
            move = random.randint(0, 2)
            current_turtle.forward(move)

            xcor = current_turtle.xcor()
            if xcor >= finishline:
                winner = True
                winner_color = current_turtle.color()
                print('The winner is', winner_color[0])

setup()
race()
turtle.mainloop()
```

タートルの移動距離はランダムなので、実際とは異なるでしょう。

茶色の勝ちです！

Python 3.7.2 Shell
The winner is brown
>>>

raceの呼び出しを忘れずに！

7章　モジュール、メソッド、クラス、オブジェクト

脳力発揮

前ページのコードをよく見てください。whileループの反復で、同時に2つ以上のタートルがゴールラインを越えたらどうなるでしょうか？ 勝者はどのタートルになりますか？ それが正しい動作だと思いますか？

誰が何をする？

オブジェクト指向プログラミングでは、たくさんの新しい専門用語が登場します。左側の用語と右側の説明を線で結んでください（答えは338ページ）。

クラス	オブジェクトが知っているもの。
オブジェクト	オブジェクトの設計図。
メソッド	クラスからオブジェクトを作成すること。
インスタンス化	オブジェクトが実行できる振る舞い。
属性	設計図から作成される。
インスタンス	オブジェクトの別名。

オブジェクトの詳細

> まだ始まったばかりなのに、この章はもう終わりのような気がするわ。

心配しないでください。オブジェクトはまだ終わりではありません。

あなたの言うとおりです。まだオブジェクト指向プログラミングについてほんの少しかじっただけです。オブジェクト指向プログラミングは膨大で、全部説明しようとすると、この本一冊でも足りないくらいです。この章はほんのさわりですが、もうあなたは、モジュール内の**クラス**が**コンストラクタ**を使って**インスタンス化**できるという知識は得ました。また、クラスには**メソッド**と**属性**があり、利用できることも、作成したオブジェクトの**インスタンス**は、独自の属性を持つことも覚えましたね。

また、すべてのPythonの型は実はクラスであるという一般的な認識も得ました。これは素晴らしいことです。残りの章ではたくさんの新しいクラスとオブジェクトに直面します。そして、12章ではオブジェクト指向プログラミングをさらに深く調べ、独自のクラスの作成方法などを扱います。12章でまた会いましょう。

ところで、この章はまだ終わりではありません。ミステリーを解決し、重要ポイントを読み、クロスワードを行います。とにかく先に進みましょう。落ち着かない状態は嫌ですからね。

> 思い出せなかったら、help(Turtle)と入力すれば、Turtleクラスのドキュメントが表示されます。また、help(turtle)と入力すれば、モジュールのドキュメントが表示されます。まずturtleモジュールを忘れずにインポートしてください！
> この本では今後さらに多くのクラスやオブジェクトが登場します。

7章　モジュール、メソッド、クラス、オブジェクト

タートルレースでの奇妙な振る舞い

タートルレースのコードをリリースして以来、奇妙なことが起こっています。緑のタートルが大差で必ず勝つのです。警察は、誰かがコードをハッキングしたと疑っています。何が起こっているか原因がわかりますか？

緑がすごく速い！

コードをよく調べてください。変わったところはありませんか？ この新たなコードは何を実行しますか？ この謎は12章になるまでは完全には解決できませんが、最善を尽くしてこのコードが何をするか時間をかけて考えてみましょう。

```python
import random
import turtle

turtles = list()

class SuperTurtle(turtle.Turtle):
    def forward(self, distance):
        cheat_distance = distance + 5
        turtle.Turtle.forward(self, cheat_distance)

def setup():
    global turtles
    startline = -620
    screen = turtle.Screen()
    screen.setup(1290, 720)
    screen.bgpic('pavement.gif')

    turtle_ycor = [-40, -20, 0, 20, 40]
    turtle_color = ['blue', 'red', 'purple', 'brown', 'green']

    for i in range(0, len(turtle_ycor)):
        if i == 4:
            new_turtle = SuperTurtle()
        else:
            new_turtle = turtle.Turtle()
        new_turtle.shape('turtle')
        new_turtle.penup()
        new_turtle.setpos(startline, turtle_ycor[i])
        new_turtle.color(turtle_color[i])
        new_turtle.pendown()
        turtles.append(new_turtle)

def race():
    global turtles
    winner = False
    finishline = 590

    while not winner:
        for current_turtle in turtles:
            move = random.randint(0,2)
            current_turtle.forward(move)

            xcor = current_turtle.xcor()
            if xcor >= finishline:
                winner = True
                winner_color = current_turtle.color()
                print('The winner is', winner_color[0])

setup()
race()

turtle.mainloop()
```

犯行現場　立入禁止　　犯行現場　立入禁止　　犯行現場　立入禁止

重要ポイント

- モジュールは変数、関数、クラスの集合。
- 変数`__name__`によって、コードがインポートされているかメインプログラムとして実行されているかを判断できる（`__main__`の値を探す）。
- Python Shellでは、`help`関数を使って関数、モジュール、クラスのドキュメントを確認できる。
- 自分のコードに`docstring`を追加し、コードを使うプログラマにヘルプを用意する。
- いくつか例を挙げるだけでも、数学、ユーザインタフェース、Webサービスとのやり取り、日付と時刻、教育学などの分野に調査すべき多くのPythonモジュールがある。
- `turtle`モジュールは、もともと教育用にMITで開発されたタートルグラフィックスシステムの実装。
- タートルグラフィックスでは、グリッド上のタートルオブジェクトの移動や描画を行える。
- `Turtle`はオブジェクトであり、データと振る舞いが含まれる。
- オブジェクトのデータは属性と呼ばれる。
- オブジェクト属性にインスタンス変数やインスタンスプロパティという名前を使う言語もある。
- 属性には任意の有効な値を代入できる。
- オブジェクトの振る舞いはメソッドと呼ばれる。
- メソッドはオブジェクトに属するPythonの関数。
- オブジェクトにドット表記を使うと、属性やメソッドにアクセスできる。
- オブジェクトはクラスから作成する。クラスはオブジェクトを作成するための設計図となる。
- 新たなオブジェクトを作成するときには、オブジェクトをインスタンス化するという。
- クラスからインスタンス化されたオブジェクトは、インスタンスと呼ばれる。
- オブジェクトは、クラスで定義されたコンストラクタメソッドを使ってインスタンス化する。
- コンストラクタは、オブジェクトに必要な準備と初期化を行う。
- 数値、文字列、リストなどのデータ型はすべてクラス。

7章 モジュール、メソッド、クラス、オブジェクト

モジュールコーディングクロスワード

クロスワードを行ってモジュールの理解を深めてください。

ヨコのカギ

1. オブジェクトの振る舞い。
3. 最初のレースは誰が勝ったか？
6. インスタンス変数の別名。
8. タートルが方向を変える単位。
11. オブジェクトを用意するメソッド。
12. オブジェクトのデータ。
14. 前進するためのコマンド。
16. ドキュメントを入手する関数。
17. オブジェクトの別の用語。

タテのカギ

2. MIT生まれのグラフィックスシステム。
4. インスタンスの別の用語。
5. Pythonのすべての型がこれ。
7. オブジェクトの作成。
8. 有名なSF作家。
9. ヘルプで使う文字列の種類。
10. 設計図。
13. ハッカーはどのタートルをハッキングしたか？
15. メインプログラムを実行しているときの `__name__` の値（アンダースコアを除く）。

you are here ▶ **335**

練習問題の答え

自分で考えてみようの答え

もう7章まで来たので、(309ページの)タートルの正方形描画コードを関数にまとめられますよね? その関数をmake_squareという名前にして、パラメータとしてタートルを1つ取るようにしましょう。下にそのコードを書き、重複するコードを取り除いて整理してください。

```
import turtle

slowpoke = turtle.Turtle()
slowpoke.shape('turtle')

def make_square(the_turtle):
    the_turtle.forward(100)
    the_turtle.right(90)
    the_turtle.forward(100)
    the_turtle.right(90)
    the_turtle.forward(100)
    the_turtle.right(90)
    the_turtle.forward(100)
    the_turtle.right(90)

make_square(slowpoke)

turtle.mainloop()
```

関数 make_square を定義します。

必ず関数 make_square を呼び出します。

ステップ1:関数のコードを書いて使います。

```
import turtle

slowpoke = turtle.Turtle()
slowpoke.shape('turtle')

def make_square(the_turtle):
    for i in range(0, 4):
        the_turtle.forward(100)
        the_turtle.right(90)

make_square(slowpoke)

turtle.mainloop()
```

make_squareには、slowpokeだけでなく任意のタートルを渡せます。

重複したコードは必要ないので、単に4回繰り返します。

ステップ2:関数内の重複したコードに注目してください。forwardとrightの呼び出しを4回繰り返しましょう。

さらなるタートル実験 の 答え

さらにタートルの実験を行います。まず、実験1、2、3のコードから、どんなことを行うのかを推測してください。そのあと実際にコードを実行して、正しく推測できていたのかを確認してください。また、値を変更すると出力がどのように変化するでしょうか？

実験 1

```
for i in range(5):
    slowpoke.forward(100)
    slowpoke.right(144)
```

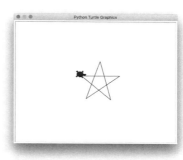

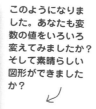

このようになりました。あなたも変数の値をいろいろ変えてみましたか？そして素晴らしい図形ができましたか？

実験 2

```
slowpoke.pencolor('blue')
slowpoke.penup()
slowpoke.setposition(-120, 0)
slowpoke.pendown()
slowpoke.circle(50)

slowpoke.pencolor('red')
slowpoke.penup()
slowpoke.setposition(120, 0)
slowpoke.pendown()
slowpoke.circle(50)
```

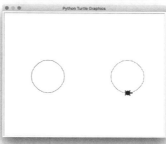

実験 3

```
def make_shape(t, sides):
    angle = 360/sides
    for i in range(0, sides):
        t.forward(100)
        t.right(angle)

make_shape(slowpoke, 3)
make_shape(slowpoke, 5)
make_shape(slowpoke, 8)
make_shape(slowpoke, 10)
```

練習問題の答え

の答え

あてはまる答えはたくさんあります。次に挙げたのはわれわれが思い付いたものです。

ラジオオブジェクトの属性（知っていること）とメソッド（実行すべきこと）を記入してください。

Radio
frequency
volume
power
turn_on()
turn_off()
tune()
set_volume()

属性: frequency, volume, power

メソッド: turn_on(), turn_off(), tune(), set_volume()

 誰が何をする？の答え

オブジェクト指向プログラミングでは、たくさんの新しい専門用語が登場します。左側の用語と右側の説明を線で結んでください。

- クラス — オブジェクトの設計図。
- オブジェクト — 設計図から作成される。
- メソッド — オブジェクトが実行できる振る舞い。
- インスタンス化 — クラスからオブジェクトを作成すること。
- 属性 — オブジェクトが知っているもの。
- インスタンス — オブジェクトの別名。

7章　モジュール、メソッド、クラス、オブジェクト

モジュールクロスワードの答え

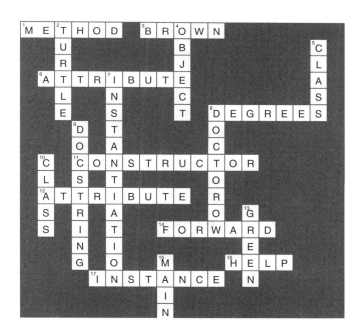

8章　再帰と辞書

反復とインデックスを超えて

このツールベルトの新しいツールを使うときが来たようだな。

コンピュータ的な考え方をレベルアップさせるときが来ました。

この8章であなたのコンピュータ的思考をさらにレベルアップしましょう。いままでは、反復を使って楽しくコードを書いていました。例えば、リスト、文字列、数値の範囲のようなデータ構造を使い、反復処理して計算しました。しかし、この章では別の視点からのプログラミングを行います。まず計算を別の視点から見直し、**再帰**（自分自身を呼び出す）を使って計算するコードを書きます。次に、データ構造を見直し、より多くの種類を扱えるようにします。新しいデータ構造として辞書が登場します。Pythonでは「辞書」と呼ばれますが、他の言語では「連想配列」「マップ」「ハッシュ表」「連想リスト」「連想コンテナ」などと呼ばれます。その後、新しい計算方法と新しいデータ構造を組み合わせてみますが、さまざまな問題の原因となり得るので、あらかじめ注意してください。この新しい概念を脳に定着させるには少し時間がかかりますが、その労力は絶対に報われます。

異なる計算方法

ここでは、刺激的な面白い考え方をします。いままであまりに長い間、反復型のプログラミングだけを使っていました。今度は、全く異なる考え方で問題を解決してみましょう。

しかしその前に、簡単な問題を取り上げ、この本のいままでのやり方で考えてみましょう。例えば、手近な数値のリストを合計したいとします。どんな数値でもかまいません。例えば、ポケットに入っているビー玉の数などです。Pythonには組み込み関数sumがあるので、この関数を使って数値のリストを合計できます。

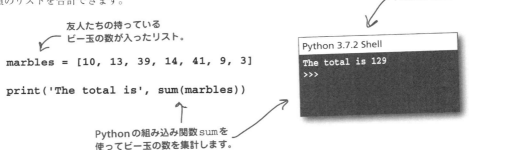

友人たちの持っているビー玉の数が入ったリスト。

```
marbles = [10, 13, 39, 14, 41, 9, 3]

print('The total is', sum(marbles))
```

Pythonの組み込み関数sumを使ってビー玉の数を集計します。

「合計は129」と表示されます。

しかし、まだ計算についてマスターしたわけではないので、昔ながらのやり方で次のように反復を使ってリストを集計するコードを書き、合計を求めましょう。

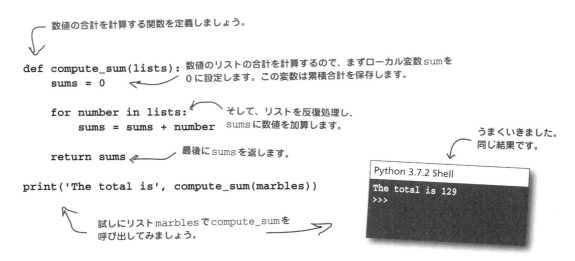

数値の合計を計算する関数を定義しましょう。

```
def compute_sum(lists):
    sums = 0
    for number in lists:
        sums = sums + number
    return sums

print('The total is', compute_sum(marbles))
```

数値のリストの合計を計算するので、まずローカル変数sumsを0に設定します。この変数は累積合計を保存します。

そして、リストを反復処理し、sumsに数値を加算します。

最後にsumsを返します。

試しにリストmarblesでcompute_sumを呼び出してみましょう。

うまくいきました。同じ結果です。

脳力発揮

Python言語の開発者があらゆる形式の反復（forやwhileループなど）を削除することにしたとします。しかし、やはり数値のリストを合計する必要があるとき、反復を使わずに合計できますか？

ダメです！組み込み関数sumも使えません。

別の方法を考える

　コンピュータ科学者（および一部の内情に詳しいプログラマ）が問題を分解するために使う別の方法があります。この方法は初めは少し魔法（または手品）のように思えるかもしれませんが、ビー玉の数を合計する問題を再検討して感覚をつかみましょう。この方法では、数値のリストを合計するために2つの場合を考えます。**基本ケース**と**再帰ケース**です。

考えられる最も簡単な場合です。では、合計を計算する最も簡単な数値リストは何でしょうか？ 空のリストはどうでしょうか？ 空のリストの合計はいくつかですか？ もちろん0です。

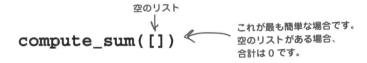

空のリスト　　これが最も簡単な場合です。
　　　　　　　空のリストがある場合、
compute_sum([])　　合計は0です。

再帰ケースでは、同じ問題をより小さなバージョンにして解決します。つまり、リストの1番目の要素を入手し、リストの残りの合計に加えます。

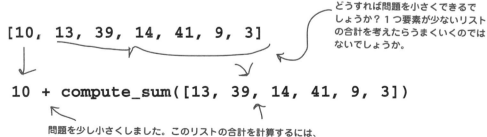

どうすれば問題を小さくできるでしょうか？ 1つ要素が少ないリストの合計を考えたらうまくいくのではないでしょうか。

```
[10, 13, 39, 14, 41, 9, 3]

10 + compute_sum([13, 39, 14, 41, 9, 3])
```

問題を少し小さくしました。このリストの合計を計算するには、
1つ要素が少ないリストの合計に10を追加します。

2つの場合のコードを書く

　基本ケースと再帰ケースはわかりましたね。合計を求める新しい方法のコードを書いてみましょう。前に述べたように、これはほとんどの人にとって（少なくとも最初は）刺激的だと思うので、この新しい再帰的合計関数のコーディングを段階的に説明していきます。

基本ケースはリストが空かどうかを確認するだけの簡単な処理です。
空なら、リストの合計として0を返します。

```
def recursive_compute_sum(lists):
    if len(lists) == 0:
        return 0
```

　　　　　　　　　　　　　　リストが空かどうか（つまり、サイズが0
　　　　　　　　　　　　　　かどうか）を調べ、空なら0を返します。

再帰ケースのほうがわかりにくいので、手順を1つずつ考えましょう。リストの1番目の要素を入手し、リストの残りの合計に加算するのでしたね。わかりやすくするために、まず変数を2つ用意し、リストの1番目の要素と（1番目の要素を除く）残りの要素を代入しましょう。

```
def recursive_compute_sum(lists):
    if len(lists) == 0:         ← これは基本ケースです。
        return 0
    else:                       変数にリストの1番目の要素を
        first = lists[0]        代入し、別の変数にリストの
        rest = lists[1:]        残りを代入します。
```

　　　　　　　　　　　　　　　　リスト表記を覚えていますか？このように
　　　　　　　　　　　　　　　　指定すると、リストのインデックス1から
　　　　　　　　　　　　　　　　末尾の要素までを返します。

要素が1つだけの場合、restの値は空のリストとなります。

先頭の要素をリストの残りの合計に加算します。

```
def recursive_compute_sum(lists):
    if len(lists) == 0:
        return 0
    else:
        first = lists[0]
        rest = lists[1:]
        sums = first + リストの残りの合計
```

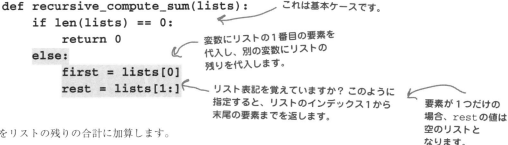

sumsは、先頭の要素にリストの残りの合計を加えたものです。

リストの残りを合計しますが、これはまさに現在書いているコードではありませんか？リストを合計する方法？なぞなぞのような気がします。

一体、どんなコードを書けばよいのでしょうか？

リストの残りの合計を計算する方法さえ知っていれば、準備完了です。さて、どうしましょうか。リストの合計を計算できるような関数はありませんか？ recursive_compute_sumを使ってみたらどうでしょうか？

```python
def recursive_compute_sum(lists):
    if len(lists) == 0:
        return 0
    else:
        first = lists[0]
        rest = lists[1:]
        sums = first + recursive_compute_sum(rest)
        return sums
```

合計を求めたら忘れずに
返しましょう。

recursive_compute_sumはリストの
合計を計算する関数です。この関数を呼び出して
やや小さめのこのリストの処理を済ませておきましょう。

試運転

あなたはこのコードに懐疑的かもしれませんが、まずはrecursive_compute_sumのコードをsum.pyに保存しましょう。下は、テスト用のコードを追加したrecursive_compute_sumです。このコードを保存し、メニューの[Run]から[Run Module]を選んで実行してみましょう。そして、合計が魔法のように計算されていることをPython Shellで確認してください。

```python
def recursive_compute_sum(lists):
    if len(lists) == 0:
        return 0
    else:
        first = lists[0]
        rest = lists[1:]
        sums = first + recursive_compute_sum(rest)
        return sums

sums = recursive_compute_sum(marbles)
print('The total is', sums)
```

反復の場合と
同じ結果に
なりました！

```
Python 3.7.2 Shell
The total is 129
>>>
```

関数内で関数を呼び出す

前に言っていた「呼び出す前に関数を定義する」というルールに反しているんじゃないの？ だって、関数recursive_compute_sumをその関数自身の定義内から呼び出しているわ！

いいえ。

　関数本体はその関数を呼び出すまで評価されないのです。そのため、このコードでは関数recursive_compute_sumを最初に定義しています。そして、recursive_compute_sumを、

sums = recursive_compute_sum(marbles)

というコードで呼び出すときに、関数本体を評価し、この関数自身を再帰的に呼び出します。そのときには関数recursive_compute_sumはすでに定義されているので、ルール違反ではありません。

　理解に少し時間がかかっても、それは当たり前です。コツは、意図的に訓練することです。できるだけ多くの再帰関数を書いてください。実行をたどり、再帰関数がなぜどのように機能するかを理解してください。

　再帰関数について、このあともっと練習します。

このあと実際に再帰コードをたどります。

さらに練習しよう

心配ありません。脳に再帰的に考えてもらうには、少し努力が必要ですが、血と汗と涙を流すだけの価値はあります。ここで少し立ち止まって、recursive_compute_sumを徹底的に分析してもよいのですが、意図的に訓練したほうが、再帰的な思考が身に付きます。ですから、われわれは問題を再帰的に解決し、(当然ですが)そのコードを書く練習をします。

では、別の問題で練習しましょう。4章で登場した回文を覚えていますか？ 回文とは、例えば「tacocat」のように前から読んでも後ろから読んでも同じ文のことです。

前から読んでも同じ。
後ろから読んでも同じです。

回文の例はまだまだあります。「madam」、「radar」、「kayak」も回文ですね。フレーズ全体が回文という例もあります(句読記号や空白は除く)。「a nut for a jar of tuna」、「a man, a plan, a canal: panama」、またはもっとすごい「a man, a plan, a cat, a ham, a yak, a yam, a hat, a canal: panama」などです。長いフレーズの例はにわかには信じ難いのですが、間違いなく回文です。確認してみてください。

自分で考えてみよう

いったん、再帰のことは忘れてください。ある単語が回文かどうかを調べる関数はどのように書けばよいでしょうか。1章から7章までに学んだことを使って、簡単な擬似コードを書いてあなたの考えをまとめてください。もし、いまコーヒーを片手にコードを書きたい気分なら邪魔はしません。

再帰を使って回文を探し出す

　回文を探す再帰関数を書けるでしょうか？ 書けるなら、何か得るものがあるでしょうか？ 試してみましょう。何をすべきか覚えていますか？ 再帰関数を書くには基本ケースと、問題を小さくして同じ関数を再帰的に呼び出す再帰ケースが必要です。

基本ケースは考えられる最も簡単な場合です。今回は、簡単な場合が2つ考えられます。まず、空文字列は回文でしょうか？ 前から読んでも後ろから読んでも同じなので、回文です。

1文字の場合も考えてみてください。1文字は前から読んでも後ろから読んでも同じなので、回文ですね。

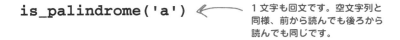

次は再帰ケースです。再帰ケースを考える際はいつでもワクワクします。われわれは、関数 `is_palindrome` を使うことができるように、問題を小さくしたいのです。外側の2文字を比較して同じであれば、内側の単語（少し小さくなっています）が回文かどうかを調べてみてはどうでしょうか？

再帰回文検出器を書く

基本ケースと再帰ケースが用意できたので、完了です。いつものように、基本ケースの実装はとても簡単です。あとは、再帰ケースを理解するだけです。合計を計算する場合と同様、秘訣は常に問題を少し小さくし、再帰呼び出しを利用して問題を解決することです。

基本ケースの処理は簡単です。単語が空文字列か1文字かを確認するだけです。

```
def is_palindrome(word):
    if len(word) <= 1:
        return True
```

基本ケースは、単語が空文字列（`len`が0）か1文字（`len`が1）かを調べ、該当すれば`True`を返します。

次は再帰ケースです。まず、外側の2文字を調べて問題を小さくします。外側の2文字が同じで、残りの文字（2文字の内側）が回文なら全体が回文となります。同じでなければ`False`を返します。

```
def is_palindrome(word):
    if len(word) <= 1:
        return True
    else:
        if word[0] == word[-1]:
        
        else:
            return False
```

ここは基本ケースです。

先頭と末尾の文字を比較します。異なれば`False`を返します。

再帰呼び出しの部分は、次の手順で考えます。

再帰ケースの完成までもう一歩です。いまの時点では、外側の2文字が等しいかどうかを判断し、外側の2文字が等しく**単語の内側が回文**なら単語全体が回文になります。ですから、「単語の内側が回文か」を判定するコードが必要です。

```
def is_palindrome(word):
    if len(word) <= 1:
        return True
    else:
        if word[0] == word[-1]:
            return is_palindrome(word[1:-1])
        else:
            return False
```

両端の2文字が等しい場合に、内側が回文かどうかを判定します。幸い、回文を判定できる関数があるので、その関数を使いましょう。

`is_palindrome`を呼び出して、その結果を返す必要があります。結果は`True`または`False`になります。

再帰関数をもっと詳しく

試運転

is_palindrome（ここに示しているコードにはテスト用のコードを追加しています）をpalindrome.pyファイルに保存してください。メニューの[Run]から[Run Module]選んで実行し、回文を正しく探し出しているかを確認してください。自分で考えた回文を追加してテストするのもお勧めです。

```python
def is_palindrome(word):
    if len(word) <= 1:
        return True
    else:
        if word[0] == word[-1]:
            return is_palindrome(word[1:-1])
        else:
            return False

words = ['tacocat', 'radar', 'yak', 'rader', 'kayjak']
for word in words:
    print(word, is_palindrome(word))
```

コードをもう一度よく見てください。反復版と比較してどちらがわかりやすいでしょう?

正しく動作しているようです!

```
Python 3.7.2 Shell
tacocat True
radar True
yak False
rader False
kayjak False
>>>
```

素朴な疑問に答えます

Q: どのように再帰関数の終了がわかるのですか?

A: つまり、関数がその関数自身を何度も呼び出し続ける場合、どうやって止まるか、ということでしょうか? そんなときこそ基本ケースの出番です。基本ケースは、問題において関数を再び再帰的に呼び出さなくても直接解決できる部分です。そのため、基本ケースを満たせば、再帰呼び出しの終了点に到達したことがわかります。

Q: なるほど。しかし、基本ケースに達するのでしょうか?

A: 再帰ケースを呼び出すたびに、問題を少し小さくしてから関数を再び呼び出しましたよね。コードを正しく設計していれば、問題を繰り返し小さくしていくので、いずれは基本ケースに到達します。

Q: 関数からその関数自身を呼び出す方法がある程度わかりました。他の関数呼び出しもそうですが、パラメータは混乱しないのですか? つまり、関数を再帰的に呼び出すたびに、パラメータは新たな引数に代入し直すのですよね?

A: とてもいい質問です。そのとおりです。関数を呼び出すたびに、パラメータは引数に設定されます。さらに悪いことに、再帰呼び出しの場合、**同じ関数**を呼び出しているので、パラメータは別の引数に設定し直されます。パラメータ値をオーバーライドしたときにすべてがめちゃくちゃになってしまうのではと心配なのですね? そうはなりません。Pythonをはじめ最近のすべての言語は、関数呼び出しと対応するパラメータ（およびローカル変数）を一緒に管理します。これについてはすぐあとで説明するので待っていてください。

8章 再帰と辞書

舞台裏

Pythonはどのように再帰を処理し、1つの関数の呼び出しを管理しているのでしょうか？ 舞台裏をのぞき、インタプリタがどのように`is_palindrome`を処理しているか確認しましょう。

```python
def is_palindrome(word):   ❶
    if len(word) <= 1:     ❷
        return True
    else:
        first = word[0]    ❸
        last = word[-1]
        middle = word[1:-1]
        if first == last:  ❹
            return is_palindrome(middle)  ❺
        else:
            return False
```

> これを評価しましょう。

`is_palindrome('radar')`

❶ 関数呼び出しがあると、まずパラメータとローカル変数を保存するデータ構造が作成されます。通常**フレーム**と呼ばれます。Pythonは、まずパラメータ`word`の値をフレームに格納します。

❷ 次に`word`の長さが1以下かどうかを調べます。今回は1以下ではありません。

❸ 次にローカル変数を3つ作成し、渡された`word`の先頭、末尾、内側の文字列を代入します。これらもフレームに追加します。

❹ 次に先頭と末尾の文字が等しいかどうかを調べます。今回は等しいので、再帰的に`is_palindrome`を呼び出します。

`return is_palindrome(middle)`

> わかりやすくするため、前のページのコードにローカル変数を追加しました。これだと、水面下で変数がどのように機能しているかがわかります。

フレーム1
```
word = 'radar'
```

フレーム1
```
word = 'radar'
first = 'r'
last = 'r'
middle = 'ada'
```

> フレーム1の`middle`は`'ada'`です。

---

❶ 別の関数呼び出しに戻るので、パラメータとローカル変数を格納する新たなフレームが必要となります。Pythonは積み重ねた皿のように複数のフレームを保存し、次々と積み重ねます。この一連のフレームを**スタック**または**呼び出しスタック**と言います。この名前から、なんとなく積み重ねるものだとイメージできますよね？

❷ 次にこの単語は1文字以下ではないので、`else`文に移ります。

フレーム2
```
word = 'ada'
```
フレーム1
```
word = 'radar'
first = 'r'
last = 'r'
middle = 'ada'
```

呼び出しスタックを理解する

❸ 再びローカル変数に値を代入してフレームに追加します。

❹ 先頭と末尾の文字が等しいことを確認します。あとは is_palindrome を再び呼び出すだけです。

```
return is_palindrome(middle)
```

← フレーム2の middle は 'd' です。

```
フレーム2
  word = 'ada'
  first = 'a'
  last = 'a'
  middle = 'd'
フレーム1
  word = 'radar'
  first = 'r'
  last = 'r'
  middle = 'ada'
```

---

❶ 別の関数呼び出しに戻るので、パラメータとローカル変数を格納する新たなフレームが必要です。この時点のパラメータ word は文字列 'd' です。

❷ ついにパラメータ word の長さが1以下となったので、True を返します。呼び出しから戻ったら、スタックから最上位フレームを取り除きます（**ポップ**）。

```
フレーム3
  word = 'd'
フレーム2
  word = 'ada'
  first = 'a'
  last = 'a'
  middle = 'd'
フレーム1
  word = 'radar'
  first = 'r'
  last = 'r'
  middle = 'ada'
```

← 関数から戻ったら、スタックからフレームを取り除きます。

---

❺ そして、is_palindrome を呼び出した結果の True を返します。True を返すときにスタックから次のフレームを取り除きます。

```
フレーム2
  word = 'ada'
  first = 'a'
  last = 'a'
  middle = 'd'
フレーム1
  word = 'radar'
  first = 'r'
  last = 'r'
  middle = 'ada'
```

← 関数から戻ったら、スタックからフレームを取り除きます。

---

❺ 再び is_palindrome を呼び出した結果（True）を返します。is_palindrome の呼び出しで作成されたフレームはこれだけなので、完了です（やはり、結果は True）。

```
フレーム1
  word = 'radar'
  first = 'r'
  last = 'r'
  middle = 'ada'
```

← 再びスタックからフレームを取り除きます。

最初の is_palindrome の呼び出しから戻る際に、値 True を返します。

```
is_palindrome('radar')
```

← True に評価されます！

← is_palindrome の呼び出しスタックはすべてなくなっています。

自分で考えてみよう

再帰コードを自分で評価してみましょう。関数 recursive_compute_sum を使ってみてください。

```python
def recursive_compute_sum(lists):
    if len(lists) == 0:
        return 0
    else:
        first = lists[0]
        rest = lists[1:]
        sums = first + recursive_compute_sum(rest)
        return sums

recursive_compute_sum([1, 2, 3])
```

← もう一度コードを示します。

関数 recursive_compute_sum をここで呼び出しています。

---

recursive_compute_sum([1, 2, 3])

フレーム1
lists = [1, 2, 3]
first = 1
rest = [2, 3]

例として1番目の問題はやっておきました。パラメータリストをリスト [1,2,3] に設定し、ローカル変数 first と last に代入してフレームに追加します。

---

recursive_compute_sum([2, 3])

フレーム2
lists =
first =
rest =

フレーム1
lists = [1, 2, 3]
first = 1
rest = [2, 3]

残りの処理も同様にして、スタックの空欄を埋めてください。

---

recursive_compute_sum([3])

フレーム3
lists =
first =
rest =

フレーム2
lists =
first =
rest =

フレーム1
lists = [1, 2, 3]
first = 1
rest = [2, 3]

呼び出しスタックを使った練習

recursive_compute_sum([])

```
フレーム4
 lists =
フレーム3
 lists =
 first =
 rest =
フレーム2
 lists =
 first =
 rest =
フレーム1
 lists = [1, 2, 3]
 first = 1
 rest = [2, 3]
```

recursive_compute_sum([3])

```
フレーム3
 lists =
 first =
 rest =
 sum =
フレーム2
 lists =
 first =
 rest =
フレーム1
 lists = [1, 2, 3]
 first = 1
 rest = [2, 3]
```

recursive_compute_sum([2, 3])

```
フレーム2
 lists =
 first =
 rest =
 sums =
フレーム1
 lists = [1, 2, 3]
 first = 1
 rest = [2, 3]
```

recursive_compute_sum([1, 2, 3])

```
フレーム1
 lists = [1, 2, 3]
 first = 1
 rest = [2, 3]
 sums =
```

特別座談会

今夜の話題：「どちらのほうが優れているのか？」という疑問に反復と再帰が答える。

反復

プログラマが再帰より反復をどれほど多く使っているかを調べれば、私のほうが優れていることがわかりますよ。

再帰

それは言語によると思いますけど。

どういう意味ですか？ 最近の言語はいずれも再帰をサポートしていますが、プログラマは私を選んでいますよ。

例えば、LISPやSchemeやClojureなどの言語では、反復よりずっと多く再帰を使いますよ。

私の記憶では、この本はPythonでしたよ。

そういう問題ではありません。何が言いたいかというと、再帰をとてもよく理解していて、再帰を使うことのメリットや効率をわかっているプログラマもいるということですよ。

効率ですって？ 再帰さんは呼び出しスタックについて聞いたことがありますか？

ええ、もちろん。読者も聞いたことがあると思いますが、是非詳しく教えてくださいよ。

関数がその関数自身を呼び出すたびに、Pythonのインタプリタは小さなデータ構造を作成して現在の関数のパラメータとローカル変数をすべて格納しておきます。関数を再帰的に呼び出すと、このデータ構造のスタック全体を管理しなければいけません。この管理は、関数を何度も呼び出し続ける限りずっと続いていきます。何度も呼び出すと大量のメモリを消費することになり、ついにはドカーンとプログラムが死んでしまうのです。

反復

確かに。だけど、私が言ったように、再帰的に実行するのはシステムを酷使するようなもので、いずれは問題になりますよ。

多くのプログラマが回文を反復的に書く邪魔をしないでくださいよ。

確かに、再帰を理解するずば抜けた頭脳の持ち主にとってはね。

多くの問題では反復的な解決策のほうが優れていることを認めるべきですよ。

なぜちょっとだけわかりやすくするために手間をかける必要があるのですか？

回文を見つけるような壮大な挑戦的な問題のことを言っているんですね？

この本の中でこの本について話していることが……何てこと！

再帰

Pythonをはじめ最近の言語（ついでに言えば昔の言語も）は実際にそのように動作しますね。関数を呼び出すときはいつでもそうなりますよ。

それは違います。多くの再帰アルゴリズムでは問題とはなりません。その対応策もあります。大切なのは、再帰的解決策のわかりやすさに着目することですよ。回文がいい例です。反復コードがどれほど見にくくわかりにくいことか。

私が言いたいのは、アルゴリズムによっては再帰的に考えてコードを書くほうが簡単なときもあるということなんですよ。

勘弁してくださいよ。先ほどの説明のように少し練習が必要なだけですよ。

優れているかどうかではなく自然かどうかを言っているんです。再帰のほうが自然な問題もありますよ。

コードが読みやすくなるだけではありません。反復では難しくても、再帰を使うと簡単かつ自然に解決するアルゴリズムがあるんですよ。

もちろん違います。おそらくこの本が終わるまでには登場しますよ。
ところで、**この本の中で**この本について話しているということが少し再帰的だと思いませんか？ 再帰はどこにでもあるのです。

8章　再帰と辞書

再帰研究所

現在、**フィボナッチ数列**を計算する再帰アルゴリズムのコードをテストしています。フィボナッチ数列は、自然界によく現れる数列です。ヒマワリの種の並び方や銀河などの形を表現できます。

フィボナッチ数列は次のように表すことができます。

```
fibonacci(0) = 0
fibonacci(1) = 1

fibonacci(n) = fibonacci(n-1) + fibonacci(n-2)
```

← この関数を0で評価すると0となり、1で評価すると1となります。

↑ その他の数値 n では、fibonacci(n-1) を fibonacci(n-2) に足してフィボナッチ数を作成します。

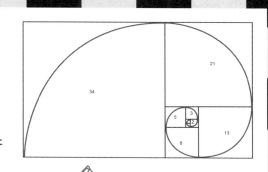

フィボナッチ数列は黄金比に関連しています。黄金比は自然界によく現れる比率で、多くの芸術家が優れたデザインに関連していると考えています。

以下にフィボナッチ数列の値を示します。

```
fibonacci(0)は0
fibonacci(1)は1
fibonacci(2)は1
fibonacci(3)は2
fibonacci(4)は3
fibonacci(5)は5
fibonacci(6)は8
```

フィボナッチ数列の数値は、その数の直前の2つのフィボナッチ数を足して求めます。

そして、13、21、34、55、89、144、233、377、610、987、1597、2584、4181と続きます。

この再帰研究所では、フィボナッチ数列を計算するアルゴリズムを開発しました。詳しく見てみましょう。

```
def fibonacci(n):
    if n == 0:
        return 0
    elif n == 1:
        return 1
    else:
        return fibonacci(n-1) + fibonacci(n-2)
```

基本ケース：n が 0 か 1 の場合、その数値をそのまま返します。

再帰ケース：それ以外の場合は、再帰的に fibonacci を呼び出してその直前の2つのフィボナッチ数の合計を返します。

上の定義から考えます。

再帰ケースでは fibonacci を1回ではなく2回呼び出しています。気付きましたか？

フィボナッチのテスト

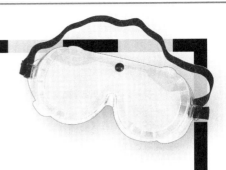

次にこのコードをテストします。ここ再帰研究所では、フィボナッチ数の計算を正確かつ高速に行うために、新しいモジュールtimeを使ったテスト用の短いコードを開発しました。timeは、コードの実行時間を計ることができます。

```python
import time   ← Pythonのtimeモジュールを使って
              コードの実行時間を計ります。
def fibonacci(n):   ← 再帰フィボナッチコード。
    if n == 0:
        return 0
    elif n == 1:
        return 1
    else:
        return fibonacci(n-1) + fibonacci(n-2)
# テスト用のコード。
for i in range(20, 55, 5):
    start = time.time()         ← 開始時刻。
    result = fibonacci(i)       ← フィボナッチ数を計算します。
    end = time.time()           ← 終了時刻。
    duration = end - start      ← 実行時間を計算します。
    print(i, result, duration)  ← 結果を出力します。
```

テストとして、20番目から50番目までのフィボナッチ数を5刻みで計算しましょう。このテストがうまくいったら、100個全部を計算することにしましょう。

ここでは、毎回計算時間を計りたいので、timeモジュールを使います。timeモジュールの詳細は、付録Aを参照してください。

このコードを入力し、テストしてください。データを入手したら、nの値、フィボナッチ数、計算にかかった秒数を下のメモに記録してください。**このコードを本番環境で使うには、100個までのフィボナッチ数を5秒以内で計算しなければいけません。条件をクリアできるでしょうか？**

このプログラムの実行に時間がかかりすぎる場合には、Python Shellウィンドウを閉じればいつでも終了できます。

これは1回目のテスト（n=20）の結果です。マシンの速度によって実行時間は異なるでしょう。

フィボナッチテストデータ

数	答え	計算時間
20	6765	0.002秒

われわれの結果を次のページに示します。自分の結果と比較してください。

いまのところはうまくいっています。しかも高速です！

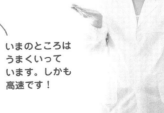

8章 再帰と辞書

再帰研究所の失敗

再帰研究所の基準を満たすには、100個までのフィボナッチ数を5秒以内で計算しなければいけません。どうでしたか？ 昼食を食べたあとでもまだ計算が続いているのですか？ 大丈夫です。あらかじめ計算しておいた結果があります。しかし次のように、あまり明るい材料ではないようです。

フィボナッチテストデータ

数	答え	計算時間
20	6765	0.002 秒
25	75025	0.04 秒
30	832040	0.4 秒
35	9227465	4.8 秒
40	102334155	56.7 秒
45	1134903170	10.5 分
50	12586269025	1.85 時間

正しい答えが得られているという点では、このコードは正常です。

マシンの速度によってあなたの結果とは異なるかもしれません。

実行時間は初めのうちは高速でしたが、n が大きくなるにつれどんどん遅くなっています。50 では、たった1つのフィボナッチ数を計算するのに約111分もかかっています！

おやおや。あまりよくないようです。フィボナッチ数列の最初の100個の数値を5秒以内で計算したかったのに、テストでは50番目の数値だけで1時間以上もかかってしまいました。絶望的でしょうか？ 一体何にそんなに時間がかかっているのでしょうか？ 少し考えてみてください。この話題については、興味深いデータ構造を学習したあと、また戻ってきます（これから学ぶデータ構造が役に立つでしょう）。

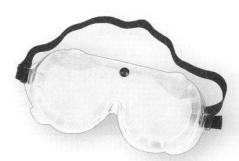

you are here ▶ 359

アンチソーシャルネットワーク

あなたのコーディングの腕は着実に上達しています。実際に、最初のプロジェクトを立ち上げるために、プロトタイプを作成できるスキルは身に付けられたでしょう。実は新たなプロジェクトのアイデアがあります。それは**画期的な**ソーシャルネットワークサービスです。え？ Facebook 社やそのライバル企業でもう十分ですって？ 心配はいりません。われわれが作りたいのは**アンチソーシャルネットワーク**です。アンチソーシャルネットワークでは、「その笑顔を悲しい顔にする」や「幸せなら、私から離れてください」といった感情を友達のネットワークと簡単にやり取りできます。また、いつでも最上位のアンチソーシャルユーザがわかるという、目玉機能も備えています。われわれは10億ドルに値するアイデアだと思っています。あとはスタートするだけです。

シンプルに始めましょう。まずはユーザのリストの管理からです。ユーザごとに名前とメールアドレスをリストに保存します。

脳力発揮

すでに自分が持っているユーザの名前とメールアドレスを保存しましょう。名前を格納するリストと、その名前のメールアドレスを格納するリストを用意します。この2つは並列リストです（4章の並列リストを思い出してください）。つまり、名前リストのインデックス 42 に格納されている名前に対応するメールアドレスは、メールリストのインデックス 42 に格納されています。

```
names = ['Kim', 'John', 'Josh']
emails = ['kim@oreilly.com', 'john@abc.com', 'josh@wickedlysmart.com']
```

7章で、タートルレースの亀の色と位置を保存した方法とよく似ています。

この方法にはどんなデメリットがあるでしょうか？ 当てはまると思うものにチェックマークを入れてください。

- ☐ 新たに名前とメールアドレスを挿入する際に、2つのリスト間で一貫性を保つ必要がある。
- ☐ 友達を探すのにリスト全体を検索しなければいけない。
- ☐ 例えば性別や電話番号などの別の属性を追加する必要がある場合にますます複雑になる。
- ☐ 問題はない。完璧に機能する。
- ☐ 名前とアドレスが2つの異なるリストに格納されているので、互いのリストのデータの関係がわかりにくい。
- ☐ ユーザを削除する際には2つのリストを同期する必要がある。
- ☐ _____

他にも問題があるでしょうか？

8章 再帰と辞書

要素に覚えやすい素敵な名前を付けることができて、インデックスを扱わなくてもいいデータ構造があったらいいのに。それに、追加場所を気にせずに追加もできたらいいわね。値をすぐに探せて、リスト全体を検索する必要もないのよ。そんなデータ構造があったら素敵ね。だけど、夢物語にすぎないことはわかっているわ。

辞書とは

Pythonのデータ型の1つ、**辞書**を紹介します。辞書は(コンピュータサイエンス系の人々に)**マップ**、あるいは**連想配列**とも呼ばれることが多く、強力で用途の広いデータ構造です。用途が広いため、アンチソーシャルネットワーク問題の解決(つまり、ユーザの保存と取得のためのより優れた方法を見つける)を含めたいくつかの異なる使い方を説明します。しかしその前に、まず辞書とその機能をよく理解しましょう。

まず、リストとは異なり、辞書は**順序なし**データ型です。リストでは、値はインデックス順に保存されます。リスト内の3番目の値が必要な場合には、インデックスで要求できます。辞書の要素には固有の順序はありません。辞書に保存された**値**には**キー**を使ってアクセスします。つまり辞書内の値にアクセスするには、その値のキーを指定します。

辞書を作成する

```
my_dictionary = {}
```
← 中かっこ2つを使って空の辞書を作成します。キーと値を保存できます。

← 辞書には中かっこ、リストには角かっこと覚えてください。

要素を追加する

辞書は要素をキーと値のペアとして保存します。例えば、友達のジェニー(Jenny)の電話番号として867-5309を保存したいとします。

```
my_dictionary['jenny'] = '867-5309'
```
← この値(文字列形式での電話番号)をキー 'jenny' (これも文字列)に保存します。

任意の数のキーと値のペアを保存できます。さらにポール、デビッド、ジェイミーの電話番号も保存しましょう。

```
my_dictionary['paul'] = '555-1201'
my_dictionary['david'] = '321-6617'
my_dictionary['jamie'] = '771-0091'

my_dictionary['paul'] = '443-0000'
```
← キーと値のペアをいくつでも保存できます。

← すでに存在するキーに値を保存すると、古い値を上書きします。

「ジェニーの電話番号は867-5309です」

キーを使って値を取得する

辞書から値を取得するには、キーを使います。

```
phone_number = my_dictionary['jenny']
print("Jenney's number is", phone_number)
```

Python 3.7.2 Shell
```
Jenny's number is 867-5309
>>>
```

キーと値は文字列でなくても大丈夫

辞書のキーには数値、文字列、ブール値を使うことができます。辞書の値には、任意の有効なPythonの値を使うことができます。例を示します。

```
my_dictionary['age'] = 27
my_dictionary[42] = 'answer'
my_dictionary['scores'] = [92, 87, 99]
```

← 文字列キーと整数の値、整数キーと文字列の値、文字列キーとリストの値など、値としてPythonの任意のデータ型を使えます。

↑ キーに使える型は他にもありますが、それらの型はまだ説明していません。

もちろん、キーは削除できる

```
del my_dictionary['david']
```

← キー 'david' とその値を辞書から削除します。

→ del文は、リストなど他のものにも使えます。

→ 辞書にはpopメソッドも使うことができます。popはキーを削除して値を返します。

まず存在するかどうかを調べる

ある要素がリストや文字列などの一連のもの（プログラマは**コレクション**と呼ぶことが多い）に含まれるかどうかを確認するのに、Pythonでは一貫した方法を使います。辞書も例外ではありません。辞書にキーが含まれるかどうかは次のように確認します。

← in演算子を使ってキーが辞書に存在するかどうかを調べます。

```
if 'jenny' in my_dictionary:
    print('Found her', my_dictionary['jenny'])
else:
    print('I need to get her number')
```

上の要素を削除するコードは次のように書くべきです。

```
if 'david' in my_dictionary:
    del(my_dictionary['david'])
```

素朴な疑問 に答えます

Q: 存在しないキーを削除するとどうなりますか？

A: 実行時例外KeyErrorが起こります（例外処理についてはあとで説明します）。まずキーが存在するかどうかを調べておけばこの例外を回避できます。

Q: 辞書には同じキーは1つしかないのですか？

A: そのとおりです。つまり、キーは辞書内で一意です。例えば、my_dictionaryの 'Kim' というキーは1つだけです。そのキーに値を2回代入したら、古い値を上書きします。

Q: 辞書を使うと便利なのはわかりましたが、インデックスがないと効率が悪くなると思うのですが。大量のデータに辞書を使うときには性能を心配しなければいけませんか？

A: この章は少し刺激的だと言ったことを覚えていますか？多くのアプリケーションでは、辞書のほうがリストを使って同じデータを保存するよりずっと効率的です。理由はすぐに説明します。

Q: 組み込み演算子delを辞書に使えるということは、lenも使えますか？

A: もちろんです。演算子lenでは、辞書内のキーの総数がわかります。

辞書の反復処理はどうなる?

辞書は順序がないことを覚えておいてください。キーを反復処理することはできますが、特定の順序になっていると思ってはいけません。

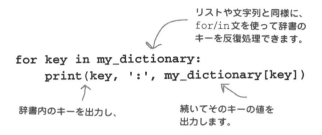

```
for key in my_dictionary:
    print(key, ':', my_dictionary[key])
```

辞書内のキーを出力し、続いてそのキーの値を出力します。

リストや文字列と同様に、for/in文を使って辞書のキーを反復処理できます。

```
Python 3.7.2 Shell
jenny : 867-5309
paul : 443-0000
jamie : 771-0091
age : 27
42 : anwser
scores : [92, 87, 99]
>>>
```

みなさんの結果と順番は異なるかもしれませんが、問題ありません。

では、リテラルを一瞬で取得できる?

リストと同様、辞書を作成するための表記法があります。例を挙げます。

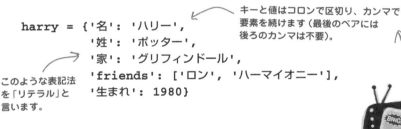

```
harry = {'名': 'ハリー',
         '姓': 'ポッター',
         '家': 'グリフィンドール',
         'friends': ['ロン', 'ハーマイオニー'],
         '生まれ': 1980}
```

このような表記法を「リテラル」と言います。

キーと値はコロンで区切り、カンマで要素を続けます(最後のペアには後ろのカンマは不要)。

ちゃんとした辞書が作成されます。

辞書を出力し、リテラル形式を確認することもできます。

```
print(my_dictionary)
```

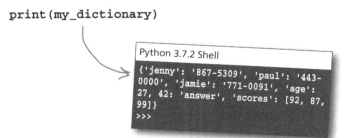

```
Python 3.7.2 Shell
{'jenny': '867-5309', 'paul': '443-
0000', 'jamie': '771-0091', 'age':
27, 42: 'answer', 'scores': [92, 87,
99]}
>>>
```

> **注目! 辞書の順序を当てにしない**
>
> 辞書のキーがいつも同じ順序で現れたとしても、異なるOSやPythonの実装では、その順序どおりになるとは限りません。辞書の順序を当てにすると、いずれトラブルに直面することを覚えておいてください。

自分で考えてみよう

辞書の知識が得られたので、その知識を使いましょう。下は何をするコードなのかを調べてください。

```python
movies = []          # リスト
movie = {}           # 辞書

movie['name'] = 'Forbidden Planet'    # 『禁断の惑星』
movie['year'] = 1957
movie['rating'] = '*****'             # 評価
movie['year'] = 1956

movies.append(movie)
                                      # 『心霊移植人間』
movie2 = {'name': 'I Was a Teenage Werewolf',
          'year': 1957, 'rating': '****'}
movie2['rating'] = '***'

movies.append(movie2)

movies.append({'name': 'Viking Women And The Sea Serpent',   # 『女バイキングと大海獣』
               'year': 1957,
               'rating': '**'})

movies.append({'name': 'Vertigo',      # 『めまい』
               'year': 1958,
               'rating': '*****'})
                                       # Head First 推奨映画
print('Head First Movie Recommendations')
print('-------------------------------')
for movie in movies:
    if len(movie['rating']) >= 4:
        print(movie['name'], '(' + movie['rating'] + ')', movie['year'])
```

アンチソーシャルネットワークで辞書を活用する

辞書について知っておくべきことの95%をもうすでに説明しましたが、実際の**使い方**についてはまだでしたね。辞書を使うと、値を保存し取得することができますが、辞書の役割はそれだけではありません。確かに単純だというのは辞書の利点かもしれません。では実際にアンチソーシャルネットワークで辞書を使ってみましょう。

363ページでいったんアンチソーシャルネットワークの話を中断したときは、一連の名前とメールアドレスを保存する必要がありましたよね。当初はリストを2つ使っていましたが、かなり面倒でしたね。新しい名前を追加するときには両方のリストに追加する必要があり、削除のときも同様に、両方のリストから削除する必要があったからです。また、名前を探すにはリスト全体を検索しなければいけません。ユーザの性別などの属性を追加するには、全く新たなリストを管理する必要があり、大変でした。辞書ではもっとうまくできるのです。

```
names = ['Kim', 'John', 'Josh']
emails = ['kim@oreilly.com', 'john@abc.com', 'josh@wickedlysmart.com']
```

← ユーザとメールアドレスを別々のリストに格納しています。

辞書の場合を見てみましょう。　　　　← こちらのほうが確かに読みやすいです！

```
users = {'Kim' : 'kim@oreilly.com',
         'John': 'john@abc.com',
         'Josh': 'josh@wickedlysmart.com'}
```

新たなユーザの追加やユーザの削除はどうでしょうか？

```
users['Avary'] = 'avary@gmail.com'   ← 追加
del users['John']   ← 削除
```

簡単ですね。辞書なら2つのリストの同期を保つ心配はいりません。

ユーザのメールアドレスを取得するにはどうすればいいでしょうか。例えば、ジョシュ（Josh）のメールアドレスは次のようにすればわかります。

```
if 'Josh' in users:
    print("Josh's email address is: ", users['Josh'])
```

↑ まずキー 'Josh' が辞書にあるかを確認します。辞書にあれば、そのメールアドレスを取得します。

「ジョシュのメールアドレスはjosh@wickedlysmart.com」と出力されます。

```
Python 3.7.2 Shell
Josh's email address is: josh@
wickedlysmart.com
>>>
```

8章　再帰と辞書

> コードの書きやすさという点では、
> 2つのリストを扱うよりずっと優れていることは
> 認めるよ。だけど、明示的にインデックスを
> 使うよりも本当に効率的なの?

辞書のほうが断然効率的です。

　その理由を理解するには、辞書が水面下で実際にどのように動作しているかを理解する必要があります。例としてリストから始めましょう。ユーザのリストから「Josh」を探す場合、見つかるまでリストのユーザを1人1人調べなければいけません。つまり、最悪の場合はリスト全体を調べることになります。

　辞書は、**ハッシュマップ**と呼ばれるデータ構造を使います。辞書はハッシュマップを使って値をリストや配列のようなデータ構造に保存しますが、**ハッシュ関数**という特殊な関数を使ってキーに基づいてそのリスト内の値の位置を計算します。そのため、リスト全体をしらみつぶしに検索するのではなく、辞書はハッシュ関数を使って値が存在するインデックスにすぐにたどり着けます。幸運にも、辞書がこのすべてを行ってくれるのです。

　ハッシュ関数は完璧ではなく、複数の値を1つの場所にマッピングすることもありますが(辞書にはこのような場合の対応策があります)、頻繁に起こることはあまりないので、キーに基づいた値を探す平均時間は**定数時間**です(定数時間は、1つの演算を実行するのにかかる時間と考えられます)。したがって、キーを検索する際は、辞書は極めて高速に動作します。

コンピュータサイエンスの用語。

you are here ▶ **367**

属性を追加するにはどうすればいい？

辞書を使ってアンチソーシャルネットワークのユーザ名とメールアドレスを管理するのは大成功のように思えますが、ユーザの性別などの属性を追加する可能性もありましたよね。並列リストを使う場合は性別を保存するための別のリストが新たに必要になるところです。辞書では次のように別の辞書が必要になるのでしょうか？

```python
email = {'Kim' : 'kim@oreilly.com',
         'John': 'john@abc.com',
         'Josh': 'josh@wickedlysmart.com'}
```
← このようにしてもいいですが、ユーザの追加、削除、検索のたびに、また2つのデータ構造を管理することになって、やはり面倒です。

```python
genders = {'Kim' : 'f',
           'John': 'm',
           'Josh': 'm'}
```
← 'f'は女性、'm'は男性という意味です。

確かにこれでもうまくいきますが、また2つのデータ構造を管理することになってしまいます。これは明らかに望んでいたことではありません。この問題を解決するには、辞書の使い方をもう少しよく考える必要があります。次のように、辞書を使ってユーザのすべての属性を保存してみましょう。

```python
attributes = {
        'email' : 'kim@oreilly.com',
        'gender': 'f',
        'age': 27,
        'friends': ['John', 'Josh']
}
```
← これはキムの属性（メールアドレス、性別、年齢、友達）を保存する辞書です。すべてのユーザについてこのような辞書を作成することができます。

← 新たなリスト（友達のリスト）を追加しています。アンチソーシャルネットワークの目玉機能で重要な役割を担っています。

この新たな考えに基づいてもう一度やり直しましょう。新たなユーザ辞書を作成してキムの属性を保存しましょう。

```python
users = {}
users['Kim'] = attribute
```
← 変数usersに空の辞書を設定し、キー'Kim'に辞書attributesを追加しています。

← 急ぎすぎてこのコードで何が起きているかを見逃さないでください。キー'Kim'の値を別の辞書（attributes）に設定しています。

ジョンとジョシュも追加しましょう。

```python
users['John'] = {'email' : 'john@abc.com','gender': 'm', 'age': 24, 'friends': ['Kim', 'Josh']}
users['Josh'] = {'email' : 'josh@wickedlysmart.com','gender': 'm', 'age': 32, 'friends': ['Kim']}
```

← ここでも同じです。急ぎすぎてこのコードで何が起きているかを見逃さないでください。'John'と'Josh'にも辞書を代入しています。

← キー'John'と'Josh'に辞書を代入しています。リテラル構文を使って辞書を指定しています。

8章 再帰と辞書

✏️ 自分で考えてみよう

辞書の中の辞書はよく登場します。次のコードを頭の中で実行し、映画界でどのような役割を演じるかを考えてください。

```python
movies = {}
movie = {}

movie['name'] = 'Forbidden Planet'
movie['year'] = 1957
movie['rating'] = '*****'
movie['year'] = 1956

movies['Forbidden Planet'] = movie

movie2 = {'name': 'I Was a Teenage Werewolf',
          'year': 1957, 'rating': '****'}
movie2['rating'] = '***'
movies[movie2['name']] = movie2

movies['Viking Women And The Sea Serpent'] = {'name': 'Viking Women And The Sea Serpent',
                                              'year': 1957,
                                              'rating': '**'}

movies['Vertigo'] = {'name': 'Vertigo',
                     'year': 1958,
                     'rating': '*****'}

print('Head First Movie Recommendations')   ← 「Head First映画スタッフ推奨」
print('--------------------------------')      という意味です。
for name in movies:
    movie = movies[name]
    if len(movie['rating']) >= 4:
        print(movie['name'], '(' + movie['rating'] + ')', movie['year'])

print('Head First Movie Staff Pick')
print('---------------------------')
movie = movies['I Was a Teenage Werewolf']
print(movie['name'], '(' + movie['rating'] + ')', movie['year'])
```

you are here ▶ 369

アンチソーシャルネットワークのユーザを保存する方法がわかったので、コードを書いてみましょう。まず、ユーザの名前を引数として取り、そのユーザの友達の平均年齢を返す関数average_ageを作成しましょう。もう8章なので、自分で考えてみてください。必ず擬似コードを書くか、同様の手段で大まかな流れを考えてください。正しいコードを書くためには必要な工程です。

```
users = {}
users['Kim'] = {'email' : 'kim@oreilly.com','gender': 'f', 'age': 27, 'friends': ['John', 'Josh']}
users['John'] = {'email' : 'john@abc.com','gender': 'm', 'age': 24, 'friends': ['Kim', 'Josh']}
users['Josh'] = {'email' : 'josh@wickedlysmart.com','gender': 'm', 'age': 32, 'friends': ['Kim']}
```

ここにaverage_ageを書いてください。

「キムの友達の平均年齢は28.0」
「ジョンの友達の平均年齢は29.5」
「ジョシュの友達の平均年齢は27.0」
という意味です。

```
Python 3.7.2 Shell
Kim's friends have an average age of 28.0
John's friends have an average age of 29.5
Josh's friends have an average age of 27.0
>>>
```

```
average_age('Kim')
average_age('John')
average_age('Josh')
```

このテスト用のコードで表示される出力。

アンチソーシャルネットワークの目玉機能

もちろん覚えていますよね？ この目玉機能は、投資家の資金を集める際にプレゼンするための極めて重要なものです。最も社交的でない人物を見つけることでしたね。つまり、友達が最も少ないユーザを探すのです。あとはコードを書くだけです。

ユーザの辞書はすでに作成済みです。その辞書のエントリは「ユーザの名前」のキーと、「そのユーザのすべての属性を含む別の辞書」の値からなります。属性の1つが友達のリストです。すべてのユーザを反復処理し、最も友達が少ないユーザを探しましょう。

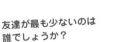

友達が最も少ないのは誰でしょうか？

最も非社交的なユーザを探す

最も非社交的なユーザを探すためのコードは、いままでに書いた中で最も複雑というわけではありませんが、簡単というわけでもないので、まずは簡単な擬似コードを考えて、何を行うかをはっきりさせましょう。

❶ max_valueを大きな数値に設定する。 ← 現在の最大非社交性カウントを保存する変数を作成します。この変数をmax_valueと呼び、初期値として何からの大きな値に初期化します。

❷ usersの各名前に対して ← 辞書usersのキーを反復処理します。

    A ユーザ属性辞書を取得する。 ← ユーザごとに、名前に関連する属性辞書を取得します。

    B 属性辞書から友達のリストを取得する。 ← 'fiends'キーを使って友達のリストを取得します。

    C 友達の数がmax_valueより少なければ ← 友達の数がいままでの数（max_value）よりも少なければ、それが現在の最も非社交的なユーザの候補です。

        i 変数most_anti_socialに名前を設定する。 ← 変数most_anti_socialに名前を設定し、

        ii 変数max_valueに友達の数を設定する。 ← max_valueを新たな友達の数に設定します。

❸ キーmost_anti_socialのユーザを出力する。
← 名前のキーをすべて反復処理すると、most_anti_socialが得られます。名前などを出力しましょう。

自分で考えてみよう

擬似コードが書けたので、新たに得た辞書の知識を使ってこのコードを完成させ、実行してみてください。

```
max_value = 1000
for name in _____:
    user = _____[_____]
    friends = user[_____]
    if len(_____) < max_value:
        most_anti_social = _____
        max_value = len(_____)

print('The most_anti_social user is', _____)
```

アンチソーシャルネットワークのテスト

さっそく試してみましょう（実際にコードを実行するのは数ページぶりです）。次のコードをファイルantisocial.pyに保存します。実行して出力を再確認してください。

```python
users = {}
users['Kim'] = {'email' : 'kim@oreilly.com','gender': 'f', 'age': 27, 'friends': ['John', 'Josh']}
users['John'] = {'email' : 'john@abc.com','gender': 'm', 'age': 24, 'friends': ['Kim', 'Josh']}
users['Josh'] = {'email' : 'josh@wickedlysmart.com','gender': 'm', 'age': 32, 'friends': ['Kim']}

max_value = 1000
for name in users:
    user = users[name]
    friends = user['friends']
    if len(friends) < max_value:
        most_anti_social = name
        max_value = len(friends)

print('The most_anti_social user is', most_anti_social)
```

```
Python 3.7.2 Shell
The most_anti_social user is Josh
>>>
```

最も非社交的なユーザはジョシュでした！

あとは自分でやってみよう!

アンチソーシャルネットワークの話はこのくらいにしておきます。あなたは自力でさらに進められると思うからです。このアイデアとコードはみなさんのものなので、アンチソーシャルネットワークを運営して、儲かって有名になったら手紙をください（アンチソーシャルネットワークの創業者は非社交的なので、手紙でも敷居が高いかもしれませんが）。

アンチソーシャルネットワークはこれで終わりですが、辞書の話はまだ続きます。他にも対応しなければならないことがあるからです。

8章 再帰と辞書

一方、こちらに戻ってくると、

再帰研究所

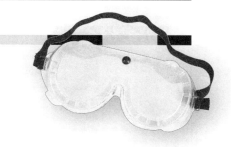

前回、再帰研究所を少し残念な状態で放置してしまいました。100個までのフィボナッチ数を5秒以内で計算する必要があるのに、あまりに時間がかかりすぎて話になりませんでした。実際に、50番目だけの計算に1時間以上もかかりました。それでも希望はあるというのでしょうか？

もちろんありますが、計算がこれほど遅い理由がわからなければ進歩できません。まず、例えば`fibonacci(50)`を計算したときに行った再帰呼び出しを調べてみましょう。

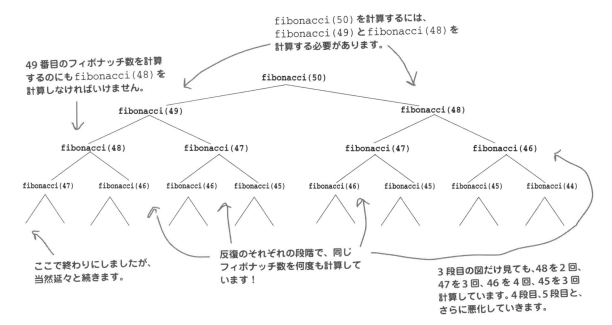

つまり、このコードは論理的に正しく明確ですが、非常に非効率です。このアルゴリズムでは、どのフィボナッチ数でも、その数未満のフィボナッチ数を全部計算しています。つまり、同じフィボナッチ数を何度も繰り返し計算しているので、不要な計算が多すぎます。`fibonacci(5)`が必要になるたびに、`fibonacci(4)`、`fibonacci(3)`、`fibonacci(2)`を計算しなければいけません。

you are here ▶ **373**

フィボナッチの非効率さを理解する

自分で考えてみよう

fibonacci(7)の計算に必要な関数呼び出しの図を描いてみましょう。完成したら、重複している呼び出しの回数を数えてください。

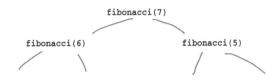

ここに合計を書いてください。例として1番上のfibonacci(7)の答えを書いておきました。fibonacci(7)が呼び出されるのは1回だけです。fibonacci(6)も1回です。

fibonacci(7): 1回	fibonacci(6): 1回	fibonacci(5): ____
fibonacci(4): ____	fibonacci(3): ____	fibonacci(2): ____
fibonacci(1): ____	fibonacci(0): ____	

警告：驚くような答えかもしれません。

fibonacci(50)を求めるのにfibonacci(3)を何回計算しなければならないでしょうか？

脳力発揮

既存のコードでは同じフィボナッチ数を何度も計算しています。コードをあまり変更せずに、大幅に効率的に計算する方法を考え、そのアイデアを書いてください。

8章　再帰と辞書

過去の関数呼び出しの結果を保存する方法があればいいのにね。そうすれば、関数が同じ値で再び呼び出されたときには、毎回再計算せずに前の結果を思い出すだけでいいのよ。夢物語にすぎないことはわかっているけど。

関数呼び出しの結果を覚えておく

関数呼び出しの結果を記憶しておける?

なかなかいいアイデアです。例えば、fibonacciに引数49を指定して呼び出した結果を保存します。次にfibonacciを引数49を指定して呼び出す際は、関数fibonacciの再計算はせず、その結果を利用するのです。

反復を使ったフィボナッチコードは多くの関数呼び出しを行って再計算する必要があるので、結果を保存して利用できれば、実行時間が大幅に削減されるでしょう。でも、本当に何時間も節約できるのでしょうか? 確認してみましょう。

関数fibonacciの呼び出し結果を保存するには、引数nの値とfibonacci(n)の計算結果を保存する手段が必要ですね。さらに、指定の値nに対応する計算結果に簡単にアクセスできる方法も必要です。

何かいいアイデアはありますか?

辞書を使ってフィボナッチ結果を記憶する

辞書に向いている役目だと思いませんか? どのように使うのか見てみましょう。

cacheという名前は、すぐにアクセスする必要があるデータを保存する場所によく使われます。

❶ 辞書を作成し、cacheと名付ける。

❷ 数値nでfibonacciを呼び出すたびに:

　Ⓐ cacheにキーnがあるかどうかを調べる。

　　ⅰ あればキーnの値を返す。

　Ⓑ なければ、nのフィボナッチ数を計算する。

　Ⓒ 結果をcacheのキーnに保存する。

　Ⓓ フィボナッチ数の値を返す。

フィボナッチ関数を値nで呼び出すたびに、まず辞書cacheを調べてキーnがすでに存在するかどうかを確認します。存在すればそれはnのフィボナッチ数なので、関数呼び出しの結果として返すだけです。

存在しなければ通常どおりにフィボナッチ数を計算しますが、結果を返す前にまずcacheのキーnに保存します。

「メモ化」と呼ばれます
（ちょっと仰々しい「5ドルの言葉」ですが）

関数呼び出しの結果を保存するという素晴らしいアイデアを考案した、と思ったかもしれませんね。残念ながらわれわれが考案したわけではなく、すでにある**メモ化**という、単純ですが、効果的な手法を使いました。メモ化は、コストがかかる関数呼び出しの結果を保存してプログラムを最適化します。では、コストがかかるとはどういうことでしょうか？ お金がかかるということでしょうか？ コンピュータサイエンスの用語では通常、コストがかかるとは長い時間がかかる、多くの空間（一般的にはメモリ）を消費する計算を意味します。時間と空間のどちらを最適化するかはコードの処理によりますが、この例では主に時間を最適化します。

英語ではやたら難しい言葉を「5ドルの言葉」(5 doller word)と言います。

メモ化がどのように機能するかは、実はすでに説明済みです。前ページで書いた擬似コードがメモ化の実装だからです。

理解を深めるために、擬似コードを参考にして既存のコードを作り直しましょう。これは簡単です。

```python
import time

cache = {}    # cacheとして使う辞書。

def fibonacci(n):
    global cache
    if n in cache:    # まず、nがcache辞書のキーかどうかを調べます。
        return cache[n]    # キーであれば、そのキーに保存された値を返します。

    if n == 0:
        result = 0    # nが0か1の場合にすぐに返すのではなく、
    elif n == 1:      # nをローカル変数resultに代入します。
        result = 1
    else:
        result = fibonacci(n-1) + fibonacci(n-2)
        # 結果を再帰的に計算する場合も、その結果を
        # resultローカル変数に代入します。
    cache[n] = result
    return result     # resultを返す前に、cacheのキーnに
                      # 保存します。Pythonでは、辞書のキーは
                      # 整数など任意の値にすることができます。

start = time.time()

for i in range(0, 101):
    result = fibonacci(i)
    print(i, result)
    # 計時コードを変更して最初の100個の
    # フィボナッチ数全部の計算時間を計測しています。
    # きっと自信があるのでしょう。

finish = time.time()
duration = finish - start
print('Computed all 100 in', duration, 'seconds')
```

再帰研究所の成功

何をぐずぐずしているのですか？ 辞書を使うと数行のコードで計算時間を5秒以内に削減できることを疑っているのですか？ それなら実際にコードを更新して実行してみてください！

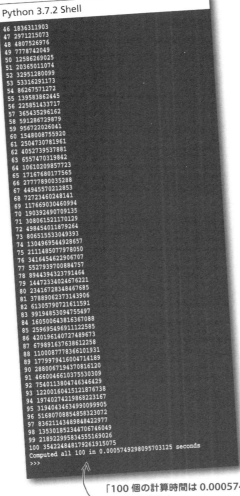

すごい！1秒よりずっと短い時間で計算できたわ！

← コードを最適化すると実行時の振る舞いに大きな影響を及ぼします。

「100個の計算時間は 0.0005749298095703125 秒」という意味です。

さらなる頭の体操

約束どおり、この章があなたにとって刺激的で面白いものになっていたら幸いです。先に進む前にフィボナッチ数や回文を計算する以外にも再帰が使えることを紹介します。実際に、再帰をコンピュータグラフィックス（より具体的は**フラクタル**）の生成に利用します。フラクタルという用語は誰でも聞いたことがあると思いますが、実際はどういう意味なのでしょうか？ フラクタルは、どの縮尺でも自分自身と相似している幾何学形状です。フラクタルを縮小しても、拡大したときと全体形状が同じに見えます。フラクタルの感触をつかむには、実際に作成してみるのが一番です。さっそくコードを見てみましょう。

```python
import turtle   ← タートルを再び使います。

def setup(pencil):            ← この関数setupはタートル（このコードでは
    pencil.color('blue')         pencilと呼ぶ）の色を設定し、描画を
    pencil.penup()               開始する位置に移動させます。
    pencil.goto(-200, 100)
    pencil.pendown()

def koch(pencil, size, order):   ← 再帰関数です。またあとで
    if order == 0:                  詳しく説明します。
        pencil.forward(size)
    else:
        for angle in [60, -120, 60, 0]:
            koch(pencil, size/3, order-1)
            pencil.left(angle)

def main():                    ← 関数mainでは、タートル（pencil）の作成、
    pencil = turtle.Turtle()      変数orderとsizeの定義を行い、その
    setup(pencil)                 3つの引数で再帰関数を呼び出します。

    order = 0
    size = 400                 ← orderは0、sizeは400から始まっています。
    koch(pencil, size, order)     使い方はこのあとすぐに説明します。

if __name__ == '__main__':     ← このコードに期待していることです。mainを
    main()                        呼び出したら、タートルのmainloopを実行する
    turtle.tracer(100)            ようにします。また、まだ説明していない
    turtle.mainloop()             関数tracerも使って、タートルの速度を上げます。
```

koch関数を詳しく調べる

前ページのコードはとても基本的です。タートルを作成し、位置を変更し、色を設定します。それ以外には関数kochを呼び出すだけです。ところで、この関数kochは何をするのでしょうか？再確認してみましょう。

関数kochを取り出して調べます。コード全体は前ページを参照してください。

関数kochは引数としてpencil、size、orderを取ります。

```
def koch(pencil, size, order):
    if order == 0:
        pencil.forward(size)
    else:
        for angle in [60, -120, 60, 0]:
            koch(pencil, size/3, order-1)
            pencil.left(angle)
```

基本ケースは、orderが0であれば、長さsizeの直線を描きます。

それ以外の場合には、kochを4回呼び出し、パラメータsizeを3で割ったものとorderを1減らしたものを引数として渡します。

ニルス・ファビアン・ヘルゲ・フォン・コッホ（Niels Fabian Helge von Koch）はスウェーデンの数学者で、コッホ雪片（Koch snowflake）と呼ばれるフラクタルに名を残しています。詳細はhttps://en.wikipedia.org/wiki/Helge_von_Koch（日本語ページはhttps://ja.wikipedia.org/wiki/ヘルゲ・フォン・コッホ）を参照してください。

kochを呼び出した後、毎回タートルの角度を調整します。

理解するには例を見るのが一番です。

関数orderが行うことは概念的にはわかりますが、実際に何を行うかははっきりしません。パラメータorderが重要な役割を果たすことはわかります。まずorderが0の場合から始め、何を描画するかを確認しましょう。0は基本ケースなので、線を描くだけでしょう。

コードを入力して実行してみましょう。次のようになります。

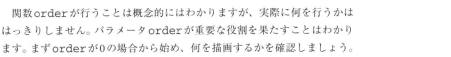

基本ケースでは、400ピクセルの直線を描きます（sizeに400を指定しているため）。

orderを1に増やした場合は再帰ケースを使います。ローカル変数orderを1に変更して再び実行します。

orderが1の場合は再帰ケースを使います。再帰ケースでは、異なる角度で4つの線分を描画します。実際には関数kochを再帰的に呼び出して描画し、各線分ではkochが基本ケースを実行してsizeが400/3の線分を描画します。

8章　再帰と辞書

自分で考えてみよう

次数（order）が0から1のときのkochの動きがわかりましたね。では、次数が2あるいは3に増えた場合の動きが想像できますか？ フラクタルは、あらゆる縮尺で相似でしたよね。次数1の図形が次数2あるいは3になった場合、どのように変化すると思いますか？ 簡単ではありませんが、素晴らしい頭の体操になるでしょう。

次数0：

次数1：

よく考えて推測した図形を描いてください。

次数2：

ヒント：次数0と1の間で何が起こるかを考えてください。次数1の各線分にそれを適用したら次数2はどうなりますか？

次数3：

ヒント：さらに一歩進めて次数3にも適用しましょう。

コッホフラクタルを本格的に調べる

先ほどの練習問題で、再帰的（フラクタル的）に考えられるようになりましたか？
さらに、次数4と5の場合を試してみましょう。

試運転

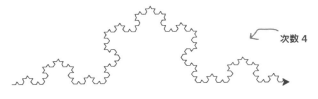
← 次数4

← 次数5

コッホ雪片についてはhttps://en.wikipedia.org/wiki/Koch_snowflake（日本語版：https：//ja.wikipedia.org/wiki/コッホ曲線）で詳しく説明されています。

「コッホ雪片」と呼ばれるにはワケがある

試運転

コッホ雪片については https://en.wikipedia.org/wiki/Koch_snowflake（日本語版：https://ja.wikipedia.org/wiki/コッホ曲線）で詳しく説明されています。

```
def main():
    pencil = turtle.Turtle()
    setup(pencil)
    turtle.tracer(100)

    order = 5
    size = 400
    koch(pencil, size, order)

    for i in range(3):
        koch(pencil, size, order)
        pencil.right(120)
```

6行で書ける再帰関数としては上出来です。強力です！

kochを3回呼び出し、呼び出すたびに120度回転させます。

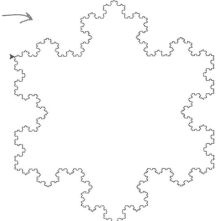

8章 再帰と辞書

再帰、フラクタル、そしてもちろん辞書の威力については、改めて説明の必要はありませんよね。本当によく頑張りました。この章でわれわれは刺激的なことを行い、大きく成長しました。脳に他のことをさせるときが来ましたが、その前に重要ポイントとクロスワードでおさらいしましょう。

重要ポイント

- 反復と再帰はどちらも問題解決に利用できる。
- 再帰は自分自身という観点で解決策を定義する。
- 一般的に再帰は基本ケースと再帰ケースからなる。
- 再帰ケースでは問題を少し小さくし、再帰関数を呼び出す。
- プログラミング言語は、再帰呼び出しを処理する際にパラメータとローカル変数を呼び出しスタックに格納する。
- 再帰は呼び出しスタックのサイズが大きくなりすぎるという問題を引き起こすこともある。
- 再帰を使ったほうが自然な場合もあれば、反復のほうが自然な場合もある。
- 問題によっては、再帰はとてもわかりやすく簡単な解決策となる。
- Pythonの辞書は連想配列やマップの一種。
- 辞書はキーと値のペアを保存する。
- 辞書のキーには文字列、数値、ブール値を使うことができる。辞書の値には任意のデータ型を使うことができる。
- 辞書内でキーは一意。
- 既存のキーに値を代入すると古い値を上書きする。
- 辞書はプログラムで作成するか、リテラル構文を使って指定する。
- キーとキーに対応する値を辞書から削除できる。
- 辞書内のキーの検索は定数時間で実行できる。
- 辞書を最適化する方法として、メモ化がある。
- メモ化とは、前に行った関数呼び出しを覚えておく方法。
- コストのかかる関数呼び出しを再計算させないようにすると、計算速度を大幅に向上できる場合がある。

コーディングクロスワード

コーディングクロスワード

心配しないで。これは再帰的なクロスワードではありません。ごく普通のクロスワードです。

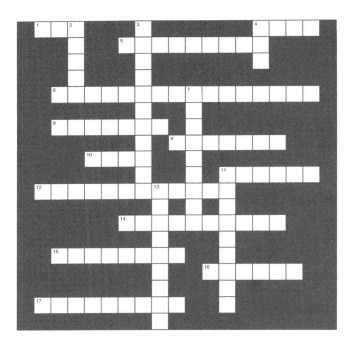

ヨコのカギ

1. 辞書の別名。
4. 雪片。
5. 自分自身を呼び出す関数。
6. 辞書の別名。
8. 辞書に入力する。
9. あらゆる縮尺で相似な形状。
10. ここで考えたソーシャルの種類。
11. キーはこれ。
12. 辞書検索を高速化する。
14. tacocatはこの1つ。
15. 最も簡単な場合。
16. 呼び出しスタックは_____で構成される。
17. 自然界に見られる数列を計算する。

タテのカギ

2. 辞書はキーと値の_____を保存する。
3. 関数呼び出しを覚える。
4. 値を探すのに使う。
7. 再帰の代替手段。
11. 辞書は_____。
13. パラメータはこれに保存する。

いったん、再帰のことは忘れてください。ある単語が回文かどうかを調べる関数はどのように書けばよいでしょうか。1章から7章までに学んだことを使って、簡単な擬似コードを書いてあなたの考えをまとめてください。もし、いまコーヒーを片手にコードを書きたい気分なら邪魔はしません。

> 大まかに言うと、外側の文字を比較し、一致しない文字が現れるまで内側に向かって比較していきます。中央の文字に到達したときにすべてが一致していたら回文です。

位置0から始まるインデックスiと　　　最後から始まるjという別のインデックスを使います。

（擬似コード）

```
is_palindrome(word):
    iを0に設定する
    jをwordの長さ（引く1）に設定する
    while i < j:
        iとjの文字が同じでなければFalseを返す
        iを1増やす
        jを1増やす
    ループが完了したらTrueを返す
```

> 単語の両端から始め、外側から内側に向かって文字のペアを比較します。

> i < jではなくi >= jの場合はすでに文字列の中央に到達し、すべての文字の比較が完了しています。

> いずれかの時点で外側の文字が等しくなければ、その単語は回文ではありません。

（Pythonのコード）

```python
def is_palindrome(word):
    i = 0
    j = len(word) - 1
    while i < j:
        if word[i] != word[j]:
            return False
        i = i + 1
        j = j - 1
    return True
```

> 擬似コードは飛ばして、コードを書くだけでも構いません。

> このコードは正しく機能しますが、インデックスについてよく考える必要があります。また、これは一番わかりやすいというわけではありません。まだ改善の余地があります。

> このコードが正しく動作することを納得するまでよく考えてください。

練習問題の答え

自分で考えてみようの答え

再帰コードを自分で評価してみましょう。関数recursive_compute_sumを使ってみてください。

```
def recursive_compute_sum(lists):          ← もう一度コードを示します。
    if len(lists) == 0:
        return 0
    else:
        first = lists[0]
        rest = lists[1:]
        sums = first + recursive_compute_sum(rest)
        return sums

recursive_compute_sum([1, 2, 3])     ← 関数recursive_
                                       compute_sumをここで
                                       呼び出しています。
```

---

recursive_compute_sum([1, 2, 3])

フレーム1
lists = [1, 2, 3]
first = 1
rest = [2, 3]

例として1番目の問題はやっておきました。パラメータリストをリスト[1,2,3]に設定し、ローカル変数firstとlastに代入してフレームに追加します。

---

recursive_compute_sum([2, 3])

フレーム2
lists = [2, 3]
first = 2
rest = [3]

フレーム1
lists = [1, 2, 3]
first = 1
rest = [2, 3]

recursive_compute_sumを再び呼び出して再帰しているので、新たなフレームを追加してパラメータとしてリストを追加します。今回は値が[2, 3]となります。

前と同様に、firstとrestを計算します。

---

recursive_compute_sum([3])

フレーム3
lists = [3]
first = 3
rest = []

フレーム2
lists = [2, 3]
first = 2
rest = [3]

フレーム1
lists = [1, 2, 3]
first = 1
rest = [2, 3]

再びrecursive_compute_sumを呼び出して再帰しているので、3番目のフレームを追加してパラメータとしてリストを追加します。今回は値が[3]になります。

前と同様に、firstとrestを計算します。

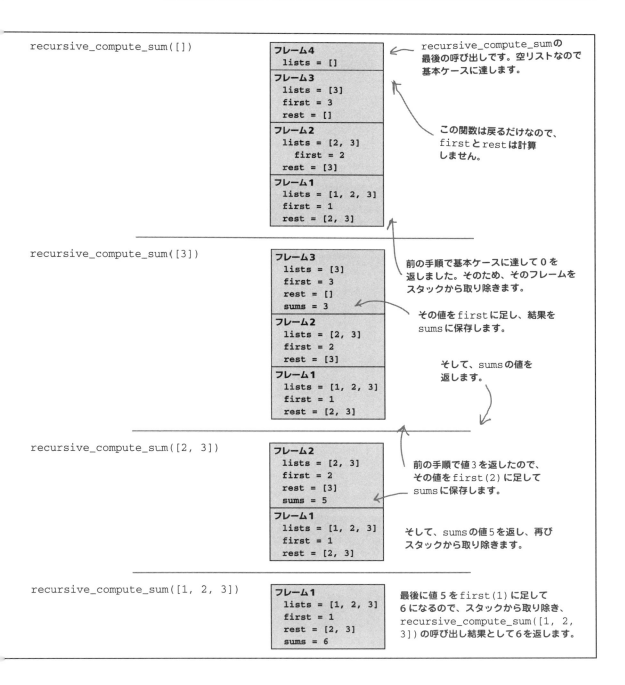

辞書の知識が得られたので、その知識を使いましょう。下は何をするコードなのかか調べてください。

このように出力されましたか？

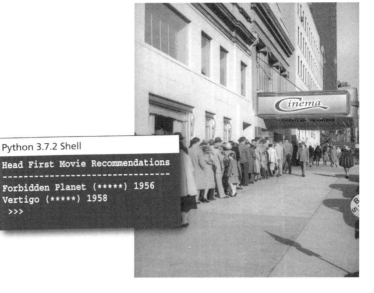

```
Python 3.7.2 Shell
Head First Movie Recommendations
--------------------------------
Forbidden Planet (*****) 1956
Vertigo (*****) 1958
 >>>
```

辞書の中の辞書はよく登場します。次のコードを頭の中で実行し、映画界でどのような役割を演じるかを考えてください。

辞書が2つになると、少し面倒だったでしょうか？

```
Python 3.7.2 Shell
Head First Movie Recommendations
--------------------------------
Forbidden Planet (*****) 1956
Vertigo (*****) 1958
Head First Movie Staff Pick
--------------------------
I Was a Teenage Werewolf (***) 1957
>>>
```

頭の体操の答え

アンチソーシャルネットワークのユーザを保存する方法がわかったので、コードを書いてみましょう。まず、ユーザの名前を引数として取り、そのユーザの友達の平均年齢を返す関数average_ageを作成しましょう。

```python
users = {}
users['Kim'] = {'email' : 'kim@oreilly.com','gender': 'f', 'age': 27, 'friends': ['John', 'Josh']}
users['John'] = {'email' : 'john@abc.com','gender': 'm', 'age': 24, 'friends': ['Kim', 'Josh']}
users['Josh'] = {'email' : 'josh@wickedlysmart.com','gender': 'm', 'age': 32, 'friends': ['Kim']}
```

この関数average_ageは文字列形式のユーザ名を取ります。

```python
def average_age(username):
    global users
```

辞書usersからユーザの属性辞書を取得します。

```python
    user = users[username]
    friends = user['friends']
```

そして、ユーザの属性辞書から友達リストを取得します。

友達の年齢の合計を保存するローカル変数。

```python
    sums = 0
```

友達全員を反復処理します。

```python
    for name in friends:
        friend = users[name]
```

友達の名前を使って辞書usersから属性辞書を取得します。

```python
        sums = sums + friend['age']
```

そして、属性辞書から年齢を取得します。その年齢をsumに足します。

年齢を合計したら、平均を計算します。

```python
    average = sums/len(friends)
    print(username + "'s friends have an average age of", average)
```

結果を出力します。

```python
average_age('Kim')
average_age('John')
average_age('Josh')
```

これはテスト用のコードです。

テスト用のコードで表示される出力。

「キムの友達の平均年齢は28.0」
「ジョンの友達の平均年齢は29.5」
「ジョシュの友達の平均年齢は27.0」
と出力されます。

```
Python 3.7.2 Shell
Kim's friends have an average age of 28.0
John's friends have an average age of 29.5
Josh's friends have an average age of 27.0
>>>
```

擬似コードが書けたので、新たに得た辞書の知識を使ってこのコードを完成させ、実行してみてください。

```
max_value = 1000
for name in users:
    user = users[name]
    friends = user['friends']
    if len(friends) < max_value:
        most_anti_social = name
        max_value = len(friends)

print('The most_anti_social user is', most_anti_social)
```

fibonacci(7) の計算に必要な関数呼び出しの図を描いてみましょう。完成したら、重複している呼び出しの回数を数えてください。

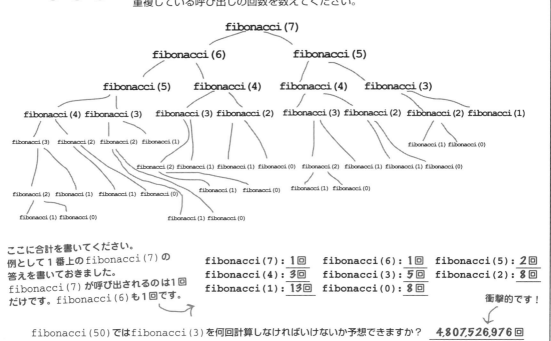

ここに合計を書いてください。
例として1番上のfibonacci(7)の答えを書いておきました。
fibonacci(7)が呼び出されるのは1回だけです。fibonacci(6)も1回です。

fibonacci(7)：1回　　fibonacci(6)：1回　　fibonacci(5)：2回
fibonacci(4)：3回　　fibonacci(3)：5回　　fibonacci(2)：8回
fibonacci(1)：13回　fibonacci(0)：8回

衝撃的です！

fibonacci(50)ではfibonacci(3)を何回計算しなければいけないか予想できますか？　4,807,526,976回

次数（order）が0から1のときのkochの動きがわかりましたね。では、次数が2あるいは3に増えた場合の動きが想像できますか？ フラクタルは、あらゆる縮尺で相似でしたよね。次数1の図形が次数2あるいは3になった場合、どのように変化すると思いますか？ 簡単ではありませんが、素晴らしい頭の体操になるでしょう。

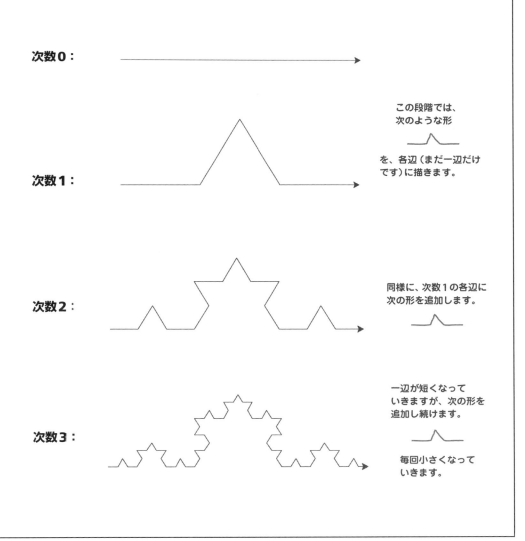

コーディングクロスワードの答え

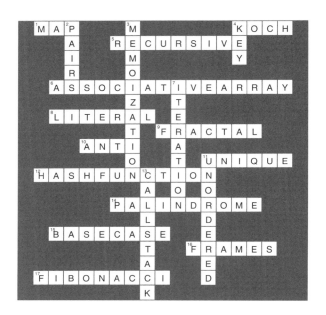

9章　ファイルの保存と取得

永続性

僕のすぐ後ろにいたのに、一瞬にしていなくなってしまったんだ。すべてが終わる前に保存さえしておけばなぁ。

変数に保存された値は、プログラムが終了すると失われてしまいます。永遠に消えてしまうのです。

そこで**永続**ストレージの出番です。永続ストレージとは、値やデータをしばらく保存しておけるストレージのことです。Pythonを実行するデバイスのほとんどは、ハードドライブやフラッシュカードといった永続ストレージを備えているか、クラウド上のストレージにアクセス可能です。この9章では、ファイルにデータを保存したり、ファイルからデータを取得するコードを書きます。何の役に立つのかですって？ ユーザの設定を保存したいとき、上司から頼まれた重要な分析結果を保存したいとき、コードに画像を読み込んで処理したいとき、10年分のメールのメッセージを検索するコードを書きたいとき、データを変換して表計算ソフトで使いたいときなど、枚挙にいとまがありません。さっそく始めましょう。

クレイジーリブを始める準備はいい?

人気のゲーム、マッドリブ (Mad Libs™) の精神にのっとった独自バージョンの**クレイジーリブ** (Crazy Libs) を作成してみます。クレイジーリブは政治的なものではありません (ウーマンリブとは無関係です!)。これから真剣に取り組みます。

子供のときにマッドリブで遊んだことがない人のために、このゲームの仕組みを説明しましょう。

クレイジーリブはどんなテキストからでも作成できます。ここでは身近にあるテキストを使います。

クレイジーリブを作成するには、任意の単語を削除して空欄に置き換えます。空欄には、その単語の品詞 (名詞、動詞など) を示します。これを「プレースホルダ」と呼ぶことにします。

遊び方

① 空欄の名詞、動詞、形容詞に使う単語を友達に尋ねるが、文章は見せない。

② 友達の単語を入れながら、文章を友達に読み聞かせる。

③ 笑いが起こる。

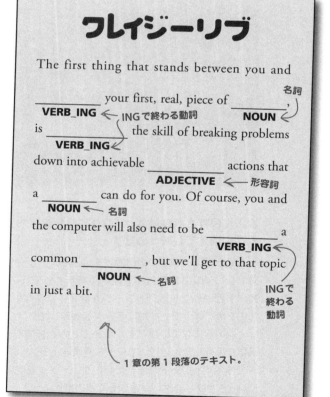

9章　ファイルの保存と取得

> じゃあ、「INGで終わる動詞」はbuying、「名詞」はpudding、「INGで終わる動詞」はforgetting、「形容詞」はcrazy、「名詞」はmonkey、「INGで終わる動詞」はeating、「名詞」はpizzaにするよ。

> ってことは、「The first thing that stands between you and buying your first real piece of pudding is forgetting the skill of breaking problems down into achievable crazy actions that a monkey can do for you. Of course, you and the computer will also need to be eating a common pizza, but we'll get to that topic in just a bit 」(初めて実際のプリンを買うには、まず課題を猿が実現可能な常軌を逸した動作に分解するスキルを学ぶ必要があります。もちろん、コンピュータと同じピザを食べる必要もありますが、この話題にはすぐあとで取り組みます)になるね。いいじゃない！

you are here ▶ 395

ゲームの動作

クレイジーリブの動作

クレイジーリブをコンピュータでプレイできるようにするには、テキストファイルに保存された文章を取得し、ユーザに足りない単語を入力してもらって新たな文章（クレイジーリブ）を完成させ、それが格納された新たなテキストファイルを作成します。

> テキストファイルとは、デバイスに保存されたテキストが入ったファイルという意味です。

❶ テンプレートの作成から始める。

文章が入ったテンプレートが必要です。テンプレートには、ユーザが指定する単語のプレースホルダが含まれます。また、プレースホルダの品詞を示す必要もあります。テキスト内のVERB_ING（INGで終わる動詞）、NOUN（名詞）、ADJECTIVE（形容詞）のように大文字で表された単語がプレースホルダです。

> 訳注：6章でも説明しましたが、「プレースホルダ」とは後から文字を置き換えるための仮の文字のことです。

ゲームのコード

Pythonのインタプリタ

テンプレートの例。

❶
```
The first thing that stands between you
and VERB_ING your first, real, piece of
NOUN, is VERB_ING the skill of breaking
problems down into achievable ADJECTIVE
actions that a NOUN can do for you. Of
course, you and the computer will also
need to be VERB_ING a common NOUN, but
we'll get to that topic in just a bit.
```

lib.txt

> lib.txtは、ソースコードのch9フォルダにあります。

> テンプレートは、「名詞」、「動詞」、「INGで終わる動詞」、「形容詞」などのプレースホルダが入ったコンピュータ上のテキストファイルです。

> 好きな文章を使ってオリジナルのテンプレートを作成できます！

9章 ファイルの保存と取得

❷ テンプレートを読み込む。

ゲームを実行し、ディスクからテンプレートを読み込んでプレースホルダを探します。プレースホルダは、テキストに埋め込まれたNOUN、VERBのように大文字で表現されていましたね。

❸ ユーザに入力してもらう。

プレースホルダで指定された品詞の単語をユーザに入力してもらいます。そして、コード側では、プレースホルダをユーザが入力した単語に置き換えます。

```
The first thing that stands between you
and VERB_ING your first, real, piece of
NOUN,
is VERB_ING the skill of breaking
problems down into achievable ADJECTIVE
actions that a NOUN can do for you. Of
course, you and the computer will also
need to be VERB_ING a common NOUN, but
we'll get to that topic in just a bit.
```

lib.txt

❹ 最後に、完成したクレイジーリブが入った新しいファイルを書き出す。

ユーザからプレースホルダをすべて取得したら、新しいファイルを作成して完成したクレイジーリブを書き込みます。

ユーザ入力を取得したら、新たなファイルを作成して文章を更新したクレイジーな文章を書き出します。

```
The first thing that stands between you
and buying your first, real, piece of
pudding, is forgetting the skill of
breaking problems down into achievable
crazy actions that a monkey can do for you.
Of course, you and the computer will also
need to be eating a common pizza, but we'll
get to that topic in just a bit.
```

完成したクレイジーリブ。プレースホルダをユーザ入力で置き換えています。

crazy_lib.txt

出力ファイル名は、元のファイル名の前に「crazy_」を付けるだけです。

you are here ▶ 397

擬似コードを書く

 **自分で考えてみよう**

もう9章なので、396〜397ページの説明から簡単な擬似コードを作成できるはずです。擬似コードを書くと、どのように実際のコードを書けばよいかがさらにはっきりします。この練習問題を飛ばさないでください！ いつものように427ページにわれわれの考えた答えがあります。

ここに擬似コードを書いてください。ファイルに格納されている文章を利用するので、ファイルを読み込んでプレースホルダの場所を探し、ユーザにプレースホルダの代わりになる単語を入力してもらい、新しいファイルに書き出す必要があります。

追伸：ファイルからデータを読み書きする方法をまだ説明していないので、ここではコードのロジックだけに集中して、細部は無視してください（擬似コードではそれが重要です！）。

手順1：ファイルから文章のテキストを読み込む

まず、テキストファイルを入手する必要があります。このファイル lib.text は、この本のソースファイルの ch9 フォルダにあります。独自のテキストファイルを作成することもお勧めですが、今回はテストなので、この本に合わせて lib.txt を使ってください。

> ❶ ファイルからテキストを読み込む。
> ❷ テキストを処理する。
>   テキスト内の各単語に対して
>   Ⓐ 単語がプレースホルダ（NOUN、VERB、VERB_ING、ADJECTIVE）の場合：
>   ❶ ユーザにプレースホルダの品詞を入力してもらう。
>   ❷ プレースホルダをユーザの単語に置き換える。
>   Ⓑ それ以外なら、単語は問題ないのでそのままにする。
> ❸ 結果を保存する。
>   プレースホルダを置き換えた処理済みのテキストを、先頭に「crazy_」が付いたファイルに書き出す。

```
The first thing that stands between you
and VERB_ING your first, real, piece of
NOUN,is VERB_ING the skill of breaking
problems down into achievable ADJECTIVE
actions that a NOUN can do for you. Of
course, you and the computer will also
need to be VERB_ING a common NOUN, but
we'll get to that topic in just a bit.
```

← プレースホルダを含んだテスト用のテキストファイル。

lib.txt

ほぼすべてのプログラミング言語に当てはまることですが、ファイルを読み書きするには、まずファイルを開かなければ始まりません。

Pythonでファイルを読み込むには、まずファイルを開く

ファイルからデータを取得するには、まず**ファイルを開く**必要があります。ファイルを開くとは実際には何をするのでしょうか？ 簡単そうに思えますが、Pythonは水面下でファイルを探して存在することを確認し、OSにファイルへのアクセスを依頼します。場合によってはファイルにアクセスする権限がないこともあります。

ファイルを開くには、Pythonの組み込み関数 open を使います。open は、引数としてファイル名と**モード**を取ります。

```
my_file = open('lib.txt', 'r')
```

- Pythonの関数 open を使ってファイルを開きます。
- オープンするファイル名と
- モードを指定します。
- モードには、読み込みの 'r' や書き込みの 'w' などを指定できます。
- この章では「フォルダ」と「ディレクトリ」を同じ意味で使っていますが、ファイルとファイルパスの話をする場合は、「ディレクトリ」を使うことが多いです。
- ファイルはコードと同じディレクトリに置いて簡単な名前にするか、ファイルへのより明確なパスを使います。ここでは簡単なファイル名を使っています。パスについては次のページで詳しく説明します。
- 関数 open はファイルオブジェクトが返されるので、それを変数 my_file に代入します。

ファイルパスの使い方

前ページでは関数openにファイル名'lib.txt'を指定しました。この場合は、'lib.txt'がプログラムを実行するディレクトリにあることを前提としていました。しかし、開きたいファイルが異なるディレクトリにある場合は、どのようにしてそのファイルを開くのでしょうか？　その場合にはファイル名に**パス**を追加し、ファイルの場所をopenに知らせます。なお、パスは2種類あります。**相対パス**と**絶対パス**です。相対パスは、コードを実行したフォルダ（パスの話題のときは、ディレクトリと呼ぶことが一般的です）に相対的なファイルの位置を示します。

相対パス

相対パスは、現在のディレクトリ（プログラムを実行したディレクトリ）の相対的な位置です。libsサブフォルダ（これも通常はサブディレクトリと呼ばれます）にファイルlib.txtを置いたとします。その場合、'libs/lib.txt'のようにファイル名の前にファイルへのパスを付けます。すると、関数openはまずlibsサブディレクトリでファイルlib.txtを探します。

サブディレクトリはいくつでも必要な数を指定できます。サブディレクトリはパス区切り文字/（スラッシュ文字とも呼ばれます）で区切ります。

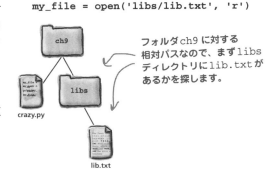

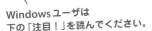

Windowsユーザは
下の「注目！」を読んでください。

注目！　MacとWindowsの区切り文字は異なる

Mac（およびLinux）では、区切り文字としてスラッシュ（/）を使いますが、Windowsはバックスラッシュ（\）または円マーク（¥）を使います。しかし、Pythonではスラッシュを使ってパス区切り文字を統一的に入力できます。

```
C:\Users\eric\code\hfcode\ch9\lib.txt
```

は、次のように入力してもOKです。

```
C:/Users/eric/code/hfcode/ch9/lib.txt
```

隣接フォルダ（ch9とlibsは隣接フォルダ）やファイルシステムの上位ディレクトリ（hfcodeはファイルシステムでlibsより上位）にあるファイルを開きたい場合でも簡単です。..（2つのピリオド）を使うと1階層上位のディレクトリを指定できます。ch9ディレクトリでコードを実行していて隣接するlibsディレクトリのlib.txtファイルを取得したければ、パス'../libs/lib.txt'を使います。つまり、ディレクトリを1階層上がってからlibsディレクトリに下がり、lib.txtを探すのです。

そして、ディレクトリoldlibsのlib.txtが必要なら、パス'../../oldlibs/lib.txt'を使います。

```
my_file = open('../libs/lib.txt', 'r')
```

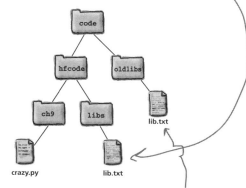

```
my_file = open('../../oldlibs/lib.txt', 'r')
```

ディレクトリを2階層上がってから
oldlibsディレクトリに下がり、
ようやく必要なlib.txtを見つけます。

ファイルシステムのルートは、(「根」という意味の名前から受ける印象とは異なり)ファイルシステムの最上位の階層です。

絶対パス

ファイルシステムのルートから始まるパスが「絶対パス」です。絶対パスはファイルシステム内のファイルの位置を正確に表します。相対パスに比べ、ファイルを確実に指定できると思えるかもしれませんが（実際にそうなのですが）、柔軟性にやや欠けます。例えば、コードとファイルを異なるマシンに移す場合、コードの絶対パスを変更しなければいけないからです（相対パスであれば変更の必要はありません）。逆に、相対パスよりも絶対パスのほうが便利な場合もあります。

例えば、lib.txtファイルの絶対パスを指定したい場合、このマシンでは次のように指定します。

```
my_file = open('/usr/eric/code/hfcode/ch9/lib.txt', 'r')
```

MacとLinuxでは、先頭はルートを意味するスラッシュ、
その下のファイルパスをスラッシュで区切って追加します。

Windowsでは、C:ドライブにコードがある場合、パスは次のように指定します。

```
my_file = open('C:/Users/eric/code/hfcode/ch9/lib.txt', 'r')
```

Windowsでは、まずドライブ名、コロン、スラッシュの次に、
その下のファイルパスをスラッシュで区切って追加します。

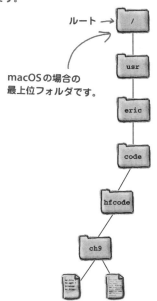
ルート →
macOSの場合の
最上位フォルダです。

ファイルの閉じ方

自分で考えてみよう

左側のファイルパスと右側のそのパスが示すファイルを線で結んでください。相対パスでは、codeディレクトリが基準です。例として1番目はやっておきました。

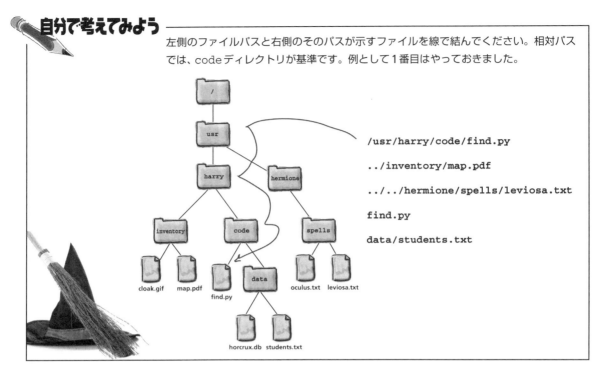

終わったら後片付けを忘れずに!

先に進む前に、1つ覚えておいてください。ファイルを開いて使ったあとは、そのファイルを閉じる必要があります。なぜでしょうか？ ファイルを開くとマシンのOSのリソースを消費します。特に長時間動作するプログラムでは使うつもりのないファイルを開いたままにしておくと最終的にエラーになってしまう危険があるからです。ファイルを開いたら、必ず閉じるようにしてください。次にファイルを閉じる方法を示します。

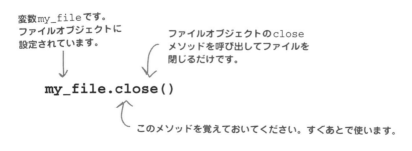

ファイルをコードに読み込む

ファイルをPythonに読み込むとはどういう意味でしょうか？ Pythonではファイルの内容を取り出して文字列に格納し、標準的な文字列操作を使って検証や処理を行うことができます。

全部をページに収めることはできませんでしたが、言いたいことはわかってもらえますよね。この文字列には`lib.txt`のテキストがすべて含まれます。

'The first thing that stands between you\nand VERB_ING your first real piece of NOUN\n is VERB_ING the skill of...'

サンプルのテキストファイル。

```
The first thing that stands between you
and VERB_ING your first, real, piece of NOUN,
is VERB_ING the skill of breaking
problems down into achievable ADJECTIVE
actions that a NOUN can do for you. Of
course, you and the computer will also
need to be VERB_ING a common NOUN, but
we'll get to that topic in just a bit.
```

`my_text`

`lib.txt`ファイルの内容が入った標準的な文字列。

ファイルを読み込むと、Pythonはその内容を取り出して文字列に格納します。

文字列内に見慣れない\n文字がありますね。\nについてはこのあと詳しく説明します。

ファイルオブジェクトを使ってファイルを読み込む

ファイルの内容を文字列に読み込む方法は2つあります。ファイル全体を一度に読み込むか、ファイルを1行ずつ読み込むかのどちらかです。まず、ファイルオブジェクトのreadメソッドを使ってファイル全体を一度に読み込む方法から始めましょう。

厳密に言うと他にもファイルを取り込む方法はいくつかありますが、最も一般的な方法を紹介することにします。

readメソッドを使って`lib.txt`ファイルの内容全体を取得します。

```python
my_file = open('lib.txt', 'r')
my_text = my_file.read()
print(my_text)
my_file.close()
```

そして、文字列`my_text`に代入します。

文字列を出力すると、ファイルの内容がPython Shellに表示されます。

Python 3.7.2 Shell
```
The first thing that stands between you
and VERB_ING your first, real, piece of NOUN,
is VERB_ING the skill of breaking
problems down into achievable ADJECTIVE
actions that a NOUN can do for you. Of
course, you and the computer will also
need to be VERB_ING a common NOUN, but
we'll get to that topic in just a bit.
>>>
```

ファイルを探す

コードマグネット

干し草の山から針を探すような大変な探し物を手伝ってくれませんか？ ファイル名が0.txtから999.txtまでの1,000個のファイルがあります。その中の1つだけにneedle（針）という単語が含まれています。needleを見つけるコードを冷蔵庫に書いたのですが、誰かがやって来て順番を崩してしまいました。元どおりに並べ直してくれませんか？ ただし、使わないマグネットがあるかもしれません。429ページで答え合わせをしてください。

↑ マグネットをここに
並び替えてください。

```
for i in range(0, 1000):

                file.close()

            if 'needle' in text:

print('Found needle in file ' + str(i) + '.txt')

          filename = str(i) + '.txt'

              for i in range(0, 999):

               text = file.read()

           file = open(filename, 'r')
```

> さっきの練習問題のコードで気になることがあるんだ。文字列needleがあるファイルを見つけた後でも、処理を続けて残りのファイルを全部読み込むよね。すべてのファイルを調べたいならそれでいいと思うけど、1つのファイルにしか文字列はないんだよね。

よく気付きました。

そのとおりです。512.txtがneedleを含むファイルであるとします。このコードだと、513から999まで調べる作業は無駄です。ファイルを開くのは比較的時間のかかる処理なので、最適な方法とは言えません。

コードをもう一度詳しく見てみましょう。forループを使って反復処理しているので途中でファイルのチェックを中止できないことが問題です。中止できるでしょうか？

中止するには、まだ説明していない手法が必要です。反復処理を完了させる必要がなくなったら、途中で反復処理から抜け出す方法です。そのような方法があれば、needleを見つけたら検索を中止するようにコードを修正すればよいのです。もちろん、その方法はあります。Pythonやほとんどのプログラミング言語には、反復処理を途中で抜けるためのbreak文が用意されています。

break文

もう勘弁して

例えば、数値の範囲を反復処理するfor文を使う場合、このfor文は範囲内の値をすべて反復処理してから終了します。しかし、途中から計算を続けても意味がなく、反復処理を最後まで続ける理由がないと判断することもあります。この大量のファイルからneedleを探すコードがよい例です。needleを見つけたら、forループを続けて残りのファイルを開く理由はないからです。

そんなときにbreak文を使うと、脱出ボタンを押してfor文をいつでも中止できるのです。

whileループのことを忘れないで！whileループでもbreak文は使えます！

```
for i in range(0, 1000):
    filename = str(i) + '.txt'
    file = open(filename, 'r')
    text = file.read()
    if 'needle' in text:
        print('needleが見つかったファイル:' + str(i) + '.txt')
        break
    file.close()
print('走査完了')
```

この行もneedleを探しています。

break文に到達したら、ループから抜け出します。

今回は、needleを見つけたらbreak文を使って残りのコードブロックを無視し、ループから完全に抜け出します。

脳力発揮

コードにbreak文を追加したことで、実は小さなバグが生じました。どんなバグかわかりますか？どのように修正しますか？

ヒント：ファイルをすべて閉じていますか？

クレイジーリブゲームを完成させる！

新しいことを学ぶ過程で少し脱線するのもいいのですが、クレイジーリブゲームをとにかく完成させてしまいましょう。前回このゲームを中断したときには、ファイルの内容全体を一度に読み込みました。これは確かに簡単なのですが、欠点もあります。大きなファイルでは大量のリソースを消費してしまうのです。例えば数十万行もあるファイルを処理する際、すべてを一度にメモリに読み込むことは避けたいでしょう。プログラムやOSでメモリ不足のエラーが起こる可能性があるからです。

より一般的な方法は、内容を**1行ずつ**読み込むことです。しかし、行とは何でしょうか？みなさんが思っているとおりです。改行が現れるまでの1行のすべてのテキストです。実際に、ファイル内のすべて文字を表示できる特殊なエディタで`lib.txt`ファイルを開くと、次のように表示されます。

キャリッジリターンのある旧式のタイプライタを考えてください。キャリッジリターンのキーを押すたびに、改行され、次の行の先頭に移動します。

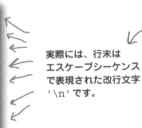

```
The first thing that stands between you
and VERB_ING your first, real, piece of
NOUN, is VERB_ING the skill of breaking
problems down into achievable ADJECTIVE
actions that a NOUN can do for you. Of
course, you and the computer will also
need to be VERB_ING a common NOUN, but
we'll get to that topic in just a bit.
```

実際には、行末はエスケープシーケンスで表現された改行文字'\n'です。

普通のエディタでは改行文字は表示されません。改行文字はそれ以降のテキストを次の行に表示する命令として扱われます。

lib.txt

ファイルオブジェクトのreadlineメソッドを使う

ファイルから1行を読み込むには、ファイルオブジェクトの`readline`メソッドを使います。`readline`を使ってもう一度`lib.txt`ファイルを読み込みましょう。

```python
my_file = open('lib.txt', 'r')

line1 = my_file.readline()
print(line1)
line2 = my_file.readline()
print(line2)
```

今回は`readline`メソッドで、1行目を変数`line1`に、2行目を変数`line2`に読み込みます。

ファイルオブジェクトは、ファイルを読み込む位置を管理します。したがって、`readline`メソッドを呼び出すたびに、最後に読み込みを中断した場所を記録します。

```
Python 3.7.2 Shell
The first thing that stands between you

and VERB_ING your first, real, piece of NOUN,
```

エスケープシーケンス

 脳力発揮

前ページのPython Shell画面では、なぜ「The first thing that stands between you」の行と「and VERB your first, real, piece of NOUN,」の行の間に、余計な改行が入っているのでしょうか？

```
Python 3.7.2 Shell
The first thing that stands between you

and VERB_ING your first, real, piece of NOUN,
```

余計な改行がわかりますか？

> 何を言っているの？ 前のページで「エスケープシーケンス」という用語を使っていたけど、どういうこと？ 意味を説明していないわよね。

奇妙な名前ですが、概念は単純です。

改行が入った文字列を作成したくても、その改行文字を直接入力する手段はありません。文字列を入力する際、クォートとテキストを入力した後に [Return] キーを押して改行を入力すると、次の行に移動するだけです。そこで、代わりに改行文字を表す文字列を使います。その文字列が \n です。文字列 \n があったら、バックスラッシュと文字 n の 2 文字とは考えずに、改行文字を表す手段だと考えてください。例えば、テキストに続いて 5 つの改行を出力したい場合には、次のようにします。

```
print('Get ready for new lines: \n\n\n\n\n')
```

もちろん、エスケープシーケンスは改行だけではありません。タブを表す \t、バックスペースを表す \b、垂直タブを表す \v があります。

'\n' は「ラインフィード」とも呼ばれます。

上の「能力発揮」の答えです。

テキスト「Get ready for new lines: 」(改行に備える)の後に改行はいくつありますか？ 5 つですか？ 違います！ 6 つです。文字列では 5 つだけでしたが、関数 print がデフォルトで出力に改行を追加したからです。

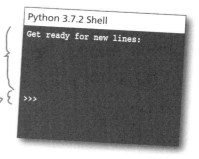

最終行をどのように判断するの？

　readlineは、最後に読み込んだ場所への位置を管理します。別の行を読み込むたびに、readlineは最後に中断した場所を記憶し、次の行を読み込みます。読み込む行がなくなったら、readlineは空文字列を返します。次は、このことを利用してファイルのすべての行を1行ずつ読み込む方法です。

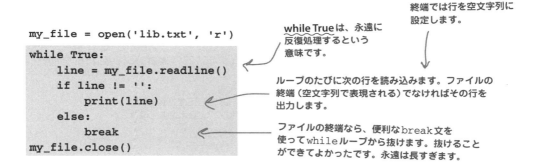

空行には改行文字だけが含まれます。ファイルの終端では行を空文字列に設定します。

```
my_file = open('lib.txt', 'r')
while True:
    line = my_file.readline()
    if line != '':
        print(line)
    else:
        break
my_file.close()
```

while Trueは、永遠に反復処理するという意味です。

ループのたびに次の行を読み込みます。ファイルの終端（空文字列で表現される）でなければその行を出力します。

ファイルの終端なら、便利なbreak文を使ってwhileループから抜けます。抜けることができてよかったです。永遠は長すぎます。

Pythonシーケンスの威力を利用したもっと簡単な方法がある

　break文を使えるようになって嬉しいのですが、実はファイル内の行を反復処理できるもっと優れたわかりやすい方法があります。for文を使ってシーケンスを反復処理した方法を思い出してください。4章ではfor文を使ってリストの要素や文字列内の文字を反復処理しました。ファイルは行のシーケンスと言えるのではないでしょうか？ それなら、forを使ってファイルの行も反復処理できるのではないでしょうか？ そのとおりです。上のコードをforを使って書き換えましょう。

```
my_file = open('lib.txt', 'r')
for line in my_file:
    print(line)
my_file.close()
```

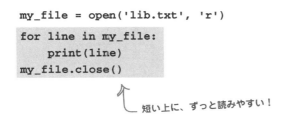

短い上に、ずっと読みやすい！

本格的なコーディング

inキーワードとforを一緒に使う場合、その対象がリスト、文字列、ファイル、辞書のいずれであっても、**イテレータ**という概念を使っています。

イテレータでは、反復処理しているデータ型が値のシーケンスを反復処理するための標準的な手段を用意しています。ただその仕組みはforループに任せています。値がなくなるまで反復処理できることを知っているだけです。

　実はイテレータは、最近の多くの言語に用意されています。イテレータは、**デザインパターン**と呼ばれるソフトウェア設計手法に基づいています。

テンプレートを読み込む

クレイジーリブのテンプレートを読み込む

これでテキストファイルを開いて1行ずつ読み込むための知識は得られました。さっそくクレイジーリブコードの最初の部分を書きましょう。まず、関数make_crazy_libを定義しましょう。make_crazy_libは引数としてファイル名を取り、クレイジーリブのテキストをユーザが選んだ単語に置き換えた文字列で返します。

また、ヘルパー関数process_lineも作成します。process_lineは、各行のプレースホルダを処理します。関数process_lineは、置き換える単語をユーザから入手してテキストを置き換える役割も担います。

関数make_crazy_lib。引数としてファイル名を取り、そのファイルを開きます。

変数textを使い、テキストを徐々に作成します。

別の関数の下請け処理を引き受ける関数を一般的に「ヘルパー関数」と呼びます。この例では、関数make_crazy_libは関数process_lineを利用して1行を調べ、プレースホルダを処理します。

```
def make_crazy_lib(filename):
    file = open(filename, 'r')
    text = ''
    for line in file:
        text = text + process_line(line)
    file.close()
    return text

def process_line(line):
    return line

def main():
    lib = make_crazy_lib('lib.txt')
    print(lib)

if __name__ == '__main__':
    main()
```

関数process_lineでファイルを1行1行処理し、textに追加します。

ファイルを1行ずつ処理したら、ファイルを閉じてtextを返します。

make_crazy_libでファイル読み込みと文字列の連結がうまくできているか確認するために、process_lineでは渡されたテキストを返しましょう。

もちろん、関数make_crazy_libを呼び出す必要があるので、関数mainを追加しましょう。

「lib.txt」がコードと同じディレクトリにあることを確認してください。

試運転

上のコードをcrazy.pyファイルに保存して、メニュー[Run]から[Run Module]を選んで実行します。出力をよく確認してください。

プレースホルダを含むファイル全体が再び表示されます。ここではファイル全体を1行ずつ処理してすべてを変数textに戻しますが、実際には何も変更されていません。

```
Python 3.7.2 Shell
The first thing that stands between you
and VERB_ING your first, real, piece of NOUN,
is VERB_ING the skill of breaking
problems down into achievable ADJECTIVE
actions that a NOUN can do for you. Of
course, you and the computer will also
need to be VERB_ING a common NOUN, but
we'll get to that topic in just a bit.
>>>
```

410 9章

テンプレートテキストを処理する

次はテキストを処理します。つまり、関数`process_line`で実際に何か処理を行う必要があります。まず、手順2Aで各行の単語を反復処理します。幸い、その方法は6章で読みやすさ分類器を実装するときに使っています。同じテクニックを試してみましょう。以下は、関数`process_line`の構造の骨組みです。

> ❶ ファイルからテキストを読み込む。
> ▶❷ テキストを処理する。
>   テキスト内の各単語に対して
>   Ⓐ 単語がプレースホルダ（NOUN、VERB、VERB_ING、ADJECTIVE）の場合：
>   ❶ユーザにプレースホルダの品詞を入力してもらう。
>   ❷プレースホルダをユーザの単語に置き換える。
>   Ⓑ それ以外なら、単語は問題ないのでそのままにする。
> ❸ 結果を保存する。
>   プレースホルダを置き換えた処理済みのテキストを、先頭に「crazy_」が付いたファイルに書き出す。

```python
def process_line(line):       # process_lineは1行のテキストを取ります。
    processed_line = ''       # おそらく、処理済みの行を保存する
                              # 別の文字列が必要でしょう。
    words = line.split()      # 行を単語のリストに分割します。

    for word in words:        # そして、そのリストを反復処理します。
                              # 処理を行うコードが
                              # ここに入ります。
    return processed_line     # 処理が終わったら、処理済みの行を返します。
```

テキストを処理しよう

上は適切なスケルトンコード（骨組みとなるコード）です。次はどうするのでしょうか？ 擬似コードによると、プレースホルダを調べ、プレースホルダがあればユーザに置き換える単語を要求します。

```python
placeholders = ['NOUN', 'ADJECTIVE', 'VERB_ING', 'VERB']
def process_line(line):
    global placeholders
    processed_line = ''

    words = line.split()

    for word in words:
        if word in placeholders:
            answer = input('Enter a ' + word + ":")
            processed_line = processed_line + answer + ' '
        else:
            processed_line = processed_line + word + ' '
    return processed_line + '\n'
```

プレースホルダのリストを作成しましょう。複数の関数で必要になる場合に備えて、グローバルにします。

単語を調べてプレースホルダかどうかを確認します。

プレースホルダなら、ユーザに入力してもらいましょう。

ユーザの入力を処理済みの行に追加します。

プレースホルダでなければ、（プレースホルダではない）その単語を処理済み行に追加します。

`split`は改行を削除するので、行に改行文字を加える必要もあります。

コードのテスト

クレイジーリブを試しましょう。テキストをファイルに書き戻す以外には、ほとんどが正しく動作しているはずです。crazy.pyのコードを変更し、メニューの [Run] から [Run Module] を選びます。以下にコードを再度示します。出力をよく確認してください。

```python
def make_crazy_lib(filename):
    file = open(filename, 'r')

    text = ''

    for line in file:
        text = text + process_line(line) + '\n'

    file.close()

    return text

placeholders = ['NOUN', 'ADJECTIVE', 'VERB_ING', 'VERB']

def process_line(line):
    global placeholders
    processed_line = ''

    words = line.split()

    for word in words:
        if word in placeholders:
            answer = input('Enter a ' + word + ":")
            processed_line = processed_line + answer + ' '
        else:
            processed_line = processed_line + word + ' '

    return processed_line + '\n'

def main():
    lib = make_crazy_lib('lib.txt')
    print(lib)

if __name__ == '__main__':
    main()
```

> このコードの構造は、もう一度考察する価値があります。forループは、1行の中の単語を反復処理します。そして、単語がプレースホルダかどうかを調べ、プレースホルダなら処理済みの行で置き換える単語をユーザに尋ねます。

```
Python 3.7.2 Shell
Enter a VERB_ING:buying
Enter a VERB_ING:pudding
Enter a ADJECTIVE:forgetting
Enter a NOUN:monkey
Enter a VERB_ING:eating
The first thing that stands between you
and buying your first, real, piece of NOUN,
is pudding the skill of breaking
problems down into achievable forgetting
actions that a monkey can do for you. Of
course, you and the computer will also
need to be eating a common NOUN, but
we'll get to that topic in just a bit.
>>>
```

このようになります。あれれ、このコードは一部のプレースホルダを飛ばしているようです。

問題があります！

自分で考えてみよう

なぜこのコードは一部の名詞を無視しているのでしょうか？ 名詞に関係があるのでしょうか？ それとも、もっと全体的なことでしょうか？ 入力と出力（もちろんコードも）を確認し、問題を解明できるか考えてみてください。あなたの考えを下に書いてください。

名詞のプレースホルダは3つあるのに、1つしか尋ねていません。

名詞のプレースホルダに何か違いがありますか？

あるいは、コードのどこかに問題があるのでしょうか？

```
Python 3.7.2 Shell
Enter a VERB_ING:buying
Enter a VERB_ING:pudding
Enter a ADJECTIVE:forgetting
Enter a NOUN:monkey
Enter a VERB_ING:eating
The first thing that stands between you
and buying your first, real, piece of NOUN,
is pudding the skill of breaking
problems down into achievable forgetting
actions that a monkey can do for you. Of
course, you and the computer will also
need to be eating a common NOUN, but
we'll get to that topic in just a bit.
>>>
```

新たな文字列メソッドを使ってバグを修正する

この問題は6章とは少し異なる方法で解決します。文字列を処理するメソッドstripを利用するのです。stripメソッドは、文字列の先頭と末尾を取り除いた新たな文字列を返します。stripメソッドの動作を確認しましょう。

2つの文字列を作成します。

```
hello = '!?are you there?!'
goodbye = '?fine be that !way!?!!'

hello = hello.strip('!?')
goodbye = goodbye.strip('!?')

print(hello)
print(goodbye)
```

stripメソッドは文字列を取り、文字列の先頭と末尾の1文字を取り除きます。

文字列helloとgoodbyの先頭と末尾にある！と？をすべて取り除いています。

```
Python 3.7.2 Shell
are you there
fine be that !way
```

goodbyにはまだ！文字が残っています。文字列の末尾ではないため取り除かれなかったのです。

stripを使ってバグを修正する

脳力発揮

stripメソッドを使って関数process_lineを変更し、句読記号（カンマ、ピリオド、セミコロン、疑問符など）で終わるプレースホルダに正しく対処してください。プレースホルダを正しく認識するだけでなく、出力では句読記号をそのままにする必要もあります。自分の頭で考えてこの問題を考えてみてください。その後、一緒に解決します。先に解決策をのぞき見しないでください！

```python
def process_line(line):
    global placeholders
    processed_line = ''
    words = line.split()
    for word in words:
        if word in placeholders:
            answer = input('Enter a ' + word + ":")
            processed_line = processed_line + answer + ' '
        else:
            processed_line = processed_line + word + ' '
    return processed_line + '\n'
```

← 改良すべきコード。

実際にバグを修正する

このバグを修正するにはコードの数か所に手を加える必要があります。これはコードの機能のわずかな変更が（バグの修正か新機能の追加かにかかわらず）、コードに大きな変化をもたらすよい例です。擬似コードを書く段階でこの問題に気付いていればもっと効率的だったでしょう。

では、どこに手を加えるかですが、単語から句読記号を取り除き、その取り除いた単語とプレースホルダを比較します。比較できたら、ユーザが選んだ単語に忘れずに句読記号を戻す必要もあります。その方法を示します。

既存コードをたくさん変更すると、さらに多くのバグを生み出してしまう危険があることがわかるでしょう。

```python
def process_line(line):
    global placeholders
    processed_line = ''
    words = line.split()
    for word in words:
        stripped = word.strip('.,;?!')
        if stripped in placeholders:
            answer = input('Enter a ' + stripped + ":")
            processed_line = processed_line + answer
            if word[-1] in '.,;?!':
                processed_line = processed_line + word[-1] + ' '
            else:
                processed_line = processed_line + ' '
        else:
            processed_line = processed_line + word + ' '
    return processed_line + '\n'
```

まず、単語からピリオド、カンマ、セミコロンなどをすべて取り除きましょう。

取り除いた単語とプレースホルダを比べます。

句読記号が付いたプレースホルダではなく、句読記号を取り除いたものを表示します。

句読記号が付いていたら、その句読記号を加え戻してから空白を追加します。付いていなければ空白を追加するだけです。

9章　ファイルの保存と取得

試運転

前ページの変更をcrazy.pyファイルに追加してから、メニューの[Run]から[Run Module]を選びます。出力をよく確認してください。

やっと期待どおりの出力になりました！別の動詞、名詞、形容詞で試してみてください。

別の文章でテストするには、make_crazy_libを呼び出して自分の文章ファイルの名前を渡すだけです。

別の文章でも試し、どのようになるか確認してください。

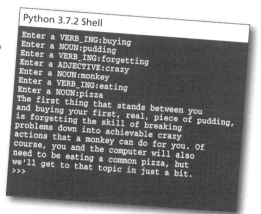

```
Python 3.7.2 Shell
Enter a VERB_ING:buying
Enter a NOUN:pudding
Enter a VERB_ING:forgetting
Enter a ADJECTIVE:crazy
Enter a NOUN:monkey
Enter a VERB_ING:eating
Enter a NOUN:pizza
The first thing that stands between you
and buying your first, real, piece of pudding,
is forgetting the skill of breaking
problems down into achievable crazy
actions that a monkey can do for you. Of
course, you and the computer will also
need to be eating a common pizza, but
we'll get to that topic in just a bit.
>>>
```

本当に問題があるコードもある

次のことを試してください。crazy.pyファイルを開き、ファイル名を'lib.txt'から'lib2.txt'に変更してからコードを実行してみます。

openを使ってファイルを読み込む際にそのファイルが存在しないと、FileNotFoundError例外が発生します。

```
Python 3.7.2 Shell
Traceback (most recent call last):
  File "crazy.py", line 45, in <module>
    main()
  File "crazy.py", line 41, in main
    crazy_lib = make_crazy_lib(filename)
  File "crazy.py", line 2, in make_crazy_lib
    file = open(filename, 'r')
FileNotFoundError: [Errno 2] No such file or
directory: 'lib2.txt'
>>>
```

脳力発揮

先ほどのバグ修正で、句読記号に関する問題がすべて解決されましたか？または、コードにまだバグが潜む別の場合を考え付きますか？

ヒント：1つ例を挙げます。「VERBing」の単語が正しく処理されますか？どうしてうまくいかないのでしょうか？どのように修正すればよいでしょうか？

you are here ▶ 415

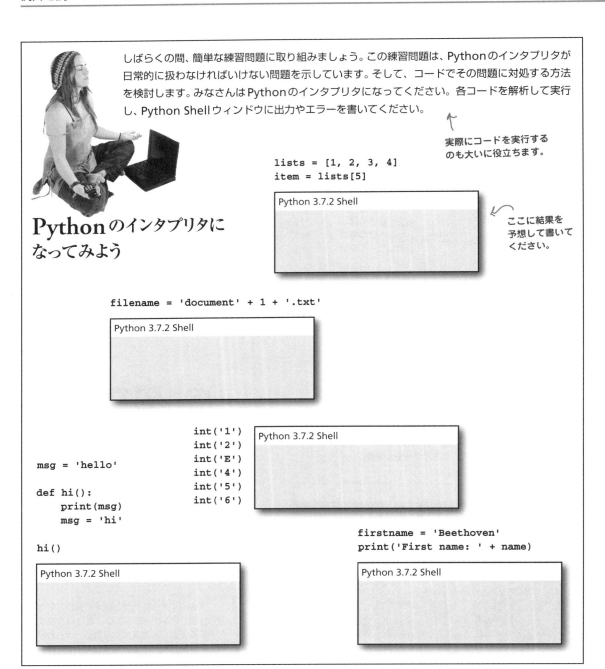

例外処理

　エラーには、構文エラー（基本的にはコードのタイプミス）、セマンティックエラー（コードロジックの問題）、実行時エラー（コードの実行中に生じる問題）があると2章で説明しました。インタプリタからエラーが表示され、プログラムが停止する実行時エラーが起こると、いままでは放置していましたが、コードの実行中に必然的に発生するときには（例えば、読み込み対象のファイルがもう存在しないとき）、終了させる必要はありません。このような場合の対処法はすぐに説明します。

　実行時エラー（**例外**）とは実際には何かについてもう少し話をしましょう。例外は、コードの実行中にPythonのインタプリタが対処できない事態に遭遇したときに発生するイベントです。このような事態が発生すると、インタプリタは実行を中止し、発生したエラーに関する情報を含む例外オブジェクトを作成します。デフォルトでは、この情報はトレースバックエラーメッセージという形式で表示されます。このエラーメッセージはPython Shellにすでに何回か表示されています。

　前に述べたように、このようなエラーが発生したときにインタプリタに中断させずに対処する方法があります。次のように危険のあるコードを`try/except`ブロックで囲んでおくと、ある例外が発生したときにその例外を引き受けて独自に処理したいとコード内でインタプリタに伝えることができます。

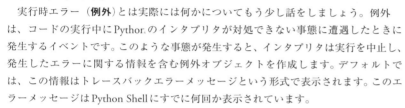

```
try:
    filename = 'notthere.txt'
    file = open(filename, 'r')
except:
    print('すみません、ファイルを開くときにエラーが発生しました:', filename)
else:
    print('うまくファイルを開きました')
    file.close()
```

`try`キーワードで始めます。

エラーが発生する可能性があるコードブロックが続きます。

そして、`except`キーワードが続きます。

次に、例外発生時に実行するコードブロックを追加します。

そして、オプションの`else`ブロックを追加します。`else`ブロックは、例外が発生しなかった場合にだけ実行されます。

また、例外が発生したかどうかにかかわらず実行するオプションの`finally`ブロックも追加できます。`finally`ブロックについてはこのあと詳しく説明します。

明示的に例外を処理する

exceptキーワードに続けてコードブロックを記述すると、すべての例外を捕捉できます。つまり、exceptコードブロックは、tryブロックで発生したあらゆる例外を捕捉します。次のように特定の例外名を指定するとより正確に捕捉できます。

```python
try:
    filename = 'notthere.txt'
    file = open(filename, 'r')
except FileNotFoundError:
    print('すみません、', filename, 'が見つかりませんでした。')
except IsADirectoryError:
    print("ファイルではなくディレクトリです！ ")
else:
    print("そのファイルを開けてよかったです。")
    file.close()
finally:
    print("何が起こっても動作します")
```

- 再びtryブロックです。
- 今回はexcept文に特定の例外を追加しました。
- このブロックはFileNotFoundErrorが発生した場合にだけ実行します。
- さらに例外を追加することもできます。これは、ファイルではなくディレクトリを開こうとした場合にだけ実行します。
- 前と同様に、何も問題がなければ、このブロックを実行します。
- ここにfinallyブロックを追加できます。このブロックは、例外の有無にかかわらず実行します！

素朴な疑問に答えます

Q: 開くことのできるファイルの数に上限はありますか？

A: Pythonでは開くことのできるファイルの数に上限を設けていませんが、OSには上限があります。使い終わったファイルは閉じるべきである理由の1つがこの上限の存在です。上限の数を増やせることは多いのですが、増やすにはOSのプロセス制限を再設定する必要があります（また、本当に必要かどうかをよく検討すべきです）。

Q: 発生する可能性がある例外の一覧はありますか？

A: もちろんです。いつものように、python.orgを調べてください。具体的には、https://docs.python.org/ja/3/library/exceptions.htmlにあります。

Q: 独自の例外型を作成できますか？

A: できます。例外はオブジェクトにすぎないので、独自の新しい例外オブジェクトを作成してPythonを拡張できます。独自の例外の作成はこの章の範囲を超えているので、オンラインやpython.orgの多くの情報や、11章を読むといいでしょう。

Q: 1つのブロックで複数の例外を捕捉できますか？ どのように行うのですか？

A: 次のように、exceptキーワードの後に1つ以上の例外をカンマで区切ってかっこで囲みます。

`except (FileNotFoundError, IOError):`

すでに説明したように、例外名を省略すると、except節は発生した全例外を捕捉します。

自分で考えてみよう

次のコードを3回頭の中で実行してください。1回目は、0以外の数値を入力します。次は0を入力します。最後は文字列 "zero" を入力します。予想される出力を書いてください。

```
try:
    num = input('Got a number? ')           # 「数値を入力してください」
    result = 42 / int(num)                  # 「ゼロで割ることはできません！」
except ZeroDivisionError:
    print("You can't divide by zero!")
except ValueError:
    print("Excuse me, we asked for a number.")   # 「すみません、数値を入力してください」
else:
    print('Your answer is', result)
finally:
    print('Thanks for stopping by.')        # 「立ち寄ってくれてありがとう」
```

0 以外の数値を入力

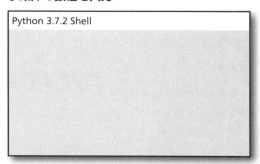

0 を入力

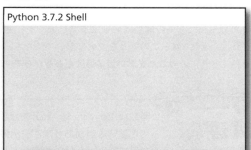

文字列 "zero" を入力

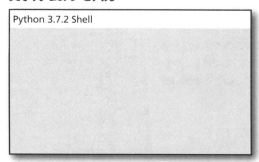

例外処理の追加

例外を処理するようにクレイジーリブを更新する

例外に関する新たな知識が得られたので、ファイルを開くコードを更新してファイル例外を処理しましょう。

```
def make_crazy_lib(filename):
    try:
        file = open(filename, 'r')
        text = ''

        for line in file:
            text = text + process_line(line)
        file.close()

        return text

    except FileNotFoundError:
        print("Sorry, couldn't find", filename + '.')
    except IsADirectoryError:
        print("Sorry", filename, 'is a directory.')
    except:
        print("Sorry, couldn't read", filename + '.')
```

このコードの大部分はファイルを利用しているので、tryブロックに入れましょう。

ファイルが見つからないエラーが発生したか、またはユーザがディレクトリを開こうとしたかを確認します（コード内のファイル名を変更したと仮定します）。

そして、ファイル処理時に発生するその他の例外を捕捉します。

elseやfinally節がないことに注目してください。

None値はときどき登場すると述べました。

関数make_crazy_libを保護するこのコードには着目すべき重要な点があります。例外が発生したらこの関数は何を返すでしょうか？ 明示的には何も返していませんが、値Noneを返します。このことを覚えておいてください。クレイジーリブを保存するコードを書くときにこのことを思い出す必要があるからです。

試運転

関数make_crazy_libを保護するこのコードには着目すべき重要な点があります。例外が発生したらこの関数は何を返すでしょうか？ 明示的には何も返していませんが、値Noneを返します。このことを覚えておいてください。**クレイジーリブを保存するコードを書くときにこのことを思い出す必要があるからです。**

OSによってエラーは異なるかもしれません。

以前と同じ出力が表示されるはずです。crazy.pyのファイル名を自由に変更して例外を試してください。

```
Python 3.7.2 Shell

Enter a VERB_ING:buying
Enter a NOUN:pudding
Enter a VERB_ING:forgetting
Enter a ADJECTIVE:crazy
Enter a NOUN:monkey
Enter a VERB_ING:eating
Enter a NOUN:pizza
The first thing that stands between you
and buying your first, real, piece of pudding,
is forgetting the skill of breaking problems down into achievable crazy actions that a monkey can do for you.
Of
course, you and the computer will also need to be eating a common pizza, but we'll get to that topic in just a bit.
>>>
```

最後の手順：クレイジーリブを保存する

クレイジーリブ（または任意のテキスト）をファイルに保存するのは、ファイルオブジェクトのwriteメソッドを使うと簡単です。writeメソッドを使うには、まずファイルを**書き込みモード**で開く必要があります。関数save_crazy_libを書きましょう。save_crazy_libは、パラメータとしてファイル名と文字列を取ります。save_crazy_libを呼び出すと、save_crazy_libはファイルを作成してそのファイルに文字列を保存してからファイルを閉じます。次のコードを確認してください。

> ❶ ファイルからテキストを読み込む。
> ❷ テキストを処理する。
>   テキスト内の各単語に対して
>   Ⓐ 単語がプレースホルダ（NOUN、VERB、VERB_ING、ADJECTIVE）の場合：
>   ❶ ユーザにプレースホルダの品詞を入力してもらう。
>   ❷ プレースホルダをユーザの単語に置き換える。
>   Ⓑ それ以外なら、単語は問題ないのでそのままにする。
> ▶ ❸ 結果を保存する。
>   プレースホルダを置き換えた処理済みのテキストを、先頭に「crazy_」が付いたファイルに書き出す。

この保存関数は、ファイル名とテキストを文字列として取ります。

```
def save_crazy_lib(filename, text):
    file = open(filename, "w")
    file.write(text)
    file.close()
```

まず、「w」モードでファイルを開き、書き込めるようにします。このファイルがまだ存在しなければ作成します。

そして、ファイルオブジェクトのwriteメソッドを使い、テキスト文字列を渡してファイルに保存します。

最後にファイルを閉じます。

多くのプログラミング言語では、書き込んだファイルを閉じないと、データがファイルに完全に書き込まれる保証はありません。

注目！「w」モードでファイルを開くときには注意する。

既存のファイルを'w'モードで開くと、ファイルの内容が消去されてファイルに書き込んだ内容に置き換わってしまいます。注意してください！

残りのコードを更新する

関数mainからsave_crazy_libを呼び出す必要があります。その前に、make_crazy_libがクレイジーリブを返していることを確認する必要があります。ファイル例外が発生するとNoneを返すのでしたね。

```
def main():
    filename = 'lib.txt'
    lib = make_crazy_lib(filename)
    print(lib)
    if lib != None:
        save_crazy_lib('crazy_' + filename, lib)
```

クレイジーリブのファイル名を変数に保存して使いやすくします。

ファイルを開く際や読み込み時に例外が発生すると、libの値はNoneとなってしまいます。libに値が入っていることを確認してからsave_crazy_libに渡す必要があります。

libを保存するファイル名は、元のファイル名の前に「crazy_」が付きます。

クレイジーリブのテスト

そろそろクレイジーリブを少し試してみましょう。crazy.pyファイルに先ほどの変更を加えてください。例外コードを追加したゲーム全体をもう一度示しておきます。

```python
def make_crazy_lib(filename):
    try:
        file = open(filename, 'r')
        text = ''
        for line in file:
            text = text + process_line(line)

        file.close()

        return text

    except FileNotFoundError:
        print("Sorry, couldn't find", filename + '.')
    except IsADirectoryError:
        print("Sorry", filename, 'is a directory.')
    except:
        print("Sorry, couldn't read", filename + '.')

placeholders = ['NOUN', 'ADJECTIVE', 'VERB_ING', 'VERB']

def process_line(line):
    global placeholders
    processed_line = ''

    words = line.split()

    for word in words:
        stripped = word.strip('.,;?!')
        if stripped in placeholders:
            answer = input('Enter a ' + stripped + ":")
            processed_line = processed_line + answer
            if word[-1] in '.,;?!':
                processed_line = processed_line + word[-1] + ' '
            else:
                processed_line = processed_line + ' '
        else:
            processed_line = processed_line + word + ' '
    return processed_line + '\n'
```

save_crazy_libに例外コードを追加しておきました。確認してください。

```python
def save_crazy_lib(filename, text):
    try:
        file = open(filename, 'w')
        file.write(text)
        file.close()
    except:
        print("Sorry, couldn't write file.", filename)


def main():
    filename = 'lib.txt'
    lib = make_crazy_lib(filename)
    print(lib)
    if lib != None:
        save_crazy_lib('crazy_' + filename, lib)

if __name__ == '__main__':
    main()
```

9章　ファイルの保存と取得

別のテンプレートにも
このコードを使いたいけど、
ソースファイルを開いてファイル名を
変更したくはないな。コマンドラインを
使ってテンプレートファイルを
指定できないかな？

**できます。そうすればこのコードがさらに洗練された
ものになります。**

コマンドラインでディレクトリをcrazy.pyファイルの
場所に変更すると、Macでは次のようにコードを実行する
ことができます。

　　python3 crazy.py

Windowsでは次のように実行します。

　　python crazy.py

次のように、コマンドライン引数を追加してクレイジーリ
ブのテンプレートを指定しましょう。

　　python3 crazy.py lib.txt

lib.txtテンプレートを使って
crazy.pyを実行します。

コマンドラインから引数lib.txtを指定するには、sys
モジュールを使います。sysモジュールのargv属性は、
コマンドラインに入力した項目（Pythonのコマンドを除く）
が格納されたリストです。例えば、次のように入力します。

　　python3 crazy.py lib.txt

するとargvの要素0にはcrazy.pyが格納され、要素1
にはlib.txtが格納されます。これを使って、クレイジー
リブゲームをさらに洗練させましょう。

you are here ▶　**423**

コマンドライン引数の追加

試運転

最後に、ユーザがコマンドラインでファイル名を指定できるようにcrazy.pyを洗練させましょう。実はとても簡単で、2か所変更するだけです。変更できたら最終的なテストを行ってください。

❶ まず、crazy.pyの先頭に`import sys`を追加して、sysモジュールをインポートします。

```python
import sys
```
← ファイルの先頭にこの行を追加します。

❷ crazy.pyのメイン関数を少し変更します。

```python
def main():
    if len(sys.argv) != 2:
        print("crazy.py <filename>")
    else:
        filename = sys.argv[1]
        lib = make_crazy_lib(filename)
        if lib != None:
            save_crazy_lib('crazy_' + filename, lib)
```

引数が2つ必要です。引数が2つ指定されていなければユーザがファイル名を入力していないことになるので、ユーザに通知します。

引数が2つある場合は、ファイル名はインデックス1に格納されたコマンドライン引数です。

今回はコマンドラインからPythonを実行します。Macでは「ターミナル」と呼ばれます。[アプリケーション]の[ユーティリティ]フォルダから使います。
Windowsでは「コマンドプロンプト」と呼ばれます。スタートボタンをクリックして「cmd」と入力し、「コマンドプロンプト」を選択すると起動します。

```
Python 3.7.2 Shell
$ cd /Users/eric/code/ch9
$ python3 crazy.py lib.txt
Enter a VERB_ING:running
Enter a NOUN:hotdog
Enter a VERB_ING:eating
Enter a ADJECTIVE:spicy
Enter a NOUN:taco
Enter a VERB_ING:breaking
Enter a NOUN:glass
$ cat lib.txt
The first thing that stands between you
and running your first, real, piece of hotdog,
is eating the skill of breaking
problems down into achievable spicy
actions that a taco can do for you. Of
course, you and the computer will also
need to be breaking a common glass, but
we'll get to that topic in just a bit.
$
```

← cd (change directoryの略) コマンドを使って、crazy.pyファイルのあるディレクトリに移動します。

Macのコマンドラインです。

Windowsマシンでは必ず「python」コマンドを使います。

Windowsでは、python3ではなくpythonを使います。

← crazy.pyファイルの内容。

重要ポイント

- ファイルにアクセスするには、まずファイルを開く。
- ファイルを開くには、関数openを使う。
- ファイルを開く際はモードを指定する。読み込みには'r'、書き込みには'w'を指定する。
- open関数では相対パスまたは絶対パスを使う。
- ファイルの読み込みや書き込みが完了したら、ファイルオブジェクトのcloseメソッドを呼び出す。
- open関数は、標準的なテキストファイルであれば複数の形式で読み込むことができる。
- readメソッドではファイル全体を一度に読み込む。
- 大きなファイルでは、ファイル全体の読み込みはリソースに負担がかかってしまう可能性がある。
- readlineメソッドでは1行ずつ読み込む。
- 空文字列は、readlineが最後の行を読み込んだことを示す。
- また、ファイルをシーケンスとして扱い、for line in fileのようにfor文で使える。
- イテレータによってfor/in文でシーケンスを反復処理できる。
- break文は、forループやwhileループの実行を途中で停止する。
- ほとんどのテキストファイルには行と行の間に改行文字がある。
- エスケープシーケンス\nは改行文字を表す。
- stripメソッドは、文字列の先頭と末尾に現れるゼロ個以上の指定の文字を取り除く。文字を指定しないと、stripはデフォルトで空白(半角、全角とも)を取り除く。
- try/exceptを使って例外を捕捉する。エラーが発生する可能性のあるコードをtryブロックに入れ、1つ以上のexcept文で例外を捕捉する。
- exceptでは、明示的に例外を指定しないとすべての例外を捕捉する。
- finally文は、例外が発生したかどうかにかかわらず必ず実行される。
- sysモジュールには、プログラムのコマンドライン引数が入ったargv属性がある。
- argv属性は、コマンドラインで使用された単語を格納するリストを持つ。

コーディングクロスワード

クロスワードを行って脳に刻み込んでください。

ヨコのカギ

3. ファイル全体を取得する。
4. try/exceptを使ってこれを捕捉する。
9. WindowsやMacでは異なる。
10. パスが相対的でなければこれに違いない。
11. 巨大ファイルはこのエラーを引き起こす可能性がある。
12. これに遭遇したらファイルの末尾。
13. コマンドライン引数を格納する。
14. \nの別名。
15. ファイルへのアクセス方法。
17. この章で登場した新しいゲーム。
18. 'r'か'w'を使える。
19. 文字列の末尾を整える。

タテのカギ

1. argvの型。
2. 明示的に例外を指定しないexcept。
5. \nは何か？
6. 終わったら必ずこれを行う。
7. デザインパターン。
8. 1行だけが必要？
9. argvがあるモジュール。
13. finally文を実行するとき。
16. 終わったら行うこと。

9章　ファイルの保存と取得

もう9章なので、396〜397ページの説明から簡単な擬似コードを作成できるはずです。擬似コードを書くと、どのように実際のコードを書けばよいかがさらにはっきりします。

これがわれわれの考えた結果です。どのくらい詳しく検討するかによって擬似コードが異なるかもしれませんが、一般的なロジックを確認してから先に進んでください。

❶ ファイルからテキストを読み込む。

何らかの手段で文章の内容を読み込みます。

❷ テキストを処理する。
テキスト内の各単語に対して

そして、テキストの処理を開始し、単語を調べます。

　Ⓐ 単語がプレースホルダ（NOUN、VERB、VERB_ING、ADJECTIVE）の場合：

プレースホルダに該当する単語があれば、置き換える単語をユーザに尋ねます。

　　❶ ユーザにプレースホルダの品詞を入力してもらう。

　　❷ プレースホルダをユーザの単語に置き換える。

次に、テキストのプレースホルダをその単語に置き換えます。

　Ⓑ それ以外なら、単語は問題ないのでそのままにする。

単語がプレースホルダでなければ、元の単語をそのまま表示するだけです。

❸ 結果を保存する。
プレースホルダを置き換えた処理済みのテキストを、先頭に「crazy_」が付いたファイルに書き出す。

最後に、すべての単語の処理が終わったら、文章のすべてのテキストを新しいファイルに書き込みます。

you are here ▶ **427**

練習問題の答え

自分で考えてみよう の答え

左側のファイルパスと右側のそのパスが示すファイルを線で結んでください。相対パスでは、codeディレクトリが基準です。

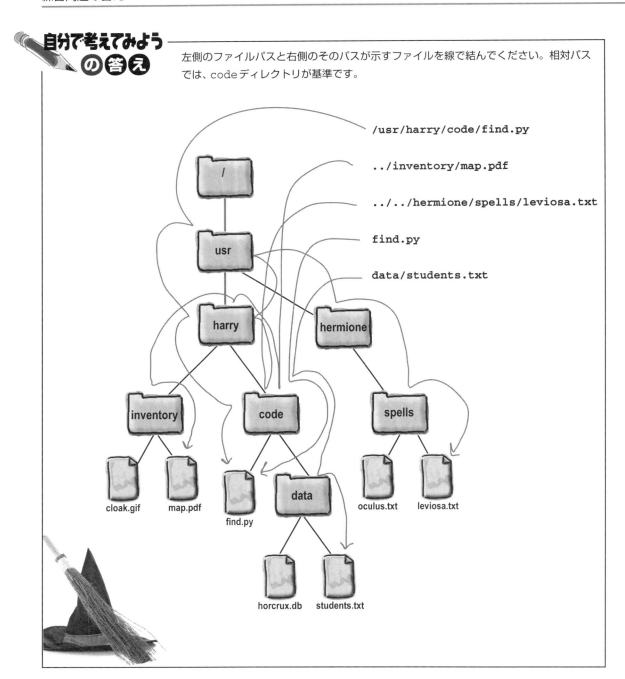

コードマグネットの答え

干し草の山から針を探すような大変な探し物を手伝ってくれませんか？ ファイル名が 0.txt から 999.txt までの 1,000 個のファイルがあります。その中の 1 つだけに needle (針) という単語が含まれています。needle を見つけるコードを冷蔵庫に書いたのですが、誰かがやって来て順番を崩してしまいました。元どおりに並べ直してくれませんか？ ただし、使わないマグネットがあるかもしれません。

マグネットをここに並び替えてください。

```
for i in range(0, 1000):
    filename = str(i) + '.txt'
    file = open(filename, 'r')
    text = file.read()
    if 'needle' in text:
        print('Found needle in file ' + str(i) + '.txt')
    file.close()
```

1,000 個のファイルを反復処理します。0.txt、1.txt、2.txt の順にファイルを処理します。

読み込みの前にまずファイルを開きます。

ファイル全体を読み込みます。返された文字列を text に代入します。

文字列内に needle があるかどうかを調べます。

見つかったら、ファイル名を出力します。

そして、必ずファイルを閉じます。

実際に、9 章のソースコードディレクトリ (ch9) の needle ディレクトリにあるファイル 0.txt から 999.txt を調べてみてください。どのファイルに needle があるでしょうか。

練習問題の答え

自分で考えてみよう の答え

なぜこのコードは一部の名詞を無視しているのでしょうか？ 名詞に関係があるのでしょうか？ それとも、もっと全体的なことでしょうか？ 入力と出力（もちろんコードも）を確認し、問題を解明できるか調べてください。

最初と最後の名詞を無視しているようです。

> The first thing that stands between you and **VERB_ING** your first, real, piece of **NOUN**, is **VERB_ING** the skill of breaking problems down into achievable **ADJECTIVE** actions that a **NOUN** can do for you. Of course, you and the computer will also need to be **VERB_ING** a common **NOUN**, but we'll get to that topic in just a bit.

（最初と最後の**NOUN**が丸で囲まれている）

```
Python 3.7.2 Shell
Enter a VERB_ING:buying
Enter a VERB_ING:pudding
Enter a ADJECTIVE:forgetting
Enter a NOUN:monkey
Enter a VERB_ING:eating
The first thing that stands between you
and buying your first, real, piece of NOUN,
is pudding the skill of breaking
problems down into achievable forgetting
actions that a monkey can do for you. Of
course, you and the computer will also
need to be eating a common NOUN, but
we'll get to that topic in just a bit.
>>>
```

入力（または出力）ファイルの無視した名詞プレースホルダを調べると、無視された名詞は末尾に句読記号があるものでした。

あっ！ 6章のテキスト分析でも現れたいつものバグです。テキストとプレースホルダの比較には、カンマ（そしてピリオドも）を考慮する必要があります。

9章 ファイルの保存と取得

しばらくの間、簡単な練習問題に取り組みましょう。この練習問題は、Pythonのインタプリタが日常的に扱わなければいけない問題を示しています。そして、コードでその問題に対処する方法を検討します。みなさんはPythonのインタプリタになってください。各コードを解析して実行し、Python Shellウィンドウに出力やエラーを書いてください。

Pythonのインタプリタになってみよう の答え

```python
listS = [1, 2, 3, 4]
item = listS[5]
```

```
Python 3.7.2 Shell
Traceback (most recent call last):
  File "/Users/eric/code/ch8/errors/list.py", line 2, in <module>
    item = listS[5]
IndexError: listS index out of range
>>>
```

```python
filename = 'document' + 1 + '.txt'
```

```
Python 3.7.2 Shell
Traceback (most recent call last):
  File "/Users/eric/code/ch8/errors/filename.py", line 1, in <module>
    filename = "document" + 1 + ".txt"
TypeError: must be str, not int
>>>
```

```python
msg = 'hello'

def hi():
    print(msg)
    msg = 'hi'

hi()
```

```
Python 3.7.2 Shell
Traceback (most recent call last):
  File "/Users/eric/code/ch8/errors/function.py", line 7, in <module>
    hi()
  File "/Users/eric/Documents/code/ch8/errors/function.py", line 4, in hi
    print(msg)
UnboundLocalError: local variable 'msg' referenced before assignment
>>>
```

```python
int('1')
int('2')
int('E')
int('4')
int('5')
int('6')
```

```
Python 3.7.2 Shell
Traceback (most recent call last):
  File "/Users/eric/code/ch8/errors/ints.py", line 3, in <module>
    int('E')
ValueError: invalid literal for int() with base 10: 'E'
>>>
```

```python
firstname = 'Beethoven'
print('First name: ' + name)
```

```
Python 3.7.2 Shell
Traceback (most recent call last):
  File "/Users/eric/code/ch8/errors/print.py", line 2, in <module>
    print('First name: ' + name)
NameError: name 'name' is not defined
>>>
```

次のコードを3回頭の中で実行してください。1回目は、0以外の数値を入力します。次は0を入力します。最後は文字列 "zero" を入力します。予想される出力を書いてください。

```python
try:
    num = input('Got a number? ')
    result = 42 / int(num)
except ZeroDivisionError:
    print("You can't divide by zero!")
except ValueError:
    print("Excuse me, we asked for a number.")
else:
    print('Your answer is', result)
finally:
    print('Thanks for stopping by.')
```

0 以外の数値を入力

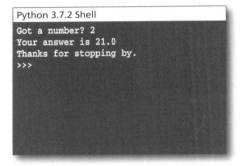

0 を入力

```
Got a number? 0
You can't divide by zero!
Thanks for stopping by.
>>>
```

文字列 "zero" を入力

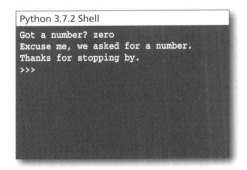

9章　ファイルの保存と取得

ファイル入出力クロスワードの答え

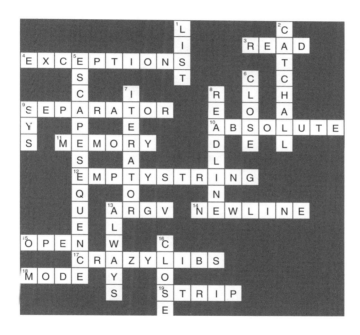

10章　Web APIの利用

もっと外に目を向ける

> ええ、車を回していただけますか。
> 外に出て、噂をよく聞く
> Web APIをこの目で見ないと。

いままで、数々の素晴らしいコードを書いてきました。
でもさらに外に目を向ける必要があります。

Web上には世界中の**データ**があります。天候データが必要ですか？ レシピの巨大なデータベースへアクセスしたいでしょうか？ スポーツのスコアのほうが気になりますか？ アーティスト、アルバム、楽曲などの音楽データベースもWeb上にはあるでしょう。こういったデータはすべて**Web API**で取得できます。Webの仕組み、Web言語、新たなPythonモジュールrequestsとjsonについて少し学ぶだけで、Web APIを自在に使うことができます。この9章では、Web APIを使ってあなたのPythonのスキルをさらに向上させます。宇宙空間までスキルを高めて戻ってきます。

われわれは本気です！

Web APIを使って範囲を広げる

この本では、同じパターンを繰り返してきました。まず、コードを関数に抽象化します。関数に抽象化すると、詳細を気にせずに関数の機能を利用できるからです。抽象化のおかげで、考え方を単純な文のレベル以上に高めることができました。

次に、モジュールにパッケージ化します。モジュールには、一連の関数と値がすべて含まれます。コリイに渡したコードを覚えていますか？ コリイはドキュメントのおかげでどの関数を使えばよいかがわかり、その関数を利用することができました。**それがAPI（Application Programming Interface、アプリケーションプログラミングインタフェース）です**。APIは、他者が利用できるように整備された関数群です。

また、他の開発者が作成したモジュールもあります。モジュールもAPIと考えることができます。このようなモジュール（数学、乱数、グラフィックス、タートルなど多くのモジュール）によって、コードの機能を拡張できます。

ここでは抽象化をさらに一歩進めます。インターネット上にあるコードを自分のコードの機能を拡張するために利用できると考えるのです。ただし、インターネット上のコードは必ずしもPythonで書かれているわけではありません。Web上で動作し、Web APIを介してアクセスできるコードがあります。

Web上にはどのような種類のAPIがあるでしょうか。現在の天候状態や、楽曲と音楽アーティストに関する情報を返すAPIや宇宙空間のオブジェクトの現在位置を知らせるAPIはあるでしょうか。

いずれも実際のWeb APIですが、インターネットを介して**自分のコード**で利用できる大量な情報のほんの一例です。

> オブジェクト指向プログラミングによる抽象化の別の例も示しました。オブジェクト指向プログラミングによる抽象化については、12章で独自オブジェクトの作成方法を学ぶ際に改めて詳しく説明します。

脳力発揮

上司が部屋に入ってきました。現在の地元の天候状態を示すアプリケーションを急いで書いてほしいと上司は言っています。明日のプレゼンにそのアプリケーションが必要なのだそうです。現在の天候状態を示すWeb APIはどのくらい便利なのでしょうか？ そのようなサービスがなかったらどのようにアプリケーションを書きますか？ サービスがある場合とない場合で、アプリケーションの作成にかかる時間の差はどれくらいあると思いますか？

Web APIの仕組み

　Web APIでは、モジュールやライブラリの関数を呼び出すことはせず、Webを介してリクエストを送りします。つまり、モジュールに用意された**関数**を調べるのではなく、どのような**Webリクエスト**が送れるかを調べてWeb APIを理解します。

　Webブラウザが使えていれば、Webリクエストを送る方法はすでに習得しています。知らない人はいないでしょう。Webページをリクエストするたびに行っているからです。Web APIへのリクエストとの主な違いは、**自分のコード**がWebサーバにリクエストを送り、そのWebサーバがページではなく**データ**をコードに送り返す点です。

　この10章では、Web APIがどのように動作するか、そしてPythonがWeb APIとどのように連携するかを詳しく説明します。まずは実際のWeb APIリクエストの仕組みを知りましょう。

Web APIを使うには、リクエストを送信する

Web APIはWebサーバです。ただし、ページではなく**データ**を提供します。Web APIを利用するには、コードからWebサーバに**リクエスト**を送信します。すると、Webサーバが**レスポンス**を作成してコードに送り返します。

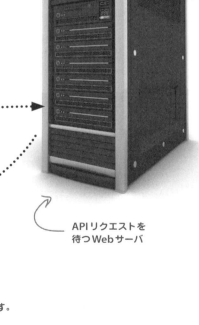

華氏67.2度（摂氏19.6度）、降水確率40%です！

APIリクエストを待つWebサーバ

ロンドンの天候状態をもらえますか？

リクエスト

レスポンス

これがレスポンスです。このあと詳しく説明します。

Pythonのコード

すべてのWeb APIにはWebアドレスがある

　Web APIでは、ブラウザに入力するようなWebアドレスを使います。Webアドレスには、サーバ名とリソースを指定します。ブラウザでリソースに該当するものがWebページです。Web APIではリソースはデータなので、大きく異なります。リソースの指定方法は、Web APIによって少し異なる場合があります。例を見てみましょう。

　別の例も見てみましょう。今回は、Open Weather Mapによるロンドンの気象データです。

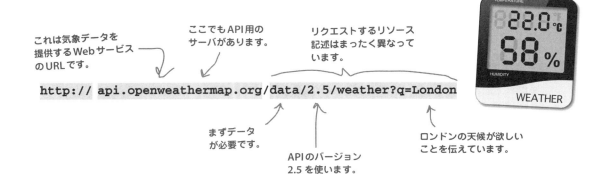

もう1つ例を示します。Spotifyの関連アーティスト情報を調べてみましょう。

```
http:// api.spotify.com/v1/artists/43ZHCT0cAZBISjO8DG9PnE/related-artists
```

- ここではAPIのバージョン1を使います。
- 特定のアーティストのデータを要求します。
- これは関心のあるアーティストのIDです。
- いつものようにサーバ名を指定します。
- これはどのアーティストかわかりますか？「The King」というニックネームがヒントです。
- 関連アーティストのデータを希望しています。

これらのWebアドレスはどれもまったく違うけれど、どうすればリクエストする方法がわかるのかしら？

APIドキュメントを参照してください。

　本気で言っているのですが、結構役に立ちます。Web APIはいずれもWeb URLの標準的な構文に従っています。そして公開されているAPIは、データの種類ごとにまったく異なるので、データのリクエスト方法はさまざまです。例えば、先ほどの例では、Open Notify URLはシンプルですが、Spotify URLは複雑です。

　ほとんどのWeb APIにはドキュメントが用意されており、探しているあらゆる種類の情報にアクセスする方法がわかります。このあと Open Notify APIを使ってみるので、落ち着いて待っていてください。

Web APIにアクセスする

> ブラウザにSpotify URLを入力したら、「no token」エラーになったよ。

いい指摘です。

多くの場合、ブラウザからWeb APIリクエストを行ってAPIを直接調べることができます。多くのWeb APIでは、サービスを利用する前に登録する必要があります（通常は無料）。登録すると、認可トークンやアクセスキーが入手できます。アクセストークンがないと、多くのWeb APIではリクエストを行うことができず、「no token」エラーなどのエラーが返ってきます。

したがって、まずはWeb APIのドキュメントで必要なアクセストークンを調べるようにします。

ここで例として使っているSpotifyとOpen Weather Web APIにはアクセストークンが必要です。しかし、現在Open Notify APIにはトークンは必要ありません。

エクササイズ

ブラウザに次のURLを入力してください。何が起こりますか？

http://api.open-notify.org/iss-now.json

このURLを何度か取得してみてください。また、グーグルマップに「− 0.2609, 118.8982」のように経度と緯度を直接入力してもよいでしょう（緯度を先に入力します）。

簡単なアップグレードをする

「再帰的頭字語」と言えますか？

Twitter、Spotify、Microsoft、Amazon、Lyft、BuzzFeed、Reddit、NSAなど、さまざまなサービスでWeb APIを使うことができます。

Web APIを使う前に、Pythonの**新たなパッケージ**を追加しましょう。ところで、パッケージとは何であったか覚えていますか？ 7章で説明したように、パッケージとは関連するモジュール群の名称です。非公式にはライブラリとも呼ばれます。

新しいパッケージを追加するには、`pip`ユーティリティを使います。`pip`は「Pip Installs Packages」の頭文字を取ったものです。`pip`を使って、ローカルのインストールにパッケージを追加できます（あとで削除することもできます）。

`pip`を使ってパッケージ`requests`を追加します。`requests`を使うと、Web APIにリクエストできます。より正確に言うと、`requests`パッケージに含まれる`requests`モジュールを使います（混乱しないでください）。実はPythonにはWebリクエストを行うための独自の組み込みモジュールがあるのですが、多くのプログラマは組み込みモジュールよりも`requests`のほうが使いやすく実用的だと考えています。また、`pip`も使ってもらいたかったという理由もあります。

`requests`をインストールし、このパッケージがどのようなものかを確認しましょう。

`requests`パッケージとモジュールに関する詳細は、http://docs.python-requests.org を参照してください。

他の開発者や組織（Pythonのコア開発チーム以外）が書いたパッケージは、**サードパーティパッケージ**と呼ばれます。

アップグレードする

pipはPythonに組み込まれています。コマンドラインを使ってrequestsパッケージをインストールしましょう。

9章と同様にコマンドラインを使います。
MacではターミナルアプリケーションWindowsではコマンドプロンプトです。
Linuxではコマンドラインを使います。

```
Python 3.7.2 Shell
$ python3 -m pip install requests
```

Windowsでは、「python」を使います。「python3」ではありません。

上のコマンドを入力してインストールしてください。なお、pipでパッケージを入手してインストールするには、インターネットに接続する必要があります。また、現在の作業ディレクトリではなくPythonのパッケージ用のディレクトリ（site-package）にインストールします。パーミッションエラーが発生した場合は、新たなパッケージをインストールできる権限がユーザアカウントにあるかを確認してください。

```
Python 3.7.2 Shell
$ python3 -m pip install requests
Collecting requests
  Downloading requests-2.18.1-py2.py3-none-any.whl (88kB)
    100% |████████████████████████████████| 92kB 1.4MB/s
Collecting idna<2.6,>=2.5 (from requests)
  Downloading idna-2.5-py2.py3-none-any.whl (55kB)
    100% |████████████████████████████████| 61kB 2.5MB/s
Collecting urllib3<1.22,>=1.21.1 (from requests)
  Downloading urllib3-1.21.1-py2.py3-none-any.whl (131kB)
    100% |████████████████████████████████| 133kB 2.5MB/s
Collecting certifi>=2017.4.17 (from requests)
  Downloading certifi-2017.4.17-py2.py3-none-any.whl (375kB)
    100% |████████████████████████████████| 378kB 2.2MB/s
Collecting chardet<3.1.0,>=3.0.2 (from requests)
  Downloading chardet-3.0.4-py2.py3-none-any.whl (133kB)
    100% |████████████████████████████████| 143kB 4.1MB/s
Installing collected packages: idna, urllib3, certifi, chardet, requests
$
```

pipがrequestsモジュールと依存する関連パッケージを入手できていることがわかります。ここではmacOSを使っているので、WindowsやLinuxでは表示が異なるかもしれません。

Q: なぜPythonの組み込みモジュールではなくrequestsモジュールを使うのですか？常にPythonの組み込みモジュールを使うべきなのではないのですか？

A: requestsパッケージは、Pythonに最初から用意されているモジュールよりも簡単で優れた機能を提供しているので、多くのオンライン製品やサービスで日常的に使われています。もちろん、Pythonの組み込みリクエストモジュールを使っても何も問題はありません。
これは、Pythonやほとんどのプログラミング言語を拡張できることのメリットの1つです。開発者は自由に独自の拡張機能を作成し、他のユーザと共有できます。

Q: Pythonに新たなパッケージを追加できるのは素晴らしいですね。どんなパッケージが追加できるのでしょうか？

A: 次のように、コマンドラインから追加できるパッケージを調べることができます。

    python3 -m pip search hue

これは、「hue」というキーワードと一致するパッケージを検索します。他には、例えば「python3 request module」や「python3 hue lighting」のような検索語でGoogle検索する方法もお勧めです。また、Python用ソフトウェアリポジトリのhttps://pypi.orgを調べるのも手です。

Q: Python 3を使っていますが、pipをサポートしていないようです。

A: pipはPython 3.4から導入されました。バージョン番号を再確認し、最新バージョンにアップグレードしてください。https://www.python.orgで最新バージョンが入手できます。

あとは優れたWeb APIが必要なだけ

　requestsパッケージがインストールできたので、ようやくリクエストの準備が整いました。それには当然、リクエストを行う興味深いWeb APIが必要です。この章の冒頭で宇宙空間に行って戻ってくると約束したことを覚えていますか？国際宇宙ステーション（ISS：International Space Station）の現在位置を示すWeb APIを使ってその約束を果たしましょう。このWeb APIは、open-notify.orgにあります。Open Notifyが提供するものを調べましょう。

open-notify.orgにアクセスし、ISS APIのドキュメントをさらに調べてください。次に主要な部分を示します。

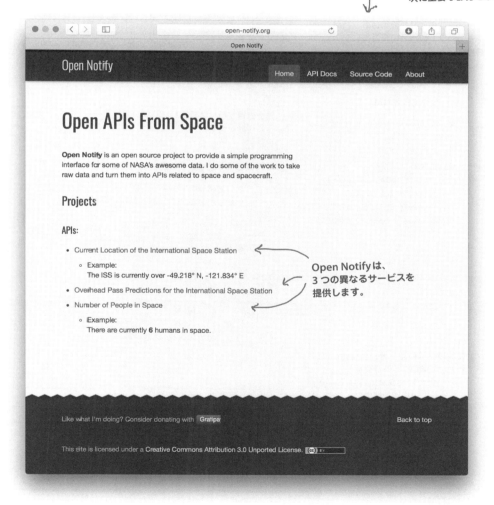

Open Notifyは、3つの異なるサービスを提供します。

APIを詳しく調べる

open-notify.orgのトップページには、3つの「宇宙空間からのOpen API」があります。ISSの現在位置を取得するAPI、頭上通過を予測するAPI、宇宙にいる人数を取得するAPIです。まずは、現在位置を取得するAPIを使います。このAPIの詳しい情報を表示するには、「Current Location of...」リンクをクリックします。

ISSの現在位置を返すAPIのドキュメントです。

注意深くこの章を読んでいる読者は、このAPIが国際宇宙ステーションの現在の緯度と経度を返すことに気付いているでしょう。

リクエストURL。

現在位置を取得するリクエストURLはこのように作成します。

APIからのレスポンスの例。

キーと値のペアのように見えます。どこかで登場しましたよね？このあと詳しく説明します。

iss_positionキーに注目します。iss_positionキーは、緯度と経度を示す別のキーと値のペアを値として持ちます。

Open Space APIは、オレゴン州ポートランドのロケット研究者ネイサン・バーギー（Nathan Bergey）が開発し管理しています。彼のツイッターアカウントは@natronicsです。

10章　Web APIの利用

脳力発揮

Open Notify Web APIが返すデータはどこかで見たことがあるはずです。このデータから連想されるデータ型は何でしょうか。

Web APIはJSONを使ってデータを返す

「ジェイソン」と発音します。通常は「ソン」にアクセントを置きます。

　JSONというと、人の名前みたいですが、実は、ほとんどのWeb APIがデータを運ぶために使うオブジェクトの表記法です。この表記法は構文的にPythonの辞書とよく似ているので、どこかで見た感じがするのです。

別のフォーマットでもWeb上でデータをやり取りできますが、JSONが最も一般的です。

　JSONは、テキストで示した一連のキーと値のペアです。例えば、気象のWeb APIは、次のようなJSONを作成してロンドンの現在の状態を送り返します。

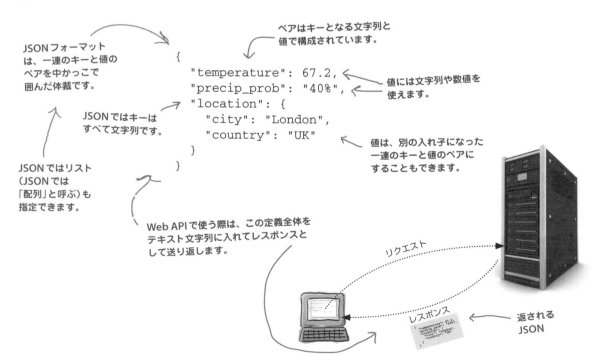

JSONと辞書の詳細

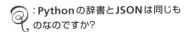
に答えます

Q : Pythonの辞書とJSONは同じものなのですか？

A : 両者はよく似ているので混同することが多いかもしれません。次のように考えてください。Pythonでは辞書のコードを指定すると、ある時点でインタプリタがそのコードを読み取って内部データ構造に変換し、コードはそのデータ構造を使います。しかし、JSONでは一連のキーと値のペアを単なるテキストフォーマットで指定し、ネットワークを介して別のプログラムやサービスに送信します。JSONはPythonではなく、汎用目的のフォーマットで、あらゆる言語が読み取り解釈できるようにするためのものです。
しかし、この2つが似ていることは、利点があります。

Q : JSONを単なるテキストとして受信するなら、コードはどのようにしてJSONを使うのですか？

A : ちょっと待っていてください。その質問は的確なので、すぐに説明します。

Q : なぜJSONと呼ぶのですか？

A : JSONはプログラミング言語に依存しないフォーマットになるように設計されていますが、もともとはある言語から生まれました。それはJavaScriptです。JSONはJavaScript Object Notation（JavaScriptオブジェクト表記）の略です。

Q : まだ混乱しています。Web APIとその使い方はどうすればわかりますか？

A : Web APIの情報は、www.programmableweb.com などのサイトで得られます。また、APIを提供する企業の多くはドキュメントも用意しています（例えば、dev.twitter.com や developer.spotify.com など）

自分で考えてみよう

前ページのJSONを手作業でPythonの辞書に変換してください。それができたら、コードを完成させてください。
出力を確認してこのコードが何をするかを理解しましょう。

```
current = _____
          _____
          _____
          _____
          _____
loc = _____
print('In',
      loc['city'] + ', ' + _____,
      'it is',
      _____, 'degrees')
```

すくあとでこれを実行してみます。

```
Python 3.7.2 Shell
In London, UK it is 67.2
degrees
>>>
```

「ロンドン, イギリスは華氏67.2度（摂氏19.6度）」と表示されます。

リクエストモジュールをもう一度詳しく

Webリクエストを行うには、requestsモジュールの関数getを使います。次のように行います。

❶ getを使ってリクエストを行う。

まず、requestsモジュールの関数getを呼び出し、リモートWebサーバに実際のリクエストを行います。

```
url = 'http://api.open-notify.org/iss-now.json'
response = requests.get(url)
```

Open NotifyドキュメントからのURL。

関数getにこのURLを渡し、関数getはこのURLでリモートWebサーバにアクセスします。

リモートサーバからレスポンスを受け取ると、関数getはまず便利なresponseオブジェクトを生成してから返します。

関数getを呼び出すと、リクエストを指定のURLにあるWebサーバに送信します。

request.get(url)

レスポンス

open-notify.org Webサーバはリクエストを受け取り、レスポンスをJSONフォーマットで送り返します。

Responseオブジェクト

Pythonコード

関数getはレスポンスを受け取ると、responseオブジェクトを生成して返します。このオブジェクトの詳細と使い方については次で説明します。

レスポンスオブジェクト

❷ レスポンスオブジェクトを調べる。

前述したように、関数getはサーバからレスポンスを受け取ると、responseオブジェクトにを生成して返します。responseオブジェクトを調べましょう。

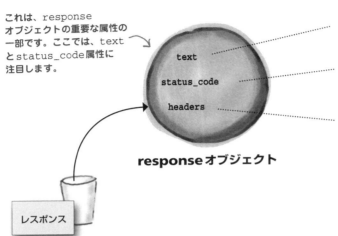

これは、responseオブジェクトの重要な属性の一部です。ここでは、textとstatus_code属性に注目します。

textプロパティには、レスポンスの実際のデータが通常はJSONフォーマットで格納されています。

status_codeには、リクエストの診断コードが入っています。200のコードは、リクエストがエラーの発生がなく実行されたことを示します。

headersは、レスポンスのコンテンツタイプなどのレスポンスに関するその他の情報を提供します。例えば、JSONエンコーディングはapplication/jsonです。

responseオブジェクト

レスポンス

❸ status_codeを調べ、テキストデータを取得する。

Webサーバからレスポンスを受け取ったら、まずステータスコードを調べます。200であればリクエストが成功したことを示します。もちろん、エラーコードなどの200以外の場合もあります。ステータスコードが200であれば、次にtext属性を使ってWeb APIが返したデータを取得します。次のコードを使います。このコードを確認したら、次のページでコード全体を示します。

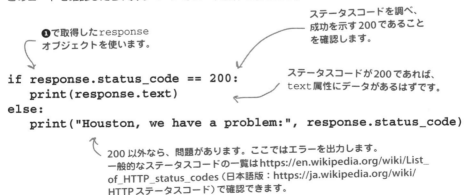

❶で取得したresponseオブジェクトを使います。

ステータスコードを調べ、成功を示す200であることを確認します。

```
if response.status_code == 200:
    print(response.text)
else:
    print("Houston, we have a problem:", response.status_code)
```

ステータスコードが200であれば、text属性にデータがあるはずです。

200以外なら、問題があります。ここではエラーを出力します。一般的なステータスコードの一覧はhttps://en.wikipedia.org/wiki/List_of_HTTP_status_codes（日本語版：https://ja.wikipedia.org/wiki/HTTPステータスコード）で確認できます。

全体をまとめる：
Open Notifyにリクエストする

リクエストに必要なことがひととおりわかったので、さっそく試してみましょう。URLを使って関数getを呼び出してWeb APIにリクエストする方法はもうわかりますよね。open-notify.orgのURLもわかっていますよね。requestsオブジェクトのstatus_codeが成功を表すコード200であることを確認してからrequestsオブジェクトのtext属性を使うのでしたよね。

では実際に、Open Notify Web APIにアクセスしてみましょう。

まず、requestsモジュールをインポートします。

変数urlにISS Webサービスの URLアドレスを設定します。

```
import requests

url = 'http://api.open-notify.org/iss-now.json'

response = requests.get(url)

if response.status_code == 200:
    print(response.text)
else:
    print("Houston, we have a problem:", response.status_code)
```

responseオブジェクトです。

そして、関数getを使って取得したいデータのURLを渡します。

ステータスコードを調べて何も問題ないこと（つまり、200）であるかを確認します。

レスポンスのステータスコードが200以外の場合は何らかの問題が発生しています。ステータスコードの一覧は、https://en.wikipedia.org/wiki/List_of_HTTP_status_codes（日本語版：https://ja.wikipedia.org/wiki/HTTPステータスコード）で確認できます。

そして、レスポンスを出力して取得した内容を確認します。レスポンスのtextプロパティを出力しており、textプロパティにはWeb APIから送り返されたデータが格納されています。

注目！

簡単にサニティチェックを行ってから先に進む

本書の執筆時点では、ISS位置サービスは正常に動作します。ただ、将来も正常に稼働する保証はありません。例えば2036年に何らかの理由でサービスが稼働しない場合に備えて、代替策が用意されています。https://wickedlysmart.com/hflearntocodeを読んで、この章の残りの部分を変更する必要があるかどうか確認してください。おそらく変更する必要はないでしょうが、調べておいて損はありません。

JSONとPython

試[運転]験飛行

前ページのコードを`iss.py`ファイルに保存し、メニューの[Run]から[Run Module]を選んで問題なく実行できることを確認してください。

このように表示されます。

このテストを行うにはインターネット接続が必要です。

```
Python 3.7.2 Shell
{"iss_position": {"longitude": "-146.2862",
"latitude": "-51.0667"}, "message": "success",
"timestamp": 1507904011}
>>>
```

この位置に心当たりはありますか?

問題?
右のような出力にならない場合は、まずステータスコードを確認してください(そして、そのコードの意味を調べてください)。ステータスコードが表示されない場合は、ブラウザにURLをペーストし、接続できるか、そしてサービスが稼働しているかを確かめます。次にコードを再確認し、requestsパッケージが本当にインストールされているかも確認してください。また、Python Shellに表示された例外も調べます。Open Notifyサービスに何か問題があるようなら、前ページの「注目!」をもう一度読んでください。

JSONの使い方

ISS位置サービスからのレスポンスを受け取りますが、レスポンスの中のJSONは、いまの段階では**単なるテキスト文字列**です。文字列では、出力する以外の用途がありません。そこでPythonの`json`モジュールの出番です。`json`モジュールには関数`loads`があります。関数`loads`はJSONを含む文字列を取り、Pythonの辞書に変換します。この関数はどのくらい便利なのでしょうか? `json`モジュールの関数`loads`がどのように動作するかを表す例を次に示します。

まず、jsonモジュールをインポートします。

JSONを含む文字列。Pythonにとっては、単なるテキスト文字列です。

```python
import json

json_string = '{"frst": "Emmett", "last": "Brown", "prefx": "Dr."}'

name = json.loads(json_string)

print(name['prefx'], name['frst'], name['last'])
```

json.loadsを呼び出して、この文字列を辞書に変換し、変数nameに代入します。

最後に、Pythonの辞書を使って苗字を表す`first`と名前を表す`last`属性と`prefix`属性にアクセスします。

注意:テストの際、このコードの名前を`json`モジュールと同じ名前の`json.py`としてはいけません。これについては7章で説明しています。

```
Python 3.7.2 Shell
Dr. Emmett Brown
>>>
```

ISSデータにJSONモジュールを使う

ツールベルトにjsonモジュールを追加できましたね。さっそくコードにjsonモジュールを追加して、宇宙ステーションの緯度と経度にアクセスしましょう。これは簡単です。Open NotifyサーバからのJSONはすでにresponseオブジェクトに格納されているので、jsonモジュールの関数loadsを使ってPythonの辞書に変換するだけです。

jsonモジュールをインポートする文を追加します。複数のモジュール名をカンマで区切って1行で指定できます。

```
import requests, json

url = 'http://api.open-notify.org/iss-now.json'

response = requests.get(url)

if response.status_code == 200:
    response_dictionary = json.loads(response.text)
    print(response.text)
    position = response_dictionary['iss_position']
    print('International Space Station at ' +
        position['latitude'] + ', ' + position['longitude'])
else:
    print("Houston, we have a problem:", response.status_code)
```

json.loadsを使い、文字列形式のJSONレスポンスをPythonの辞書に変換します。

そして、国際宇宙ステーションの位置を示す辞書positionの緯度と経度を出力します。

iss_positionの値を取得します。この値自身も辞書です。

`print(response.text)` は取り消し線。

エラーの場合は「ヒューストン、問題があります」と出力します。

上の修正をiss.pyファイルに加えて保存し、もう一度テストしてください。

国際宇宙ステーションの位置は、このように表示されます。いいですね！

```
Python 3.7.2 Shell
International Space Station at -51.5770, -108.2028
>>>
```

この場所に心当たりはありますか？

コードを実行するたびにISSの現在位置は常に変わるので、結果はこれとは少し異なるでしょう。

グラフィカルな表示を追加する

グラフィックスを加える

「もう二度とつまらない
コマンドラインの
アプリケーションを
作るんじゃないぞ」

　ISSの位置をテキストで表示しても面白くありません。もう10章なので、素敵な地図上に表示しましょう。私たちにはその技術があるのですから。タートルをもう一度利用すれば、あっという間に素敵な見た目のISSの表示が可能です。**嘘ではありません。**

Screenオブジェクトを使う

前ページでも言いましたが、タートルで磨いたスキルをもう一度利用します。実際には、7章で使ったScreenオブジェクトを再び使ってタートルをもっと高度に使います。Screenオブジェクトにより、タートルウィンドウに関係するプロパティを変更できましたよね。

> このオブジェクトには「スクリーン」よりも「ウィンドウ」のほうがふさわしい名前だと思いますが、私たちの意見は聞かれもしませんでした。

このコードにturtleモジュールを追加し、screenオブジェクトをどのように使うか確認しましょう。次のコードをiss.pyファイルに追加してください。

```python
import requests, json, turtle

screen = turtle.Screen()
screen.setup(1000, 500)
screen.bgpic('earth.gif')
screen.setworldcoordinates(-180, -90, 180, 90)

url = 'http://api.open-notify.org/iss-now.json'

response = requests.get(url)

if response.status_code == 200:
    response_dictionary = json.loads(response.text)
    position = response_dictionary['iss_position']
    print('International Space Station at ' +
          position['latitude'] + ', ' + position['longitude'])
else:
    print("Houston, we have a problem:", response.status_code)

turtle.mainloop()
```

- turtleモジュールを追加します。
- この最初の行は、タートルのScreenオブジェクトへの参照を取得しているだけです。
- ウィンドウのサイズを大きくして1000×500ピクセルにします。このサイズは、これから追加する画像と同じサイズです。
- 画像をウィンドウ全体の背景に設定します。
- この章のソースコードフォルダ(ch10)からearth.gifを取得してください。
- タートルウィンドウの座標系を設定し直します。詳しくは次のページで説明します。
- 7章のように、ハウスキーピング処理を行ってタートルウィンドウを表示します。
- earth.gifは、ch10フォルダにあります。この画像を取得して手元のフォルダに置いてください。

earth.gif

座標系の調整

タートルの座標と地球の座標

setworldcoordinatesメソッドは、このグラフィカルな地図上での
ISSの位置を決定する際に大きな役割を果たします。

7章で説明したように、タートルはx座標とy座標が0, 0の点を中心とするグリッド上にありましたね。このグリッドを1000×500に設定したので、このグリッドの範囲は左下隅の−500, −250から、右上隅の500, 250までとなります。

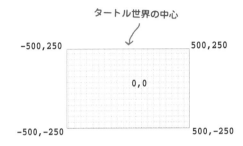

タートル世界の中心

地球には独自のグリッド体系があります。東西に走るのが緯線、南北に走るのが経線です。経度は−180から180の範囲で、0を本初子午線と呼びます。緯度は赤道が0で、北極点の90から南極点の−90までの範囲です。

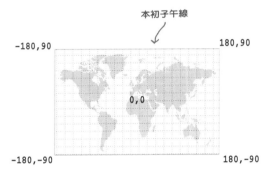

本初子午線

タートルのグリッド体系は簡単に設定し直すことができるので、次の文でタートルグリッドを地球座標と一致させます。

```
screen.setworldcoordinates(-180, -90, 180, 90)
```

この文ではタートルグリッドの左下座標を−180, −90、右上座標を180, 90に設定し直します。画面の形とサイズは変わりませんが、タートルは新しい座標系を使って描画します。

つまり、一般的な経度と緯度の座標を使って画面にタートルを配置します。

setworldcoordinatesメソッドを使って、タートルの座標系と地球の座標系が一致するように設定します。

タートルを追加してISSを描画

タートルをどのように使って地図上でISSの位置を決めるのかわかりましたか？ 実際にタートルを追加してみましょう。`iss.py`ファイルに次のコードを追加してください。

```python
import requests, json, turtle

screen = turtle.Screen()
screen.setup(1000, 500)
screen.bgpic('earth.gif')
screen.setworldcoordinates(-180, -90, 180, 90)

iss = turtle.Turtle()
iss.shape('circle')
iss.color('red')

url = 'http://api.open-notify.org/iss-now.json'

response = requests.get(url)

if response.status_code == 200:
    response_dictionary = json.loads(response.text)
    position = response_dictionary['iss_position']
    print('International Space Station at ' +
          position['latitude'] + ', ' + position['longitude'])
else:
    print("Houston, we have a problem:", response.status_code)

turtle.mainloop()
```

`iss = turtle.Turtle()` / `iss.shape('circle')` / `iss.color('red')` ← タートルをインスタンス化し、カーソルの形を円に、色を赤に変更します。

この円は、地球上のISSの位置を表します。

試運転(験飛行)

簡単にテストをしてから先に進みましょう。`earth.gif`と`iss.py`が同じディレクトリにあることを確認します。そして、実行してみてください。

あれ、これだけ？ → このように表示されているならOKです。ここでは、ウィンドウの解像度を変更し、背景の画像を追加し、カーソルの形と色を変更し、座標系を変更しただけです。

赤い円はデフォルトの開始位置 0,0 に配置されています。ただし、今回の座標は経度と緯度です。

```
Python 3.7.2 Shell
International Space Station
at -47.8777, -177.6666
>>>
```

you are here ▶ 455

タートルを使ってISSを表示する

タートルは宇宙ステーションのようにも見える

　Web APIを使ったアプリケーションの構築に必須ではありませんが、画面上のカーソルを宇宙ステーションの形にすると、より現実的になり、楽しくなると思いませんか？次のようにします。

```python
import requests, json, turtle

screen = turtle.Screen()
screen.setup(1000, 500)
screen.bgpic('earth.gif')
screen.setworldcoordinates(-180, -90, 180, 90)

iss = turtle.Turtle()
turtle.register_shape("iss.gif")
iss.shape("iss.gif")
iss.shape('circle')
iss.color('red')

url = 'http://api.open-notify.org/iss-now.json'

response = requests.get(url)

if response.status_code == 200:
    response_dictionary = json.loads(response.text)
    position = response_dictionary['iss_position']
    print('International Space Station at ' +
          position['latitude'] + ', ' + position['longitude'])
else:
    print("Houston, we have a problem:", response.status_code)

turtle.mainloop()
```

- iss.gifもch10フォルダにあります。
- turtleモジュールに、カーソルに画像を使いたいことを知らせます。
- そして、iss.gifをカーソルの形に設定します。
- この手順はturtleモジュールの奇妙な点です。つまり、それがturtleモジュールの動作方法なのです。多くの画像を基にしたライブラリでは、このような登録手順は必要ありません。

試[運転]験飛行

上のようにコードを変更し、iss.gifがコードと同じフォルダにあることを確認します。iss.gifも、ch10フォルダにあります。

やった！宇宙ステーションの画像が表示されました！

```
Python 3.7.2 Shell
International Space Station
at -47.8777, -177.6666
>>>
```

ISSを忘れる ── どこにいるの?

もう一息です！ Open Notifyサービスから位置が取得できたので、あとはすべてをまとめるだけです。まずは、緯度と経度を変数に代入し、issタートルに画面のどこに移動すべきかを伝える必要があります。しかし、1つ注意してください。Open NotifyのJSONでは、緯度と経度の値は数値ではなく文字列なので、修正しなければいけません。実際にどのように行えばよいでしょうか。

```
                    コードの一部です。レスポンスを調べて
                    緯度と経度を入手する部分です。

if response.status_code == 200:
    response_dictionary = json.loads(response.text)
    position = response_dictionary['iss_position']
    print('International Space Station at ' +
          position['latitude'] + ', ' + position['longitude'])
    lat = float(position['latitude'])      辞書positionから緯度と経度を
    long = float(position['longitude'])    取得します。どちらも文字列なので、
else:                                      浮動小数点数に変換します。
    print("Houston, we have a problem:", response.status_code)
```

このコードはまだ入力する必要はありません。のちほど一括で変更します。

このフレーズ「ヒューストン、問題が発生した」は2章でも登場しましたね。

次は、画面上のISSを移動させます。もうみなさんはタートルのエキスパートです。ここで必要なのは簡単な関数move_issを書くだけです。move_issは数値の経度と緯度を取り、移動させます。必ずペンを持ち上げてから移動します。

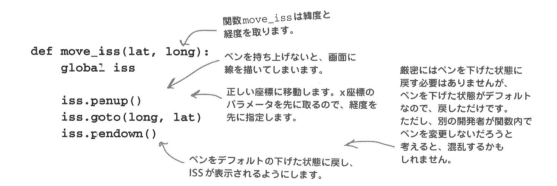

```
                          関数move_issは緯度と
                          経度を取ります。

def move_iss(lat, long):
    global iss
                          ペンを持ち上げないと、画面に
                          線を描いてしまいます。
    iss.penup()
    iss.goto(long, lat)   正しい座標に移動します。x座標の
    iss.pendown()         パラメータを先に取るので、経度を
                          先に指定します。
```

厳密にはペンを下げた状態に戻す必要はありませんが、ペンを下げた状態がデフォルトなので、戻しただけです。ただし、別の開発者が関数内でペンを変更しないだろうと考えると、混乱するかもしれません。

ペンをデフォルトの下げた状態に戻し、ISSが表示されるようにします。

完成させる

ISSのコードを仕上げる

関数move_issと辞書positionから緯度と経度を取得するコードを追加し、緯度と経度の値を指定してmove_issを呼び出します。

```
import requests, json, turtle

def move_iss(lat, long):        ← このファイルの冒頭にmove_issを
    global iss                    追加します。

    iss.penup()
    iss.goto(long, lat)
    iss.pendown()

screen = turtle.Screen()
screen.setup(1000, 500)
screen.bgpic('earth.gif')
screen.setworldcoordinates(-180, -90, 180, 90)

iss = turtle.Turtle()
turtle.register_shape("iss.gif")
iss.shape("iss.gif")

url = 'http://api.open-notify.org/iss-now.json'

response = requests.get(url)     ← 位置を示す文を出力する必要は
                                    ありません。グラフィックスが
if response.status_code == 200:     ありますから！
    response_dictionary = json.loads(response.text)
    position = response_dictionary['iss_position']
    print('International Space Station at ' +
          position['latitude'] + ', ' + position['longitude'])
    lat = float(position['latitude'])
    long = float(position['longitude'])   ← 緯度と経度の文字列を浮動小数点数に
    move_iss(lat, long)                     変換し、issタートルと一緒に
else:                                       move_issに渡します。
    print("Houston, we have a problem:", response.status_code)

turtle.mainloop()
```

10章　Web API の利用

コードの入力がすべて完了したら、ついに地図上にISSの位置が表示されます。試してみましょう！

ISSは地球を92分で周回しているので、その位置は刻々と変化しています。コードを何度か実行して確かめてみてください。

ISSは1秒間に4.75マイル（7.64キロメートル）移動します。

素晴らしい！テストしたら、ISSはインド洋のあたりにいました。

おめでとう！
任務完了です！

時間経過に伴ってISSの位置を追跡する

頭の体操

素晴らしい。たった数行のコードでISSの位置を特定し、グラフィカルに表示させることができました。しかし、**ある時点**のISSを追跡するだけでなく**時間経過に伴う**ISSを追跡したら、このコードがさらに改善されるでしょう。しかしその前に、少しこのコードを整理しましょう。何と言っても、いままで築いてきた高度な抽象化スキルを十分発揮できていません。次のように、このコードを少しリファクタリングしてみました。このほうが読みやすくないでしょうか（次のページでも確かめてください）。

```python
import requests, json, turtle

iss = turtle.Turtle()

def setup(window):           # ウィンドウとタートルのセット
    global iss               # アップを関数setupに入れます。

    window.setup(1000, 500)
    window.bgpic('earth.gif')
    window.setworldcoordinates(-180, -90, 180, 90)
    turtle.register_shape("iss.gif")
    iss.shape("iss.gif")

def move_iss(lat, long):     # 関数move_issは
    global iss               # 変更しませんでした。

    iss.penup()
    iss.goto(long, lat)
    iss.pendown()

def track_iss():
    url = 'http://api.open-notify.org/iss-now.json'
    response = requests.get(url)
    if response.status_code == 200:
        response_dictionary = json.loads(response.text)
        position = response_dictionary['iss_position']
        lat = float(position['latitude'])
        long = float(position['longitude'])
        move_iss(lat, long)
    else:
        print("Houston, we have a problem:", response.status_code)

def main():
    global iss
    screen = turtle.Screen()
    setup(screen)
    track_iss()

if __name__ == "__main__":
    main()
    turtle.mainloop()
```

ここではパラメータ名として「`window`」を使いました（厳密には、このパラメータは`Screen`オブジェクトとして渡されます）。名前が適切な場合もあるし、そうでない場合もあるのですが、ついついこのような名前を付けてしまいました。おそらく、実際にはコードにコメントを付けて他の人に注意を促すべきでしょう。

Web APIとやり取りするコードを取り出して関数`track_iss`にまとめました。

最後に、優れたプログラマになるために関数`main`を用意します。

10章　Web API の利用

ISSをリアルタイムに追跡するコードです。ISSの位置が5秒ごとに変化しているのがわかります。これは頭の体操なので、このコードがどのように動作するか、推測してみてください。次の章で、このコードが何をどのように動作するかを調べます。

```python
import requests, json, turtle

iss = turtle.Turtle()

def setup(window):
    global iss

    window.setup(1000, 500)
    window.bgpic('earth.gif')
    window.setworldcoordinates(-180, -90, 180, 90)
    turtle.register_shape("iss.gif")
    iss.shape("iss.gif")

def move_iss(lat, long):
    global iss

    iss.hideturtle()
    iss.penup()
    iss.goto(long, lat)
    iss.pendown()
    iss.showturtle()

def track_iss():
    url = 'http://api.open-notify.org/iss-now.json'
    response = requests.get(url)
    if response.status_code == 200:
        response_dictionary = json.loads(response.text)
        position = response_dictionary['iss_position']
        lat = float(position['latitude'])
        long = float(position['longitude'])
        move_iss(lat, long)
    else:
        print("Houston, we have a problem:", response.status_code)
    widget = turtle.getcanvas()
    widget.after(5000, track_iss)

def main():
    global iss
    screen = turtle.Screen()
    setup(screen)
    track_iss()

if __name__ == "__main__":
    main()
    turtle.mainloop()
```

2行のコードを追加しただけです。

ISSの位置が5秒ごとに更新されます。

Web APIの復習

重要ポイント

- Pythonを使ってWeb APIとやり取りし、データやサービスをアプリケーションに取り込むことができる。
- 通常、Web APIは他者が利用できるように整備されたアプリケーションプログラミングインタフェース（API）を備えており、提供できるデータと利用できるサービスが示されている。
- 多くの場合、Web APIを使う前に登録してキーや認可トークンを取得する必要がある。
- PythonからWeb APIを使うには、ブラウザと同様にWebの**HTTP**プロトコルを使ってWeb APIにリクエストを送信する。
- Webサービスはリクエストに対応するデータを送信する。大抵はJSON表記を使う。
- **JSON**はJavaScript Object Notationの略で、言語間でのデータ交換の標準手法として開発された。
- JSONの構文はPythonの辞書と似ている。
- 無料で利用できるrequestsパッケージはオープンソースで、Pythonを使ったWebリクエストを容易にする。
- パッケージはモジュールの集合。
- requestsパッケージはpipユーティリティを使ってインストールできる。
- pipは「**pip installs packages**」の略。
- requestsパッケージのgetメソッドを使ってリクエストを送る。
- getメソッドはresponseオブジェクトを返す。responseオブジェクトには、ステータスコード、レスポンスのテキスト（多くの場合はJSON）、レスポンスのヘッダが含まれる。
- リクエスト成功時のステータスコードは200。
- 組み込みのjsonモジュールには、JSON文字列をPythonの辞書やリストに変換するメソッドがある。
- turtleパッケージのScreenオブジェクトを使うと、背景画像の設定やグリッドの座標系の再設定ができる。

10章　Web API の利用

コーディングクロスワード

地球にお帰りなさい。右脳に別の作業をさせましょう。
いつものように標準的なクロスワードですが、答えはすべてこの章に登場しています。

ヨコのカギ

2. turtleモジュールにこの1つを登録する必要があった。
3. ステータスコード200を受け取ったときの状態。
7. Web APIにアクセスするにはこれが必要な場合がある。
8. この章のコードにはこれが必要だった。
10. データ交換のためのフォーマット。
11. 南北に延びる。
12. 200はよい値。
15. responseオブジェクトのデータ属性。
16. JSONの由来となった言語。
18. パッケージには何が入っている？

タテのカギ

1. 彼がISS位置サービスを書いた。
4. どの宇宙ステーション？
5. オープンソースパッケージ。
6. pipは何をインストールするか？
9. 軌道周回分数。
13. Webリクエストに使うプロトコル。
14. タートルはこの上に存在する。
17. Web APIの文書化された機能。

練習問題の答え

エクササイズの答え

ブラウザに次のURLを入力してください。何が起こりますか？

`http://api.open-notify.org/iss-now.json`

素晴らしい。宇宙ステーションの現在位置を取得できました。取得したデータにはいくつかのキーがあり、`iss_position`キーにはさらにキーと値のペアの集合が入っています。

このような結果を取得します。

```
{
    "message": "success",
    "timestamp": 1500664795,
    "iss_position": {
        "longitude": "-110.6066",
        "latitude": "-50.4185"
    }
}
```

書式はブラウザによって異なります。ファイルとしてダウンロードするブラウザもあります。その場合はテキストファイルとして開くことができます。

経度と緯度は文字列として表現されます。使用する際は浮動小数点数に変換します。

自分で考えてみようの答え

445ページのJSONを手作業でPythonの辞書に変換してください。それができたら、コードを完成させてください。ヒントが必要なら出力を参考にしてください。

```python
current = {'temperature': 67.2,
           'precip_prob': '40%',
           'location': {
               'city': 'London',
               'country': 'UK'
           }
}
loc = current['location']
print('In',
      loc['city'] + ', ' + loc['country'],
      'it is',
      current['temperature'],'degrees')
```

```
Python 3.7.2 Shell
In London, UK it is 67.2
degrees
```

464 10章

10章　Web API の利用

コーディングクロスワードの答え

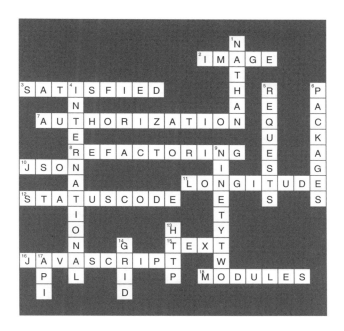

11章 ウィジェット、イベント、創発的な振る舞い

インタラクティブにする

この11章では、本格的なプログラミングを行います。一生懸命に取り組み、よく眠り、水を飲み、歯を食いしばって頑張ってください。能力が一段とレベルアップします。

グラフィカルな表示ができるアプリケーションを10章で書きましたが、それは本物のユーザインタフェースではありませんでした。

GUIは「gooey」（グーイ）と発音します（訳注：日本では「ジーユーアイ」あるいは「グイ」と呼ばれることが多いようです）。

つまり、ユーザがグラフィカルユーザインタフェース（GUI）とやり取りできるようなアプリケーションはまだ書いたことがありません。GUIアプリケーションの開発には、プログラムの実行方法に関して新たな概念が必要となります。つまり、**反応的**（リアクティブ）な実行方法について学習する必要があります。ちょっと待って、ユーザはそのボタンをクリックしただけでしょうか？ あなたのコードは対処方法や次にすべきことをよくわかっています。インタフェースのコーディングはいままで登場した典型的な手続き型の手法とは大きく異なるので、考えを変えてプログラミングする必要があります。この章では、あなたにとって初めてとなる本物のGUIを書きます。ToDoリストマネージャや身長/体重計算機では簡単すぎてつまらないので、もっと面白いものを作成しましょう。この章では創発的な振る舞いをする人工生命シミュレータを書きます。どんなものか想像できますか？ さあ、ページをめくって確かめてください。

this is a new chapter ▶

人工生命 の不思議な世界へようこそ

コードを追加する、ただそれだけです！ たった **4つのルール** しかない **信じられない ほど簡単な アルゴリズム** で、**創発的な 振る 舞い** をする人工生命を生み出しています。仕組みは次のとおりです。

「創発的な振る舞い」(emergent behavior) とは、部分の性質の単純な総和にとどまらない予測できないような性質が、全体として現れることです。

この人工生命は、グリッドにあるセル（細胞）の集合。

グリッドのマス目の1つ1つがセルを表す。セルは生きているか死んでいるかのどちらか。

生きている場合、セルは黒い。

4つの簡単なルールに従って次の世代のセルを計算する。

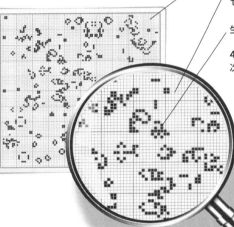

ルール
1. **誕生**：死んでいるセルに隣接する生きたセルがちょうど3個であれば、次の世代では生きたセルが誕生する。
2. **生存**：生きているセルに隣接するセルが2個または3個であれば、次の世代でも生存する。
3. **死滅**：隣接する生きたセルが2個未満ならば、セルは過疎により死滅する。
4. **過密**：生きているセルに隣接する生きているセルが4個以上ならば、セルは過密により死滅する。

この簡単なルールは、「ライフゲーム」(Game of Life) と呼ばれているものです。このゲームで遊ぶには、まず生きたセルをグリッドに配置し、このルールに従って各世代を計算します。このルールは簡単そうですが、**実際にゲームをやってみないと生命の営みを知ることはできません**。生命の興味深い振る舞いは、簡単なルールに基づいています。実際に計算してみないとこのゲームの進展が止まるかどうかもわかりません（この難解な問題はこのあとすぐに取り上げます）。しかし、とりあえずこのゲームをしたいなら、自分でライフゲームシミュレータを書かなければいけないようです。さっそく書いてみましょう！

ライフゲームは、イギリスの数学者ジョン・コンウェイにより考案されました。詳しくは
https://en.wikipedia.org/wiki/John_Horton_Conway
（日本語版：https://ja.wikipedia.org/wiki/ライフゲーム）
を参照してください。

11章　ウィジェット、イベント、創発的な振る舞い

シーモンキーについて聞いたことがあるかい？ フレーズ・オ・マチック（Phrase-O-Matic）よりずっと大きなビジネスチャンスだと思うんだ！

ライフゲームを詳しく調べる

　ライフゲームの4つのルールはわかりましたよね？ さらに進んで、どのように動作するかを理解しましょう。このゲームはグリッド上で動作します。グリッドのマス目にセルを置き、セルは生きているかまたは死んでいるかのどちらかだ、ということはすでに説明しましたよね。そして、生きているセルは黒く、死んでいるセルは透明です。

　ライフゲームでは、次の世代のセルを計算し続けます。つまり、グリッドのマス目の1つ1つに4つのルールを適用し、その結果に基づいてすべてのセルを同時に更新します。この処理を何回も繰り返し、次の世代を計算します。何回か試してみましょう。

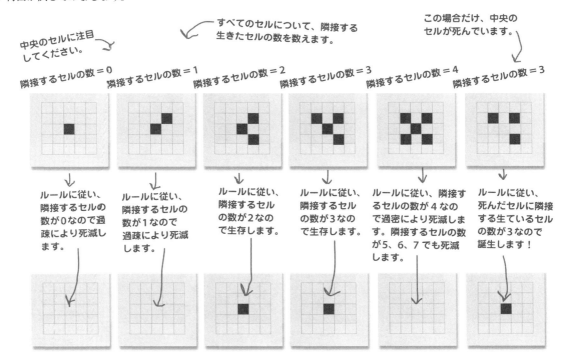

you are here ▶ 469

生成システムをもっと詳しく

本当に4つのルール？
興味深いわね。

驚いたでしょう？

　ライフゲームは**生成システム**です。生成システムは簡単なルールがあらかじめ定義されていることが多いですが、推測できなかったり、あるいは予想外の振る舞いをします。生成システムは、芸術、音楽、宇宙に関する哲学的議論の基盤、機械学習などの分野で使われています。中でも、コンウェイのライフゲームは群を抜いて優れています。これから作成するシミュレータでは、この4つの簡単なルールから次のような振る舞いが観察できます。

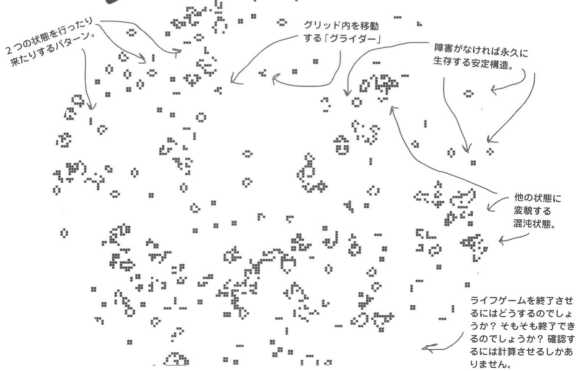

2つの状態を行ったり来たりするパターン。

グリッド内を移動する「グライダー」

障害がなければ永久に生存する安定構造。

他の状態に変貌する混沌状態。

ライフゲームを終了させるにはどうするのでしょうか？ そもそも終了できるのでしょうか？ 確認するには計算させるしかありません。

11章　ウィジェット、イベント、創発的な振る舞い

コードを書く前に、ライフゲームを数世代にわたりシミュレーションしてみましょう。世代1からスタートし、世代2から世代6まで、4つのルールを適用して計算します。念のため4つのルールをもう一度書いておきます。

- 死んだセルに3個の生きたセルが隣接する場合、そのセルは次の世代で誕生する。
- 生きたセルに2個または3個の生きたセルが隣接する場合、そのセルは次の世代でも生存する。
- 生きたセルに隣接する生きたセルが2個未満の場合、そのセルは次の世代で死滅する。
- 生きたセルに4個以上の生きたセルが隣接する場合、そのセルは次の世代で死滅する。

ここからスタートします。

生きたセルに隣接する死んだセルを忘れずに計算してください。誕生するかもしれません！

世代1

世代2

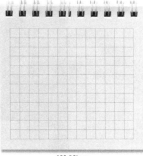
世代3

4つのルールを適用し、結果を世代2に反映します。

そして、世代2にもルールを適用し続けます。

世代4

世代6

世代5

you are here ▶ **471**

作成するもの

471ページの練習問題からわかったと思いますが、コンピュータを使わずにライフゲームが「創発性を備えた生成システム」であるという感触をつかむのは少し難しいかもしれません。そこで、いまからライフゲームシミュレータを作成します。このシミュレータではセルのグリッドを表示し、ユーザがグリッドをクリックしてセルを入力し、いくつかのボタンを用意してシミュレータの動作を制御します。手始めに、シミュレータの開始と停止ができるようにします。また、グリッドの削除ややり直しも必要です。さらにあらかじめ設定したパターンを読み込めるようにもしたいでしょう。そこで、本格的なユーザインタフェースの作成についてお話しします。

ユーザインタフェースを作成する際には、文字どおり紙ナプキンに概略を描いてみることを勧めます。冗談を言っているわけではなく、実際に優れたテクニックなのです。さっそく概略を描いてみましょう。

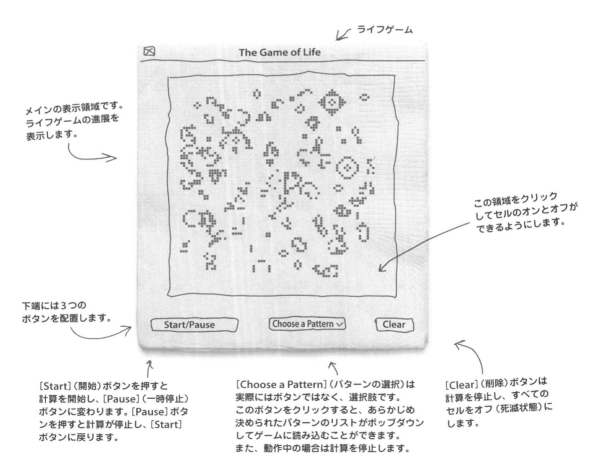

設計は適切ですか？

インタフェース設計とそのテストは、ソフトウェア開発においては大きな一分野です。キャリアのすべてをインタフェースの設計、テスト、最適化に費やす人もいるほどです。使い勝手の向上に十分な予算が取れなくても、簡単で効果的な手法を利用して、インタフェースを改善することができます。その1つが**ペーパープロトタイピング**です。ペーパープロトタイピングでは紙にユーザインタフェースのプロトタイプを描き（すでに紙ナプキンに描きました）、対象ユーザが紙の上のプロトタイプを本物のインタフェースのように使って**ユースケース**をテストします。そして、実際にユーザを観察し、設計に関する間違いや誤解を発見するのです。

> ユーザビリティ（使い勝手）のテストでは、ユーザが実際に製品をテストして使いやすいかどうかを調べます。

> ユースケースとは、代表的なユーザが経験する動作や状況のことです。

> 「ユーザビリティのグル」（訳注：ヤコブ・ニールセンのこと）は、この手法でユーザビリティ問題の約85％がわかると言います。

エクササイズ

ペーパープロトタイピングをテストしてみましょう。この473ページと474ページをコピーし、指示どおりに切り抜いてください。次に、数人の友達にプロトタイプを見せて質問してください（質問項目は475ページに掲載）。

これを切り取ってください。ペーパーインタフェースです。

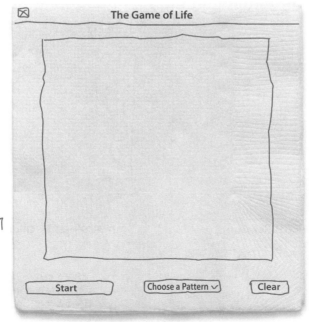

メインインタフェース

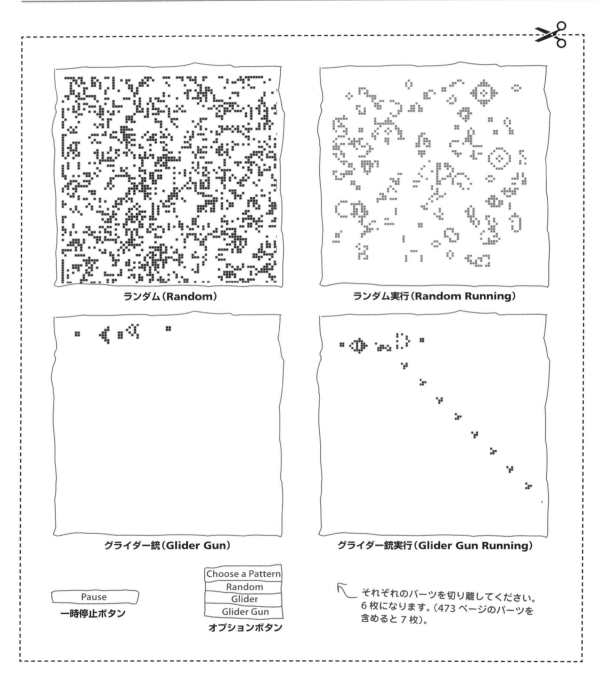

11章　ウィジェット、イベント、創発的な振る舞い

エクササイズ

テストをしてもらうユーザ（テスター）に依頼する手順を説明します。テスターには、その際に思ったことを声に出して言ってもらいます。操作の間違いやインタフェースの誤解をメモします。もちろん、うまくいったこともメモしてください。

1. テスターに、**メインインタフェース**を見せる。
2. テスターに、ライフゲームとシミュレータが行うことを簡単に説明する。
3. テスターに、グリッドにランダムパターンを読み込むことが簡単に始める方法だと伝える。ランダムパターンの読み込み方法がわかりやすいかどうかを尋ねる。
テスターが「パターンの選択をクリックする」と言ったら、[Choose a Pattern]ボタンの上に**オプションボタン**の切り抜きを置く。
テスターが「ランダムオプションをクリックする」と言ったら、グリッドに**ランダム**の切り抜きを置き、**オプションボタン**の切り抜きをテスターの目の前から取り除く。
ランダムに選択した生きたセルをグリッドに読み込んだことをテスターに伝える。
4. 新たな世代の計算を開始する方法がわかるかをテスターに尋ねる。
テスターが[Start]（開始）ボタンをクリックするのを待つ。[Start]ボタンをクリックしなかったら、テスターにヒントを与える。[Start]ボタンをクリックしたら、グリッドに**ランダム実行**の切り抜きを置く。また、[Start]ボタンの上に**一時停止ボタン**の切り抜きを置く。生きたセルと死んだセルが推移していく様子が表示されることをテスターに説明する。
5. ここで、グリッドを削除できることをテスターに伝える。[Clear]（削除）ボタンを見つけることができなければ、見つけるまでヒントを与える。[Clear]ボタンをクリックしたら、**ランダム実行**と**一時停止ボタン**の切り抜きを取り除く。
6. 生きたセルを直接入力するようにテスターに指示する。必要なら、グリッドをクリックするまで手助けをする。ペンを使ってグリッド上に点を描く。
7. 新たな世代のセルを生成するようにテスターに指示する。再び、テスターが[Start]ボタンをクリックしたら、**ランダム実行**の切り抜きをグリッドに置く。また、[Start]ボタンの上に**一時停止ボタン**の切り抜きを置く。生きたセルと死んだセルが推移していく様子が表示されることをテスターに説明する。
8. セルの生成を一時停上するようにテスターに指示する。テスターは[Pause]ボタンを探して、**一時停止ボタン**の切り抜きを取り除く。
9. ここでグライダー銃パターンを読み込むように指示する。[Choose a Pattern]をクリックしたら、[Choose a Pattern]ボタンの上に**オプションボタン**の切り抜きを置く。テスターが「グライダー銃」をクリックしたら、グリッドに**グライダー銃**の切り抜きを置き、**オプションボタン**の切り抜きを取り除く。
10. 再度シミュレーションを開始するように指示する。[Start]ボタンをクリックしたら、グリッドに**グライダー銃実行**の切り抜きを置く。また、[Start]ボタンの上に**一時停止ボタン**の切り抜きを置く。グライダーがグリッドの下に向かって進み続ける様子をシミュレータが生成していることを説明する。
11. これでテストが終わりであることをテスターに伝え、参加してくれたことに感謝する。

感謝の気持ちとしてテスターに渡すクッキーを手元に置いておくといいでしょう。

> **注意**：テストに大きな問題があればテストを中断して対応したいところですが、いまは残念ながらその余裕はありません。その問題を覚えておき、この章を進めていきながら別のやり方を考えます。

you are here ▶ 475

シミュレータの作成

紙ナプキンの上でインタフェースを設計し、ペーパープロトタイプのテストも少し行ったので、実装に進む準備は十分できています。ただし、手順と方法は検討する必要があります。

ユーザインタフェースの作成に際し、この業界で使われている信頼のおける設計方法を使います。この設計方法では、コードを3つの要素に分けて考えます。その3つとは、**モデル**、**ビュー**、**コントローラ**で、MVCとも呼ばれます。

通常、モデル、ビュー、コントローラに分離するにはオブジェクト指向の考え方を使います。オブジェクト指向については12章で説明します。概念上はこの設計に従います。つまり、MVCパターンに従うことには固執しませんが、MVCパターンからインスピレーションを受けつつ、できるだけ単純になるようにします。

設計に関する考え方は次のとおりです。

ビュー

インタフェースの表示を担当します。グリッドにデータを表示すること以外（計算の詳細など）には関心がありません。

コントローラ

インタフェースからユーザリクエスト（ゲームの開始など）を受け取り、モデルやビューを作成するのに必要なリクエストに対応付けます。

モデル

グリッドとセルのデータと次の世代の計算方法だけを対象とします。ビューとは無関係です。

この設計は一般的に、「MVCデザインパターン」あるいは「モデル ― ビュー ― コントローラ」と呼ばれています。

「ソフトウェアデザインパターン」という研究分野は、このようなデザインが時間とともにどのように出現し、どのように機能するかを対象とします。

つまり、ソフトウェア設計を3つの部分に分けて考えるのです。表示だけを担当するビュー、セルグリッドの計算だけを行い、表示方法については関係がないモデル、そしてユーザとのやり取りを管理し、必要に応じてコマンドをビューやモデルに送るコントローラです。

なぜわざわざこのようにするのでしょうか？ なぜMVCが必要なのでしょうか？ 過去の経験から、開発者はユーザインタフェースを持つアプリケーションはあっという間に手に負えない巨大なスパゲッティコード（技術用語です。Googleで調べてください）になることを知っています。MVCでは、（その他のいくつかの理由がありますが、中でも特に）それぞれの部分が1つの責務だけを担当するので、スパゲッティコードを回避できます。

いまの段階でMVCを完全に理解する必要はありませんが、少なくともこの考え方の一端に触れることができたでしょう。すぐにわかりますが、MVCはこのシミュレータを作成する上で優れた手法です。それでは始めましょう！

データモデルの作成

インタフェースの設計はいったん少し脇に置いて、今度はシミュレータのデータモデルを考えてみましょう。前述したように、モデルではグリッドのセルを表す方法とゲームの各世代を計算する方法が必要です。

グリッドを表す

シミュレータのグリッドを表すために、セルの値を整数で保存します。値0は死んだセルを表し、値1は生きたセルを表します。

いままで1次元リストを使ったコードをたくさん書いてきましたが、今回のグリッドのように2次元で幅と高さがある場合は、どのように2次元リストを作成すればよいでしょうか？ 今回はリスト内のリストを使います。高さ3要素、幅4要素のグリッドが必要なら、次のように作成します。

```
my_grid = [[0, 1, 2, 3],
           [4, 5, 6, 7],
           [8, 9, 10, 11]]
```

↑ リストのリストを使って、値の2次元グリッドをモデル化します。

↑ 高さ3、幅4の2次元グリッドを表します。

Pythonには2次元リストにアクセスする構文があるので、簡単に要素へアクセスできます。

```
value = my_grid[2][3]
print(value)
```

↑ 高さ=2、幅=3の位置の値を取得します。

← リストのリストのインデックスも0から始まります。

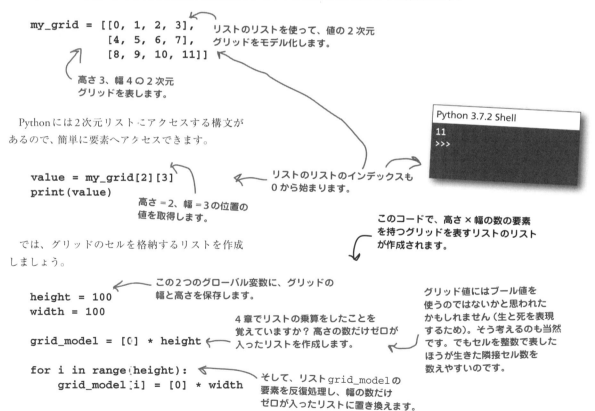

```
Python 3.7.2 Shell
11
>>>
```

↓ このコードで、高さ×幅の数の要素を持つグリッドを表すリストのリストが作成されます。

では、グリッドのセルを格納するリストを作成しましょう。

```
height = 100
width = 100

grid_model = [0] * height

for i in range(height):
    grid_model[i] = [0] * width
```

← この2つのグローバル変数に、グリッドの幅と高さを保存します。

← 4章でリストの乗算をしたことを覚えていますか？ 高さの数だけゼロが入ったリストを作成します。

← そして、リストgrid_modelの要素を反復処理し、幅の数だけゼロが入ったリストに置き換えます。

→ グリッド値にはブール値を使うのではないかと思われたかもしれません（生と死を表現するため）。そう考えるのも当然です。でもセルを整数で表したほうが生きた隣接セル数を数えやすいのです。

ライフゲームの世代を計算する

　セルを保存する場所を確保したので、次は、ライフゲームの世代を計算するコードが必要です。世代を計算するには、すべてのセルを調べ、次の世代でセルが生きているか、死んでいるか、または誕生するかを判断しなければいけません。まずは、リスト内のセルを反復処理してみましょう。

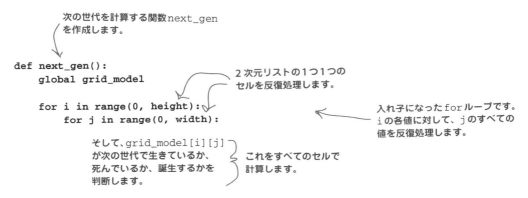

セルの運命を計算する

　セルの運命は、ライフゲームのルールに支配されています。もう一度確認しましょう。

- 死んだセルに3個の生きたセルが隣接する場合、そのセルは次の世代で誕生する。
- 生きたセルに2個または3個の生きたセルが隣接する場合、そのセルは次の世代でも生存する。
- 生きたセルに隣接する生きたセルが2個未満の場合、そのセルは次の世代で死滅する。
- 生きたセルに4個以上の生きたセルが隣接する場合、そのセルは次の世代で死滅する。

　このルールを反復処理するセルに適用します。対象のセルが死んでいたら、3個のセルが隣接するかどうかを調べます。3個隣接していたら、セルが誕生します。対象のセルがすでに生きている場合には、2個または3個のセルが隣接しなければ生存できません。その他のすべての場合には、セルは次の世代で死滅します。つまり、ライフゲームには4つのルールがありますが、セルが生きているか死んでいるかを判断する条件は実は2つだけです。このロジックをすぐあとで適用します。しかし、計算を始める前にまず、とても重要な情報が1つ必要です。それは、各セルに隣接する生きているセルの数です。想像どおり、この情報を得るには、セルに隣接するすべてのセルを調べ、生きた隣接セル数を把握しないといけません。

　では数えてみましょう。

既製コード

これは既製のコードです。つまり入力するだけで使うことができます（11章のソースコードフォルダからも入手できます）。このコードを1から書く能力があなたにあることはわかっているのですが（もう条件節を理解していますから）、このコードを詳しく説明するのは本来の目的ではないので省きます。でもこのコードを理解することは素晴らしい脳の訓練になります。このコードの難しい点は隣接セルをすべて調べることではなく、グリッドの端付近のセルの周辺状況も考慮しなければいけないことです。ですから、このコードを理解する時間を少しだけでもいいので取ってください。そして、さらに学習したいなら、この章が読み終わったらまた戻ってきて、新しい関数count_neighborsをゼロから書いてみるとよいでしょう。

ここには既製コードを示しておきます。楽しんでください。

関数count_neighborsです。この関数はグリッドとそのグリッドの行、そのグリッドの列を引数として取り、指定した位置のセルに隣接する生きたセルの数を返します。

```python
def count_neighbors(grid, row, col):
    count = 0

    if row - 1 >= 0:
        count = count + grid[row-1][col]

    if (row - 1 >= 0) and (col - 1 >= 0):
        count = count + grid[row-1][col-1]

    if (row - 1 >= 0) and (col + 1 < width):
        count = count + grid[row-1][col+1]

    if col - 1 >= 0:
        count = count + grid[row][col-1]

    if col + 1 < width:
        count = count + grid[row][col+1]

    if row + 1 < height:
        count = count + grid[row+1][col]

    if (row + 1 < height) and (col - 1 >= 0):
        count = count + grid[row+1][col-1]

    if (row + 1 < height) and (col + 1 < width):
        count = count + grid[row+1][col+1]

    return count
```

概念的には、このコードはあるセルに隣接するセルの数に生きたセルの数を加えています。

このコードはさらに難解です。グリッドの端のセルの周辺状況を調べなければいけないからです。

セルに隣接するセルはこのように指定します。

- grid_model[row][col-1]
- grid_model[row+1][col-1]
- grid_model[row-1][col-1]
- grid_model[row+1][col]
- grid_model[row-1][col]
- grid_model[row+1][col+1]
- grid_model[row-1][col+1]
- grid_model[row][col+1]

next_genを完成させる

コードマグネット

みなさんはラッキーです。あなたが既製コードを読んでいる間に、われわれは関数next_genを書いて冷蔵庫に貼っておきました。しかし、Head Firstシリーズでよくあるように、誰かがやって来て床に落としてしまいました。元に戻すのを手伝ってくれますか？ 必要のない余計なマグネットもあるので注意してください。

ルール

誕生：隣接する生きたセルが3個であれば、新たなセルが誕生する。

生存：生きているセルに隣接するセルが2個または3個であれば、そのセルは生存する。

死滅：隣接する生きたセルが2個未満ならば、セルは過疎により死滅する。

隣接する生きているセルが4個以上ならば、セルは過密により死滅する。

ルールを再び示します。

一部はすでに貼っておきました。

```
def next_gen():
```

```
global grid_model
```

```
for i in range(0, height):
    for j in range(0, width):
```

```
cell = 0
```

```
and
```
```
or
```
```
if count == 2 or count == 3:
```

```
cell = 1
```
```
else:
```
```
if count == 3:
```
```
elif grid_model[i][j] == 1:
```

```
cell = 1
```
```
if grid_model[i][j] == 0:
```
```
count < 2:
```

```
cell = 0
```
```
if count > 4
```
```
count = count_neighbors(grid_model, i, j)
```

試運転

先に進む前に、いままでバラバラに書いたコードを1つにまとめてからテストし、正しい方向に進んでいることを確認しましょう。次のコードを `model.py` ファイルにコピーして保存します。必ず既製コードも最後に追加してください。現時点のコードは、まだ機能が限られています。いまのうちにテストして、間違いがあれば修正してください。

```python
height = 100
width = 100

grid_model = [0] * height
for i in range(height):
    grid_model[i] = [0] * width

def next_gen():
    global grid_model
    
    for i in range(0, height):
        for j in range(0, width):
            cell = 0
            print('Checking cell', i, j)
            count = count_neighbors(grid_model, i, j)
            
            if grid_model[i][j] == 0:
                if count == 3:
                    cell = 1
            elif grid_model[i][j] == 1:
                if count == 2 or count == 3:
                    cell = 1

def count_neighbors(grid, row, col):


if __name__ == '__main__':
    next_gen()
```

477ページから書いてきたコードを1つにまとめます。

この1行を忘れずに。テスト用に追加しています。

関数本体として、479ページの既製コードをここに追加してください。

既製コード

自分のマシンで出力にしばらく時間がかかる場合には、メニューから [Shell] → [Interrupt the Shell] を選んで、プログラムを中止しましょう。

正しく動作していれば、すべてのセルを調べている (Checking cell) ことがわかるでしょう。

このように表示されます。まだ大したことはしていません。これからです。

```
Python 3.7.2 Shell
Checking cell 99 76
Checking cell 99 77
Checking cell 99 78
Checking cell 99 79
Checking cell 99 80
Checking cell 99 81
Checking cell 99 82
Checking cell 99 83
Checking cell 99 84
Checking cell 99 85
Checking cell 99 86
Checking cell 99 87
Checking cell 99 88
Checking cell 99 89
Checking cell 99 90
Checking cell 99 91
Checking cell 99 92
Checking cell 99 93
Checking cell 99 94
Checking cell 99 95
Checking cell 99 96
Checking cell 99 97
Checking cell 99 98
Checking cell 99 99
>>>
```

モデルのコードを仕上げる

モデルのコードを完成させる

まだ完成できていません。このコードのロジックは正しいのですが、現在は次の世代のセルの値を**計算**しているだけです。その値を使ってまだ**何もしていません**。しかし、ここに問題があります。現在のグリッドに次の世代のセルの値を（計算時に）保存すると、count_neighborsの計算がありません。なぜなら、現在の値と次の世代の値を混在させて同時に計算するからです。そこで、この問題を解決するために**2つのグリッド**が必要になります。1つは現在の値を保存し、もう1つは次の世代の値を保存します。そして、次の世代の計算が終わったら、その値を現在の世代にします。その方法を示します。

```
grid_model = [0] * height
next_grid_model = [0] * height

for i in range(height):
    grid_model[i] = [0] * width
    next_grid_model[i] = [0] * width

for i in range(height):
    grid_model[i] = [0] * width
    next_grid_model[i] = [0] * width

def next_gen():
    global grid_model, next_grid_model

    for i in range(0, height):
        for j in range(0, width):
            cell = 0
            print('Checking cell', i, j)
            count = count_neighbors(grid_model, i, j)

            if grid_model[i][j] == 0:
                if count == 3:
                    cell = 1
            elif grid_model[i][j] == 1:
                if count == 2 or count == 3:
                    cell = 1
            next_grid_model[i][j] = cell

temp = grid_model
grid_model = next_grid_model
next_grid_model = temp
```

2つ目のグリッド next_grid_model を作成します。

ファイル全体ではなく、変更のある部分だけを示します。model.py にハイライトした行を追加してください。

グローバル宣言を追加します。

cellを計算したあとで、next_grid_modelの正しい位置にその値を保存します。

next_grid_modelの計算が完了したら、next_grid_modelとgrid_modelを入れ替えます。入れ替えたあとはgrid_modelがnext_grid_modelのデータを指し、next_grid_modelがgrid_modelのデータを指します。

素朴な疑問に答えます

Q：なぜgrid_modelとnext_grid_modelを入れ替えるのですか？grid_modelにnext_grid_modelを代入するだけでは不十分なのですか？

A：最初はうまくいくのですが、次の世代の計算を始めると、grid_modelとnext_grid_modelに同じリストが代入されるので、同じリストで隣接セル数を数えて変更することになります。これはよくありません。そこで、あえて2つのリストを入れ替え、次の世代を計算するときにgrid_modelに現在の世代を代入し、next_grid_modelに次の世代の値を書き込むようにしています。

11章　ウィジェット、イベント、創発的な振る舞い

 **自分で考えてみよう**

すべてが0のグリッドでテストしているだけでは、next_genを十分利用しているとは言えません。そこで、関数randomizeを書きましょう。関数randomizeは、グリッド、幅、高さを引数として取り、各セルの位置に1と0をランダムに配置します。

```
import random

def randomize(grid, width, height):
```

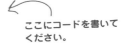

ここにコードを書いてください。

 **試運転**

今度は別のテストを行います。現時点ではまだモデルを表示する方法はありませんが（これがユーザインタフェース作成で重要な点です）、この段階でテストしておきましょう。わかりやすくするために、コード全体を示します。

```
import random
```
← randomモジュールを使います。

```
height = 100
width = 100

def randomize(grid, width, height):
    for i in range(0, height):
        for j in range(0, width):
            grid[i][j] = random.randint(0,1)
```
← 先頭に関数randomizeを追加します。

```
grid_model = [0] * height
next_grid_model = [0] * height
for i in range(height):
    grid_model[i] = [0] * width
    next_grid_model[i] = [0] * width

randomize(grid_model, width, height)
```
グリッドを作成したら関数randomizeを呼び出します。

次のページに続きます。

モデルのテスト

```
def next_gen():
    global grid_model, next_grid_model

    for i in range(0, height):
        for j in range(0, width):
            cell = 0
            print('Checking cell', i, j)
            count = count_neighbors(grid_model, i, j)

            if grid_model[i][j] == 0:
                if count == 3:
                    cell = 1
            elif grid_model[i][j] == 1:
                if count == 2 or count == 3:
                    cell = 1
            next_grid_model[i][j] = cell
            print('New value is', next_grid_model[i][j])
    temp = grid_model
    grid_model = next_grid_model
    next_grid_model = temp

def count_neighbors(grid, row, col):

if __name__ == '__main__':
    next_gen()
```

出力に時間がかかる場合には、メニューから [Shell] → [Interrupt the Shell] を選んでプログラムを中止させます。

問題がなければこのように表示され、新しい値とチェックしたセルがわかります。セルの値はランダムなので、当然結果が異なるでしょう。

```
Python 3.7.2 Shell
New value is 1
Checking cell 99 91
New value is 0
Checking cell 99 92
New value is 0
Checking cell 99 93
New value is 0
Checking cell 99 94
New value is 1
Checking cell 99 95
New value is 0
Checking cell 99 96
New value is 0
Checking cell 99 97
New value is 1
Checking cell 99 98
New value is 1
Checking cell 99 99
New value is 1
>>>
```

テスト用に print 関数をもう1つ追加します。

既製コード

どこまでできた？

なかなかの分量がありましたね。シミュレータのモデルを表すコードは、これでほとんど完成です。まだグリッドの可視化は手つかずですが、生成ゲームの各世代を計算して保存する手段はできました。

次は model.py をモジュールのように使って、ユーザインタフェースのコードを書いていきます。ユーザインタフェースは、モデルを可視化して制御します。

さっそく始めましょう。

エクササイズ

先に進む前に、必ず関数 next_gen から2つの print を削除してください。もう必要ありませんので。

必ず削除してください！

ビューの作成

実際に画面に表示する心の準備はできていますか？ われわれもできています。ここからは、ビュー（シミュレータの画面表示）を作成します。ビューの作成には、Python組み込みのTkinterモジュールを使います。このモジュールでは、ボタン、テキスト入力ボックス、メニュー、プログラムで描画できるキャンバスなどのユーザインタフェースでよく見かける多くの一般的要素を使ってGUIを作成できます。Tkinterでは、このような要素を**ウィジェット**と呼びます。使用するウィジェットの一部を紹介します。

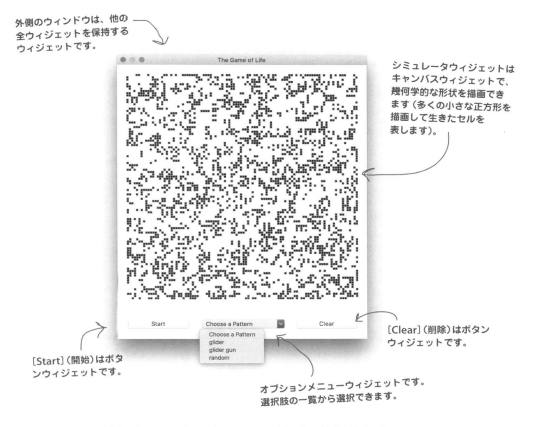

Tkinterには決まった読み方はないようですが、多くの人は「ティーケーインター」や「ティーキンター」と呼ぶようです。

外側のウィンドウは、他の全ウィジェットを保持するウィジェットです。

シミュレータウィジェットはキャンバスウィジェットで、幾何学的な形状を描画できます（多くの小さな正方形を描画して生きたセルを表します）。

[Start]（開始）はボタンウィジェットです。

オプションメニューウィジェットです。選択肢の一覧から選択できます。

[Clear]（削除）はボタンウィジェットです。

これはTkinterで利用できるウィジェットのほんの一例です。興味があれば、https://en.wikipedia.org/wiki/Tkinter（日本語版：https://ja.wikipedia.org/wiki/Tkinter）に詳しい情報があります。

最初のウィジェットを作成する

画面上でウィジェットがどのように表示されるかを少しだけ紹介しました。コードではウィジェットをどのように表現し、どのようにPythonと関連するのでしょうか？ コード上は、ウィジェットは単なるオブジェクトです。通常は、まずウィンドウウィジェットをインスタンス化し（インスタンス化するとすぐに画面上に現れます）、他のウィジェットをインスタンス化してウィンドウに追加します。そこで、最初に新しいウィンドウウィジェットを作成します。そして、そのウィンドウに[Start]ボタンを追加します。なお、Tkinterではウィンドウを表すクラスをTkと言います。

> **本格的なコーディング**
>
> モジュールは、別の方法でもインポートできます。次のようにfromキーワードを使うと、関数、変数、クラス名の前にモジュール名を付ける必要がなくなります。
>
> ```
> from tkinter import *
> ```
>
> tkinter.Tk()ではなくTk()と指定します。
>
> 大文字小文字を必ず区別してください。小文字のtkinterやTk（大文字のTと小文字のk）などを使います。

まずtkinterモジュールをインポートします。ただし、少し異なる方法でインポートします。

そして、新しいウィンドウをインスタンス化します。これはTkクラスを使います。

```
from tkinter import *

root = Tk()
root.title('The Game of Life')

start_button = Button(root, text='Start', width=12)
start_button.pack()

mainloop()
```

トップレベルウィンドウは、一般的には「ルート」(root)と呼ばれるので、変数の名前はrootとしました。

title属性を設定します。この属性はウィンドウの先頭に現れます。

ウィジェットを作成するときには、そのウィジェットが含まれるルートに渡します。

次にButtonオブジェクトをインスタンス化し、2つの引数を指定して画面上のボタンのテキストと幅（文字数）を制御します。

この行は、ウィンドウのボタンを配置できる場所にボタンを配置するようにTkinterに指示します。これは「レイアウトマネージャ」と呼ばれます。詳しくはのちほど説明します。基本的には、ウィンドウ内に多くのウィジェットがある場合には、レイアウトマネージャを利用して配置します。

最後に、タートルのときと同様に、制御をTkinterに引き渡し、ウィンドウのクリックなどのイベントを監視できるようにします。

これはTkinterモジュールの機能ですが、上の方法でTkinterをインポートしたので、やはり前にモジュール名を付ける必要はありません。

試運転

上のコードをview.pyファイルに保存し、テストしてください。

このようなウィンドウが画面に表示されるでしょう。OSやそのバージョンなどによっては、少し見た目が異なるかもしれません。

ボタンをクリックしてください。何が起こりますか？

タイトルがはみ出す場合は、手動でウィンドウのサイズを変更しましょう。

残りのウィジェットを追加する

シミュレータに必要な残りのウィジェットを追加しましょう。[Start]ボタンはできましたが、さらにキャンバス、削除ボタン、オプションボタン(別名オプションメニュー)が必要です。他にもいくつか追加し、すべてを関数setupに入れます。次のコードをview.pyに最初から入れ直すほうが、修正前のコードを編集するよりも簡単かもしれません。

```
from tkinter import *      ← ビューはmodelモジュール(先ほど書いたモジュール)に
import model                  アクセスする必要があるので、インポートします。

cell_size = 5    ← 何に使うものであるかは、このあと
                    説明します。画面上のセルが1ピクセル
                    よりも大きくなるので、画面サイズを     これは関数setupです。
                    調整する必要があります。              ウィジェット作成に必要な
                                                       グローバル変数を用意します。
def setup():
    global root, grid_view, cell_size, start_button, clear_button, choice
                                                              キーワード引数
    root = Tk()          ← 前と同様、Tkのトップレベルウィンドウです。    を使っています。
    root.title('The Game of Life')                                tkinterモジュール
                                                                にはキーワード引数
    grid_view = Canvas(root,                                    がたくさんあります。
                       width=model.width*cell_size,    ← まず、セルを描画するキャンバスが
                       height=model.height*cell_size,      必要です。幅、高さ、境界幅、
                       borderwidth=0,                     背景色など多くの引数を指定して
                       highlightthickness=0,              いますね。
                       bg='white')

    start_button = Button(root, text='Start', width=12)   ← 前に作成した[Start]ボタンです。
    clear_button = Button(root, text='Clear', width=12)   ← [Clear]ボタンも必要です。

    choice = StringVar(root)   ← これはオプションメニューと連携します。
    choice.set('Choose a Pattern')   詳しくは507ページで説明します。
    option = OptionMenu(root, choice, 'Choose a Pattern', 'glider', 'glider gun', 'random')
    option.config(width=20)
                            ウィンドウにウィジェットを配置    これは、もともとの設計にあったオプション
    grid_view.pack()    ←   するにはレイアウトマネージャが    メニューウィジェットです。ルート、選択、
    start_button.pack() ←   必要でした。そこで、ウィジェット  パターンの選択、グライダー、グライダー銃、
    option.pack()       ←   でpackを呼び出してレイアウト    ランダム、という選択肢を表示します。
    clear_button.pack() ←   マネージャを使います。          他のウィジェットと同様にOptionMenu
                                                        オブジェクトをインスタンス化しますが、
if __name__ == '__main__':                              このウィジェットには他にも説明したいことが
    setup()     ← 忘れずにsetupを                        あるので、あとで戻って説明します。
    mainloop()     呼び出してください!
```

レイアウトのテスト

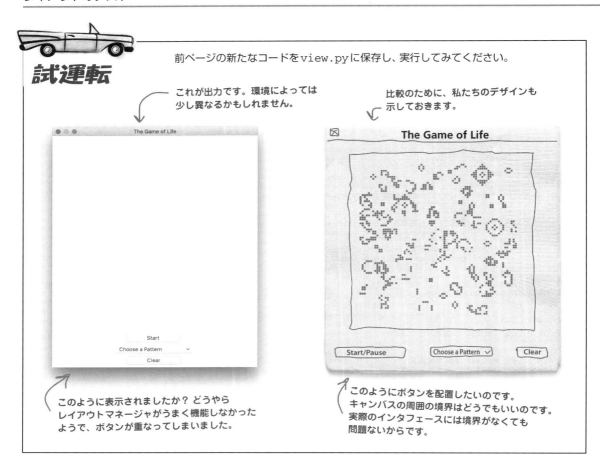

レイアウトを修正する

　Tkinterレイアウトマネージャはウィジェットを最適にウィンドウに配置してくれるのですが、今回は期待どおりにはなりませんでした。時間をかけてpackレイアウトマネージャを手作業で調整してもよいのですが、幸いTkinterにはいくつかのレイアウトマネージャがあるので、このゲームのレイアウトにより適した別のマネージャ、**グリッドレイアウトマネージャ**を使うことにします。この名前はたまたま偶然で、シミュレータのグリッドとは関係ありません。グリッドレイアウトマネージャを使うと、メインウィンドウ内のグリッド構造にウィジェットを配置できます。配置したい場所がわかっていれば簡単です。

グリッドレイアウトにウィジェットを配置する

グリッド上にこのゲームのレイアウトが置かれているとすると、このようになるでしょう。

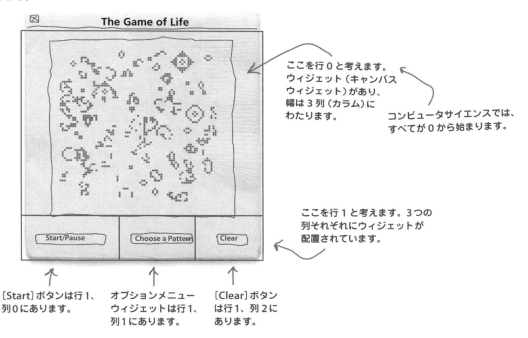

グリッドレイアウトをコードに変換する

それぞれのウィジェットを置く場所がわかりましたね。では、次のようにしてグリッドにウィジェットを配置するようグリッドマネージャに指示しましょう。

grid_viewキャンバスをグリッドの行0に3列分の幅に配置します。また、パディングを追加して見た目をよくします。

```
grid_view.grid(row=0, columnspan=3, padx=20, pady=20)
start_button.grid(row=1, column=0, sticky=W, padx=20, pady=20)
option.grid(row=1, column=1, padx=20)
clear_button.grid(row=1, column=2, sticky=E, padx=20, pady=20)
```

ボタンとオプションメニューウィジェットを行1の列1から列3に移動し、パディングを少し追加します。

パラメータstickyは、ボタンを中央ではなく基本的に西側（左）や東側（右）に寄せるようにレイアウトマネージャに指示します。こうしておくと、ウィンドウサイズが異なってもボタンが適切な位置に配置されます。

グリッドレイアウトを使う

view.pyを開き、既存のレイアウトマネージャのコードを新しいグリッドベースのコードに置き換えます。そして、テストし、見た目が改善されているかを確認してください。また、2つのprint関数をまだmodel.pyファイルから削除していなければ削除してください。

```
grid_view.pack()
start_button.pack()
clear_button.pack()
option.pack()
grid_view.grid(row=0, columnspan=3, padx=20, pady=20)
start_button.grid(row=1, column=0, sticky=W, padx=20, pady=20)
option.grid(row=1, column=1, padx=20)
clear_button.grid(row=1, column=2, sticky=E, padx=20, pady=20)
```

view.pyで左のコードを探し、下のコードに置き換えてください。

改善されました！ セルの表示以外は、ほぼ希望どおりのビューです。

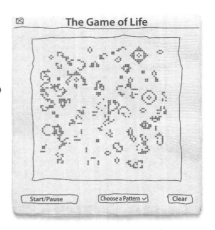

素朴な疑問に答えます

Q：なぜトップレベルウィンドウを「ルート」と呼ぶのですか？ 木の根のようなものですか？

A：「ルート」はコンピュータサイエンスの用語で、木のたとえもなかなか適切です。大きな太い根が小さな根に分岐しているイメージです。同様に、大きなトップウィンドウは小さな要素に分岐しています。例えば、オプションメニューウィジェットにはポップアップメニューがあり、ポップアップメニューには多くの選択肢があり、それぞれの選択肢には表示する文字列があるといった具合に、根のようにどんどん小さくなっていきます。コンピュータサイエンスではあちこちで木と根のたとえが登場します。ファイルディレクトリのルート、複合データ構造のルートなどです。

Q：なぜボタンを押しても何も実行されないのですか？

A：まだ何をすべきか指示していないからです。慌てないでください！

コントローラの作成

着実に作業は進んでいます。セルを保存して新たな世代を計算するモデルと、ペーパープロトタイプどおりのビューができました。次はモデルとビューを結び付け、インタフェースに実際に何かを実行させます。つまり、このシミュレータのコントローラ部分を実装します。そのために、脳にさらに刺激を与え、計算の少し別の考え方を採用します。しかし、心配しないでください。再帰関数のときのような回り道とは違います。こちらのほうがずっと単純ですが、いままでに慣れ親しんだ方法とは異なります。

しかし、まずはビューとモデルを接続しましょう。シミュレータを動かす上で重要な第一歩です。この2つを接続してから、コントローラのコードに取り掛かりましょう。インタフェースの各要素の機能を徐々に実装していきます。

update関数の追加

ビューとモデルを接続するために、関数updateを書きます。この関数は、今後何度も使います。関数updateは、モデルの関数next_genを呼び出し、ビューを使って画面（より正確に言うと、インタフェースで作成したキャンバス）にモデルのセルを描画する役割を担います。

簡単な擬似コードを書いて関数updateを理解しましょう。

```
update()の定義:            まず、新しい世代を計算します。
    next_genの呼び出し
                           そして、モデルのすべての
    FOR 変数 i in range(0, height):   セルを反復処理します。
        FOR 変数 j in range(0, width):
            cell = model.grid_model[i][j]      セルが生きて
            IF cell == 1:                       いれば、ビュー
                grid_viewの位置i, jに黒いセルを描画  の対応する位置
                                                のピクセルに
                                                色を付けます。
```

この擬似コードとこれから書くコードの唯一の違いは、キャンバスに個々のピクセルではなく小さな四角を描画する点です。なぜでしょうか？ 小さなピクセルは見にくいので、代わりにキャンバスに5×5ピクセルの正方形を描画します。グローバル変数cell_sizeを覚えていると思いますが、この変数を使ってこの正方形を制御します。どのように使うかはすぐにわかります。もう1つ言っておくことがあります。生きているセルだけを描画するので、最後の世代以降に死んだセルを取り除くために、まずキャンバス全体を消去してからセルを再描画する必要があります。コードを調べてみましょう。

この章はとても長く、たくさんのコードと概念が登場します。ときどき休憩したり、睡眠をとったりして、内容を把握する時間を脳に与えてください。このあたりで少し休憩するとよいでしょう。

Q: `from tkinter import *`を使うと、独自の変数名、関数名、クラス名と衝突しないのですか？

A: from/import文でモジュールをインポートすると、モジュールの変数名、関数名、クラス名がすべてトップレベルで定義されます。つまり、モジュール名を前に付ける必要がありません。この方法の利点は、常にモジュール名を付けずに済むことです。欠点は、独自の変数名、関数名、クラス名がインポートしたモジュールの名前と衝突してしまう可能性があることです。なぜそのような危険を冒すのでしょうか？ 自分のコード内でモジュールと衝突するような名前（Tkinterの場合なら、Button、Tk、その他のウィジェット名などと衝突する名前）を定義することはないと思うなら、ほとんどの場合に読みやすくなります。

なぜ、生きたセルと死んだセルの両方ではなく、生きたセルだけを描画するのだと思いますか？

update関数を完成させる

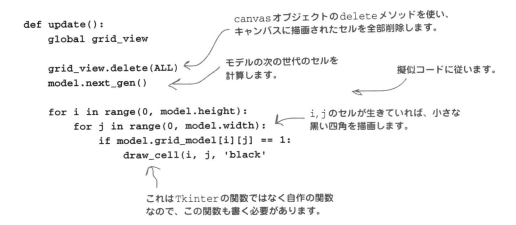

上のコードでは関数updateのロジックを実装しています。ただまだ1つだけ、四角を描画する関数draw_cellが実装されていません。次にこの関数を実装しましょう。

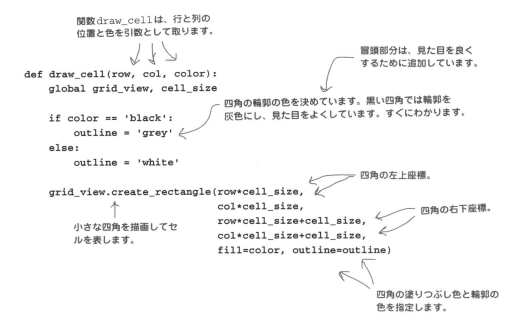

関数draw_cellはヘルパー関数で、Tkinterのキャンバスメソッドcreate_rectangleを使って四角を描画します。関数draw_cellが**助け**になるのは、cell_sizeの値を考慮して必要な四角の左上と右下の座標を計算するからです。

11章　ウィジェット、イベント、創発的な振る舞い

試運転

面白くなってきましたね。view.pyを開き、関数updateと関数draw_cellを追加します。また、updateの呼び出しも追加して、実行してみてください。

```python
def update():
    global grid_view

    grid_view.delete(ALL)

    model.next_gen()
    for i in range(0, model.height):
        for j in range(0, model.width):
            if model.grid_model[i][j] == 1:
                draw_cell(i, j, 'black')

def draw_cell(row, col, color):
    global grid_view, cell_size

    if color == 'black':
        outline = 'grey'
    else:
        outline = 'white'

    grid_view.create_rectangle(row*cell_size,
                               col*cell_size,
                               row*cell_size+cell_size,
                               col*cell_size+cell_size,
                               fill=color, outline=outline)
```

← 関数setupの直後、__main__のチェックするコードの直前にupdateを置きます。

```python
if __name__ == '__main__':
    setup()
    update()
    mainloop()
```

update呼び出しを追加します。

このようになります。かなりできてきました！

you are here ▶ **493**

新しい計算方式に取り組む

　いままで書いてきたコードを振り返ってみると、コードを書いているあなたは運転席に座っているようなもので、常にあなたの指示どおりに計算が進んでいました。計算のどの時点でも、次に何をすべきかを指示するコードがありました。しかし、多くのコードはそうではなく、もっと**リアクティブ**(反応的)な計算方式に従います。

　「リアクティブ」の意味を理解するために、存在するだけで何もしていない開始ボタンを想像してみてください。突然ユーザがやって来てボタンをクリックしたら、どうなるでしょうか？ 一部のコードが起動し、何らかの処理を開始しなければいけません。つまり、アプリケーションに発生した**イベントに反応する**コードが必要です。多くの場合、このイベントはユーザによるボタンクリック、メニュー項目の選択、テキストボックスへの入力などです。しかし、タイマーの作動やネットワークを介したデータの到着などの別のイベントの可能性もあります。これは**イベントベースプログラミング**または**イベント駆動型プログラミング**と呼ばれます。

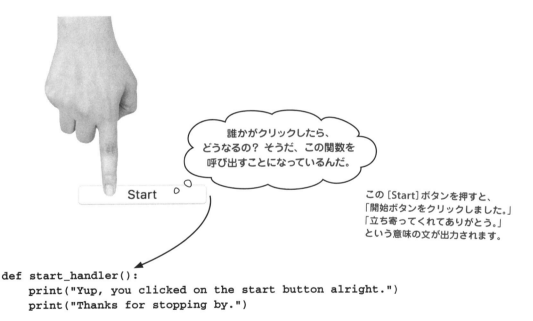

```
def start_handler():
    print("Yup, you clicked on the start button alright.")
    print("Thanks for stopping by.")
```

　ボタンクリックなどのイベントを処理するコードの名前は言語によって異なり、イベントハンドラ、オブザーバ、コールバックなどと呼ばれます。この本では**イベントハンドラ**を使います。発生するイベントに対応(ハンドル)するコードを書くからです。どんな名前であっても、作成方法は似ています。ボタンなどのイベントを生成するオブジェクトに、イベント発生時に呼び出したい関数を通知します。もう1つ知っておくべきことがあります。多くの場合、イベントハンドラは呼び出し時に特殊なイベントオブジェクトも渡されます。これについてはこのあと詳しく説明します。とりあえず、イベントハンドラを書いて動作できるかを確認しましょう。

クリックハンドラを追加する

コントローラのコードではそれほど多くのコードを書く必要はないので、(新たなcontroller.pyファイルは作成せず) view.pyファイルに保存します。もう一度view.pyファイルを開き、[Start]ボタンオブジェクトをインスタンス化する行の直後に次の行を追加します。

```
start_button = Button(root, text='Start', width=12)
start_button.bind('<Button-1>', start_handler)
```

任意のウィジェットでbindを呼び出し、イベントとそのイベントが発生したときに呼び出す関数を対応付けます。

対象となるイベントはマウスの左ボタンのクリックです (左クリックはMacやWindows、さらにはマウスを持つあらゆるマシンで使えます)。

ボタンがクリックされたら関数start_handlerを呼び出します。

次に、関数setupの下、関数updateの上に新しい関数start_handlerを追加します。

これは、[Start]ボタンがクリックされたときに呼び出すように指示した関数です。

ハンドラにはイベントオブジェクトが渡されます。イベントオブジェクトには、クリックされたボタンなどのイベントに関する情報が入っています。ここではそのような情報は必要ありませんが、498ページなどで利用します。

```
def start_handler(event):
    print("Yup, you clicked on the start button alright.")
    print("Thanks for stopping by.")
```

試運転

view.pyに上の2つの変更を加え、コードをテストします。[Start]ボタンをクリックし、Python Shellで出力を確認してください。

[Start]ボタンを数回クリックしました。

クリックするたびに、関数start_handlerが呼び出され、「開始ボタンをクリックしました。」「立ち寄ってくれてありがとう。」と出力されます。

```
Python 3.7.2 Shell
Yup, you clicked on the start
button alright.
Thanks for stopping by.
Yup, you clicked on the start
button alright.
Thanks for stopping by.
```

イベント駆動型プログラミングについてさらに考える

じゃあ、イベント駆動型プログラミングでは、ユーザインタフェース内でさまざまな動作やイベントが起こって呼び出されるのをぼーっと待っているんだね？

そのとおりです。

　ユーザのボタンクリック、メニューからの選択、キャンパスをクリックして生きたセルの追加（これを行うつもりです）、またはその他のイベントが発生した場合、共通するのはイベント発生時に呼び出す関数（これが**コールバック**という名前の由来）を登録することです。慣れてくると、この方法が自然だと思えるようになります。

　しかし、どのコードも実行せずイベントを待っているだけなら、なぜプログラムが終了しないのか疑問に思うかもしれません。実は、コードが待っている間に実行されているコードがあるのです。それが関数`mainloop`です。このコードと7章のタートルの例では、コードが実行する最後の関数として必ず`mainloop`を呼び出しています。すると、`mainloop`のコードがインタフェースで起こっていることの監視を引き継ぎ、ユーザとのやり取りがあるとコードを呼び出します。つまり、常に動作している`mainloop`があります。

脳力発揮

次は、初めて見るコードです。何をするものだと思いますか？ ヒント：このコードもイベント発生時にハンドラ関数を呼び出します。

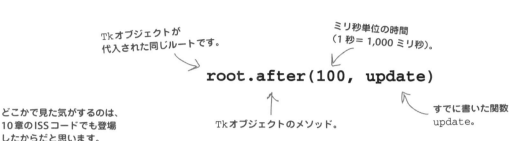

開始／一時停止ボタンの動作

［Start］（開始）ボタンは重要です。クリックすると、新しい世代の計算を開始するようにシミュレータに指示します。ペーパープロトタイプを覚えていれば、［Pause］（一時停止）ボタンに変更する必要もあります。コードを書く前に、［Start］ボタンの動作を示す**状態図**をまず検討しましょう。今回は、新しいグローバル変数`is_running`を使います。［Start］ボタンがクリックされ、シミュレータが新しい世代を生成している場合に`True`になります。ゲームがまだ開始されていないか一時停止している場合には、`is_running`は`False`です。

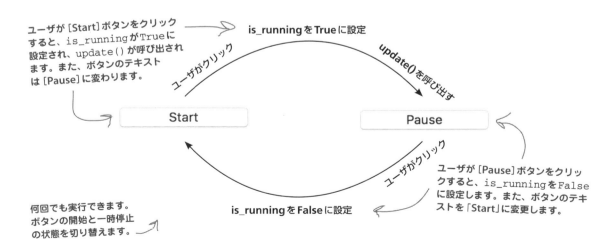

シミュレータの開始と停止

開始/一時停止ボタンの実装

まず、グローバル変数`is_running`が必要です。`view.py`ファイルの先頭に変数`is_running`を追加します。

```
from tkinter import *
import model

cell_size = 5
is_running = False
```

← このグローバル変数を追加します。最初は`False`に設定します。

あとは状態図に従うだけです。先ほど書いた関数`start_handler`を探し、次のように変更します。

```
def start_handler(event):
    print("Yup, you clicked on the start button alright.")
    print("Thanks for stopping by.")
    global is_running, start_button

    if is_running:
        is_running = False
        start_button.configure(text='Start')
    else:
        is_running = True
        start_button.configure(text='Pause')
        update()
```

← この古いコードは削除します。

実行中なら（ボタンが一時停止状態なら）、`is_running`を`False`に設定してボタン名を「Start」に変更します。

それ以外は、`is_running`を`True`に設定してボタンのテキストを「Pause」に変更し、`update`を呼び出して世代を計算します。

試運転

view.pyに上の2つの変更を加えたら、実行してみましょう。[Start]ボタンと[Pause]ボタンを何度もクリックしてみてください。世代が計算されていますか？

これもコードの小さな変更で大きな違いが生じる例の1つです。さらに決定的な瞬間が訪れます。

左端のボタンが、StartとPauseで切り替わることを確認してください。

Start/Pauseボタンを繰り返しクリックすると、世代が計算されます！

498　11章

別の種類のイベント

高速にクリックすると、実際に関数`next_gen`がセルの世代を計算している様子がわかります。それでもそれほど悪くはありませんが、指が疲れてきます。クリックよりも高速に計算したいので、別の種類のイベントを使います。ユーザの動作に基づいたイベント（ボタンクリックなど）ではなく、時間に基づいたイベントです。

Pythonの`Tk`オブジェクトには、興味深いメソッド`after`があります。このメソッドの動作を確認しましょう。

> ほとんどの言語に同様の機能があります。

> `Tk`オブジェクト`root`で`after`メソッドを呼び出せます。

> 1秒 = 1,000ミリ秒です。

> 第1引数には時間をミリ秒単位で指定します。

> 第2引数は、指定の時間が経過した後に呼び出す関数です。

```
root.after(100, update)
```

このコードは一体何をするのでしょうか？ `after`メソッドを呼び出すコードを調べましょう。

> `root`オブジェクトさん、100ミリ秒後に実行したい関数があるんだけど。

```
def update():
    global grid_view
    grid_view.delete(ALL)
    model.next_gen()

    for i in range(0, model.height):
        for j in range(0, model.width):
            if model.grid_model[i][j] == 1:
                draw_cell(i, j, 'black')
```

> わかった、100ミリ秒後だね。実行するタイミングを関数`update`に知らせるよ。心配しなくていいよ。ちゃんと実行されるから。

あなたのコード

`Tk`オブジェクト`root`の`after`関数

afterメソッド

自分で考えてみよう

次のコードから何が出力されるかわかりますか？ また、どのように動作するでしょうか？ 520ページで答え合わせをしてください。

頭の体操

これは再帰関数とみなせるでしょうか？

```
from tkinter import *

root = Tk()
count = 10

def countdown():
    global root, count

    if count > 0:
        print(count)
        count = count - 1
        root.after(1000, countdown)
    else:
        print('Blastoff')

countdown()
mainloop()
```

「発射」

11章 ウィジェット、イベント、創発的な振る舞い

updateメソッドを何度も呼び出す方法があればいいわね。そうすれば、何度もクリックせずに新しい世代のセルが計算されている様子がわかるもの。だけど、夢物語にすぎないことはわかっているわ。

一定間隔で何度も呼び出す方法：afterメソッド

afterメソッドは、シミュレータに一定間隔で計算させるために必要です。実は、少し時間をかけて先ほどの「自分で考えてみよう」を理解してほしいのです。updateメソッドで同様のテクニックを使うからです。

```python
def update():
    global grid_view, root, is_running
    
    grid_view.delete(ALL)
    model.next_gen()
    
    for i in range(0, model.height):
        for j in range(0, model.width):
            if model.grid_model[i][j] == 1:
                draw_cell(i, j, 'black')
    if is_running:
        root.after(100,update)
```

グローバル変数rootとis_runningを使うので追加します。

updateを呼び出す際、is_runningがTrueであれば、100ミリ秒（1/10秒）後にupdateを再び呼び出すようにスケジューリングします。

you are here ▶ 501

afterメソッドのテスト

今回のケースが、**1行**のコードで大きな違いが生じる場合であると気が付きましたか？ `view.py`に501ページの変更を加えれば、アプリケーションがライフゲームシミュレータに変身します。

(1)[Start]ボタンをクリックし、シミュレータの動作を観察します。

(2)[Pause]ボタンをクリックし、一時的に停止します。

(3)これを何回でも繰り返し、シミュレータを再起動して新たなランダムな初期セルを取得します。

セルをランダムに選択しているわけではなさそうです。

周期的に振動するパターンがわかりますか？ グライダーが画面を横切りましたか？ 混沌領域が現れたり消えたりしましたか？

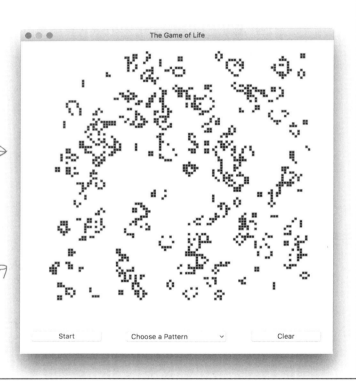

これで完成？

確かにずいぶんと進歩しました。実際に、重要な部分は機能しています。インタフェースを少し改善する必要があるだけです。まず、画面を消去し、すべてのセルを死亡状態に設定する[Clear]（削除）ボタンを実装しましょう。消去された画面では、キャンバスをクリックして生きたセルを追加できるようにしたいですよね。そして、グリッドにパターンをあらかじめ読み込むことができるオプションメニューも実装したいですね。まず[Clear]ボタンから始めましょう。

エクササイズ

[Clear]ボタンはどのように実装すればよいでしょうか？ まず、`is_running`をFalseに設定し、各セルの値を0に設定します。また、開始ボタンのテキストを再び「Start」に設定する必要もあります。そして、`update`を呼び出して表示を更新してから終了します（モデルのすべてのセルを0に設定し、画面を消去すべきです）。

[Start]ボタンを参考にして、[Clear]ボタンのコードを書いてみましょう。

```
start_button.bind('<Button-1>', start_handler)

def start_handler(event):
    global is_running, start_button

    if is_running:
        is_running = False
        start_button.configure(text='Start')
    else:
        is_running = True
        start_button.configure(text='Pause')
        update()
```

→ [Start]ボタンの場合と同様に、[Clear]ボタンにハンドラについて知らせる必要があります。

← `start_handler`を再び示します。参考になるでしょう。

← ここにコードを書いてください！

モデルのセルを取り除くことができない場合、関数`update`を使ってセルを反復処理したことを思い出してください。

コードが書けたら、521ページの答えを確かめ`view.py`ファイルに保存します。
そして、試してみてください。

セルを直接入力する、そして編集する

　現在、このゲームでは大量の生きたセルをランダムに選び、［Start］ボタンをクリックすると新しい世代の計算を開始します。しかし、［Start］ボタンをクリックする前にグリッドをクリックして独自の生きたセルを描画できるとよいでしょう。これにはボタンクリックの処理と同様に処理します。つまり、ユーザがキャンバスをクリックしたら、イベントハンドラ（関数）を使い、そのクリックを画面上とモデル内で生きたセルに変換します。

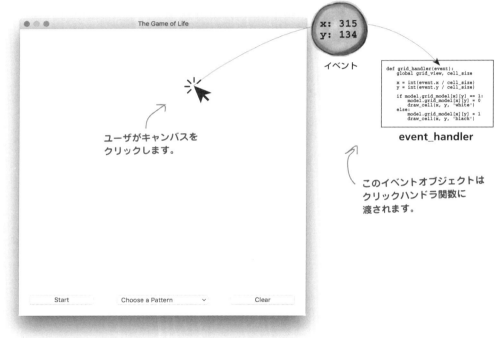

　［Start］ボタンと［Clear］ボタンの場合と同様に、左ボタンクリックをキャンバスにバインドするコードを書きましょう。

```
grid_view.bind('<Button-1>', grid_handler)
```

ユーザがgrid_viewキャンバス上で左ボタンをクリックすると、関数grid_handlerが呼び出されます。

grid_viewのハンドラを書く

関数grid_handlerをどのように動作させたいかよく考えてみましょう。次のような動作を考えてみてください。ユーザがグリッド上の白い（死んだ）セルをクリックしたら、そのセルを生きたセルにして黒色にします。そして、セルがすでに黒ければ、状態を死滅に変更して白色に戻します。もちろん、セルはビュー内で視覚的にも変更し、モデルの値も更新する必要があります。

どのように書けばよいでしょうか。

> 関数grid_handlerは引数として
> イベントを取ります。

> クリックのx座標とy座標は
> イベントオブジェクトから
> 取得します。

```
def grid_handler(event):
    global grid_view, cell_size

    x = int(event.x / cell_size)
    y = int(event.y / cell_size)

    if model.grid_model[x][y] == 1:
        model.grid_model[x][y] = 0
        draw_cell(x, y, 'white')
    else:
        model.grid_model[x][y] = 1
        draw_cell(x, y, 'black')
```

> グリッドはセルのサイズ単位で測るので、グリッドモデルにおける実際のxとy（行と列）を求める必要があります。そのためには、セルサイズで割ります。関数intを使って、結果を浮動小数点数から整数に変換します。

> モデル内の現在のセルが1の場合、
> そのセルを0に設定し、関数draw_cellを
> 呼び出してセルの色を白にします。

> それ以外の場合には、モデルを1に
> 設定し、関数draw_cellを呼び出して
> セルの色を黒にします。

試運転

上の関数grid_handlerをview.pyの関数setupの直後に追加します。また、bindメソッドを呼び出す行も追加してください（以下を参照）。**最後に、ここでmodel.pyのrandomizeの呼び出しを削除します。すると、何もないまっさらなグリッドから始められます。** ← この作業を忘れずに。

```
grid_view.grid(row=0, columnspan=3, padx=20, pady=20)
grid_view.bind('<Button-1>', grid_handler)
```

grid_viewのグリッドを設定した直後に
bindの呼び出しを追加します。

これでシミュレータを実行すると、
きれいな空の画面が表示されます。
画面をクリックして生きたセルを
追加してから、[Start]ボタンを
クリックします。

グライダーパターンを描いてから
[Start]ボタンをクリックすること
をお勧めします。失敗したら、再度
クリックしてセルを消すだけです。

クリックが効かない場合は、きちんとウィンドウの
中央がクリックされているかを確認してください。

パターンを追加する

このアプリケーションをもう少し磨いて洗練させましょう。オプションメニューを用意して、あらかじめ存在するパターンのリストからユーザが選択できるようにします。この設計では3つのパターンを用意しますが、独自のパターンを追加してもかまいません。

すでにコードでオプションメニューをインスタンス化していますが、わざとこのコードの説明を後回しにしました。オプションメニューウィジェットは、ボタンやキャンバスウィジェットとは動作が少し異なるからです。オプションメニューを作成する現在のコードを調べましょう。

「パターンの選択」
「グライダー」
「グライダー銃」
「ランダム」
というパターンの選択肢が表示されるようにします。

Tkinterモジュールには、値を保存するオブジェクトがあります。ここでは文字列を格納するオブジェクトを作成し、変数choiceに代入しています。この変数の使い方はこのあとすぐ説明します。

そして、choiceオブジェクトの値を[Choose a Pattern]（パターンの選択）に設定します。これは、ウィジェットで最初に選択状態にしたい選択肢です。

```
choice = StringVar(root)
choice.set('Choose a Pattern')
option = OptionMenu(root,
                    choice,
                    "Choose a Pattern",
                    "glider",
                    "glider gun",
                    "random")
option.config(width=20)
```

オプションメニューをインスタンス化し、ルートウィンドウ（ウィジェットでは一般的）、文字列値を格納する変数、メニューに現れる選択肢を渡します。

見栄えをよくするために、幅を 20 に設定してウィジェットを広げます。

このインタフェースの見た目は素晴らしいのですが、まだ何も実行できません。ボタンやキャンバスと同様に、オプションメニューにバインドするイベントを追加する必要がありますが、その方法がいままでとは少し異なります。オプションメニューでは、次のようにバインドします。

OptionMenuコンストラクタにもう1つ引数を追加します。その引数は、ユーザが選択肢を選ぶと起動するコマンド（すなわち「ハンドラ」）です。

```
choice = StringVar(root)
choice.set('Choose a Pattern')
option = OptionMenu(root,
                    choice,
                    "Choose a Pattern",
                    "glider",
                    "glider gun",
                    "random",
                    command=option_handler)
option.config(width=20)
```

エクササイズ

忘れないうちにこの数行のコードをview.pyファイルに追加してください！

オプションメニューのハンドラを書く

オプションメニューハンドラも少し異なります。単純なボタンクリックとは異なり、メニューからユーザの選んだ選択肢は何かを特定し、その選択肢に基づいて対応します。

気付いていると思いますが、メニューの最初の項目 [Choose a Pattern] はユーザへの指示です。何かを実行するわけではありません。残りの選択肢に対するコードを書き、どのように処理するかを調べましょう。

このハンドラもイベントを取りますが、使う必要はありません。

487ページで登場したTkinterの`StringVar`を使います。

```
def option_handler(event):
    global is_running, start_button, choice

    is_running = False
    start_button.configure(text='Start')

    selection = choice.get()

    if selection == 'glider':
        model.load_pattern(model.glider_pattern, 10, 10)

    elif selection == 'glider gun':
        model.load_pattern(model.glider_gun_pattern, 10, 10)

    elif selection == 'random':
        model.randomize(model.grid_model, model.width, model.height)

    update()
```

シミュレータの動作を停止させ、[Start]ボタンに戻します。

変数`choice`には、ユーザがオプションメニューから選んだ値を持つ`StringVar`オブジェクトが入っています。`StringVar`には、保持する値を取得する`get`メソッドがあります。

取得したユーザの選択肢を調べて、どの選択肢かを調べ、パターンを読み込むか`randomize`を呼び出します。

関数`load_pattern`を書き、パターンをどのように表示するかも規定する必要があります。

モデルを変更したら、ユーザへの表示を更新します。

ユーザが「random」(ランダム)を選んだ場合はラッキーです。すでに関数`randomize`を書いているので、関数`randomize`を呼び出すだけです！

エクササイズ

上のコードを`view.py`ファイルの関数`start_handler`の上に追加してください。しかし、まだ実行はできません。モデルの`load_pattern`を書いていないし、パターンも定義していないからです。このあとモデルを書いてパターンを定義してからテストを行います。

StringVarオブジェクト

StringVar**オブジェクトにはびっくりしたよ。オプションメニューで作成した選択肢を保存するオブジェクトなの？ 変数のように振る舞う特殊オブジェクトのようなもの？ 変数があるのに何で必要なの？**

確かに少しわかりにくいですね。

　Pythonの変数だけでうまくコーディングしていたのに、いきなりTkinterが登場してオブジェクト形式の独自変数が持ち込まれたのですから。なぜでしょうか？ ここでは、変数Tkinterを使わなければいけない理由が2つあります。まず、（Tkinterのベースとなっている）Tkグラフィックスライブラリは実は**クロスプラットフォーム**ライブラリだからです（つまり、Pythonだけでなく多くの言語で使えるということです）。Tkinterを使ううちに、Python的ではないと感じる部分があるでしょう。Tkinterは、Python専用に設計されているわけではないのです。

　もう1つの理由は、StringVarクラスでは値の保存と取得だけでなく、多くのことができるからです。StringVarを使うと、変数値の変更を追跡できます。例えば、気象観測器を作成していて、気温が変化するたびに表示を更新したいとします。StringVarでは、次のようにtraceメソッドを使って値が変わるたびに通知できます。

```
temperature = StringVar()
temperature.trace("w", my_handler)
```

気温が変化するたびに（Tk用語でいうと書き込まれるたび）、my_handlerが呼び出されます。

　この追加機能は現在は使いませんが、今後のために覚えておくとよいでしょう。イベント駆動型プログラミングの別の例です。

パターンの定義方法

グリッドモデルと同様に、パターンを2次元リストとして定義すると、グライダーのパターンは次のようになります。

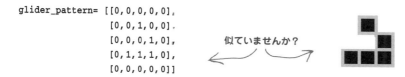

```
glider_pattern= [[0,0,0,0,0],
                 [0,0,1,0,0],
                 [0,0,0,1,0],
                 [0,1,1,1,0],
                 [0,0,0,0,0]]
```

グライダー銃はもう少し複雑です。

```
glider_gun_pattern = [[0,0,0,0,0,0,0,0,0,0,0,0,0,0,0,0,0,0,0,0,0,0,0,0,0,0,0,0,0,0,0,0,0,0,0,0,0],
                      [0,0,0,0,0,0,0,0,0,0,0,0,0,0,0,0,0,0,0,0,0,0,0,0,1,0,0,0,0,0,0,0,0,0,0,0,0],
                      [0,0,0,0,0,0,0,0,0,0,0,0,0,0,0,0,0,0,0,0,0,0,1,0,1,0,0,0,0,0,0,0,0,0,0,0,0],
                      [0,0,0,0,0,0,0,0,0,0,0,0,1,1,0,0,0,0,0,0,1,1,0,0,0,0,0,0,0,0,0,0,0,1,1,0],
                      [0,0,0,0,0,0,0,0,0,0,0,1,0,0,0,1,0,0,0,0,1,1,0,0,0,0,0,0,0,0,0,0,0,1,1,0],
                      [0,1,1,0,0,0,0,0,0,0,1,0,0,0,0,0,1,0,0,0,1,1,0,0,0,0,0,0,0,0,0,0,0,0,0,0],
                      [0,1,1,0,0,0,0,0,0,0,1,0,0,0,1,0,1,1,0,0,0,0,1,0,1,0,0,0,0,0,0,0,0,0,0,0],
                      [0,0,0,0,0,0,0,0,0,0,1,0,0,0,0,0,1,0,0,0,0,0,0,0,1,0,0,0,0,0,0,0,0,0,0,0],
                      [0,0,0,0,0,0,0,0,0,0,0,1,0,0,0,1,0,0,0,0,0,0,0,0,0,0,0,0,0,0,0,0,0,0,0,0],
                      [0,0,0,0,0,0,0,0,0,0,0,0,1,1,0,0,0,0,0,0,0,0,0,0,0,0,0,0,0,0,0,0,0,0,0,0],
                      [0,0,0,0,0,0,0,0,0,0,0,0,0,0,0,0,0,0,0,0,0,0,0,0,0,0,0,0,0,0,0,0,0,0,0,0]]
```

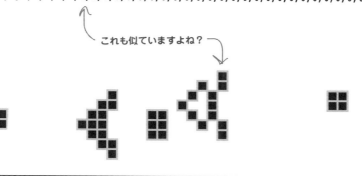

エクササイズ

上のコードを入力する必要はありません。11章のソースコード（ch11）にあるファイルglider.pyとglider_gun.pyを開き、2つの代入文をmodel.pyファイルの末尾（関数count_neighborsの直後）にコピーします。まだテストする必要はありません。ただし、構文エラーが起こらないことは確認してください。

パターンローダを書く

次に、グリッドモデルにパターンを読み込むコード（パターンローダ）を書きます。パターンローダは、リストを取り、そのリストの1と0をグリッドモデルにコピーするだけです。実際には、その前にグリッドモデルを消去し、すべてのセルに0を書き込むべきです。

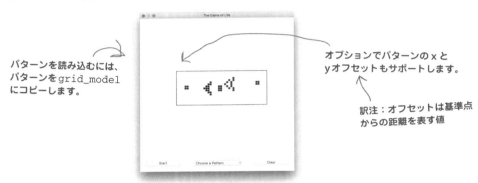

パターンを読み込むには、パターンをgrid_modelにコピーします。

オプションでパターンのxとyオフセットもサポートします。

訳注：オフセットは基準点からの距離を表す値

また、グリッド上でパターンの位置を補正し、例えばグリッドの中央に配置できるようにもしましょう。そのために引数としてxオフセットとyオフセットを取り、パターンをグリッドの先頭（位置0, 0）からコピーするのではなく、オフセット位置にパターンを配置します。そのコードを示します。

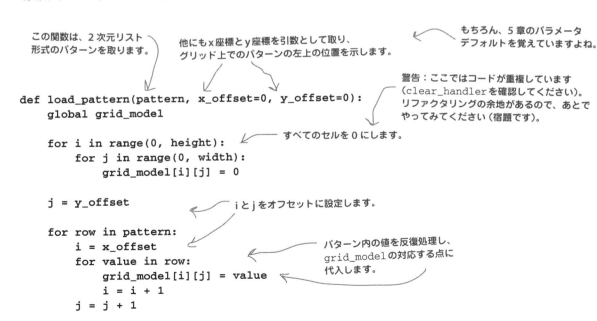

この関数は、2次元リスト形式のパターンを取ります。

他にもx座標とy座標を引数として取り、グリッド上でのパターンの左上の位置を示します。

もちろん、5章のパラメータデフォルトを覚えていますよね。

警告：ここではコードが重複しています（clear_handlerを確認してください）。リファクタリングの余地があるので、あとでやってみてください（宿題です）。

```
def load_pattern(pattern, x_offset=0, y_offset=0):
    global grid_model

    for i in range(0, height):
        for j in range(0, width):
            grid_model[i][j] = 0

    j = y_offset

    for row in pattern:
        i = x_offset
        for value in row:
            grid_model[i][j] = value
            i = i + 1
        j = j + 1
```

すべてのセルを0にします。

iとjをオフセットに設定します。

パターン内の値を反復処理し、grid_modelの対応する点に代入します。

試運転

前ページの関数load_patternをmodel.pyファイルのパターンの直後に追加できましたか？ これでライフゲームシミュレータ全体のテストの準備完了です！ ここから515ページまでにわたるコードは、この章で行った変更をすべて反映した、シミュレータのソースコード全体です。

model.py

```python
import random

height = 100
width = 100

def randomize(grid, width, height):
    for i in range(0, height):
        for j in range(0, width):
            grid[i][j] = random.randint(0, 1)

grid_model = [0] * height
next_grid_model = [0] * height
for i in range(height):
    grid_model[i] = [0] * width
    next_grid_model[i] = [1] * width

def next_gen():
    global grid_model, next_grid_model
    for i in range(0, height):
        for j in range(0, width):
            cell = 0
            count = count_neighbors(grid_model, i, j)

            if grid_model[i][j] == 0:
                if count == 3:
                    cell = 1
            elif grid_model[i][j] == 1:
                if count == 2 or count == 3:
                    cell = 1
            next_grid_model[i][j] = cell

    temp = grid_model
    grid_model = next_grid_model
    next_grid_model = temp
```

```
def count_neighbors(grid, row, col):

    count = 0
    if row - 1 >= 0:
        count = count + grid[row-1][col]
    if (row - 1 >= 0) and (col - 1 >= 0):
        count = count + grid[row-1][col-1]
    if (row - 1 >= 0) and (col + 1 < width):
        count = count + grid[row-1][col+1]
    if col - 1 >= 0:
        count = count + grid[row][col-1]
    if col + 1 < width:
        count = count + grid[row][col+1]
    if row + 1 < height:
        count = count + grid[row+1][col]
    if (row + 1 < height) and (col - 1 >= 0):
        count = count + grid[row+1][col-1]
    if (row + 1 < height) and (col + 1 < width):
        count = count + grid[row+1][col+1]
    return count

glider_pattern = [[0,0,0,0,0],
                  [0,0,1,0,0],
                  [0,0,0,1,0],
                  [0,1,1,1,0],
                  [0,0,0,0,0]]

glider_gun_pattern = [[0,0,0,0,0,0,0,0,0,0,0,0,0,0,0,0,0,0,0,0,0,0,0,0,0,0,0,0,0,0,0,0,0,0,0,0,0],
                      [0,0,0,0,0,0,0,0,0,0,0,0,0,0,0,0,0,0,0,0,0,0,0,1,0,0,0,0,0,0,0,0,0,0,0,0,0],
                      [0,0,0,0,0,0,0,0,0,0,0,0,0,0,0,0,0,0,0,0,0,1,0,1,0,0,0,0,0,0,0,0,0,0,0,0,0],
                      [0,0,0,0,0,0,0,0,0,0,0,0,0,1,1,0,0,0,0,0,0,1,1,0,0,0,0,0,0,0,0,0,0,0,1,1,0],
                      [0,0,0,0,0,0,0,0,0,0,0,0,1,0,0,0,1,0,0,0,0,1,1,0,0,0,0,0,0,0,0,0,0,0,1,1,0],
                      [0,1,1,0,0,0,0,0,0,0,0,1,0,0,0,0,0,1,0,0,0,1,1,0,0,0,0,0,0,0,0,0,0,0,0,0,0],
                      [0,1,1,0,0,0,0,0,0,0,0,1,0,0,0,1,0,1,1,0,0,0,0,1,0,1,0,0,0,0,0,0,0,0,0,0,0],
                      [0,0,0,0,0,0,0,0,0,0,0,1,0,0,0,0,0,1,0,0,0,0,0,0,0,1,0,0,0,0,0,0,0,0,0,0,0],
                      [0,0,0,0,0,0,0,0,0,0,0,0,1,0,0,0,1,0,0,0,0,0,0,0,0,0,0,0,0,0,0,0,0,0,0,0,0],
                      [0,0,0,0,0,0,0,0,0,0,0,0,0,1,1,0,0,0,0,0,0,0,0,0,0,0,0,0,0,0,0,0,0,0,0,0,0],
                      [0,0,0,0,0,0,0,0,0,0,0,0,0,0,0,0,0,0,0,0,0,0,0,0,0,0,0,0,0,0,0,0,0,0,0,0,0]]
```

```python
def load_pattern(pattern, x_offset=0, y_offset=0):
    global grid_model

    for i in range(0, height):
        for j in range(0, width):
            grid_model[i][j] = 0

    j = y_offset

    for row in pattern:
        i = x_offset
        for value in row:
            grid_model[i][j] = value
            i = i + 1
        j = j + 1

if __name__ == '__main__':
    next_gen()
```

view.py

```python
from tkinter import *
import model

cell_size = 5
is_running = False

def setup():
    global root, grid_view, cell_size, start_button, clear_button, choice

    root = Tk()
    root.title('The Game of Life')

    grid_view = Canvas(root,
                      width=model.width*cell_size,
                      height=model.height*cell_size,
                      borderwidth=0,
                      highlightthickness=0,
                      bg='white')

    start_button = Button(root, text='Start', width=12)
    clear_button = Button(root, text='Clear', width=12)

    choice = StringVar(root)
    choice.set('Choose a Pattern')
    option = OptionMenu(root, choice, 'Choose a Pattern', 'glider', 'glider gun',
                       'random', command=option_handler)
    option.config(width=20)
```

```
    grid_view.grid(row=0, columnspan=3, padx=20, pady=20)
    grid_view.bind('<Button-1>', grid_handler)
    start_button.grid(row=1, column=0, sticky=W,padx=20, pady=20)
    start_button.bind('<Button-1>', start_handler)
    option.grid(row=1, column=1, padx=20)
    clear_button.grid(row=1, column=2, sticky=E, padx=20, pady=20)
    clear_button.bind('<Button-1>', clear_handler)

def option_handler(event):
    global is_running, start_button, choice

    is_running = False
    start_button.configure(text='Start')

    selection = choice.get()

    if selection == 'glider':
        model.load_pattern(model.glider_pattern, 10, 10)

    elif selection == 'glider gun':
        model.load_pattern(model.glider_gun_pattern, 10, 10)

    elif selection == 'random':
        model.randomize(model.grid_model, model.width, model.height)

    update()

def start_handler(event):
    global is_running, start_button

    if is_running:
        is_running = False
        start_button.configure(text='Start')
    else:
        is_running = True
        start_button.configure(text='Pause')
        update()

def clear_handler(event):
    global is_running, start_button

    is_running = False
    for i in range(0, model.height):
        for j in range(0, model.width):
            model.grid_model[i][j] = 0

    start_button.configure(text='Start')
    update()

def grid_handler(event):
    global grid_view, cell_size

    x = int(event.x / cell_size)
    y = int(event.y / cell_size)

    if model.grid_model[x][y] == 1:
        model.grid_model[x][y] = 0
        draw_cell(x, y, 'white')
    else:
        model.grid_model[x][y] = 1
        draw_cell(x, y, 'black')
```

11章　ウィジェット、イベント、創発的な振る舞い

```python
def update():
    global grid_view, root, is_running

    grid_view.delete(ALL)

    model.next_gen()
    for i in range(0, model.height):
        for j in range(0, model.width):
            if model.grid_model[i][j] == 1:
                draw_cell(i, j, 'black')
    if is_running:
        root.after(100, update)

def draw_cell(row, col, color):
    global grid_view, cell_size

    if color == 'black':
        outline = 'grey'
    else:
        outline = 'white'

    grid_view.create_rectangle(row*cell_size,
                               col*cell_size,
                               row*cell_size+cell_size,
                               col*cell_size+cell_size,
                               fill=color, outline=outline)

if __name__ == '__main__':
    setup()
    update()
    mainloop()
```

いいですね！ グライダー銃を
実行するとこのようになります。

これを再現するには、選択肢から
「glider gun」(グライダー銃)を選んで
[Start]ボタンをクリックします。

you are here ▶ **515**

ウィジェット、イベント、創発的な振る舞いの復習

よくやった！ ライフゲームシミュレータは素晴らしい！ このシミュレータのマーケティングについて相談があったら知らせてくれよ。雑誌に広告を出そうかと考えているんだ。

重要ポイント

- 生成的コードは、コードからは推測できない出力を作成する。
- ライフゲームは数学者ジョン・コンウェイの考案による。
- GUIはグラフィカルユーザインタフェースの略。
- ペーパープロトタイピングは、GUIをコーディングする前にテストする手法。
- コードをモデル、ビュー、コントローラの役割に分割してアプリケーションを設計する。
- `Tkinter`はユーザインタフェースを作成するためのPythonモジュール。
- `Tkinter`はウィジェットを提供する。ウィジェットはコード上ではオブジェクトとして表現される。画面上では一般的なユーザインタフェース要素となる。
- `Tk`オブジェクトはメインウィンドウを表す。
- `Tkinter`には、ウィンドウ内でのウィジェットの配置を管理する複数のレイアウトマネージャがある。
- グリッドレイアウトマネージャを使ってウィジェットを配置する。
- 反応的な（イベントベース）処理は、ユーザインタフェースでよく使う。
- このモデルでは関数としてハンドラを用意し、あるイベントが発生したときにその関数を呼び出す。
- `Tkinter`ウィジェットでは`bind`メソッドを使って、イベントを処理する関数を登録する。
- ほとんどのハンドラにはイベントオブジェクトを渡す。イベントオブジェクトにはイベントに関する詳しい情報が含まれる。
- 多くのプログラミング言語は、ある時間が経過したら呼び出されるハンドラを登録する方法も用意している。
- `Tkinter`の`Tk`オブジェクトには、ある時間後に呼び出すコードをスケジューリングする`after`メソッドがある。
- `OptionMenu`は、ユーザの選択を`StringVar`オブジェクトに保存する。
- `Tkinter`メインループは、ユーザのインタフェースとのやり取りを監視する。

ライフゲームシミュレータを **さらに進化** させる!

素晴らしいシミュレータが作成できました！ でも、これで満足するのは早すぎます。このシミュレータではさらに多くのことができます。ここではクロスワードではなく、検討の余地があるアイデアを示します。

追加の学習

- ライフゲームの知識を深める：http://web.stanford.edu/~cdebs/GameOfLife/
- Googleで「Game cf Life」（ライフゲーム）と一緒に「Maze」（迷路）、「Night/Day」（夜/昼）、「Walled City」（城塞都市）、「Reverse」（反転）を検索し、興味深い別のルールの例を調べる。
- Cellular Automata（セル・オートマトン）を調べてライフゲームとその数学的根拠についてさらに詳しく学ぶ：https://en.wikipedia.org/wiki/Cellular_automaton（日本語版：https://ja.wikipedia.org/wiki/セル・オートマトン）

追加コード

- ルールを変更する。例えば、次のようなルールが考えられます。
  1. セルが生きている場合、次の世代でも生き続ける。
  2. 死んだセルの隣に生きたセルが2つあれば、死んだセルが生きた状態に変化する。
- パターンをファイルに保存し、ファイルから読み込むコードを書く。
- トーラスを実装する。この章の実装では境界で終わる四角を使用している。左端が右端に巻き付き、上端が下端に巻き付いてグリッド全体が1つの連続面となるようにコードを変更する（それほど難しくはない）。
- 色を追加する。セルの生存期間に基づいて色を付けてみる。
- 「ゴースト化」を追加する。セルが生きている間は薄い灰色にし、徐々に色を薄くする。
- コードを最適化して著しい高速化を図る。

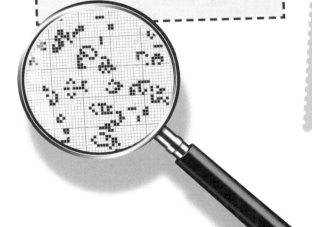

練習問題の答え

コードを書く前に、ライフゲームを数世代にわたりシミュレーションしてみましょう。世代1からスタートし、世代2から世代6まで、4つのルールを適用して計算します。念のため4つのルールをもう一度書いておきます。

- 死んだセルに3個の生きたセルが隣接する場合、そのセルは次の世代で誕生する。
- 生きたセルに2個または3個の生きたセルが隣接する場合、そのセルは次の世代でも生存する。
- 生きたセルに隣接する生きたセルが2個未満の場合、そのセルは次の世代で死滅する。
- 生きたセルに4個以上の生きたセルが隣接する場合、そのセルは次の世代で死滅する。

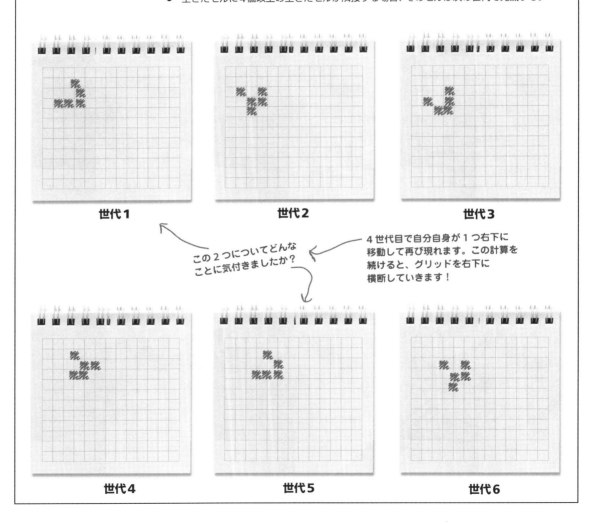

コードマグネットの答え

みなさんはラッキーです。あなたが既製コードを読んでいる間に、われわれは関数next_genを書いて冷蔵庫に貼っておきました。しかし、Head Firstシリーズでよくあるように、誰かがやって来て床に落としてしまいました。元に戻すのを手伝ってくれますか？ 必要のない余計なマグネットもあるので注意してください。

ルール

誕生：隣接する生きたセルが3個であれば、新たなセルが誕生する。

生存：生きているセルに隣接するセルが2個または3個であれば、そのセルは生存する。

死滅：隣接する生きたセルが2個未満ならば、セルは過疎により死滅する。

隣接する生きているセルが4個以上ならば、セルは過密により死滅する。

```
def next_gen():

    global grid_model

    for i in range(0, height):
        for j in range(0, width):

            cell = 0

            count = count_neighbors(grid_model, i, j)

            if grid_model[i][j] == 0:

                if count == 3:

                    cell = 1

            elif grid_model[i][j] == 1:

                if count == 2 or count == 3:

                    cell = 1
```

ほとんどの場合にセルは次の世代で死ぬので、0に設定します。

これは誕生ルールを実装します。

これは生存ルールを実装します。

これらは必要ありませんでした。

```
if cou     and
cell =
count <    or
```

自分で考えてみようの答え

すべてが0のグリッドでテストしているだけでは、next_genを十分利用しているとは言えません。そこで、関数randomizeを書きましょう。関数randomizeは、グリッド、幅、高さを引数として取り、各セルの位置に1と0をランダムに配置します。

```python
import random

def randomize(grid, width, height):
    for i in range(0, height):
        for j in range(0, width):
            grid[i][j] = random.randint(0, 1)
```

← グリッドを反復処理し、各位置にランダムな整数を代入します。

自分で考えてみようの答え

次のコードから何が出力されるかわかりますか？ また、どのように動作するでしょうか？

最初に明示的にcountdownを呼び出すと、countdownの最初の「after」呼び出しをスケジューリングします。そして、countdownが呼び出されるたびに、1秒後のcountdownの呼び出しをスケジューリングし続けます。つまり、count == 0となって、関数が次の呼び出しをスケジューリングせずに終了するまで続けます。

```python
from tkinter import *

root = Tk()
count = 10

def countdown():
    global root, count

    if count > 0:
        print(count)
        count = count - 1
        root.after(1000, countdown)
    else:
        print('Blastoff')

countdown()
mainloop()
```

頭の体操

これは再帰関数とみなせるでしょうか？

厳密には、関数countdownは自分自身を呼び出すことはありません。代わりに、Tkオブジェクトrootに将来のある時点でcountdownを呼び出すように依頼しています（この場合は1秒後）。しかし、何となく再帰的な感じがします！

Tkウィジェットをインスタンス化しているので、このコードを実行すると新しいウィンドウが出現します。

11章 ウィジェット、イベント、創発的な振る舞い

エクササイズの答え

[Clear]ボタンはどのように実装すればよいでしょうか？ まず、`is_running`を`False`に設定し、各セルの値を0に設定します。また、開始ボタンのテキストを再び「Start」に設定する必要もあります。そして、`update`を呼び出して表示を更新してから終了します (モデルのすべてのセルを0に設定し、画面を消去すべきです)。

[Start]ボタンを参考にして、[Clear]ボタンのコードを書いてみましょう。

```
start_button.bind('<Button-1>', start_handler)

def start_handler(event):
    global is_running, start_button

    if is_running:
        is_running = False
        start_button.configure(text='Start')
    else:
        is_running = True
        start_button.configure(text='Pause')
        update()
```
← [Start]ボタンの場合と同様に、[Clear]ボタンにハンドラについて知らせる必要があります。

← `start_handler`を再び示します。参考になるでしょう。

```
clear_button.bind('<Button-1>', clear_handler)

def clear_handler(event):
    global is_running, start_button

    is_running = False
    for i in range(0, model.height):
        for j in range(0, model.width):
            model.grid_model[i][j] = 0
    start_button.configure(text='Start')
    update()
```
← これは`clear_handler`を追加するコードです。

← まず、`is_running`を`False`に設定します。

← そして、モデルのセルを0に設定します。

← ボタンのテキストを「Start」に設定し直します。

← 最後に表示を更新します。

コードが書けたら、このページの答えを確かめ`view.py`ファイルに保存します。そして、試してみてください。

削除が正しく動作しています！ しかし、クリックしてセルを追加する方法が必要です。

12章　オブジェクト指向プログラミング
オブジェクト村への旅

この退屈で
古い手続き町ともお別れよ。
手紙を出すわね！

私たちは関数を使ってコードを抽象化してきました。

そして、簡単な文、条件節、for/whileループ、関数を使って**手続き型**のコードを書きました。しかし、いずれも正確には**オブジェクト指向**ではありません。実際、**全然**オブジェクト指向ではありませんでした！ オブジェクトとはどんなものか、そしてどのように使うかは説明しましたが、独自のオブジェクトの作成はしていません。本当の意味ではオブジェクト指向でコードを設計してはいないのです。いよいよ、この退屈な手続き町を出るときが来ました。この12章では、オブジェクトによってなぜ人生がずっと上向きになる（**プログラミング的な意味でよくなる**）のかを説明します（1冊の本で人生もプログラミングも両方とも向上させるのは無理です）。ここで、1つ警告しておきます。オブジェクトのよさがわかってしまったら、もう後戻りはできません。向こうに着いたら便りをください。

オブジェクト指向プログラミング

7章のクラスを覚えていますか？

別の方法で分割する

　コードを書く上で、マスターするべきスキルが2つあると、1章で言ったことを覚えていますか？ まず問題を小さな動作に分割するスキル、その次はプログラミング言語を学習してその動作をコンピュータに示せるようにするスキルです。ここまでで、あなたは両方ともしっかりマスターしています。

　この2つのスキルはコーディングの基礎なので、身に付けておくと何かと便利です。しかし、問題の分割には別の方法があります。それは最近のほぼすべての言語が推奨しており、ほとんどのプロのプログラマが好きな概念で、**オブジェクト指向プログラミング**（OOP：Object-Oriented Programming）と呼ばれています。7章で初めて登場しました。

　オブジェクト指向プログラミングでは、抽象化のために学んだテクニックや条件ロジックなどを使ってアルゴリズムを書くというより、一連のオブジェクトとオブジェクト間でのやり取りをモデル化するものです。さまざまな意味でオブジェクト指向プログラミングは高度です。独自の専門用語、テクニック、ベストプラクティスがたくさんあります。一方、問題を分割する直観的に理解できる方法でもあります。詳しくはこのあと説明します。

　現在、オブジェクト指向プログラミングは多くの本で取り上げられています。この章ではその要点がわかるように説明しているので、オブジェクト指向で書かれたコードが理解できるようになるでしょう。また、コード内でオブジェクト指向（独自のクラスの作成など）を使えるようにもなるでしょう。最後までこの章を読めば、オブジェクト指向の勉強も続けやすくなるでしょう。

要するにオブジェクト指向プログラミングって?

OOPでは、コードをより抽象的に設計することが可能です。つまり全体像が把握しやすくなります。

この考えは、以前も登場しました。5章でコードの一部を関数に抽象化しましたよね? 抽象化によって、コードを関数の集合と考えられるようになります。その関数を呼び出して問題を解決でき、`if`、`elif`、`for/in`、代入などのスパゲティコードを頭の中でたどる必要はありません。同様に、OOPはすべてを一段上の段階に引き上げます。OOPでは現実（または仮想）のオブジェクトを状態と振る舞いも含めてモデル化し、オブジェクト間でやり取りさせて問題を解決します。

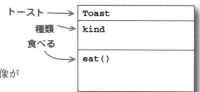

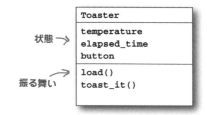

例えば、パンを焼く手順は次のとおりです。

1. 電線から加熱コイルを作成する。
2. 加熱コイルを電源に接続する。
3. 電源を入れる。
4. パンを取り出す。
5. パンをコイルの上2cmのところで持つ。
6. 焼き終わるまでその状態のままにする。
7. パンを取り除く。
8. 電源を切る。

← パンを焼く際の手続き型の考え方

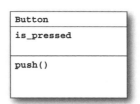

7章を思い出してください。オブジェクトはクラスからインスタンス化し、属性（状態）とメソッド（振る舞い）を持ちます。

上の方法と、オブジェクトを使う下の手順はどのように異なるでしょうか。

1. **トースター**に**パン**を置く。
2. **トースター**の**ボタン**を押す。
3. 焼き上がったら**トースト**を取り出す。

← パンを焼く際のオブジェクト指向的考え方

前者が手続き型で、後者がオブジェクト指向型です。オブジェクト指向では一連のオブジェクト（トースト、トースター、ボタン）があって、問題のレベルで考えています（パンがトースターに入っているので、ボタンを押すだけ）。パンを焼くために必要なすべての手順の詳細（加熱コイルを240度にして、パンを2cm上で持ち、焼き時間の経過を待つ）までは考えていません。

脳力発揮

古典的なピンポンゲームを実装しているとします。その場合、オブジェクトして何を選びますか？ そして、どのような状態と振る舞いを持つと思いますか？

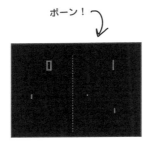

ポーン！

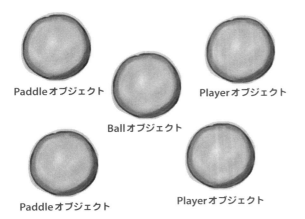

Paddleオブジェクト　　Ballオブジェクト　　Playerオブジェクト

Paddleオブジェクト　　Playerオブジェクト

オブジェクト指向言語のどこが好き？

「モジュール内にランダムにたくさんの関数とデータがあるより、オブジェクトの使い方が理解しやすい」
　──ジョイ、27歳、ソフトウェアアーキテクト

「データとそのデータを操作する関数が1つのオブジェクトに一緒に入っているところが好き」
　──ブラッド、19歳、プログラマ

「より自然にコーディングできる。コーディングが実際の問題に近くなる感じがする」
　──クリス、39歳、プロジェクトマネージャ

「クリスがそんなことを言ったって？ 信じられない。クリスは5年間1行もコードを書いていないぞ」
　──ダリル、44歳、クリスの部下

「タートル以外で？」
　──エイヴァリー、7歳、少年プログラマ

クラスを設計する

7章でクラスを使ってオブジェクトをインスタンス化しましたね。それ以降たくさんのオブジェクトを使いました。組み込み型（文字列、浮動小数点数など）、タートル、ウィジェット、HTTPリクエストオブジェクトなどです。しかし、自作のクラスはまだ作成していませんでした。ここでは自作のクラスを作成します。

手続き型のコードを設計する際に擬似コードを利用したように、オブジェクト（より厳密にはオブジェクトを作成するクラス）をよく検討してからコードを書き始めるとよいでしょう。簡単なものから始め、Dogクラスを作成していきましょう。

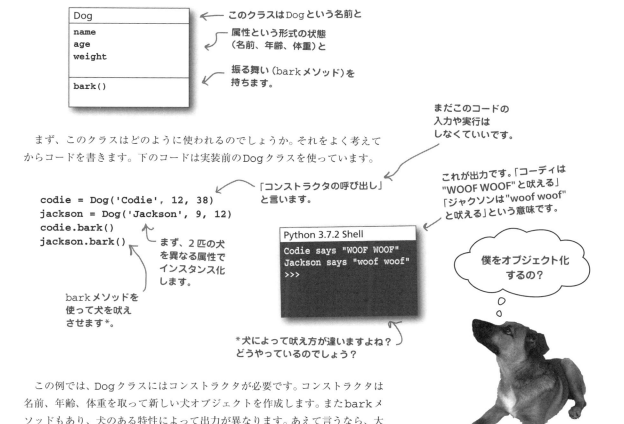

この例では、Dogクラスにはコンストラクタが必要です。コンストラクタは名前、年齢、体重を取って新しい犬オブジェクトを作成します。またbarkメソッドもあり、犬のある特性によって出力が異なります。あえて言うなら、大きな犬は「WOOF WOOF」と吠え、小さな犬は「woof woof」と吠えるのでしょう。聞き覚えがありますか？ さっそくコードを書いてみましょう。

最初のクラスを書く

まずは、「コンストラクタ」と呼ばれるものから始めます。つまり、犬オブジェクトを初期化するコードを書くのです。その後、barkメソッドを実装します。

次のコードをよく見てください。

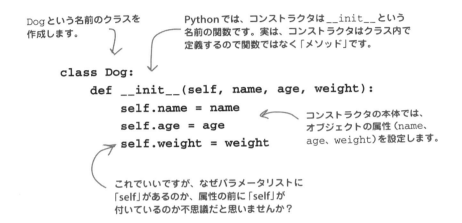

Dogという名前のクラスを作成します。

Pythonでは、コンストラクタは`__init__`という名前の関数です。実は、コンストラクタはクラス内で定義するので関数ではなく「メソッド」です。

```
class Dog:
    def __init__(self, name, age, weight):
        self.name = name
        self.age = age
        self.weight = weight
```

コンストラクタの本体では、オブジェクトの属性(name、age、weight)を設定します。

これでいいですが、なぜパラメータリストに「self」があるのか、属性の前に「self」が付いているのか不思議だと思いませんか?

コンストラクタの動作

パラメータselfの役割を理解すれば、コンストラクタ(および他のメソッド)の動作を理解できます。コンストラクタを呼び出したときに何が起こるかを順を追って確認しましょう。よく見ていないと見逃してしまうので、注意深く見てください。

```
codie = Dog('Codie', 12, 38)
```

❶ コンストラクタを呼び出すと(クラス名にかっこと引数を付けて呼び出します)、まずPythonは新たな空のDogオブジェクトを作成します。

新たなDogオブジェクト。ただし、まだ属性がありません。

Dogオブジェクト

12章 オブジェクト指向プログラミング

❷ 次に、引数が関数`__init__`に渡されます。他にもPythonは、新たに作成したオブジェクトを`self`という名前の第1引数として渡します。

新たに作成したオブジェクトを第1引数として渡します。

次に、クラスのコンストラクタを指定した引数で呼び出します。

```
__init__(        , 'Codie', 12, 38)


def __init__(self, name, age, weight):
```

手順2のあと、新たに作成されたDogオブジェクトがパラメータ`self`に代入されています。

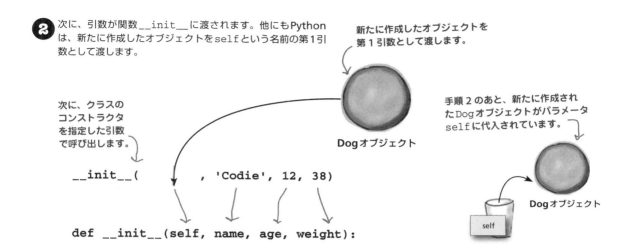

❸ そして、コンストラクタの本体を実行します。ドット表記を使って、パラメータ(`name`、`age`、`weight`)をDogオブジェクトのインスタンスの同じ名前の属性に代入します。

新しいDogオブジェクトが第1引数として渡されます。

```
def __init__(self, name, age, weight):
    self.name = name
    self.age = age
    self.weight = weight
```

`self`は新しいDogオブジェクトなので、`name`、`age`、`weight`の値をDogオブジェクトの属性に代入しています。

手順3の後には、コンストラクタに渡した引数はDogオブジェクトの属性に代入されています。

❹ コンストラクタが完了したら、PythonはDogオブジェクトをコンストラクタ呼び出しの結果として返します。この場合、Dogオブジェクトを返すと、変数`codie`に代入します。

手順4の後には、属性`name`、`age`、`weight`を備えた新しいDogオブジェクトが変数`codie`に代入されています。

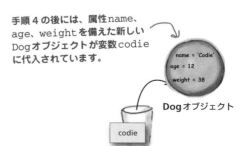

```
codie = Dog('Codie', 12, 38)
```

selfと__init__の詳細

素朴な疑問に答えます

Q: __init__は値を返さずにどのように終了し、コンストラクタの呼び出しから戻っているのですか?

A: コンストラクタでは、水面下でさまざまな処理が行われています。コンストラクタを呼び出すと、まず新たなオブジェクトが作成され、オブジェクトは第1引数として__init__に渡されます。最終的にはそのオブジェクトを返します。Pythonの機能に組み込まれているのです。

Q: 「self」という名前は何か特別なのですか?

A: 特別ではありません。コンストラクタを呼び出すと、常に新しいオブジェクトのコピーを第1引数として__init__メソッドに渡します。慣例として、このパラメータをselfと名付けます。しかし、必須ではありません。でも広く浸透している慣例なので、第1引数をselfにしないと、開発者仲間は怪訝な顔をするかもしれません。

また、ローカル変数やグローバル変数の名前としてselfを使わないでください。混乱の原因になります。

Q: オブジェクト属性は普通の値を保存する単なる変数なのですか?

A: はい、そうです。属性には、変数と同様にあらゆる有効な値を代入できます。ついでに言うと、メソッドは関数と同様で、グローバルではなくオブジェクト内で定義されているだけです。ただし、実は他にも1つ違いがあります。メソッドはパラメータselfも持ちます。パラメータselfについてはこのあとすぐに説明します。

試運転

まだbarkメソッドを書いていませんが、現時点のコードを試してみましょう。次をdog.pyにコピーして実行してください。

新しいクラスです。→
```
class Dog:
    def __init__(self, name, age, weight):
        self.name = name
        self.age = age
        self.weight = weight
```

あまりオブジェクト指向的ではありませんが、541ページから改善方法を検討します。

犬を出力する関数です。→
```
def print_dog(dog):
    print(dog.name + "'s", 'age is', dog.age,
          'and weight is', dog.weight)
```

Dogオブジェクトの2つのインスタンスを作成します。そして、print_dogに渡します。→
```
codie = Dog('Codie', 12, 38)
jackson = Dog('Jackson', 9, 12)
print_dog(codie)
print_dog(jackson)
```

関数print_dogに犬が渡される限り予想どおりに「コーディの年齢は12、体重は38」「ジャクソンの年齢は9、体重は12」と出力されます。

```
Python 3.7.2 Shell
Codie's age is 12 and weight is 38
Jackson's age is 9 and weight is 12
>>>
```

barkメソッドを書く

実際にbarkメソッドを書き始める前に、メソッドと関数の違いを確認しましょう。メソッドはクラス内で定義する点が関数と異なりますが、他にも、呼び出し方法が異なるという違いがあります。メソッドは次のように必ず**オブジェクト**に対して呼び出します。

> メソッドは、「呼び出す」（invoke）と言うことが多いです。

```
codie.bark()
```
← オブジェクト

または、

```
jackson.bark()
```

一般的にメソッドはその特定のオブジェクトの属性に対して動作します。つまり、メソッドには必ず第1引数としてそのメソッドを呼び出したオブジェクトを渡します。

> `__init__`に第1引数としてオブジェクトを渡すのと同様です。

barkメソッドを書きましょう。このメソッドがどのように動作するかはすぐにわかります。

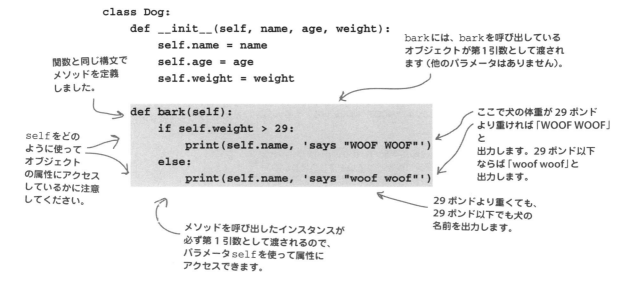

関数と同じ構文でメソッドを定義しました。

```
class Dog:
    def __init__(self, name, age, weight):
        self.name = name
        self.age = age
        self.weight = weight

    def bark(self):
        if self.weight > 29:
            print(self.name, 'says "WOOF WOOF"')
        else:
            print(self.name, 'says "woof woof"')
```

barkには、barkを呼び出しているオブジェクトが第1引数として渡されます（他のパラメータはありません）。

ここで犬の体重が29ポンドより重ければ「WOOF WOOF」と出力します。29ポンド以下ならば「woof woof」と出力します。

29ポンドより重くても、29ポンド以下でも犬の名前を出力します。

selfをどのように使ってオブジェクトの属性にアクセスしているかに注意してください。

メソッドを呼び出したインスタンスが必ず第1引数として渡されるので、パラメータselfを使って属性にアクセスできます。

メソッドの動作

メソッド呼び出しがどのように動作するのかを1つずつ調べ、確実に理解しましょう。

```
codie.bark()
```

codieオブジェクトでbarkメソッドを呼び出したときのbarkメソッドの動作を確認しましょう。

❶ オブジェクト（この場合はcodieオブジェクト）でメソッドを呼び出すと、Pythonは指定した他の引数と一緒にそのオブジェクトを第1引数としてメソッドに渡します（もちろん、barkの引数は1つだけです）。

```
def bark(self):
    if self.weight > 29:
        print(self.name, 'says "WOOF WOOF"')
    else:
        print(self.name, 'says "woof woof"')
```

codieオブジェクトでbarkメソッドを呼び出すと、Pythonはそのオブジェクトを第1引数として渡し、オブジェクトがパラメータselfに設定されます。

selfはコーディのオブジェクトに設定されます。self.weightは38です。29より重いので、1番目の節を呼び出します。

❷ 次に、メソッドの本体を評価します。1行目はself.weightと29を比較します。この場合、selfに代入されたオブジェクトはコーディのDogオブジェクト、self.weightの値は38です。この条件はTrueとなるので、1番目の節を実行します。

```
print(self.name, 'says "WOOF WOOF"')
```

このprint文は、まずselfに代入されたオブジェクトのname属性を出力します。

❸ printを実行し、まずsel.nameの値を出力します。selfは、barkメソッドを呼び出したオブジェクトに設定されています。つまり、コーディのオブジェクトは「コーディ」という名前を持つので、「Codie says "WOOF WOOF"」（コーディは "WOOF WOOF" と吠える）と出力します。

❹ メソッドは完了です。このbarkメソッドは値を返していないように見えますが（正確にはNoneを返します）、一般的にメソッドは関数と同様、return文を用いて値を返すこともできます。

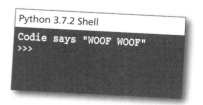

12章 オブジェクト指向プログラミング

自分で考えてみよう

2章で、犬の人間換算年齢を計算するコードを書きました。Dogクラスに人間換算年齢を計算するメソッドを追加してください。このメソッドはhuman_yearsという名前にします。human_yearsメソッドは、引数を取らずに整数を返します。

```
dog_name = input("What is your dog's name? ")
dog_age = input("What is your dog's age? ")
human_age = int(dog_age) * 7
print('Your dog',
      dog_name,
      'is',
      human_age,
      'years old in human years')
```

2章のコードです。思い出しましたか？

```
class Dog:
    def __init__(self, name, age, weight):
        self.name = name
        self.age = age
        self.weight = weight

    def bark(self):
        if self.weight > 29:
            print(self.name, 'says "WOOF WOOF"')
        else:
            print(self.name, 'says "woof woof"')



def print_dog(dog):
    print(dog.name + "'s", 'age is', dog.age,
          'and weight is', dog.weight)


codie = Dog('Codie', 12, 38)
jackson = Dog('Jackson', 9, 12)
print(codie.name + "'s age in human years is ", codie.human_years())
print(jackson.name + "'s age in human years is ", jackson.human_years())
```

現在のコードです。犬の人間換算年齢を返すhuman_yearsメソッドを追加します。

ここに新しいメソッドを追加してください。

継承する

新しい種類の犬が必要になったとしましょう。援助が必要な人を助けるようによく訓練された信頼できる伴侶となる介助犬です。介助犬も犬の一種ですが、スキルを持っています。では、まったく新しいクラスServiceDogをゼロから定義しなくてはいけないのでしょうか？ 既存のDogクラスに多くの時間と労力を費やしているので、またゼロからやり直すとしたら残念です。いままでの作業を再利用できたら素晴らしいですよね。実は再利用できるのです。

最近のほぼすべてのプログラミング言語では、クラスは別のクラスから属性や振る舞いを引き継ぐことができます。この能力は**継承**と呼ばれ、オブジェクト指向プログラミングの重要な特徴です。

介助犬に話を戻しましょう。ServiceDogクラスが元のDogクラスの属性（名前、年齢、体重）と吠える機能を継承するように定義できます。しかし、先に進む前に、ServiceDogクラスには被介助者（犬が援助する人、11章のイベントハンドラと混同しないでください）や、被介助者と一緒に歩いて助けるwalkメソッドを追加しましょう。

ServiceDogクラスの定義方法を確認しましょう。

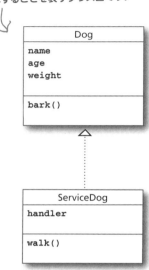

ServiceDogがDogクラスを継承することを表すクラス図です。

 脳力発揮

> Dogクラスを継承する犬として他にどんなものが考えられますか？ どのような新しい属性を持つでしょうか？ 新しいメソッドは？

ServiceDogクラスの実装

ServiceDogクラスを実装し、構文（シンタックス）と意味（セマンティックス）を確認していきましょう。

シンタックスは書き方、セマンティックスは意味を示します。

この構文は、Dogクラスを継承する新しいServiceDogクラスを宣言しています。

これはServiceDogコンストラクタです。

新しいクラス名。　継承元のクラス。

Dogクラスと同じパラメータですが、新たな追加パラメータがあります。

ServiceDogコンストラクタは追加の引数handlerも受け取ります。

```
class ServiceDog(Dog):
    def __init__(self, name, age, weight, handler):
        Dog.__init__(self, name, age, weight)
        self.handler = handler

    def walk(self):
        print(self.name, 'is helping its handler', self.handler, 'walk')
```

新しい属性handlerをselfに追加します。

この行ではDogクラスのコンストラクタを呼び出し、selfをはじめ必要なすべての引数を渡しています。

新たなメソッドwalkもあります。

walkメソッドは、DogとServiceDogクラスの属性を利用します。

説明が長くなってしまいました。では実際に動作を確認してみましょう。

被介助者の名前は「ジョセフ」、ServiceDogオブジェクトを作成します。

```
rody = ServiceDog('Rody', 8, 38, 'Joseph')
print("この犬の名前は", rody.name)
print("この犬の被介助者は", rody.handler)
print_dog(rody)
rody.bark()
rody.walk()
```

nameなどの継承した属性や、handlerなどのServiceDogの属性にアクセスできます。

ServiceDogはDog型なので、print_dogを呼び出して正しく動作させることができます。

barkなどの継承したメソッドも呼び出すことができます。

あるいは、walkなどのServiceDogだけが実行できるメソッドも呼び出せます。

「この犬の名前はロディ」
「この犬の被介助者はジョセフ」
「ロディの年齢は12、体重は38」
「ロディは"WOOF WOOF"と吠える」
「ロディは被介助者ジョセフの歩行を介助する」
と出力されます。でも、ちょっと待って。介助犬は大きな声で吠えてはいけません。

```
Python 3.7.2 Shell
This dog's name is Rody
This dog's handler is Joseph
Rody's age is 8 and weight is 38
Rody says "WOOF WOOF"
Rody is helping its handler Joseph walk
>>>
```

介助犬ロディ

サブクラスとは

あるクラスを継承するクラスを作成する際、新たなクラスはそのクラスの**サブクラス**と呼ばれます。また、あるクラスを**サブクラス化する**と言うこともあります。この例では、ServiceDogクラスを定義する際、Dogクラスをサブクラス化しています。

ServiceDogサブクラスの作成に使った構文と意味を詳しく見てみましょう。まずはclass文です。

新しいクラスを定義するときには、ゼロから定義するか、サブクラス化したいクラスをかっこで指定します。

専門用語の追加：Dogは、**基底クラス**と呼ばれることもあります。Dogから**派生**する全クラスのベース（基底）となるからです（今はServiceDogだけしかありませんが、さらに作成していきます）。

このクラスは、**スーパークラス**とも呼ばれます。つまり、このDogはServiceDogのスーパークラスです。

OOPにはたくさんの専門用語があるって言いましたよね！

```
class ServiceDog(Dog):
```

次は、コンストラクタメソッド__init__です。

パラメータの宣言は同じで、さらにパラメータを追加しただけです（ここではhandlerだけですが、いくつでも追加できます）。

```
def __init__(self, name, age, weight, handler):
    Dog.__init__(self, name, age, weight)
    self.handler = handler
```

次の行は他の行とは異なると感じるかもしれません。ここでは、Dogクラスのコンストラクタを呼び出しています。この行は、すべての犬に共通する属性を設定します。この行を実行しないと、インスタンス化しているオブジェクトで名前、年齢、体重が設定されません。

最後の行はパラメータhandlerを同じ名前の属性handlerに代入しています。

ServiceDogだけがこの属性を持ちます。ServiceDogだけがこの__init__メソッドを実行するからです。

通常は、サブクラス化するときにはコンストラクタ内でこれを最初に実行します。

最後に、新しいメソッドwalkがあります。

サブクラスでは、基底クラスと同様にメソッドを定義できます。このメソッドは、元のDogではなく、ServiceDogからインスタンス化したオブジェクトでしか使えません。

```
def walk(self):
    print(self.name,'is helping its handler', self.handler, 'walk')
```

ServiceDogはDogである（IS-A）

　2つのクラス間に継承関係がある場合、「IS-A関係がある」と言います。ServiceDogはDogとIS-A関係があります。この概念は、直接の派生クラスに適用されるだけではありません。例えば、下の図からSeeingEyeDogはServiceDogを継承し、ServiceDogはDogを継承することがわかるので、SeeingEyeDogはServiceDogとIS-A関係ですが、SeeingEyeDogはDogともIS-A関係です。一方、ServiceDogはDogとIS-A関係ですが、SeeingEyeDogとはIS-A関係ではありません（SeeingEyeDogはServiceDogを継承し、実行方法がわからない処理をServiceDogが実行できるため）。

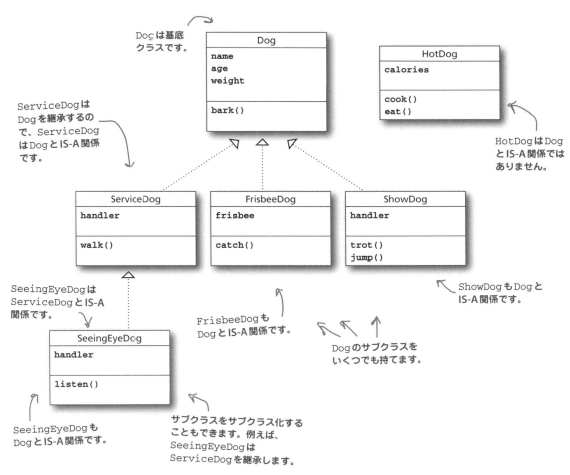

IS-A関係を調べる

あるオブジェクトがあるとします。そのオブジェクトがあるクラスとIS-A関係かどうか判断できるでしょうか？ 例えば、誰かが次のオブジェクトをインスタンス化したとします。

```
mystery_dog = ServiceDog('Mystery', 5, 13, 'Helen')
```

そして、このオブジェクトを受け取ります。このオブジェクトはDogでしょうか？ それともServiceDogでしょうか？ どちらでもないでしょうか？ どうすればわかるでしょうか？

そこで組み込み関数isinstanceを使います。isinstanceは次のような働きをします。

isinstanceは、引数として
オブジェクトとクラスを取ります。

```
if isinstance(mystery_dog, ServiceDog):
    print("Yup, it's a ServiceDog")
else:
    print('That is no ServiceDog')
```

isinstanceは、オブジェクトが同じクラスかそのクラスを継承している場合にTrueとなります。つまり、オブジェクトがクラスとIS-A関係の場合です。

mystery_dogはServiceDogなので、この例ではisinstanceはTrueと評価され、「はい、これはServiceDogです」と出力されます。

Python 3.7.2 Shell
```
Yup, it's a ServiceDog
>>>
```

他にも試してみましょう。

```
if isinstance(mystery_dog, Dog):
    print("Yup, it's a Dog")
else:
    print('That is no Dog')
```

今回は、オブジェクトがDogとIS-A関係の場合にisinstanceはTrueとなります。

mystery_dogはDogを継承しているので、この例でもisinstanceはTrueとなり、「はい、これはDogです」と出力されます。

Python 3.7.2 Shell
```
Yup, it's a Dog
>>>
```

もう1つ試します。

今回は、オブジェクトがSeeingEyeDogとIS-A関係の場合にisinstanceはTrueとなります。

```
if isinstance(mystery_dog, SeeingEyeDog):
    print("Yup, it's a SeeingEyeDog")
else:
    print('That is no SeeingEyeDog')
```

今回は違います。ServiceDogはSeeingEyeDogではないので、isinstanceはFalseと評価され、「SeeingEyeDogではありません」と出力されます。

Python 3.7.2 Shell
```
That is no SeeingEyeDog
>>>
```

12章 オブジェクト指向プログラミング

自分で考えてみよう

左側のクラス図を参考に、右側のisinstanceの評価結果を予想してしてください。isinstanceは必ずTrueかFalseのどちらかに評価されます。1番目はすでに記入しておきました。

```
simple_cake = Cake()
chocolate_cake = FrostedCake()
bills_birthday_cake = BirthdayCake()
```

TrueまたはFalseを書きましょう。

False	isinstance(simple_cake, BirthdayCake)
_____	isinstance(simple_cake, FrostedCake)
_____	isinstance(simple_cake, Cake)
_____	isinstance(chocolate_cake, Cake)
_____	isinstance(chocolate_cake, FrostedCake)
_____	isinstance(chocolate_cake, BirthdayCake)
_____	isinstance(bills_birthday_cake, FrostedCake)
_____	isinstance(bills_birthday_cake, Cake)
_____	isinstance(bills_birthday_cake, BirthdayCake)

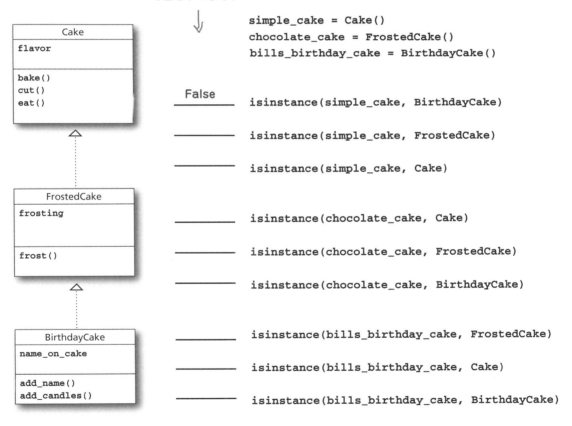

Cake
flavor
bake()
cut()
eat()

FrostedCake
frosting
frost()

BirthdayCake
name_on_cake
add_name()
add_candles()

文字列をサブクラス化する方法

エクササイズ

サブクラス化できるのは独自クラスだけではありません。組み込みクラスもサブクラス化できます。さっそく文字列クラス（strクラス）をサブクラス化してみましょう。まず、サブクラスPalindromeStringを作成します。PalindromeStringにはis_palindromeメソッドがあります。次のコードを試してみてください。他のメソッドでstrに追加したいものがありますか？ このエクササイズだけは答えは章末にはありません。このページ内に書いています。

新しいクラスPalindromeStringを作成します。このクラスは、Pythonの組み込みstrクラス（文字列クラスとも言います）のサブクラスです。

サブクラスに新しいメソッドを追加するだけなので、コンストラクタの実装は必要ありません。

```
class PalindromeString(str):

    def is_palindrome(self):
        i = 0
        j = len(self) - 1
        while i < j:
            if self[i] != self[j]:
                return False
            i = i + 1
            j = j - 1
        return True
```

これは新しいメソッドです。is_palindromeの反復バージョンを覚えていますか？

コンストラクタが作成されていないと、このクラスをインスタンス化する際はスーパークラスのコンストラクタ（strのコンストラクタ）が使われます。

selfを使っていますね。この例ではselfはstrオブジェクト自身なので、selfを使って文字列でできることなら何でも実行できます。

このサブクラスを試してみましょう。PalindromeStringはstrとIS-A関係なので、文字列でできることを何でも実行できます。strから多くの機能を継承します。

```
word = PalindromeString('radar')
word2 = PalindromeString('rader')
print(word, 'length is', len(word), 'and uppercase is', word.upper())
print(word, word.is_palindrome())
print(word2, 'length is', len(word2), 'and uppercase is', word2.upper())
print(word2, word2.is_palindrome())
```

これが出力です。文字数と大文字に変換した結果、回文であるか否かが出力されます。strクラスをサブクラス化するという新しい能力は、他にも使い道があるでしょうか。

9章でVerb、VERB、VeRB、verbなどを照合する際に使ったupper（またはlower）メソッドを使って、文字を大文字（または小文字）に変換してから比較します。

```
Python 3.7.2 Shell
radar length is 5 and uppercase is RADAR
radar True
rader length is 5 and uppercase is RADER
rader False
>>>
```

自分自身をどのように表す?

自分自身を表すには、もちろん、`__str__`メソッドを使います。ここで関数`print_dog`をよりオブジェクト指向的な関数に置き換えましょう。Pythonの簡単な慣例を使います。`__str__`メソッドをクラスに追加する際、そのメソッドでは説明の文字列を返します。そして、そのクラスのオブジェクトを出力する際にprintはその説明を使います。

```
class Dog:
    def __init__(self, name, age, weight):
        self.name = name
        self.age = age
        self.weight = weight

    def bark(self):
        if self.weight > 29:
            print(self.name, 'says "WOOF WOOF"')
        else:
            print(self.name, 'says "woof woof"')

    def human_years(self):
        human_age = self.age * 7
        return human_age

    def __str__(self):
        return "I'm a dog named " + self.name
```

Dogクラスに`__str__`メソッドを追加し、print用のオリジナルの文字列を作成します。

いくつかのオブジェクトでprintを呼び出して試しましょう。

```
codie = Dog('Codie', 12, 38)
jackson = Dog('Jackson', 9, 12)
rody = ServiceDog('Rody', 8, 38, 'Joseph')
print(codie)
print(jackson)
print(rody)
```

printの機能は同じです。Dogクラスのインスタンスの出力方法を変更しているだけです。

素朴な疑問に答えます

Q: `ServiceDog`のようなクラスで`ServiceDog`オブジェクトを作成すると、内部では実際には`Dog`の属性とメソッドを持つオブジェクトと`ServiceDog`の属性とメソッドを持つオブジェクトの2つがあるのですか?

A: いいえ、すべての属性を持つ1つのオブジェクトだけです。メソッドに関してはオブジェクトはクラス内の定義を参照するので、実際にはオブジェクト内にはありません。しかし、概念的にはインスタンス化したオブジェクトは1つの`ServiceDog`オブジェクトです。

Q: Pythonには多重継承というものがあると聞きましたが?

A: あります。1つのクラスだけでなく、複数のクラスから継承することです。空飛ぶ車が、自動車クラスと飛行機クラスの両方を継承するようなものです。多重継承の存在を知っているのはよいことですが、多重継承に否定的な人もいます。多重継承は間違いを起こしやすく厄介なものであるとみなし、禁止している言語もあります。OOPの経験を積んでから検討するとよいのではないかと思います。しかし多くの場合、さらに優れたオブジェクト指向設計手法があるので、多重継承の必要性はあまり高くありません。

```
Python 3.7.2 Shell
I'm a dog named Codie
I'm a dog named Jackson
I'm a dog named Rody
>>>
```

ServiceDogのロディでもうまくいきました。「私は犬で、名前はロディ」と出力されました。

振る舞いのオーバーライドと拡張

535ページでは、ロディが大きな声で「WOOF WOOF」と吠えていましたよね。ロディは介助犬なので、この振る舞いは好ましくありません。Dogクラスでは、「WOOF WOOF」と吠えるのは、体重が29ポンドより重い犬に実装された振る舞いです。介助犬は永遠にこの振る舞いをし続けるのでしょうか？ いいえ。継承元のクラスの振る舞いはいつでもオーバーライドや拡張することができます。次のようにします。

```python
class Dog:
    def __init__(self, name, age, weight):
        self.name = name
        self.age = age
        self.weight = weight

    def bark(self):
        if self.weight > 29:
            print(self.name, 'says "WOOF WOOF"')
        else:
            print(self.name, 'says "woof woof"')

    def human_years(self):
        human_age = self.age * 7
        return human_age

    def __str__(self):
        return "I'm a dog named " + self.name

class ServiceDog(Dog):
    def __init__(self, name, age, weight, handler):
        Dog.__init__(self, name, age, weight)
        self.handler = handler
        self.is_working = False

    def walk(self):
        print(self.name, 'is helping its handler', self.handler, 'walk')

    def bark(self):
        if self.is_working:
            print(self.name, 'says, "I can\'t bark, I\'m working"')
        else:
            Dog.bark(self)
```

`__init__`メソッドでクラスに必要な属性を追加できます。`__init__`メソッドにより、オブジェクトの内部状態をモデル化するのに必要な属性を設定することができます。属性は、メソッドのパラメータを反映する必要はありません。

ServiceDogに新しい属性を追加します。is_workingという名前の属性で、初期値はFalseにします。

「仕事中なので吠えられない」という意味のこの文字列では、ダブルクォートとシングルクォートの両方を使うので、シングルクォートをエスケープしています。

ServiceDogでbarkメソッドを再定義しています。ServiceDog型の犬でbarkを呼び出すと、Dogのbarkメソッドではなくこのメソッドを実行します。メソッドを再定義することをbarkメソッドの<u>オーバーライド</u>と呼びます。

is_workingがTrueの場合、犬は仕事中のため吠えられません。それ以外の場合には、Dogクラスのbarkメソッドを呼び出してselfを渡します。後者の場合、barkメソッドは通常どおりの処理（吠える）をします。

12章 オブジェクト指向プログラミング

コードを試しましょう。dog.pyファイルの内容を前ページのコードに置き換えます。そして、末尾に次のコードを追加して試してみてください。

犬のロディを作成します。

```
rody = ServiceDog('Rody', 8, 38, 'Joseph')

rody.bark()

rody.is_working = True
rody.bark()
```

ロディを吠えさせます（is_workingの初期値はFalseでしたね）。

is_workingをTrueに設定して再び試します。

この文はあまり登場していませんが、オブジェクトの属性値を変更する文です。変数に別の値を設定するように値を代入するだけです。

ServiceDogはDogの振る舞いを拡張していますが、is_workingがFalseのときにはやはりDogと同じ振る舞いをします。is_workingがTureならば、「ロディは"仕事中なので吠えられない"と言う」と出力します。

```
Python 3.7.2 Shell
Rody says "WOOF WOOF"
Rody says "I can't bark, I'm working"
>>>
```

you are here ▶ 543

専門用語の街へようこそ

OOPにはたくさんの専門用語があると前に言いましたよね？ 先に進む前に、その専門用語の一部を紹介します。ようこそ専門用語街へ！

クラスは**属性**と**メソッド**を持ちます。

DogはServiceDogの「**スーパークラス**」と言います。また、Dogを「**基底クラス**」と呼ぶこともあります。

DogとServiceDogはどちらもクラスです。

ServiceDogはDogを**継承する**と言います。

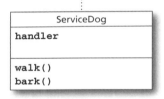

ServiceDogはDogの「**サブクラス**」と言います。また、ServiceDogはDogを土台としているので「**派生クラス**」とも呼びます。

DogオブジェクトやServiceDogオブジェクトのコンストラクタを呼び出すとインスタンス化できます。

ServiceDogはDogのbarkメソッドを**オーバーライド**すると言います。

 脳力発揮

「ServiceDogはすべてDogですが、すべてのDogがServiceDogであるわけではありません。」という文は正しいですか、間違いでしょうか。

12章 オブジェクト指向プログラミング

自分で考えてみよう

左側のクラス定義を確認してください。この定義にはオーバーライドしたメソッドが含まれています。次のコードを（頭の中で）実行し、出力を予想してください。いつものように、答えは章末の571ページです。

```python
class Car():
    def __init__(self):
        self.speed = 0
        self.running = False

    def start(self):
        self.running = True

    def drive(self):
        if self.running:
            print('Car is moving')
        else:
            print('Start the car first')

class Taxi(Car):
    def __init__(self):
        Car.__init__(self)
        self.passenger = None
        self.balance = 0.0

    def drive(self):
        print('Honk honk, out of the way')
        Car.drive(self)

    def hire(self, passenger):
        print('Hired by', passenger)
        self.passenger = passenger

    def pay(self, amount):
        print('Paid', amount)
        self.balance = self.balance + amount
        self.passenger = None

class Limo(Taxi):
    def __init__(self):
        Taxi.__init__(self)
        self.sunroof = 'closed'

    def drive(self):
        print('Limo driving in luxury')
        Car.drive(self)

    def pay(self, amount, big_tip):
        print('Paid', amount, 'Tip', big_tip)
        Taxi.pay(self, amount + big_tip)

    def pour_drink(self):
        print('Pouring drink')

    def open_sunroof(self):
        print('Opening sunroof')
        self.sunroof = 'open'

    def close_sunroof(self):
        print('Closing sunroof')
        self.sunroof = 'closed'
```

```python
car = Car()
taxi = Taxi()
limo = Limo()

car.start()
car.drive()

taxi.start()
taxi.hire('Kim')
taxi.drive()
taxi.pay(5.0)

limo.start()
limo.hire('Jenn')
taxi.drive()
limo.pour_drink()
limo.pay(10.0, 5.0)
```

頭の中でこのコードをたどり、出力を予想して書いてください。

少し厄介なので、注意してください。

ここに出力を予想して書いてください。

Python 3.7.2 Shell

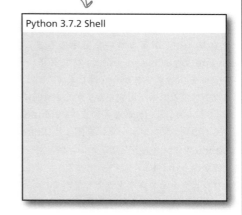

has-a関係を理解する

オブジェクトは別のオブジェクトを含む（HAS-A）

オブジェクト属性には、数値や文字列などの単純な型だけでなくリストや辞書も代入できます。さらに、他のオブジェクトも代入できます。属性に他のオブジェクトを設定した場合、「HAS-A関係がある」と言います。例えばHouseクラスがあり、そのオブジェクトにKitchenオブジェクトを設定した属性がある場合、「HouseはKitchenとHAS-A関係である」と言います。

オブジェクト間にHAS-A関係がある場合、「一方のオブジェクトが他方のオブジェクトを包含する」と言います（HouseはKitchenを包含します）。慣れてくると、2つのオブジェクトが自立できるかどうか（台所は家がないと意味をなしませんが、家を所有する人は家がなくても意味をなします）に関してさらに正確に判断できるようになります。また、それぞれに異なる用語を使えるようになります。経験を積んでからこの関係を実際に調べてもらいます。

われわれが何が言いたいのか、不思議に思ったでしょう。オブジェクトは属性として別のオブジェクトを持てます。そういうことだと思うのですが、なぜ大騒ぎするのでしょうか？

オブジェクトが振る舞いを継承できましたよね。例えば、ServiceDogはhuman_yearsの振る舞いとbarkの振る舞いの一部をDogクラスから取得します。また別の方法でもオブジェクトに振る舞いを追加できます。一般的にはオブジェクトの「コンポジション」（合成）を使います。Houseオブジェクトを考えてください。コンポジションを使うと（HouseオブジェクトがKitchenオブジェクトをコンポジションすると）、突然新しい調理機能が得られます。

オブジェクトをコンポジットしてみましょう。さらに、別のオブジェクトに新たな振る舞いを追加してみます。

脳力発揮

オブジェクト指向の家を作成するにはどのようにクラスを定義しますか？

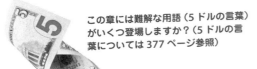

この章には難解な用語（5ドルの言葉）がいくつ登場しますか？（5ドルの言葉については377ページ参照）

12章　オブジェクト指向プログラミング

エクササイズ

フリスビーをキャッチする犬の新しいクラスを作成しましょう。
Frisbeeクラスは作っておきました。

```
class Frisbee:
    def __init__(self, color):
        self.color = color

    def __str__(self):
        return "I'm a " + self.color + ' frisbee'
```

Frisbeeの機能はまだ限られています。色と__str__メソッドしかありません。ここまではうまくいっています。

FrisbeeDogを完成させてください。フリスビーをキャッチ(catch)して返す(give)必要があります。また、__str__メソッドもあります。犬はフリスビーを口にくわえていたら吠える(bark)ことはできないので、barkメソッドをオーバーライドしたほうがいいでしょう。

このエクササイズは挑戦しがいがあります。時間をかけて取り組んでください。必要な場合に限って572ページの答えを見るようにしてください。答えを見るのはできるだけ我慢してください。

```
class FrisbeeDog(Dog):
    def __init__(self, name, age, weight):
        Dog.__init__(self, name, age, weight)
        self.frisbee = None

    def bark(self):



    def catch(self, frisbee):



    def give(self):



    def __str__(self):
```

FrisbeeDogが口にフリスビーをくわえていない場合は、他の犬と同様に吠えさせたいでしょう。くわえている場合には、「I can't bark, I have a frisbee in my mouth.」(口にフリスビーをくわえているので吠えられない)と出力します。

catchが呼び出されたら、渡されたフリスビーをfrisbee属性に保存します。

giveが呼び出されたら、属性をNoneに設定してフリスビーを返します。

犬がフリスビーをくわえていたら、「I'm a dog <name> and I have a frisbee」(私は犬で、名前は<名前>フリスビーをくわえている)という文字列を返します。それ以外の場合はDogが返す文字列を返します。

フリスビー犬のテスト

試運転

前ページのエクササイズの答えを、572ページの答えと比べて、新しいコードを dog.py ファイルに追加してください。古いテスト用のコードを削除し、次の新しいテスト用のコードをファイルの末尾に追加してください。

```
def test_code():
    dude =  FrisbeeDog('Dude', 5, 20)      # FrisbeeDogとFrisbee
    blue_frisbee = Frisbee('blue')          # を作成します。

    print(dude)
    dude.bark()                             # 犬が吠えたら、再びフリスビーを
    dude.catch(blue_frisbee)                # キャッチさせます。
    dude.bark()                             # そして、フリスビーを口にくわえた状態で吠えさせます。
    print(dude)
    frisbee = dude.give()                   # 犬を出力し（今回はフリスビーをくわえ
    print(frisbee)                          # ています）、フリスビーを戻します。
    print(dude)

test_code()                                 # 犬が返したフリスビーを出力し、
                                            # 犬を再び出力します（今回はフリ
                                            # スビーを離しています）。
```

このコードは、手続き型ではなくオブジェクト指向に見えます。

このような出力になります。
「私は犬で、名前はデュード」
「デュードは"woof woof"と吠える」
「デュードは青のフリスビーをキャッチした」
「デュードは"口にフリスビーをくわえているので吠えられない"と言う」
「私はデュードという名前の犬で、フリスビーをくわえている」
「デュードは青のフリスビーを戻す」
「私は青のフリスビー」
「私は犬で、名前はデュード」

```
Python 3.7.2 Shell
I'm a dog named Dude
Dude says "woof woof"
Dude caught a blue frisbee
Dude says, "I can't bark, I have a frisbee
in my mouth"
I'm a dog named Dude and I have a frisbee
Dude gives back blue frisbee
I'm a blue frisbee
I'm a dog named Dude
>>>
```

デュード、フリスビーキャッチ犬

犬用ホテルの設計

ご存じのとおり、われわれは素晴らしいビジネスチャンスは絶対に逃しません。これから犬用のホテルは成長間違いなしと聞いています。犬用ホテルを作って数匹の犬を預かり、チェックインとチェックアウトができるようにし、当然、ときどき吠えさせるようにします。さっそくコードを書いてみましょう。クラス図を作成し、このホテルを設計しましょう。

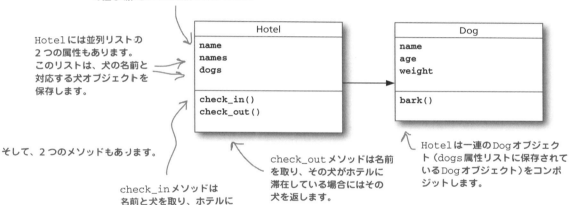

ホテルには name 属性があります。「Doggie Hotel」（ワンちゃんホテル）、「Doggie Ranch」（ワンちゃん牧場）、「Puppy Playground」（子犬の遊び場）といった名前を保存します。

Hotel には並列リストの2つの属性もあります。このリストは、犬の名前と対応する犬オブジェクトを保存します。

そして、2つのメソッドもあります。

check_in メソッドは名前と犬を取り、ホテルにチェックインします。

check_out メソッドは名前を取り、その犬がホテルに滞在している場合にはその犬を返します。

Hotel は一連の Dog オブジェクト（dogs 属性リストに保存されている Dog オブジェクト）をコンポジットします。

Hotel クラスには、考慮すべきことがいくつかあります。まず、オブジェクトが犬の場合にのみオブジェクトをホテルにチェックインできるようにします。オブジェクトが犬であるためには、Dog クラスか Dog のサブクラスのインスタンスでなければいけません。犬がチェックインしている場合にしかホテルからチェックアウトできないので、この条件も調べる必要があります。

脳力発揮

ホテルに犬を保存するのに、並列リストを2つ使う方法よりも優れた方法を考えてみてください。

犬用ホテルの実装

Hotelクラスの図が作成できたので、実装にコードを書いてみましょう。まずコンストラクタを実装してから、2つのメソッドcheck_inとcheck_outを実装します。

```python
class Hotel:
    def __init__(self, name):
        self.name = name
        self.kennel_names = []
        self.kennel_dogs = []

    def check_in(self, dog):
        if isinstance(dog, Dog):
            self.kennel_names.append(dog.name)
            self.kennel_dogs.append(dog)
            print(dog.name, 'is checked into', self.name)
        else:
            print('Sorry only Dogs are allowed in', self.name)

    def check_out(self, name):
        for i in range(0, len(self.kennel_names)):
            if name == self.kennel_names[i]:
                dog = self.kennel_dogs[i]
                del self.kennel_names[i]
                del self.kennel_dogs[i]
                print(dog.name, 'is checked out of', self.name)
                return dog
        print('Sorry,', name, 'is not boarding at', self.name)
        return None
```

- Hotelクラスをインスタンス化する際に「Doggie Hotel」といった名前を指定します。
- リストを2つ使います。1つは犬の名前、もう1つは対応するDogオブジェクトを保存します。
- 犬をホテルにチェックインさせるメソッドがあります。このメソッドはDogオブジェクトを引数として取ります。
- まず、Dogオブジェクトであることを確認します。猫や別のオブジェクトは許可しません。
- チェックインの際には、犬の名前とDogオブジェクトを各リストに追加し
- テスト用の簡単な出力を表示します。
- check_inに渡した値がDogでない場合はチェックインしません。猫はチェックインできません。
- ホテルから犬をチェックアウトするには、名前を指定するだけです。
- まず、犬がホテルにいることを確認します。
- ホテルにいれば、リストからDogオブジェクトを取得してホテルのリストからその名前とオブジェクトを削除します。
- チェックアウトの最後にはDogオブジェクトも返します。やはり、犬が戻ってくるべきですよね。
- 犬がホテルにいなければ、ホテル名が違っていることをユーザに通知し、Noneを返します。

12章 オブジェクト指向プログラミング

試運転

前ページのHotelクラスをdog.pyファイルに追加しましょう。古いテスト用のコードを削除し、こちらのテスト用のコードをファイルの末尾に追加してください。Catクラスも忘れずに。

```python
class Cat():
    def __init__(self, name):        # 新しいCatクラスを
        self.name = name              # 確認してください！

    def meow(self):
        print(self.name, 'Says, "Meow"')

def test_code():
    codie = Dog('Codie', 12, 38)     # ServiceDogやFrisbeeDogといった
    jackson = Dog('Jackson', 9, 12)  # さまざまな型のDogを作成します。
    sparky = Dog('Sparky', 2, 14)
    rody = ServiceDog('Rody', 8, 38, 'Joseph')
    dude = FrisbeeDog('Dude', 5, 20)
    kitty = Cat('Kitty')             # Catも試します。結果はどうなるでしょうか。

    hotel = Hotel('Doggie Hotel')
    hotel.check_in(codie)
    hotel.check_in(jackson)           # Catも試します。結果は
    hotel.check_in(rody)              # どうなるでしょうか。
    hotel.check_in(dude)
    hotel.check_in(kitty)             # ペットをすべてチェックアウトさせて、
                                       # 正しい犬を返していることを確認します。
                                       # 「コーディはDoggie Hotelをチェックアウト
                                       # した」「チェックアウト コーディ、12歳、38ポ
                                       # ンド」のように出力されます。
    dog = hotel.check_out(codie.name)
    print('Checked out', dog.name, 'who is', dog.age, 'and', dog.weight, 'lbs')
    dog = hotel.check_out(jackson.name)
    print('Checked out', dog.name, 'who is', dog.age, 'and', dog.weight, 'lbs')
    dog = hotel.check_out(rody.name)
    print('Checked out', dog.name, 'who is', dog.age, 'and', dog.weight, 'lbs')
    dog = hotel.check_out(dude.name)
    print('Checked out', dog.name, 'who is', dog.age, 'and', dog.weight, 'lbs')
    dog = hotel.check_out(sparky.name)

test_code()
```

チェックインしていないスパーキーを指定するとどうなるでしょうか。

出力は次のページ。

カプセル化を理解する

好きにすればいいわ。

これが出力です！

すべてチェックインされています。猫を除いては。

犬用ホテルは正しい犬を戻しています。

スパーキーは預けていないので、当然です。

```
Python 3.7.2 Shell
Codie is checked into Doggie Hotel
Jackson is checked into Doggie Hotel
Rody is checked into Doggie Hotel
Dude is checked into Doggie Hotel
Sorry only Dogs are allowed in Doggie Hotel
Codie is checked out of Doggie Hotel
Checked out Codie who is 12 and 38 lbs
Jackson is checked out of Doggie Hotel
Checked out Jackson who is 9 and 12 lbs
Rody is checked out of Doggie Hotel
Checked out Rody who is 8 and 38 lbs
Dude is checked out of Doggie Hotel
Checked out Dude who is 5 and 20 lbs
Sorry, Sparky is not boarding at Doggie Hotel
>>>
```

リストを使うのは格好悪いと思うな。辞書の機能を知っているんだから、辞書で実装したほうがいいんじゃないの？

名案です。私も同じことを考えていましたが、あなたに先を越されたようです。でもいったんリストから辞書へ変更すると、残りのコードも変更しなくてはならないのではと心配に思ったのではないでしょうか。

心配無用です。これはオブジェクト指向プログラミングです。そのメリットの1つは**カプセル化**です。カプセル化は次のように考えてください。オブジェクトは内部状態と振る舞いを一緒に保持しており、外から見てすべてが期待どおりに動作している限り、そのオブジェクトの内部を実装する方法はわれわれが決めることです。オブジェクトを使うコードには影響ありません。

実際に、ホテルを修正してみましょう。そうすれば、私の言いたいことがわかるでしょう。

犬用ホテルの改装

電動ドリルを取り出して、このホテルを改装しましょう。
check_inとcheck_outを作り直しましょう。この例では、
簡単に調べられます。

Hotelクラスをインスタンス化する際に「Doggie Hotel」のような名前を指定します。

```
class Hotel:
    def __init__(self, name):
        self.name = name
        self.kennel_names = []
        self.kennel_dogs = []
        self.kennel = {}
```

今回は辞書を使って犬を保存します。この辞書をkennelとします。ですから上の2行は不要となります。

やはり、犬をホテルにチェックインするメソッドが必要です。
このメソッドはDogオブジェクトを取ります。

まず、Dogオブジェクトであることを確認します。猫や犬以外のオブジェクトは許可されません。

チェックインの際には、犬の名前をキーとして使って辞書に犬を追加し

```
    def check_in(self, dog):
        if isinstance(dog, Dog):
            self.kennel[dog.name] = dog
            print(dog.name, 'is checked into', self.name)
        else:
            print('Sorry only Dogs are allowed in', self.name)
```

テスト用の簡単な出力を表示します。

ホテルから犬をチェックアウトするには、名前を指定するだけです。

まず、犬が犬用ホテルにいることを確認します。

そして、犬用ホテルにいれば、辞書からDogオブジェクトを取得して辞書からその犬を削除します。

```
    def check_out(self, name):
        if name in self.kennel:
            dog = self.kennel[name]
            print(dog.name, 'is checked out of', self.name)
            del self.kennel[dog.name]
            return dog
        else:
            print('Sorry,', name, 'is not boarding at', self.name)
            return None
```

チェックアウトの最後にはDogオブジェクトも返します。やはり、犬が戻ってくるべきですよね。

8章を思い出してください。要素を探すにはリストより辞書のほうが効率的です。

犬がホテルにいなければ、間違えていることをユーザに知らせます。

いいですね！ずっとわかりやすくなりました！

dog.pyファイルのcheck_inとcheck_outメソッドを書き直してください。そして、もう一度テストしてください。

他のコードは変更していないのに、犬の保存とアクセス方法が変更できました。これがカプセル化です。オブジェクトインタフェース（言い換えれば、Dogにおける呼び出しの方法）が同じであれば、他のコードは犬の実装方法とは無関係です。

```
Python 3.7.2 Shell
Codie is checked into Doggie Hotel
Jackson is checked into Doggie Hotel
Rody is checked into Doggie Hotel
Dude is checked into Doggie Hotel
Sorry only Dogs are allowed in Doggie Hotel
Codie is checked out of Doggie Hotel
Checked out Codie who is 12 and 38 lbs
Jackson is checked out of Doggie Hotel
Checked out Jackson who is 9 and 12 lbs
Rody is checked out of Doggie Hotel
Checked out Rody who is 8 and 38 lbs
Dude is checked out of Doggie Hotel
Checked out Dude who is 5 and 20 lbs
Sorry, Sparky is not boarding at Doggie Hotel
>>>
```

ホテルでのアクティビティを追加する

ホテルで犬がやりたいことは何だと思いますか？ もちろん、吠えることです。barktimeメソッドを追加し、犬に吠える機会を与えましょう。

```
def barktime(self):
    for dog_name in self.kennel:
        dog = self.kennel[dog_name]
        dog.bark()
```

犬用ホテル内の犬の名前を反復処理し、その名前をキーとして使ってDogオブジェクトを取得します。

そして、犬を吠えさせます。

dog.pyファイルにbarktimeメソッドを追加します。古いテスト用のコードを削除し、以下のテスト用のコードをファイルの末尾に追加します。そして、コードを試してください。

```
def test_code():
    codie = Dog('Codie', 12, 38)
    jackson = Dog('Jackson', 9, 12)
    rody = ServiceDog('Rody', 8, 38, 'Joseph')
    frisbee = Frisbee('red')
    dude = FrisbeeDog('Dude', 5, 20)
    dude.catch(frisbee)

    hotel = Hotel('Doggie Hotel')
    hotel.check_in(codie)
    hotel.check_in(jackson)
    hotel.check_in(rody)
    hotel.check_in(dude)

    hotel.barktime()

test_code()
```

```
Python 3.7.2 Shell
Dude caught a red frisbee
Codie is checked into Doggie Hotel
Jackson is checked into Doggie Hotel
Rody is checked into Doggie Hotel
Dude is checked into Doggie Hotel
Codie says "WOOF WOOF"
Jackson says "woof woof"
Rody says "WOOF WOOF"
Dude says, "I can't bark, I have a frisbee in my mouth"
>>>
```

すべての犬が吠えているようです。
デュードは赤のフリスビーをキャッチし、コーディとジャクソンとロディとデュードがDoggie Hotelにチェックインし、コーディとジャクソンとロディは吠え、デュードは「口にフリスビーをくわえているので吠えられない」と言っています。

可能なことは何でもできる（ポリモーフィズム）

この章には多くの新しい概念が登場します。休憩し、睡眠をとり、内容を把握する時間を脳に与えてください。ここで少し休憩するとよいでしょう。

barktimeテストの出力をもう一度確認してみましょう。

```
Codie says "WOOF WOOF"        ← コーディはDogです。
Jackson says "woof woof"      ← ジャクソンもDogです。
Rody says "WOOF WOOF"         ← ロディはServiceDogです。
Dude says, "I can't bark, I have a frisbee in my mouth"
                                            ← デュードはFrisbeeDogです。
```

厳密には、犬はいずれも異なる型でした（Dogのコーディとジャクソンは除く）。しかし、すべての犬を反復処理し、統一的に扱いbarkメソッドを呼び出すコードを書くことができました。

```
for dog_name in self.kennel:
    dog = self.kennel[dog_name]
    dog.bark()
```

ServiceDogやFrisbeeDogにbarkメソッドがなかったらどうなるのでしょうか？ 心配要りません。必ずbarkはあります。なぜなら、ServiceDogやFrisbeeDogもDogのサブクラスだからです（別の言い方をすると、Dogクラスを継承しています）、Dogクラスにはbarkメソッドがあります。この例では、ServiceDogとFrisbeeDogはbarkメソッドをオーバーライド（上書き）していますが、それは問題ではありません。いずれにしても、barkメソッドがあります。

それがなぜ重要かと言うと、オブジェクトのこの特性を利用できるので、オブジェクトがどのように処理を実行するかを気にせずにコードを書けます。たとえ今後オブジェクトの働きを変更したり、予想もしなかったまったく新しい犬の型（ShowDogやPoliceDogなど）を作成したりしても問題ありません。実際に、現在および将来のすべてのDog型が犬用ホテルのコードを変更せずに犬用ホテルのbarktimeに参加できます。

犬の種類にかかわらず、barkを呼び出すことが保証されます。

ここで説明している特性は、**ポリモーフィズム（多態性）**と呼ばれるものです。これもオブジェクト指向の難解な用語の1つです。ポリモーフィズムとは、基盤となる実装は異なりますが（FrisbeeDogやServiceDogなど）プログラミングインタフェースが同じ（つまり、どちらもbarkメソッドがある）さまざまなオブジェクトを持てるという意味です。この特性はオブジェクト指向プログラミングでさまざまなかたちで使われ、継承に関連する難しいものです。ここでは、必要なメソッドがオブジェクトにありさえすれば多くの異なるオブジェクトに適用できるコードを書けるということだけを覚えておいてください。

他の犬に歩き方を教える

　この実装で歩き方を知っている犬は介助犬だけです。しかし、適切ではありません。すべての犬が歩きます。メインのDogクラスと、Dogを継承するFrisbeeDogクラスは、どちらも歩くことができなければいけません。両方にwalkメソッドを追加する必要があるでしょうか？ __str__メソッドのときのFrisbeeDogがDogを継承していることを考えると、Dogにwalkメソッドを追加すればFrisbeeDogもその振る舞いを継承します。そこで、この性質を利用して少し書き直しましょう。その過程でServiceDogも改良できます。その方法を確認しましょう。

```python
class Dog:
    def __init__(self, name, age, weight):
        self.name = name
        self.age = age
        self.weight = weight

    def bark(self):
        if self.weight > 29:
            print(self.name, 'says "WOOF WOOF"')
        else:
            print(self.name, 'says "woof woof"')

    def human_years(self):
        human_age = self.age * 7
        return human_age

    def walk(self):
        print(self.name, 'is walking')

    def __str__(self):
        return "I'm a dog named " + self.name

class ServiceDog(Dog):
    def __init__(self, name, age, weight, handler):
        Dog.__init__(self, name, age, weight)
        self.handler = handler
        self.is_working = False

    def walk(self):
        if self.is_working:
            print(self.name,'is helping its handler',
                  self.handler, 'walk')
        else:
            Dog.walk(self)

    def bark(self):
        if self.is_working:
            print(self.name, 'says, "I can\'t bark, I\'m working"')
        else:
            Dog.bark(self)
```

変更したクラスだけを表示しています。

簡単なwalkメソッドをDogに追加します。

ServiceDogでは、介助している場合には特別なメッセージを表示します。介助していない場合は他の犬と同じ動作をします。

前ページのwalkメソッドのコードの追加と変更をdog.pyファイルに加えましょう。古いテスト用のコードを削除し、以下のテスト用のコードをファイルの末尾に追加します。そして、次のコードを実行してみてください。

```python
def test_code():
    codie = Dog('Codie', 12, 38)
    jackson = Dog('Jackson', 9, 12)
    rody = ServiceDog('Rody', 8, 38, 'Joseph')
    frisbee = Frisbee('red')
    dude =  FrisbeeDog('Dude', 5, 20)
    dude.catch(frisbee)

    codie.walk()
    jackson.walk()
    rody.walk()
    dude.walk()

test_code()
```

← すべての犬が歩いているようです。

```
Python 3.7.2 Shell
Dude caught a red frisbee
Codie is walking
Jackson is walking
Rody is walking
Dude is walking
>>>
```

FrisbeeDogのwalkメソッドをオーバーライドし、犬がフリスビーをくわえている場合には「フリスビーで遊んでいるので歩けない」と出力するように変更します。それ以外の場合には、FrisbeeDogは通常のDogのように振る舞います。このコードをdog.pyファイルに追加してください。上の試運転と同じテスト用のコードを使います。

```python
class FrisbeeDog(Dog):
    def __init__(self, name, age, weight):
        Dog.__init__(self, name, age, weight)
        self.frisbee = None

    def bark(self):
        if self.frisbee != None:
            print(self.name,
                  'says, "I can\'t bark, I have a frisbee in my mouth"')
        else:
            Dog.bark(self)

    def walk():


    def catch(self, frisbee):
        self.frisbee = frisbee
        print(self.name, 'caught a', frisbee.color, 'frisbee')
```

← ここでwalkをオーバーライドします。

← FrisbeeDogクラスの残りがここに入ります。

継承の威力（と役割）

新しいメソッドwalkを基底クラスDogに追加しただけで、歩かなかった犬（ServiceDogとFrisbeeDog）が魔法のように歩き始めました。これが継承の威力です。継承元のクラスを変更するだけで全クラスの振る舞いの追加、変更、拡張ができます。一般的にこれは便利ですが、注意しないと誤用してしまいます。継承では、新しい振る舞いを追加すると予期せぬ結果を招く恐れもあります。例えば、ServiceDogへの影響を考えずにDogクラスにchase_squirrelメソッドを追加するとどうなるでしょうか？

また、クラスの機能を拡張するために継承を不必要に使ってしまうこともあります。他にも方法があり、その1つは、先ほど述べたコンポジション（**合成**）です。クラスを合成すると、継承だけを使う場合よりも柔軟なオブジェクト指向設計ができるのです。

継承を不必要に使うことなく、適切に使うためには、優れたオブジェクト指向設計と分析スキル（OOPスキルを磨き続けていけば身に付く）が必要です。われわれはOOPとオブジェクト指向設計の詳細かつ重要な特性について述べていますが、初めにこのような概念を知っておくと、この先何かと便利です。現状では、プログラマの多くは、コーディングの経験をかなり重ねた後になって初めてクラスコンポジションなどの威力に気付いています。それでは遅すぎます。

繰り返しになりますが、これらはOOPの経験を積むにつれて覚える重要な特性です。ここではホテルを少しだけ拡張し、その過程でコンポジションを使いましょう。

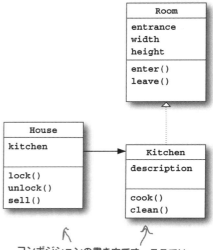

クラス図における継承の書き方はもう知っていますよね？ここではKitchenはRoomクラスを継承しています。KitchenはRoomとIS-A関係です。

コンポジションの書き方です。ここではHouseはKitchenとHAS-A関係です。HAS-Aはコンポジションを意味します。

脳力発揮

Hotelクラスの新しい辞書を使った実装にはまだ問題があります。例えば、2匹の犬が同じ名前でチェックインしたら何が起こるでしょうか？どのようにこの問題を修正すればよいでしょう？

犬用ホテルの散歩サービスを実装する

収益拡大のチャンスを探っている犬用ホテルは、ホテルで預かっている犬に散歩サービスを用意しようと考えています。うまくいきそうな気がします。実装してみましょう。

```
class Hotel:
    def __init__(self, name):
        self.name = name
        self.kennel = {}

    def check_in(self, dog):
        if isinstance(dog, Dog):
            self.kennel[dog.name] = dog
            print(dog.name, 'is checked into', self.name)
        else:
            print('Sorry only Dogs are allowed in', self.name)

    def check_out(self, name):
        if name in self.kennel:
            dog = self.kennel[name]
            print(dog.name, 'is checked out of', self.name)
            del self.kennel[dog.name]
            return dog
        else:
            print('Sorry,', name, 'is not boarding at', self.name)
            return None

    def barktime(self):
        for dog_name in self.kennel:
            dog = self.kennel[dog_name]
            dog.bark()

    def walking_service(self):
        for dog_name in self.kennel:
            dog = self.kennel[dog_name]
            dog.walk()
```

散歩サービスは簡単に追加できます。ホテルのbarktimeメソッドの追加と似ています。犬の振る舞いだけが異なります。吠えるのではなく歩くのです。

ホテル内の犬を反復処理し、それぞれの犬のwalkメソッドを呼び出します。

実装は簡単でしたが、大量の犬を散歩させる時間がありません。ホテルの運営に忙しいのです！ この役割を他の誰かに**委譲**したいと思います。

人オブジェクトの追加

人のオブジェクトもないのにどのように人を雇って犬を散歩させるの？

いい指摘です。さっそく修正しましょう。簡単なPersonクラスを作成し、犬を散歩させるサブクラスDogWalkerを作成してみましょう。

←「サブクラス化」とも呼びます。

OOPでは、オブジェクトが別のオブジェクトにタスクの実行を依頼することを**委譲**と呼びます。委譲は、継承したり直接実装したりせずにオブジェクトに振る舞いを追加できます。

```
class Person:
    def __init__(self, name):
        self.name = name

    def __str__(self):
        return "I'm a person and my name is " + self.name
```
名前を持つ簡単なPersonクラス。あとでさらに追加することもできます。

```
class DogWalker(Person):
    def __init__(self, name):
        Person.__init__(self, name)

    def walk_the_dogs(self, dogs):
        for dog_name in dogs:
            dogs[dog_name].walk()
```

DogWalkerは単なるPersonですが、walk_the_dogsメソッドを持ちます。

このメソッドは、犬を反復処理してそれぞれの犬のwalkメソッドを呼び出します。

いいですね。次はHotelクラスを作り直し、DogWalkerを雇ってwalking_serviceメソッドで犬の散歩を委譲できるようにしましょう。

これらのメソッドはHotelクラスに入ります。

```
    def hire_walker(self, walker):
        if isinstance(walker, DogWalker):
            self.walker = walker
        else:
            print('Sorry,', walker.name, ' is not a Dog Walker')

    def walking_service(self):
        if self.walker != None:
            self.walker.walk_the_dogs(self.kennel)
```

hire_walkerメソッドではオブジェクトがDogWalkerであるかを判断し、DogWalkerであれば属性として追加して雇います。

walking_serviceでは、walker属性があれば散歩担当者に犬の散歩を依頼します。

12章　オブジェクト指向プログラミング

> DogWalkerクラスから、Dogが辞書に保存されていることはわかっているよね。リストにコードを戻したら、DogWalkerは壊れてしまうのでは？カプセル化では、オブジェクト内での実装方法を知らなくてもいいと思っていたんだけど？

いい質問です。確かに、散歩担当者は犬が辞書（正確には一連の入れ子になった辞書）に保存されていることはわかっています。しかし、辞書は一般的なデータ構造で、散歩担当者に犬を渡すのに最適です。仮にホテルが複雑な内部データ構造を使って犬を保存しても、散歩担当者に犬を渡す際には適切な辞書にまとめることができます。

しかし、あなたの言うとおりです。ホテルの既存の内部実装を変更する場合、犬の辞書が得られると散歩担当者が考えていることを頭に入れておかなければいけないので、ホテルのこの内部実装を完全にはカプセル化していません。

そうは言っても、ホテルのこの内部実装をカプセル化し、ホテルと散歩担当者をもっと分離したければ（散歩担当者がホテル実装の知識を持ったりその知識に頼ったりしないように）、この本でかなり前に述べた反復可能なパターンを使って実装を改善できます。このパターンでは、実装方法について何も知らなくても値を反復処理できます。

これはこの本の範囲を少し超えていますが、やはりこの質問はいい質問です。各自の設計で引き続き検討してください。

試運転

ここで、560ページのPersonクラス、DogWalkerクラス、hire_walkerメソッド、walking_serviceメソッドをHotelクラスに追加します。そして、下のテスト用のコードを使ってください（既存のテスト用のコードをこのコードで置き換えます）。

```python
def test_code():
    codie = Dog('Codie', 12, 38)
    jackson = Dog('Jackson', 9, 12)
    sparky =  Dog('Sparky', 2, 14)
    rody = ServiceDog('Rody', 8, 38, 'Joseph')
    rody.is_working = True
    dude =  FrisbeeDog('Dude', 5, 20)      ← ロディはホテルでは
                                              働きませんが、
                                              とにかく試しましょう。
    hotel = Hotel('Doggie Hotel')
    hotel.check_in(codie)
    hotel.check_in(jackson)
    hotel.check_in(rody)
    hotel.check_in(dude)

    joe = DogWalker('joe')    ← 散歩担当者を作成して
    hotel.hire_walker(joe)       雇います。

    hotel.walking_service()   ← そして、ジョーに
                                 その役割を委譲
test_code()                      します。
```

犬の散歩は、順調に委譲されているようです。コーディ、ジャクソン、ロディ、デュードがDoggie Hotelにチェックインし、コーディ、ジャクソン、デュードは散歩し、ロディはジョセフを介助していると表示されています。

```
Python 3.7.2 Shell
Codie is checked into Doggie Hotel
Jackson is checked into Doggie Hotel
Rody is checked into Doggie Hotel
Dude is checked into Doggie Hotel
Codie is walking
Jackson is walking
Rody is helping its handler Joseph walk
Dude is walking
>>>
```

12章　オブジェクト指向プログラミング

その間、タートルレースに戻ってみる

7章で緑のタートルが少しおかしかったのですが、覚えていますか？緑のタートルがなぜか大差で1着でした。警察はまだ原因がわからず途方に暮れています。新たに得たOOPの知識を使ってもう一度調べ、何が起こっているか説明できますか？

```python
import random
import turtle

turtles = []

class SuperTurtle(turtle.Turtle):
    def forward(self, distance):
        cheat_distance = distance + 5
        turtle.Turtle.forward(self, cheat_distance)

def setup():
    global turtles
    startline = -620
    screen = turtle.Screen()
    screen.setup(1290, 720)
    screen.bgpic('pavement.gif')

    turtle_ycor = [-40, -20, 0, 20, 40]
    turtle_color = ['blue', 'red', 'purple', 'brown', 'green']

    for i in range(0, len(turtle_ycor)):
        if i == 4:
            new_turtle = SuperTurtle()
        else:
            new_turtle = turtle.Turtle()
        new_turtle.shape('turtle')
        new_turtle.penup()
        new_turtle.setpos(startline, turtle_ycor[i])
        new_turtle.color(turtle_color[i])
        new_turtle.pendown()
        turtles.append(new_turtle)

def race():
    global turtles
    winner = False
    finishline = 560

    while not winner:
        for current_turtle in turtles:
            move = random.randint(0, 2)
            current_turtle.forward(move)

            xcor = current_turtle.xcor()
            if xcor >= finishline:
                winner = True
                winner_color = current_turtle.color()
                print('The winner is', winner_color[0])

setup()
race()

turtle.mainloop()
```

コードをもう一度注意深く調べてください。プログラムが誰かにハッキングされ、新たなコードが追加されています。追加されたコードは何をするものでしょうか？このハッキングは、どのようなオブジェクト指向の概念に基づいているのでしょうか？

答えは565ページです。

犯行現場　立入禁止　　犯行現場　立入禁止　　犯行現場　立入禁止

オブジェクト村にようこそ

**オブジェクトを使うより
良い生活のための手引き**

ようこそ、オブジェクト村の新しい住人のみなさん！ この村でのより良い生活のためのアドバイスをどうか聞いてください。楽しい滞在になりますように。

- ☞ よく理解する。時間をかけて周囲のオブジェクト（およびクラス）を調査する。他のオブジェクト指向のコードを調べ、その構造やオブジェクトの使い方の感触をつかむ。
- ☞ ためらわずに組み込みクラスの拡張を行う。独自クラスと同様に拡張できる。
- ☞ オブジェクト村を知ることは生涯にわたる探求であることをあらかじめ認識しておく。
- ☞ 学習を継続する。基本はマスターしたので、あと必要なのは経験のみ。経験を得るには時間と手間をかけて勉強し実践するしかない（何かを作ってみる）。
- ☞ 継承や設計へのポリモーフィズムの活用などのオブジェクト指向の基本にさらに時間を費やす。
- ☞ オブジェクトの役割の焦点を絞りシンプルに保ち、徐々に複雑なオブジェクト設計に進む。小さな家を建ててみてから超高層ビルを設計する。
- ☞ コンポジション（合成）を利用した構築やコードでの委譲の使い方をさらに学ぶと、設計がより柔軟になる。
- ☞ 立ち止まらない。とにかく学び続ける。

タートルレース事件の解決

問題が特定できましたか？卑劣なハッカーは、SuperTurtleというTurtleのサブクラスを作成したようです。そして、SuperTurtleでforwardメソッドを**オーバーライド**し、パラメータdistanceに5単位追加してから**基底クラス**（この場合はTurtle）のforwardメソッドを呼び出しています。明らかにこのハッカーは**ポリモーフィズム**に精通しています。このゲームのraceメソッドがTurtleと**IS-A**関係にあるあらゆる種類のオブジェクトでforwardを呼び出すことを知っていたからです。OOP知識が十分でないとかえって危険です！

> よくやった！犯人を捕まえたな！

このハッカーはTurtleのサブクラスを作成し、forwardメソッドをオーバーライドしてforwardが呼び出されるたびに5単位を追加していました。

```
import random
import turtle

turtles = []

class SuperTurtle(turtle.Turtle):
    def forward(self, distance):
        cheat_distance = distance + 5
        turtle.Turtle.forward(self, cheat_distance)

def setup():
    global turtles
    startline = -620
    screen = turtle.Screen()
    screen.setup(1290, 720)
    screen.bgpic('pavement.gif')

    turtle_ycor = [-40, -20, 0, 20, 40]
    turtle_color = ['blue', 'red', 'purple', 'brown', 'green']

    for i in range(0, len(turtle_ycor)):
        if i == 4:
            new_turtle = SuperTurtle()
        else:
            new_turtle = turtle.Turtle()
        new_turtle.shape('turtle')
        new_turtle.penup()
        new_turtle.setpos(startline, turtle_ycor[i])
        new_turtle.color(turtle_color[i])
        new_turtle.pendown()
        turtles.append(new_turtle)

def race():
    global turtles
    winner = False
    finishline = 560

    while not winner:
        for current_turtle in turtles:
            move = random.randint(0, 2)
            current_turtle.forward(move)

            xcor = current_turtle.xcor()
            if xcor >= finishline:
                winner = True
                winner_color = current_turtle.color()
                print('The winner is', winner_color[0])

setup()
race()

turtle.mainloop()
```

- Turtleのサブクラスを定義しています！
- タートル番号4（緑のタートル）では毎回SuperTurtleオブジェクトをインスタンス化しています。
- ポリモーフィズムが機能しています。このコードは、TurtleとIS-A関係のあらゆるオブジェクトで（たとえSuperTurtleであっても）forwardを呼び出します。

犯行現場　立入禁止　　犯行現場　立入禁止　　犯行現場　立入禁止

おめでとう

コードを書く仕事を考えたことはありますか?

　ページを読み飛ばすことなく、ここまで来られましたか? おめでとうございます! そして、どれだけのことをやってきたかを振り返ってみてください。気付かないうちに、多くのことを行いました。幸か不幸か、この本で学んだことは、ソフトウェア開発のほんのさわりだけなので、ソフトウェア開発についてさらに学ぶための教材を紹介しておきます。われわれの提案を検討してもらえれば幸いです。

　お勧めする書籍は次のとおりです。

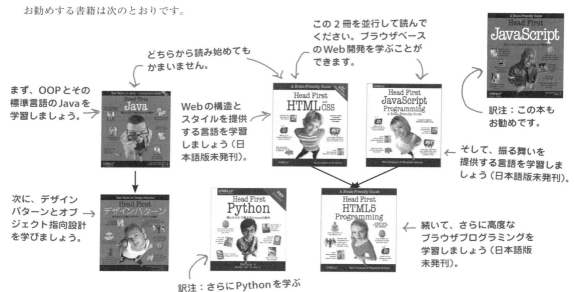

12章　オブジェクト指向プログラミング

重要ポイント

- オブジェクト指向プログラミング（略してOOP）は、現実（または仮想）のオブジェクトをモデル化して問題の解決に集中する。
- オブジェクトは状態と振る舞いを持つ。
- オブジェクトはクラスから作成する。クラスは設計図の役割を果たす。
- 新たなオブジェクトを作成することを、「オブジェクトをインスタンス化する」と言う。
- コンストラクタはクラスを初期化するメソッド。
- Pythonではコンストラクタの名前は__init__。
- コンストラクタには第1引数として作成したオブジェクトを渡す。
- 慣例としてコンストラクタの第1パラメータを**self**と呼ぶ。
- 属性はオブジェクト内の変数のようなもので、任意の値を代入できる。
- メソッドは関数に似ているが、引数selfを渡すところが異なる。
- サブクラス化すると、別のクラスの属性とメソッドを継承できる。
- サブクラス化するクラスは、スーパークラスやスーパータイプと呼ばれることが多い。
- スーパークラスと同じ名前のメソッドをサブクラスで定義すると、スーパークラスのメソッドをオーバーライドできる。
- サブクラス化すると、IS-A関係があると言う。
- PythonではisinstanceでIS-A関係を調べられる。
- isinstanceメソッドは、オブジェクトがそのクラス（またはそのクラスのスーパークラス）のインスタンスの場合にTrueを返す。
- __str__メソッドをオーバーライドし、オブジェクトをprintで出力したときに表示したい文字列を返す。
- 同じインタフェースを持つオブジェクトに使うコードを書く際、ポリモーフィズム（多態性）を使う。
- オブジェクトのメソッドは、オブジェクトで呼び出すことができるメソッドと考える。
- オブジェクトの属性に別のオブジェクトを代入してオブジェクトをコンポジット（合成）する。
- コンポジション（合成）は、クラスの振る舞いを拡張する一般的なテクニック。
- 別のクラスに処理を任せることを、委譲すると言う。
- 複数のクラスから振る舞いと状態を継承すると、多重継承が発生する。

you are here ▶ 567

コーディングクロスワード

いよいよ最後のクロスワードです。一応、すべての単語がオブジェクト指向に関するものです。

ヨコのカギ

4. オブジェクトを作成してインスタンス化する。
6. IS-A関係を調べる組み込み関数。
10. 人間を介助してくれる犬。
12. 同じインタフェースのオブジェクトに使えるコード。
14. メソッドの第1パラメータでの慣例。
17. オブジェクトの状態を持つ。
18. 多くの専門用語がある。

タテのカギ

1. ホテルに許可されていない。
2. 2つ以上のクラスを継承する継承の種類。
3. 他のクラスのサブクラス化（派生）の元となるクラス。
5. IS-A関係。
7. 実装の詳細を隠す。
8. サブクラスでメソッドの振る舞いを再定義する。
9. HAS-A関係。
11. 別のオブジェクトに処理を任せること。

2章で、犬の人間換算年齢を計算するコードを書きました。Dogクラスに人間換算年齢を計算するメソッドを追加してください。このメソッドはhuman_yearsという名前にします。human_yearsメソッドは、引数を取らずに整数を返します。

```python
class Dog:
    def __init__(self, name, age, weight):
        self.name = name
        self.age = age
        self.weight = weight

    def print_dog(dog):
        print(dog.name + "'s", 'age is', dog.age,
              'and weight is', dog.weight)

    def bark(self):
        if self.weight > 29:
            print(self.name, 'says "WOOF WOOF"')
        else:
            print(self.name, 'says "woof woof"')

    def human_years(self):
        years = self.age * 7
        return years


codie = Dog('Codie', 12, 38)
jackson = Dog('Jackson', 9, 12)
print(codie.name + "'s age in human years is ", codie.human_years())
print(jackson.name + "'s age in human years is ", jackson.human_years())
```

いままでのコードです。犬の人間換算年齢を返すhuman_yearsメソッドを追加しましょう。

犬の人間換算年齢は、age属性に7をかけて求めます。

「コーディの人間換算年齢は84」
「ジャクソンの人間換算年齢は63」
と出力されます。

```
Python 3.7.2 Shell
Codie's age in human years is  84
Jackson's age in human years is  63
>>>
```

練習問題の答え

自分で考えてみようの答え

左側のクラス図を参考に、右側のisinstanceの評価結果を予想してください。isinstanceは必ずTrueかFalseのどちらかに評価されます。

TrueまたはFalse
を書きましょう。

```
simple_cake = Cake()
chocolate_cake = FrostedCake()
bills_birthday_cake = BirthdayCake()
```

Cake
flavor

bake()
cut()
eat()

FrostedCake
frosting

frost()

BirthdayCake
name_on_cake

add_name()
add_candles()

結果	式
False	isinstance(simple_cake, BirthdayCake)
False	isinstance(simple_cake, FrostedCake)
True	isinstance(simple_cake, Cake)
True	isinstance(chocolate_cake, Cake)
True	isinstance(chocolate_cake, FrostedCake)
False	isinstance(chocolate_cake, BirthdayCake)
True	isinstance(bills_birthday_cake, FrostedCake)
True	isinstance(bills_birthday_cake, Cake)
True	isinstance(bills_birthday_cake, BirthdayCake)

12章　オブジェクト指向プログラミング

自分で考えてみよう の答え

左側のクラス定義を確認してください。この定義にはオーバーライドしたメソッドが含まれています。次のコードを（頭の中で）実行し、出力を予想してください。

```python
class Car():
    def __init__(self):
        self.speed = 0
        self.running = False

    def start(self):
        self.running = True

    def drive(self):
        if self.running:
            print('Car is moving')
        else:
            print('Start the car first')

class Taxi(Car):
    def __init__(self):
        Car.__init__(self)
        self.passenger = None
        self.balance = 0.0

    def drive(self):
        print('Honk honk, out of the way')
        Car.drive(self)

    def hire(self, passenger):
        print('Hired by', passenger)
        self.passenger = passenger

    def pay(self, amount):
        print('Paid', amount)
        self.balance = self.balance + amount
        self.passenger = None

class Limo(Taxi):
    def __init__(self):
        Taxi.__init__(self)
        self.sunroof = 'closed'

    def drive(self):
        print('Limo driving in luxury')
        Car.drive(self)

    def pay(self, amount, big_tip):
        print('Paid', amount, 'Tip', big_tip)
        Taxi.pay(self, amount + big_tip)

    def pour_drink(self):
        print('Pouring drink')

    def open_sunroof(self):
        print('Opening sunroof')
        self.sunroof = 'open'

    def close_sunroof(self):
        print('Closing sunroof')
        self.sunroof = 'closed'
```

```
car = Car()
taxi = Taxi()
limo = Limo()

car.start()
car.drive()

taxi.start()
taxi.hire('Kim')
taxi.drive()
taxi.pay(5.0)

limo.start()
limo.hire('Jenn')
taxi.drive()         ← 少し厄介なので、注意してください。
limo.pour_drink()
limo.pay(10.0, 5.0)
```

頭の中でこのコードをたどり、出力を予想して書いてください。

ここに出力を書いてください。

```
Python 3.7.2 Shell
Car is moving
Hired by Kim
Honk honk, out of the way
Car is moving
Paid 5.0
Hired by Jenn
Honk honk, out of the way
Car is moving
Pouring drink
Paid 10.0 Tip 5.0
Paid 15.0
>>>
```

「車は走行中」
「賃走中：乗客はキム」
「ブップー、どいて」
「車は走行中」
「支払い済み0.5」
「賃走中：乗客はジェン」
「ブップー、どいて」
「車は走行中」
「飲み物を注ぐ」
「支払い済み10.0 チップ5.0」
「支払い済み15.0」
と出力されます。

練習問題の答え

エクササイズの答え

フリスビーをキャッチする犬の新しいクラスを作成しましょう。
Frisbeeクラスは作っておきました。

```
class Frisbee:
    def __init__(self, color):
        self.color = color

    def __str__(self):
        return "I'm a " + self.color + ' frisbee'
```

← Frisbeeの機能はまだ限られています。色と__str__メソッドしかありません。ここまではうまくいっています。

FrisbeeDogを完成させてください。フリスビーをキャッチ（catch）して返す（give）必要があります。また、__str__メソッドもあります。

```
class FrisbeeDog(Dog):
    def __init__(self, name, age, weight):
        Dog.__init__(self, name, age, weight)
        self.frisbee = None

    def bark(self):
        if self.frisbee != None:
            print(self.name,
                  'says, "I can\'t bark, I have a frisbee in my mouth"')
        else:
            Dog.bark(self)

    def catch(self, frisbee):
        self.frisbee = frisbee
        print(self.name, 'caught a', frisbee.color, 'frisbee')

    def give(self):
        if self.frisbee != None:
            frisbee = self.frisbee
            self.frisbee = None
            print(self.name, 'gives back', frisbee.color, 'frisbee')
            return frisbee
        else:
            print(self.name, "doesn't have a frisbee")
            return None

    def __str__(self):
        msg = "I'm a dog named " + self.name
        if self.frisbee != None:
            msg = msg + ' and I have a frisbee'
        return msg
```

← 簡単なコンストラクタです。frisbee属性を設定するだけです。ここではフリスビーは別のオブジェクトなので、コンポジションを利用しています。

← barkメソッドをオーバーライドしています。現在フリスビー犬がフリスビーをくわえていれば、吠えられません。くわえていなければ、他の犬と同様に吠えます。

← catchメソッドはフリスビーを取り、オブジェクトのfrisbee属性に代入します。

← giveメソッドはfrisbee属性をNoneに設定し、そのfrisbeeを返します。

← これは__str__メソッドです。犬がフリスビーをくわえているかどうかに基づいて出力します。

12章 オブジェクト指向プログラミング

FrisbeeDogのwalkメソッドをオーバーライドし、犬がフリスビーをくわえている場合には「フリスビーで遊んでいるので歩けない」と出力するように変更します。それ以外の場合には、FrisbeeDogは通常のDogのように振る舞います。このコードをdog.pyファイルに追加してください。上の試運転と同じテスト用のコードを使います。

```python
class FrisbeeDog(Dog):
    def __init__(self, name, age, weight):
        Dog.__init__(self, name, age, weight)
        self.frisbee = None

    def bark(self):
        if self.frisbee != None:
            print(self.name,
                  'says, "I can\'t bark, I have a frisbee in my mouth"')
        else:
            Dog.bark(self)

    def walk():
        if self.frisbee != None:
            print(self.name, 'says, "I can\'t walk, I\'m playing Frisbee!"')
        else:
            Dog.walk(self)

    def catch(self, frisbee):
        self.frisbee = frisbee
        print(self.name, 'caught a', frisbee.color, 'frisbee')

    def give(self):
        if self.frisbee != None:
            frisbee = self.frisbee
            self.frisbee = None
            print(self.name, 'gives back', frisbee.color, 'frisbee')
            return frisbee
        else:
            print(self.name, "doesn't have a frisbee")
            return None

    def __str__(self):
        msg = "I'm a dog named " + self.name
        if self.frisbee != None:
            msg = msg + ' and I have a frisbee'
        return msg
```

← self.frisbeeがNoneでなければ、犬はフリスビーをくわえています。

← 犬がフリスビーをくわえている場合には、犬が遊んでいると出力します。くわえていなければ、スーパークラスのwalkメソッドを呼び出してDogの動作をします。

「デュードは赤のフリスビーをキャッチした」
「コーディは散歩している」
「ジャクソンは散歩している」
「ロディは散歩している」
「デュードは"フリスビーで遊んでいるので散歩できない"」
と言うと出力されます。

```
Python 3.7.2 Shell
Dude caught a red frisbee
Codie is walking
Jackson is walking
Rody is walking
Dude says, "I can't walk, I'm playing Frisbee!"
>>>
```

クロスワードの答え

コーディングクロスワードの答え

付録　未収録事項
（取り上げなかった）上位 10 個のトピック

この本ではたくさんのことを取り上げましたが、もうすぐ終わりです。

寂しいですが、お別れの前にもう少しだけ準備しないと気持ちよく送り出せません。実はあなたに知っておいてほしいことが、まだまだあります。文字のサイズを 0.00004 ポイントくらい小さくすれば、12 章までに収まりきれなかった Python プログラミングについて必要な知識を、この小さな付録に全部収めることができるでしょう。でもそんなに小さな文字では、誰も読めません。そこで、最も重要なトピックを 10 項目だけ選びました。これが本当に最後です。もちろん、索引を除いてですが（索引は必見です！）。

1. リスト内包表記

関数rangeを使って数値のリストを作成する方法を説明しましたが、さらに便利な方法でリストを作成することができます。**リスト内包表記**と呼ばれる方法では、任意の型のリストを作成できます。数学者が数値の集合を作成する方法に似ています。まずは、数値の例を調べましょう。

```
[x + x for x in range(10)]
```

Python 3.7.2 Shell
```
[0, 2, 4, 6, 8, 10, 12, 14, 16, 18]
>>>
```

0から9の範囲のそれぞれの数値を2倍にします。

文字列での例はどのようなリストが作られるでしょうか。

```
lyric = ['I', 'saw', 'heard', 'on', 'you', 'the', 'wireless', 'back', 'in', '52']
[s[0] for s in lyric]
```

リストlyricの各単語の先頭の文字を取得します。

Python 3.7.2 Shell
```
['I', 's', 'h', 'o', 'y', 't', 'w', 'b', 'i', '5']
>>>
```

しかし、これは実際にはどのように作成されるのでしょうか？ 基本的には、リスト内包表記を使うと別のリストからリストが作成されます。リスト内包表記の仕組みを理解するために、まず書式を確認しましょう。

この書式を頭に入れて上の例をもう一度確認してください。

最初の部分は、既存のリスト内の要素を表す変数を使った式です。

そして、その変数と元のリストを使ったfor表現が続きます。

最後は条件節です。条件節はこれから使います。

[式 for 要素 in リスト if 条件節]

上の例に条件節を追加するにはこのようにします。

```
[s[0] for s in lyric if s[0] > 'm']
```

要素が「m」よりも後の文字の場合にだけリストに追加します。

Python 3.7.2 Shell
```
['s', 'o', 'y', 't', 'w']
>>>
```

この付録の他のトピックと同様に、リスト内包表記を使いこなすには勉強が必要です。新たなリストを作成する上で便利です。

2. 日付と時刻

日付と時刻は、多くの計算で重要です。次のようにPythonのdatetimeモジュールをインポートします。

```python
import datetime
```

dateオブジェクトを作成するには、9999年までの任意の日付（または1年までの過去の日付）でインスタンス化します。

← 年、月、日にちの順

```python
my_date = datetime.date(2015, 10, 21)
```

また、timeオブジェクトを作成するには、時間、分、秒を指定した任意の時刻でインスタンス化します。

```python
my_time = datetime.time(7, 28, 1)
```
← 時間、分、秒の順

datetimeオブジェクトを使ってまとめることもできます。

← すべてをまとめます。

```python
my_datetime = datetime.datetime(2015, 10, 21, 7, 28, 1)
```

出力してみましょう。

内容を確認するには、日付と時刻のオブジェクトを出力します。

```python
print(my_date)
print(my_time)
print(my_datetime)
print(my_date.year, my_date.month, my_date.day)
print(my_time.hour, my_time.minute, my_time.second)
```

```
Python 3.7.2 Shell
2015-10-21
07:28:01
2015-10-21 07:28:01
2015 10 21
7 28 1
>>>
```

また、現在時刻も取得できます。

← 現在時刻をマイクロ秒単位で入手できます。

```python
now = datetime.datetime.today()
print(now)
```

```
Python 3.7.2 Shell
2017-07-27 19:12:07.785931
```

datetimeの書式機能も使えます。

```python
output = '{:%A, %B %d, %Y}'
print(output.format(my_date))
```
← dateオブジェクトは豊富な書式言語をサポートしています。

```
Python 3.7.2 Shell
Wednesday, October 21, 2015
```

これはほんの一例です。どの言語でも、日付と時刻の処理について知っておくべきことがたくさんあります。Pythonのdatetimeと関連モジュールを調べ、日付と時刻について詳しく調べてください。

3. 正規表現

`'ac*\dc?'`

単語と句読記号を含むテキストを照合する問題を覚えていますか？ この問題は、**正規表現**（regex）によって解決できます。正規表現とは、正式にはテキスト内のパターンを表す文法です。正規表現では、tで始まりeで終わり、少なくともaが1つあり、usが2つ以下のテキストに合致する式を書くことができます。

ただし、あっという間に複雑になってしまいます。実際に、初めて正規表現を見た人は、外国語のように思ったでしょう。しかし、簡単なものならすぐに書くことができます。気に入ればエキスパートになれるでしょう。

正規表現は、最近のほとんどの言語でサポートされています。Pythonも例外ではありません。Pythonでは次のように正規表現を使います。

```
import re          ← 正規表現モジュールreをインポートします。

                     文字列をいくつか調べてみましょう。
for term in ['I heard you on the wireless back in 52',
             'I heard you on the Wireless back in 52',
             'I heard you on the WIRELESS back in 52']:

                     正規表現を使って検索します。
    result = re.search('[wW]ire', term)    これが正規表現部分です。「wire」と
    if result:                              「Wire」に一致します。
        loc = result.span()                 resultが存在する場合は、一致する文字が
                                            あります。spanメソッドで文字列内のどこで
        print('found a match between:', loc)  一致しているかがわかります。
    else:                                   一致する場所を出力します。
        print('No match found')
                     一致する文字がなかった場合は、「一致なし」と出力します。
```

```
Python 3.7.2 Shell
found a match between: (19, 23)
found a match between: (19, 23)
No match found>>>
```

この例では簡単な正規表現を使いましたが、正規表現は高度なパターンも照合できます。例えば、有効なユーザ名、パスワード、URLなどです。次回、有効なユーザ名などを検証するコードでは、正規表現を利用してみましょう。何行にもわたるコードがたった数行で書けます。

searchは、式を使って文字列を照合するreモジュールの関数の1つです。reモジュールには高度な正規表現コンパイラもあり、本格的なパターンマッチアプリケーションに使うとよいでしょう。

パターンの読み方と作り方を学ぶことが、正規表現を理解して使うために本当に重要です。そのためには、正規表現の一般的なテーマを学習する必要があります。具体的には、Pythonが正規表現に使う表記法です。

4. その他のデータ型：タプル

リストにはまだ説明していなかった姉妹のようなデータ型、タプルがあります。下に示すように、リストとタプルは構文的にはほぼ同じです。

```
my_list = ['Back to the Future', 'TRON', 'Buckaroo Banzai']

my_tuple = ('Back to the Future', 'TRON', 'Buckaroo Banzai')
```

→ 映画のリスト。それぞれ「バック・トゥ・ザ・フューチャー」「トロン」「バカルー・バンザイ」という邦題で知られています。3つとも文字列です。

→ 文字列のタプル

← 違いがわかりますか？ 構文的にはリストは角かっこ、タプルは丸かっこを使うところが違います。

例えば反復処理を行う場合、次のように使い方は同じです。

```
for movie in my_list:
    print(movie)
for movie in my_tuple:
    print(movie)
```

← 出力は同じです！

```
Python 3.7.2 Shell
Back to the Future
TRON
Buckaroo Banzai
Back to the Future
TRON
Buckaroo Banzai
```

もちろん、タプル内の要素もリストと同様、インデックスで参照できます（例えば、`my_tuple[2]`は「Buckaroo Banzai」（バカルー・バンザイ）に評価されます）。タプルはリストと同じメソッドもほとんどサポートします。唯一異なる点は、**タプルは不変**であることです。つまり、リストのように変更ができません。タプルを作成したら、それで終わりです。要素にアクセスはできますが、変更できません。

では、なぜタプルを使うのでしょうか？ なぜ存在するのでしょうか？ それは「時間と空間」のためです。つまり、タプルはあまりメモリを消費しないので、リストよりも高速な処理が可能です。集まりの要素の数がとても多く、その要素に多くの処理を行う場合には、タプルを使うとよいでしょう。メモリ使用量と実行時間の両方を改善できます。

→ 変更できないデータ構造のほうがコンピュータ的には安全です。

さらに、リストでは不可能でもタプルでは可能なこともあります。

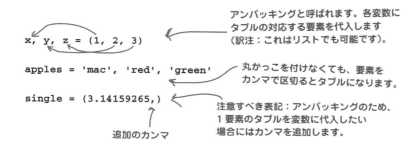

```
x, y, z = (1, 2, 3)
```
← アンパッキングと呼ばれます。各変数にタプルの対応する要素を代入します（訳注：これはリストでも可能です）。

```
apples = 'mac', 'red', 'green'
```
← 丸かっこを付けなくても、要素をカンマで区切るとタプルになります。

```
single = (3.14159265,)
```
← 注意すべき表記：アンパッキングのため、1要素のタプルを変数に代入したい場合にはカンマを追加します。

↑ 追加のカンマ

5. その他のデータ型：集合

この本では登場しなかった一般的なデータ型が他にもあります。それは集合です。数学の授業で出てきた集合を覚えていますか？ 集合は要素が値をそれぞれ1つしか持たず、順序もないものでした。また、集合に対する一般的な操作には他の集合との和集合と共通集合を取ることだったことも思い出したかもしれません。Pythonにも集合があります。

集合は、カンマで区切った値を中かっこで囲みます。

```
set = {1, 3.14159264, False, 77}
```

辞書はキーと値のペアを持ちますが、集合が持つのは値だけです。

集合にはあらゆる型の値を格納できますが、値は一意である必要があります。

リストと同様に、そしてタプルとは違い、集合は可変です。つまり、集合は変更でき、値を追加できます。

```
set.add(99)
```

また、削除もできます。

```
set.remove(1)
```

もちろん、もっと興味深いメソッドもあります。

```
even = {2, 4, 6, 8, 10}
odd = {1, 3, 5, 7, 9}
prime = {1, 3, 5, 7}

even_and_prime = even.intersection(prime)
print(even_and_prime)

odd_and_prime = odd.intersection(prime)
print(odd_and_prime)

even_or_prime = even.union(prime)
print(even_or_prime)
```

Pythonでは空集合（要素のない集合）をset()と表します。

```
Python 3.7.2 Shell
set()
{1, 3, 5, 7}
{1, 2, 3, 4, 5, 6, 7, 8, 10}
>>>
```

また、何回も登場したif x in set構文を使ってある値が集合に属するかどうかを調べることもできます。Python集合のドキュメントで差集合、対称差、上位集合などのさらに興味深いメソッドを調べてください。

6. サーバサイドプログラミング

多くのアプリケーションがWebサービスとして使われています。Google検索、ソーシャルネットワーク、eコマースなどのサービスを提供しています。このようなアプリケーションは、Pythonをはじめさまざまな言語で書かれています。

サーバサイドプログラミングを学ぶには、ハイパーテキスト転送プロトコル（HTTP：HyperText Transport Protocol）、HTML（ページマークアップ言語）、JSON（10章で説明したようにデータ交換用）などの技術を熟知していなければいけないことがあります。さらに、言語によっては、おそらくWebフレームワークやパッケージを使いたいでしょう。このようなパッケージには、Webページやデータを提供するためのさまざまな機能があります。

Pythonの場合、FlaskとDjangoの2つが人気のフレームワークです。

サーバサイドコードは、インターネット上のサーバで実行します。

クライアントサイドコードは、クライアント（つまり、各自のコンピュータ）で実行します。

```
@app.route("/")
def hello():
    return "Hello, Web!"
```

簡単なFlaskの例です。Flaskでは、Webトラフィックを Webサイトの「ルート」（トップページと考えてください）から関数helloに転送できます。関数helloは簡単な文字列を出力します。

通常は、ここでHTMLやJSONを出力します。

Flaskは、時間をかけずに稼働させたい小規模プロジェクト向けの小規模な最低限のフレームワークです。Djangoは、大規模プロジェクト向けの重量フレームワークで、習得に時間はかかりますが、より多くの作業が可能です。Djangoはページテンプレート、フォーム、認証、データベース管理手段を提供します。みなさんはWeb開発を始めたばかりだと思うので、第一歩としてはFlaskをお勧めします。その後、スキルが上がって必要性が出てきたらDjangoにアップグレードするとよいでしょう。

HTMLとCSSの学習もWebページ作成に必要不可欠です。『Head Firstはじめてのプログラミング』を読み終わったら、『Head First Python第2版』、『Head First JavaScript』、『Head First HTML and CSS』（日本語版未訳）を読むことをお勧めします。JavaScriptは、ブラウザにおけるプログラミングのデファクトスタンダードの言語です。

7. 遅延評価

次のようなコードを書きたいとします。

```
def nth_prime(n):
    count = 0
    for prime in list_of_primes():
        count = count + 1
        if count == n:
            return prime

def list_of_primes():
    primes = []
    next = 1
    while True:
        next_prime = get_prime(next)
        next = next + 1
        primes.append(next_prime)
    return primes
```

- 素数リストから、n番目の素数を返します。
- 明らかに実際には不可能です。素数の無限リストを作成するには文字どおり延々と時間がかかります。
- 小さい順に1,000個までといった上限を指定して作成することもできますが、それでも効率が良くありません。
- この関数は宿題として挑戦してみてください（または、Googleで検索してください）。

このコードは**遅延評価**または**オンデマンド計算**を使うと修正できます。Pythonでは「ジェネレータ」と呼ばれている技法です。上のコードを変更してジェネレータを作成するには、次のようにします。

```
def list_of_primes():
    next = 1
    while True:
        next_prime = get_prime(next)
        next = next + 1
        yield next_prime
```

- 素数配列はもう必要ないので削除します。
- 新たな素数を作成するたびに、yield文を使います。

まるで魔法のようなyield文は何をするのでしょうか？ 次のように考えてください。関数nth_primeでは、すべての素数を反復処理します。for文が初めてlist_of_primesを呼び出しyield文によって、ジェネレータを作成します。ジェネレータはメソッド__next__を持つオブジェクトで、(for文の場合は水面下で) __next__メソッドを呼び出すと次の値を取得できます。__next__を呼び出すたびに、list_of_primesは最後に中止した計算（次の素数の計算）を選び、yield文を呼び出すとすぐに別の値を返します。作成された値がある限りこれを繰り返します。

遅延評価は興味深い強力な計算方法なので、さらに詳しく学ぶ価値があるものです。

8. デコレータ

デコレータは、「デザインパターン」と呼ばれるオブジェクト指向の設計手法に由来します。Pythonは、別の関数で関数を「デコレート」できるようにしてデコレータパターンを大まかに実装しています。例えば、あるテキストを返すだけの関数がある場合、そのテキストにHTML書式などを追加するデコレータを作成できます。例えばHTML段落タグをテキストに追加したい場合は、次のようにデコレータを使います。

テキストをHTMLの段落にするには、`<p>`で始まり`</p>`で終わるようにするだけです。

```python
def paragraph(func):
    def add_markup():
        return '<p>' + func() + '</p>'
    return add_markup

@paragraph
def get_text():
    return 'hello head first reader'

print(get_text())
```

ここでは高階関数の知識が必要です。まず関数`func`が渡され、呼び出されたときに`func`の戻り値を`<p>`と`</p>`で囲む別の関数を作成して返します。

そして、@構文を使って別の関数(`get_text`など)をデコレートします。

`get_text`を呼び出すと、`get_text`はデコレータコード内で呼び出され、関数`get_text`の戻り値に`<p>`と`</p>`タグを追加します。

これを見ると少し気持ちが変わり、おそらく高階関数は勉強に値すると思うようになるでしょう。

デコレータは強力な機能で、その用途はテキストのデコレートだけではありません。実に、振る舞いを追加したいあらゆる種類の関数に、元の関数を変更せずに1つ以上のデコレータを追加できます。

「Head Firstの読者のみなさん、こんにちは」と出力されます。

9. 高階関数と第一級関数

あなたは関数のことをよく理解し、ずいぶんうまく利用できるようになりました。関数はコードを抽象化する手段であると再三説明しましたよね。他にも多くの使い方があります。実際に、データでできることは何でも関数でも実行できます。変数へ関数を代入でき、別の関数へ関数を渡すことができ、さらには関数から関数を返すこともできます。関数を他のオブジェクトやデータのように扱えるときにはその関数を**第一級**関数と呼び、別の関数に関数を渡したり別の関数から関数を返したりするときには**高階**関数と呼びます。しかし、関数に関数を渡したり関数から関数を返したりするとはどういうことなのでしょうか？

高階関数の理解には時間がかかります。とりあえず、興味を持ってもらえるように、関数を高階的に使う例を紹介します。

```python
def pluralize(str):
    def helper(word):
        return word + "s"
    return helper(str)

val = pluralize('girl')
print(val)
```

別の関数内で関数を宣言できます。知っていましたか？

関数helperは関数pluralize内でのみ利用できます。他のコードは関数helperを呼び出せません。

関数pluralizeは、helperを使って文字列に「s」を追加します。

```
Python 3.7.2 Shell
girls
>>>
```

本当の**高階**にしてみましょう。初めてですね。びっくりしますよ。

```python
def addition_maker(n):
    def maker(x):
        return n + x
    return maker

add_two = addition_maker(2)

val = add_two(1)
print(val)
```

関数addition_makerは数値nを取り

別の数値xを取る関数を定義してxにnを追加します。

そして、addition_makerの呼び出し結果としてその関数を返します。

addition_makerに数値2を渡すと関数を返し、ここではその関数を変数add_twoに代入します。

add_twoを呼び出すと、渡した引数（この場合は数値1）に2を加えます。

```
Python 3.7.2 Shell
3
>>>
```

少し理解しにくいかもしれませんが、最初はみんなそうです。しかし、再帰と同様に、少し勉強して使ってみれば、高階関数を使って考えられるようになります。

10. 多数のライブラリ

この本ではいくつかの Python ライブラリを説明しましたが、他にも多くの組み込みライブラリとサードパーティ Python パッケージがあります。ここではその一部を簡単に紹介します。

requests
このサードパーティパッケージは 10 章でも登場しましたが、ここで再び紹介しておく価値があります。アプリケーションから HTTP リクエストを送る必要がある場合には、このパッケージを使います。

Flask、Django
この 2 つのフレームワークは 581 ページで簡単に説明しました。サーバサイドのコードを作成する必要がある場合には、必ず両方とも検討してください。どちらかと言えば Flask は小規模プロジェクト向き、Django は大規模アプリケーション向きですが、どちらも役に立つでしょう。

sched
指定した時間やスケジュールどおりにコードを実行したい場合、Python の標準モジュール sched を使います。スケジュールを作成してそのスケジュールでコードを呼び出すことができます。

logging
組み込みモジュールの logging は、簡単な print 関数をアップグレードし、情報を含む警告やエラーメッセージを出力する手段にします。さらに、実行の種類(例えば、コードのテストと本番環境実行など)によって出力するメッセージの種類を設定できます。

Pygame
Pygame はビデオゲーム用のパッケージです。Pygame には、ゲームのグラフィックスや音声を扱うためのモジュールがあります。ゲームを書きたいなら、Pygame から始めるのがお勧めです。

Beautiful Soup
Web 上のデータはすべてが JSON で入手できるわけではありません。Web ページを取得し、その HTML を調べて必要なデータを探さなければいけないことも多いのですが、残念ながら、多くの Web ページはわかりにくい HTML で書かれています。Beautiful Soup パッケージはその作業を容易にし、Web ページに対する優れた(いや、美しい) Python インタフェースを提供します。

Pillow
Pillow は画像パッケージで、多くの一般的な画像ファイルフォーマットの読み込み、書き込み、処理に必要なすべてを備えています。また、Pillow はファイルの表示や画像の他のフォーマットへの変換もサポートしています。

https://wiki.python.org/moin/UsefulModules
にはさらに多くのライブラリがあります。

> この本もほとんど終わりなんて
> 信じられないわ。終わりにする前に、絶対に
> 索引を読むべきよ。索引は素晴らしいのよ。
> その後は、必ずWebサイトをチェックしてね。
> きっとすぐにまた会えるわ。

心配しないでください。
お別れではありません。

これで終わりというわけでもありません。あなたはこの本でプログラミングの基礎をしっかり身に付けたので、さらに極めていきましょう。

次は何でしょうか？ たくさんあります！

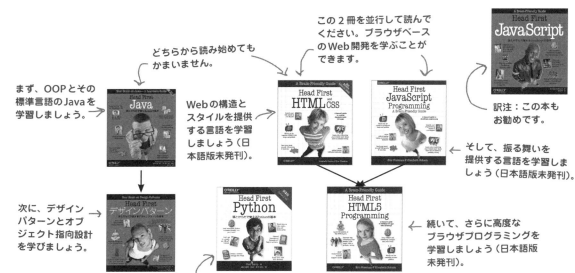

まず、OOPとその標準言語のJavaを学習しましょう。

どちらから読み始めてもかまいません。

Webの構造とスタイルを提供する言語を学習しましょう（日本語版未発刊）。

この2冊を並行して読んでください。ブラウザベースのWeb開発を学ぶことができます。

訳注：この本もお勧めです。

そして、振る舞いを提供する言語を学習しましょう（日本語版未発刊）。

次に、デザインパターンとオブジェクト指向設計を学びましょう。

続いて、さらに高度なブラウザプログラミングを学習しましょう（日本語版未発刊）。

訳注：さらにPythonを学ぶにはこの本がお勧めです。

索引

記号

. (ドット表記)
    docstring 300-302
    クラスとモジュール 318
    属性 321
    変数 321
    メソッド 321
    例 77, 294, 308, 529
, (カンマ) 255, 364, 579
(シャープ記号) 24, 99
% (剰余演算子) 47-49
- (減算演算子) 47-48
- (負の演算子) 47-48
* (乗算演算子) 45, 47-48
** (累乗演算子) 47-48
/ (スラッシュ)
    除算演算子 47-48
    ファイルパスの区切り文字 400-401
: (コロン)
    インデント 82, 105, 183
    キーと値のペア 364
    スライス構文 272-273
    ファイルパス 401
@ 構文 583
_ (アンダースコア) 51
__ (2つのアンダースコア) 51, 296
" (シングルクォート) 22
"" (ダブルクォート)
    文字列 42, 88, 250-251
    リストの宣言 25-26
+ (プラス記号)
    加算演算子 47-48, 158
    連結 25-26
< (小なり演算子) 93
= (等号)
    キーワード引数 212
    代入演算子 38, 82
== (等価演算子) 81-82, 93
!= (不等価演算子) 81, 101-102

\> (大なり演算子) 80, 93
\>= (大なりイコール演算子) 81
\>\>\>\> プロンプト (prompt) 40
\\ (バックスラッシュ) 400
\\b (バックスペース) 408
\\n (改行) 403, 407-408
\\t (タブ) 408
\\v (垂直タブ) 408
() (丸かっこ)
    演算子の優先順位 48
    関数 60, 183
    グループ化演算子 45
    サブクラス化 536
    ブール式 102
[ ] (角かっこ) 24-25
{ } (波かっこ) 445, 580

A

ABC言語 15
after メソッド 499-502
and 演算子 92-93, 101-102
append メソッド 156, 158, 320
argv 属性 (attribute) 423

B

Beautiful Soup ライブラリ 585
break 文 405-406

C

choice 関数 (random) 25-26, 86
close メソッド 402
CSS (Cascading Style Sheets) 581
[Ctrl] + [C] (プログラムの終了) 113
CWI (オランダ国立情報数学研究所) 15
C言語 9

D

- date オブジェクト ... 577
- datetime モジュール ... 305, 577
- def キーワード ... 183
- del 関数 ... 157-158, 363
- Django フレームワーク ... 581, 585
- docstring ... 300-302

E

- elif キーワード ... 83-85
- else キーワード ... 82-85
- EOL エラー ... 22, 43
- even メソッド ... 580
- except キーワード ... 418
- extend 関数 ... 157-158

F

- False ... 80-83, 87, 92, 106
- [File] メニュー (IDLE エディタ)
  - [New File] メニュー ... 18, 26
  - [Save] メニュー ... 20, 26
- Flask フレームワーク ... 581, 585
- float 関数 ... 59
- for 文
  - break 文 ... 406
  - while ループとの違い ... 142, 151-152
  - 演算子 ... 364, 409
  - 概要 ... xi, 105
  - 辞書 ... 364
  - 数列 ... 78, 145, 152
  - バブルソートの例 ... 231-232, 234-235
  - 反復 ... 105, 142-148, 151-152, 409
  - リスト ... 142-148
- from キーワード ... 486, 491

G

- get 関数 ... 447-448
- global キーワード ... 207
- GUI (graphical user interface) ... ライフゲームを参照

H

- HAS-A 関係 ... 546
- help 関数 ... 300

I

- HTML (Hypertext Markup Language) ... 581, 583
- HTTP (Hypertext Transfer Protocol) ... 438, 448-450, 581

- IDE (統合開発環境) ... 13, 18
- IDLE エディタ
  - Python のサンプルプログラム ... 18-21, 24-27
  - インストール ... xxxii
  - 概要 ... 13
- if 文
  - in 演算子 ... 261, 269, 363
  - 条件式の判定 ... 82-85, 92
- import 文 ... 24-25, 77-79, 294, 491
- in 演算子
  - for 文 ... 364, 409
  - if 文 ... 261, 269, 363
  - 集合 ... 580
- IndexError ... 134
- input 関数
  - 機能 ... 37-39
  - クォート ... 42
  - シンタックス ... 37
  - 戻り値 ... 39, 56, 85
- insert 関数 ... 158
- int 関数 ... 59-60, 140
- IS-A 関係 ... 537-539
- isinstance 関数 ... 538-539
- ISS (国際宇宙ステーション) ... 443-444, 449-461

J

- Java 言語 ... 8
- JavaScript 言語 ... 9, 581
- json モジュール ... 450-451
- JSON フォーマット ... 445-448, 450-451, 581

K

- KeyError ... 363

L

- len 関数 ... 131, 158, 254, 268
- Linux 環境
  - Python のインストール ... 17
  - requests パッケージのインストール ... 442
  - ファイルパス ... 400-401
- LISP 言語 ... 9

M

list関数 156
loads関数 450-451
loggingモジュール 585

macOS環境
    Pythonのインストール .... xxxii, 17
    Pythonのサンプルプログラム 18
    コマンド 442
    コマンドラインで実行 424
    ファイルパス 400-401
mainloop関数 309, 496
mathモジュール 305
MIT（マサチューセッツ工科大学） 307
MVC（module view controller）パターン
    概要 476
    コントローラの作成 491-510
    データモデルの作成 477-484
    ビューの作成 485-490

N

__name__グローバル変数 296-298
NameError 22
［New File］メニュー（［File］メニュー） 20, 26
nextメソッド 582
None型 214, 420-421
not演算子 92-93

O

Objective-C言語 8
oddメソッド 580
Open Notify API 439-440, 443-444, 449
Open Weather Map 438
open関数 399-401
open-notify.org 443-444, 447
or演算子 92-93

P

PEMDAS 48
Perl言語 9
PHP言語 8
Pillow画像ライブラリ 585
pip 441-442
popメソッド 363
print関数

概要 22-23
空白 96, 139
出力の問題を修正 139
ユーザフレンドリーな出力 61-63
.pyファイル拡張子 20, 252
Pygameライブラリ 585
Python
    意思決定 80
    インストール .... xxxii-xxxiii, 17
    インタプリタ 13, 57, 183-188
    大文字/小文字の区別 51
    概要 10, 14, 23
    コードの記述と実行 13
    ざっくりした歴史 15
    サンプルプログラム 18-21, 24-27
    バージョン 15-16, 442
    ライブラリ .... モジュールを参照
Python Shellウィンドウ
    サンプルプログラムを入力 18-19, 24-26, 40-41
    閉じる 113
    プログラムの出力を確認する 21

R

r（読み込みモード） 399
randint関数 77-79, 158
randomモジュール
    choice関数 24-25, 86
    randint関数 77-79
    インポート 24-25, 77-79, 294
range関数 145-146, 148, 576
readメソッド 403-404
readlineメソッド 407, 409
requestsパッケージ 441, 585
requestsモジュール
    get関数 447-448
    概要 305, 441-442
return文 192
reverseメソッド 320
［Run Module］メニュー（［Run］メニュー） 21-22, 27
［Run］メニュー（IDLEエディタ） 21-22, 27

S

［Save］メニュー（［File］メニュー） 20, 26
schedモジュール 585
Scheme言語 9
Screenオブジェクト 327, 453-456, 460
searchメソッド 578

索引

sort 関数 239
split 関数 253-256
Spotify 439
str 関数 140, 183
strip メソッド 413-414
sum 関数 342
Swift 8
sys モジュール 423

特別座談会 151-152
バブルソートの例 231-232, 234-235
Windows 環境
    Python のインストール .... xxxiii, 17
    Python のサンプルプログラム 18
    コマンドラインで実行 424, 442
    ファイルパス 400-401
write メソッド 421

T

time オブジェクト 577
Tkinter モジュール 305, 485, 506
True 80-83, 87, 92, 106
try/except ブロック 417-418, 420
turtle モジュール
    Screen オブジェクト 327, 453-456, 460
    オブジェクト指向プログラミング 563-565
    オブジェクトの使用 318
    オブジェクトの目的 315
    概要 305-307
    クラスの使用 318
    クラスの目的 317
    属性の目的 319
    タートルの作成 308-310, 314
    タートルレースの例 322-333
    タートルを追加 311-313
    フラクタルの生成 379-382
    メソッドの目的 319

U

UnboundLocalError 207
upper メソッド 320
URL (Uniform Resource Locators) 438-440

W

w (書き込みモード) 399, 421
Web API
    JSON の使用 445
    Web アドレス 438-440
    Web リクエストを作成する 443-444, 447-449
    概要 436-437, 446
Web アドレス (web address) 438-440
while 文
    break 文 406, 409
    for ループとの違い 142, 151-152
    概要 105-110

Y

yield 文 582

あ行

アクセストークン (access token) 440
アスタリスク (asterisk、*) 45
アンダースコア (underscore、_) 51
アンパッキング (unpacking) 579
委譲 (delegation) 546, 559, 560-564
位置引数 (positional argument) ...... 212, 219, 関数の引数も参照
イテレータ (iterator) 409
イベント駆動型プログラミング (event-based programming)
    494-498
イベントハンドラ (event handler) 494-498
入れ子ループ (nested loop) 231-232, 234-235
インスタンス (instance) .... オブジェクトを参照
インスタンス化 (instantiating) 318, 525, 544
インスタンス変数 (instance variable) .... 317, 属性も参照
インストール (installing)
    IDLE エディタ xxxii
    Python .... xxxii-xxxiii, 17
    パッケージ 441-442
インデックス (index)
    辞書の比較 363
    タプル 579
    文字列 272-276
    リスト 132-133, 138, 157, 235-236, 477
インデント (indenting) 82, 105, 183
ウィジェット (widget) 485-489
永続ストレージ (persistent storage) 393
エスケープシーケンス (escape sequence) 407-408
演算子 (operator) 45
    優先順位 47-49, 93
黄金比 (Golden Ratio) 357
オーバーライド (overriding) 542-544
大文字小文字の区別 (case sensitivity)
    from キーワード 486
    Python 51

索引

クラス名 318, 320
文字列 103
オブジェクト (object) .... オブジェクト指向プログラミングも参照
 HAS-A関係 546
 IS-A関係 537-539
 インスタンス化 318, 525, 538-539, 544
 概要 315-316, 321
 クラス .... クラスを参照
 コンストラクタ 318, 320, 528-529, 544
 使用 318
 状態 315-317, 525, 527
 属性 .... 属性を参照
 振る舞い .... オブジェクトの振る舞いを参照
 変数 317
 メソッド .... メソッドを参照
オブジェクト指向プログラミング
 (object-oriented programming：OOP)
 HAS-A関係 546
 IS-A関係 537-539
 委譲 546, 559, 560-564
 概要 436, 524-526
 カプセル化 319, 552, 561
 クラスの実装 535, 550
 クラスを書く 528-530
 クラスを設計する 527, 549, 560
 継承 534-537, 541, 544, 558
 コンポジション 546, 558
 サブクラス .... サブクラスを参照
 スーパークラス 536, 544
 専門用語 536, 544
 振る舞いのオーバーライドと拡張 542-544
 ポリモーフィズム 555-556
 メソッドを書く 531-533, 554, 559
オランダ国立情報数学研究所 (CWI) 15
音節 (syllable) 247-248, 264-273, 276-277
オンデマンド計算 (calculation on demand) 582

か行

改行 (newline、\n) 403, 407-408
解釈 (interpreting) .... 6, 13, Pythonインタプリタも参照
回文 (palindrome) 171, 347-354
角かっこ (square brackets、[]) 25-26
格納された変数の値 (storing variable value) 38, 44, 85
 取り出し 44
加算演算子 (addition operator、+) 47-48, 158
かっこ (parentheses、())
 演算子の優先順位 48
 グループ化演算子 45

ブール式 102
カプセル化 (encapsulation) 319, 552, 561
仮引数 (parameter) .... パラメータを参照
関係演算子 (relational operator) 80, 93
関数 (function)
 概要 37, 77, 183-188, 192, 315
 関数を渡す 192
 高階 583-584
 コードの抽象化 .... 抽象化を参照
 コードブロックを変換 183-188
 再帰 343-359
 実行 183-188
 第一級 584
 定義 183-185, 192
 名前 183, 192
 ハッシュ 367
 パラメータ .... 関数のパラメータを参照
 引数 .... 引数を参照
 ヘルパー 410
 変数 194, 200-209
 メソッド 317, 531
 モジュール内の関数にアクセス 252, 294
 戻り値 39, 56, 85, 183, 193
関数呼び出し (function call)
 機能 184-188
 コールスタック 351-354
 再帰関数 350-354
 他の関数 192
 メモ化 376-377
カンマ (,) 255, 364, 579
キー (key)
 JSON 445
 辞書 362-364, 367
キーと値のペア (key/value pairs)
 JSONフォーマット 445-446
 辞書 362-364, 580
キーワード (keyword) 19, 51
キーワード引数 (keyword argument) 212, 487
擬似コード (pseudocode)
 アンチソーシャルネットワークの例 371
 インデックスの比較 363
 概要 4, 34, 37
 キーが存在するかを調べる 363
 キーの削除 363
 キーを使って値を取得する 362-363, 367
 キーを反復処理 364
 記述 36
 作成 6, 362, 364
 順序 364

索引

タートルレースの例 323
バブルソート 231-232
フローチャート 76
要素の属性 368
読みやすさの計算 249
ライフゲームシミュレータ 491
リストとの違い 367-368
擬似乱数（pseudo-random numbers） 78
基底クラス（base class） 536, 544
基本データ型（primitive data type） xi
虚数（imaginary number） 58
クイックソートアルゴリズム（quicksort algorithm） 239
空白（whitespace） 253-256
 print関数 96, 139
 複数の引数 61
 連結 25-26
空文字列（empty string） 88, 198, 349, 409
空リスト（empty list）
 概要 134
 作成 156, 159, 321
 調べる 344
クォート（quotation mark、"）
 文字列 42, 88, 250-251, 301
 リストの宣言 24-25
区切り文字（delimiter）
 カンマ 255
 空白 24-25, 61, 96, 139, 253-256
句読記号（punctuation）
 除去 272-276
 文を計算 257-261
クライアントサイドプログラミング（client-side programming）
 581
クラス（class）
 大文字小文字の区別 318, 320
 オブジェクト .... オブジェクトを参照
 概要 316, 320-321, 544
 書く 528-530
 組み込み 320-321
 クラス図 316, 525, 527, 549, 558
 継承 534-537, 541, 544, 558
 実装 535, 550
 使用 318
 設計 g 527, 549, 560
 専門用語 536
 ドット表記 318
 振る舞い 316-317
グラフィカルユーザインタフェース
 （graphical user interface：GUI） .... ライフゲームを参照
クレイジーリブゲーム（Crazy Libs game）

概要 394-395
完成したクレイジーリブを書き出す 397
コードの更新 420-424
ソート 421
テンプレートテキストの処理 411-412
テンプレート中のユーザが指定するプレースホルダ
 396-397
テンプレートの作成 396
テンプレートの読み込み 397, 399
ユーザ入力を促すプロンプト 397
例外処理 413-415, 417-420
グローバル変数（global variable）
 __name__ 296-298
 概要 194
 関数の中で使う 207
 スコープ 200-203
 ローカル変数との違い 208-209
継承（inheritance） 534-537, 541, 544, 558
現在時刻（current time） 577
現在のディレクトリ（current directory） 400
減算演算子（subtraction operator、-） 47-48
高階関数（higher-order function） 583-584
合成（composition） 546, 558
構文（syntax） .... 7, 37, 535, 583、シンタックスも参照
コード（code）
 実行
  IDLEから 18-21
  Python Shellから実行 40-41, 188
  概要 6, 13
  コマンドラインから 423-424
 テスト .... テストを参照
 抽象化 .... 抽象化を参照
コードブロック（code block） 105, 183-188, 418
コールスタック（call stack） 351-354
国際宇宙ステーション（International Space Station：ISS）
 .... 443-444, 449-461
コッホ、ニルス・ファビアン・ヘルゲ・フォン
 （Koch, Niels Fabian Helge von） 380
コッホ関数（Koch function） 379-382
コッホ雪片（Koch snowflake） 380-382
コマンドライン実行（command-line execution） 423-424, 442
コメント（comment） 24, 98-99, 300-301
コロン（:）
 インデント 82, 105, 183
 キーと値のペア 364
 スライス 272-273
 ファイルパス 401
コンウェイ、ジョン（Conway, John） 468
コンストラクタ（constructor）

概要	318, 544
機能	528-529
サブクラス化	536
引数	320
コントローラ (controller)	491-510
コンピュータ的な考え方 (computational thinking)	viii-xii, 1-4, 14
コンポジション (composition)	546, 558

さ行

サードパーティパッケージ (third-party package)	441
サーバサイドコーディング (server-side coding)	581
再帰関数 (recursive function)	
回文の例	347-354
概要	343-346
再帰処理	350-354
終了の判断	350
反復との比較	355-356
フィボナッチ数列	357-359, 373
フラクタルの生成	379-382
削除 (deleting)	
辞書のキー	363
リストの要素	157-158
サブクラス (sub class)	536-537, 540, 544, 560
シーケンス (sequence)	
for ループ	78, 145, 152
len 関数	268
値	142, 260
数値	78, 145-146
文字	58, 257, 262-263, 268
ジェネレータ (generator)	582
式 (expression)	
演算子の優先順位を適用	48
条件	24-25, 82-87, 92, 105-110
ブール	81-82, 87, 92
変数に値を代入する	45-46, 80
辞書 (dictionary)	
JSON フォーマット	446
概要	362, 367
キーと値のペア	362-364, 580
メモ化	376-377
要素にアクセス	366
要素の属性	368, 370-372, 450
要素を追加	362, 366
リストとの違い	367-368, 553, 561
指数表記 (scientific notation)	58
実行時エラー (runtime error)	
概要	54, 417

例	59, 363
実引数 (argument)	引数を参照
シャープ記号 (hash character、#)	24, 99
シャドーイング (shadowing)	202
じゃんけん (Rock, Paper, Scissors game)	74-76
集合 (set)	580
終端文字 (terminal character)	句読記号を参照
出力 (output)	
print 関数	22-23, 61-63, 96, 139
エラー処理	53
定義	22
ファイル出力	420-422
リスト	139-140
条件式 (conditional expression)	
choice 関数	25-26, 86
if 文	82-85, 92
while 文	105-110
概要	86
無限ループ	113
乗算演算子 (multiplication operator、*)	45, 47-48
状態 (state)	315-317, 525, 527
小なり演算子 (less than operator：<)	93
剰余演算子 (modulus operator、%)	47-49
除算演算子 (division operator、/)	47-48
シンタックス (syntax)	7, 37, 535, 583, 構文も参照
シンタックスエラー (syntax error)	22, 60
概要	54, 417
例	22, 43, 60, 102, 211
数値 (number)	
Python インタプリタ	57
エラー処理	53-55
概要	58
擬似乱数	78
虚数	58
数列	78, 145-146
整数	58-59, 140
データ型	57
フィボナッチ数列	357-359, 373
浮動小数点	58-59, 320
文字列への変換	59-60, 140
スーパークラス (super class)	536, 544
スケルトンコード (skeleton code)	258
ステータスコード (status code)	448-450
スパゲッティコード (spaghetti code)	476
スライス (slicing)	
文字列	272-276
リスト	273, 344
スラッシュ (forward slash、/)	
除算演算子	47-48

索引

ファイルパスの区切り文字 400-401
正規表現（regular expression）....................................... 578
整数（integer number）....................................... 58-59, 140
生成システム（generative system）................................ 470
絶対パス（absolute path）... 401
説明を付ける（documentation）........................ 98-99, 439-441
セマンティックエラー（semantic errors）........................... 54, 417
セマンティックス（semantics）............................... 7, 38, 535
ソースコード（source code）............................. xxxiv, 20, 22
相対パス（relative path）.. 400-401
挿入ソート（insertion sort）... 239
ソート（sorting）
    概要 .... xiii-xiv
    クイックソート.. 239
    挿入ソート.. 239
    バブルソート... 227-239
    ティムソート.. 239
属性（attribute）
    概要 317, 319, 541, 544, 546
    辞書の要素 368, 370-372, 450
    状態 315-317, 525, 527
    タートルの例 306, 308, 316
    ドット表記 321
    メソッドを介してアクセス....................................... 319, 531
    レスポンスオブジェクト 448

た行

第一級関数（first-class function）................................. 584
大なりイコール演算子（greater than or equal to operator、>=）... 81
大なり演算子（greater than operator、>）....................... 80, 93
代入演算子（assignment operator、=）........................... 38, 82
代入文（assignment statement）..................................... 41
多重継承（multiple inheritance）................................. 541
タプル（tuple）... 579
単語（word）.. 247-248, 253-256
遅延評価（lazy evaluation）... 582
抽象化（abstracting）
    Web API .... Web APIを参照
    アバターの例 195-199
    オブジェクト指向プログラミング
        .... オブジェクト指向プログラミングを参照
    概要 .... xii-xv, 179-182
    関数に変換 183-190, 525
    再利用のためのモジュールの体系化 292-293, 299-304
通信プロトコル（communication protocol）...................... 438
ティムソート（Timsort）... 239
データ型（data type）
    None.. 214, 420-421
    概要 57-58, 316
    基本 .... xi, 125
    クラス 316-321
    辞書 362-372
    集合 580
    数値 .... 数を参照
    タプル 579
    ブール型 80-82, 87, 477
    リスト .... リストとリスト項目を参照
データサイエンス（data science）.................................. 246
テキストエディタ（text editor）.. 13
テキストファイル（text file）................................... 396, 399
テキスト文字列（text string）... 299
デコレータ（decorator）.. 583
デザインパターン（design pattern）......................... 409, 583
テスト（testing）... 40, 165, 473
デバッグ（debugging）
    概要 54-56
    提案 19, 22, 60
デフォルト値（default value）
    代入 195, 197-198
    パラメータ 210
テンプレート（template）....................................... 396-397
等価演算子（equality operator：==）..................... 81-82, 93
等号（equal sign、=）
    キーワード引数 212
    代入演算子 38, 82
統合開発環境（Integrated Development Environment：IDE）
    .... 13, 18
ドクトロウ、コリイ（Doctorow, Cory）......... 292-293, 299-300, 304
ドット表記（dot notation、.）
    docstring.. 300-302
    クラスとモジュール... 318
    属 321
    変数 321
    メソッド 321
    例 77, 294, 308, 529
トレースバックエラーメッセージ（Traceback error message）..... 417

な行

名前（name）
    関数 183, 192
    クラス名 318
    ファイル 309
    ブール型 81
    変数 51
    モジュール 309
波かっこ（curly bracket、{}）........................... 445, 580

入力 (input)
　定義 22
　ファイルに基づく .... fileオブジェクトを参照
　プロンプト .... プロンプトを参照
　無効な入力を判定 100-103

は行

バーギー、ネイサン (Bergey, Nathan) 444
バージョン (version)
　Python 15-16, 23, 442
　API 438-439
バグ (bug) 54, 414
パスの区切り文字 (path separator、/) 400-401
派生クラス (derived class) 536, 544
バックスラッシュ (backslash、\) 400
パッケージ (package)
　インストール 441-442
　概要 294, 441, 585
ハッシュ関数 (hash function) 367
ハッシュマップ (hash map) 367
パパート、シーモア (Papert, Seymour) 307
バブルソート (bubble sort)
　Pythonにおける実装 234-235
　概要 227-229
　擬似コード 231-232
　数値の計算 236
パラメータ (parameter)
　Pythonインタプリタの処理 185-186
　概要 183, 192, 201
　キーワード 212, 487
　コード例の抽象化 197-198
　再帰関数 350
　デフォルト値 210
　引数との違い 192, 204, 211
　必須パラメータを最初に指定 211
　変数スコープ 200, 202
　変数との違い 204
反復 (iteration)
　for ループ .... for文を参照
　while ループ .... while文を参照
　概要 xi
　再帰との比較 355-356
　辞書 364
　タプル 579
　中断 405-406
　ファイルの行 409
　無限ループ 113
　ライフゲーム 477-479

リスト 138, 142-148
引数 (argument)
　概要 61, 183, 186
　キーワード 212, 487
　コンストラクタ中 320
　順序 192
　パラメータとの違い 192, 204, 211
　評価 204
ピクセル (pixel) 310
ビュー (view) 476
ヒューリスティック (heuristics) 264-273, 276-277
ピリオド (.) .... ドット表記を参照
ファイルオブジェクト (file object)
　close メソッド 402
　read メソッド 403
　readline メソッド 407, 409
　write メソッド 421
　変数に代入 399
ファイル管理 (file management)
　コードの更新 420-424
　名前 309
　ファイルに書き込む 421
　ファイルのモード 399, 421
　ファイルをコードに読み込む 402-409
　ファイルを閉じる 402, 420
　ファイルを開く 399-402, 418, 420
ファイルパス (file path) 400-402
ファイルを閉じる (closing file) 402, 420
ファイルを開く (opening file) 399-402, 418, 420
フィボナッチ数列 (Fibonacci sequence) 357-359, 373
ブール、ジョージ (Boole, George) 81
ブール演算子 (Boolean operator) 92-93, 101-102
ブール型 (Boolean data type) 80-82, 87, 477
ブール式 (Boolean expression) 81-82, 87, 92
不等価演算子 (not equal operator、!=) 81, 101-102
浮動小数点数 (floating point number) 58-59, 320
負のインデックス (negative index)
　文字列 273
　リスト 132-133
負の演算子 (negation operator、-) 47-48
部分文字列 (substring) 253, 263, 272-276
フラクタル (fractal) 379-382
プラス記号 (plus sign、+)
　加算演算子 47-48
　連結 25-26
振る舞い (behavior)
　オーバーライドと拡張 542-544
　オブジェクト指向プログラミング 525, 542-544
　概要 306, 308, 315-317, 527

索引

フレーム (frame) 351-354
フレッシュ、ルドルフ (Flesch, Rudolph) 247
フレッシュ - キンケイドの読みやすさの公式
　(Flesch-Kincaid readability formula)
　............... 247-248, 278, 282, 301-303, 読みやすさの公式も参照
フローチャート (flowchart) 76
プログラミング言語 (programming language) 6-10, 14
プログラムの終了 (terminating program) 113
ブロック (block) .... コードブロックを参照
プロンプト (prompt)
　whileループ 110
　エラーの処理 56
　クレイジーリブゲーム 397
　段階的なプロセス 37-39
　ユーザに尋ね続ける 104-105
　ユーザ入力を変数に格納 85
文 (sentence) 247-248, 257-263
文 (statement)
　インデント 82, 105, 183
　概要 2-3
　代入 41
並列リスト (parallel list) 162, 235, 368
ペーパープロトタイピング (paper prototyping) 473
ヘルパー関数 (helper function) 410
ヘルプドキュメント (help documentation) 99, 300-304
変換 (converting)
　数値から文字列 140
　文字列から数値 59-60
変数 (variable)
　whileループ 105-110
　値のソート 38, 44, 85
　値の代入 41, 44, 58
　インスタンス .... 属性を参照
　オブジェクトの代入 399
　概要 38, 44, 46
　関数 194, 200-209
　グローバル 194, 200-203, 207-209, 296-298
　作成 88
　式の計算 45-46, 80
　シャドーイング 202
　デフォルト値の代入 195
　ドット表記 321
　パラメータとの違い 204
　命名規則 51
　モジュール内の変数にアクセス 252, 294
　戻り値の代入 39, 85
　ローカル 194, 200-203, 207-209
母音 (vowel) 266-273, 276-277
ボタンオブジェクト (Button object) 486

ポリモーフィズム (polymorphism) 555-556

ま行

マージソート (merge sort) 239
マサチューセッツ工科大学
　(Massachusetts Institute of Technology：MIT) 307
丸かっこ (parentheses、())
　関数 60, 183
　サブクラス化 536
三重クォート (triple quotation mark) 250-251, 301
無限ループ (infinite loop) 113
メソッド (method)
　概要 317, 319, 527, 541, 544
　書く 531-533, 554, 559
　関数 317, 531
　コンストラクタ 318
　属性にアクセス 319, 531
　タプル 579
　ドット表記 321
　呼び出し 532
メタ認知 (metacognition) xxvii
メモ化 (memoization) 376-377
モジュール (module)
　datetime 305, 577
　json 450-451
　logging 585
　math 305
　Pythonで人気 305
　random .... randomモジュールを参照
　request .... requestsモジュールを参照
　sched 585
　sys 423
　time 305, 577
　TKinter .... TKinterモジュールを参照
　turtle .... turtleモジュールを参照
　インポート 486
　概要 22, 77, 252, 294-295
　関数にアクセス 252, 294
　再利用のための体系化 292-293, 299-304
　ドット表記 318
　名前 309
　変数にアクセス 252, 294
モジュールビューコントローラパターン (module view controller
　pattern：MVCパターン) .... MVCパターンを参照
文字列 (string)
　JSONのキー 445
　Pythonインタプリタ 57
　インデックス 272-276

索引

エラー処理 53-55, 140
大文字小文字の区別 103
概要 38, 42, 57-58, 262
空 88, 198, 349, 409
クォート 42, 88, 250-251
クラスとしても文字列 320
終端の句読記号の数を求める 257-261
数値への変換 59-60
数値を変換 140
スライス 272-276
正規表現 578
複数行テキストを追加 250-251, 301
部分文字列 .... 部分文字列を参照
不変 263
分割 253-256
末尾の文字にアクセス 263
文字を取り除く 413-414
読みやすさの公式用の分析 250-251
連結 46, 96, 139
文字列クラス (string class, str) 540
モデル (model)
 MVCパターン 477-484
 データモデル 477
戻り値 (return value)
 概要 183, 193
 変数への代入 39, 85
問題 (problem)
 出力の問題を修正 139
 分解する 2-4

や行

ユーザインタフェースウィジェット (user interface widget) 485-489
ユーザビリティのテスト (usabi ity testing) 473-475
ユースケース (use case) 473, 475
読み込み (reading) 402-409
読みやすさの公式 (readability formula)
 音節の数を求める 247-248, 264-273, 276-277
 概要 247-248, 278, 282, 301-303
 関数を用意 252-253
 擬似コード 249
 句読記号を取り除く 272-276
 句読文字の数を求める 256-257
 再利用のためのカスタマイズ 292-293
 実装 278-283
 単語の数を求める 247-248, 253-256
 テキスト分析 250-251
 文の数を求める 247-248, 257-263

ら行

ライフゲーム (Game of Life)
 grid_viewハンドラを書く 505
 一時停止ボタン 472, 474-475, 494-498
 一定の間隔で計算 499-502
 ウィジェットの作成 486-488
 オプションメニュー 472, 474-475, 485, 506-510
 開始ボタン 472, 475, 485, 497-498
 概要 470, 490
 画面表示の作成 485
 グリッドレイアウトにウィジェットを配置 489
 グリッドレイアウトをコードに変換 489-490
 コントローラの作成 491-510
 削除ボタン 472, 485, 502-503
 シミュレータの作成 472-476
 スケッチ 472
 世代を計算する 478-484
 セルを直接編集する 504
 ソースコードを完成させる 511-515
 データモデルの作成 477-484
 デザインパターンの定義 509
 デザインパターンを追加 506
 パターンローダ 472, 474-475, 510
 パターンローダを書く 510
 ビューの作成 485-490
 リアクティブな計算方式 494-497
 ルール 468-471, 478
 レイアウトの修正 488
ライブラリ (library) .... モジュールを参照
ラインフィード (line feed, \n) 403, 407-408
乱数生成 (random number generation) 77-79
リクエスト (request)
 requestモジュール 447
 URL 444
 アクセストークン 440
 エラー処理 440
 概要 437
リスト (list)
 アクセス 129, 134
 値の更新 129
 インデックス 132-133, 138, 157, 235-236, 477
 大きさを確認 131
 概要 .... xi-xiv, 125-128, 134, 146
 空リスト 134, 156, 159, 321, 344
 クラスとしてのリスト 320
 削除 157-158
 作成 128, 156

辞書との違い 367-368, 553, 561
　　出力の修正 139-140
　　順序 134
　　数値の範囲 145-146, 148
　　スライス 273, 344
　　乗算 156, 477
　　宣言 25-26
　　タプル 579
　　反復 138, 142-148
　　並列リスト 162, 235, 368
　　別のリストに追加 157-158
　　変更 263
　　末尾の要素へのアクセス 132
　　要素を挿入 158
リスト内包表記（list comprehensions）.....................576
リストの中のリスト（lists within lists）.....................477
リテラル表記（literal notation）................................364
リファクタリング（refactoring code）............xii-xv, 179-182, 190
累乗演算子（exponentiation operator、**）................47-48
ルートウィンドウ（root window）..........................486
例外処理（exception handling）
　　int関数 59-60
　　Web APIリクエスト 440
　　概要 418
　　クレイジーリブゲーム 413-415, 417-420

　　シンタックス 22, 60, 102
　　数値 53-55
　　提案 19, 22, 60
　　デバッグ 54-56
　　パラメータ 211
　　変数 207
　　無限ループ 113
　　無効な入力を判断する 100-103
　　文字列 53-55, 140
　　戻り値 56
　　リスト 134, 139-140
歴史（history）..15
レシピ（recipe）.....................................擬似コードを参照
レスポンス（response）
　　ISSの例 444
　　JSONフォーマット 445
　　requestモジュール 447-448
　　概要 437
連結（concatenating）
　　文字列 46, 96, 139
　　リスト要素 24-25
連想マップ（associative map）..............................367
ローカル変数（local variable）.............194, 200-203, 207-209
ロッサム、グイド・ヴァン（Rossum, Guido van）........15

● **監訳者紹介**

嶋田 健志（しまだ たけし）
主にWebシステムの開発に携わるフリーランスのエンジニア。共著書に『Pythonエンジニア養成読本』（技術評論社）、監訳書に『Pythonではじめるデータラングリング』、『PythonとJavaScriptではじめるデータビジュアライゼーション』、『Head First Python第2版』、共訳書に『初めてのPerl第7版』、技術監修書に『PythonによるWebスクレイピング第2版』。
Twitter: @TakesxiSximada

● **訳者紹介**

木下 哲也（きのした てつや）
1967年、川崎市生まれ。早稲田大学理工学部卒業。1991年、松下電器産業株式会社に入社。全文検索技術とその技術を利用したWebアプリケーション、VoIPによるネットワークシステムなどの研究開発に従事。2000年に退社し、現在は主にIT関連の技術書の翻訳、監訳に従事。訳書、監訳書に『Enterprise JavaBeans 3.1 第6版』、『大規模Webアプリケーション開発入門』、『キャパシティプランニング—リソースを最大限に活かすサイト分析・予測・配置』、『XML Hacks』、『Head Firstデザインパターン』、『Web解析Hacks』、『アート・オブ・SQL』、『ネットワークウォリア』、『Head First C#』、『Head Firstソフトウェア開発』、『Head Firstデータ解析』、『Rクックブック』、『JavaScriptクイックリファレンス第6版』、『アート・オブ・Rプログラミング』、『入門データ構造とアルゴリズム』、『Rクイックリファレンス第2版』、『入門 機械学習』、『データサイエンス講義』、『グラフデータベース』、『マイクロサービスアーキテクチャ』、『スケーラブルリアルタイムデータ分析入門』、『初めてのPHP』、『PythonとJavaScriptではじめるデータビジュアライゼーション』、『Head First Python第2版』（以上すべてオライリー・ジャパン）などがある。

● **査読協力**

鈴木 駿（すずき はやお）
Pythonプログラマ。
2008年、神奈川県立横須賀高等学校卒業。
2012年、電気通信大学電気通信学部情報通信工学科卒業。
2014年、同大学大学院情報理工学研究科総合情報学専攻博士前期課程修了、修士（工学）。
Pythonとはオープンソースの数学ソフトウェアであるSageMathを通じて出会った。
PythonでプログラミングするうちにイギリスのコメディアンのMonty Pythonも好きになった。
Twitter：@CardinalXaro 　　Blog：https://xaro.hatenablog.jp/

藤村 行俊（ふじむら ゆきとし）

Head First はじめてのプログラミング
頭とからだで覚えるPythonプログラミング入門

2019年 4 月25日　初版 第 1 刷発行

著　　　　者	Eric Freeman（エリック・フリーマン）	
監　訳　者	嶋田　健志（しまだ　たけし）	
訳　　　　者	木下　哲也（きのした　てつや）	
発　行　人	ティム・オライリー	
制　　　作	ビーンズ・ネットワークス	
印 刷・製 本	日経印刷株式会社	
発　行　所	株式会社オライリー・ジャパン	
	〒160-0002　東京都新宿区四谷坂町12番22号	
	Tel　　（03）3356-5227	
	Fax　　（03）3356-5263	
	電子メール　japan@oreilly.co.jp	
発　売　元	株式会社オーム社	
	〒101-8460　東京都千代田区神田錦町3-1	
	Tel　　（03）3233-0641（代表）	
	Fax　　（03）3233-3440	

Printed in Japan（ISBN978-4-87311-874-1）
乱丁本、落丁本はお取り替え致します。

本書は著作権上の保護を受けています。本書の一部あるいは全部について、株式会社オライリー・ジャパンから文書による許諾を得ずに、いかなる方法においても無断で複写、複製することは禁じられています。